Die Grundlehren der mathematischen Wissenschaften

in Einzeldarstellungen
mit besonderer Berücksichtigung
der Anwendungsgebiete

Band 147

Herausgegeben von

J. L. Doob · E. Heinz · F. Hirzebruch · E. Hopf · H. Hopf
W. Maak · S. MacLane · W. Magnus · D. Mumford
M. M. Postnikov · F. K. Schmidt · D. S. Scott · K. Stein

Geschäftsführende Herausgeber

B. Eckmann und B. L. van der Waerden

Klaus Lamotke

Semisimpliziale algebraische Topologie

Springer-Verlag Berlin Heidelberg GmbH 1968

Dr. Klaus Lamotke
Mathematisches Institut der Rheinischen Friedrich-Wilhelms-Universität Bonn

ISBN 978-3-662-12989-0 ISBN 978-3-662-12988-3 (eBook)
DOI 10.1007/978-3-662-12988-3

Ursprünglich erschienen bei Springer-Verlag, Berlin · Heidelberg 1968
Softcover reprint of the hardcover 1st edition 1968

Library of Congress Catalog Card Number 68-16806
Titel-Nr. 5130

Vorwort

In diesem Buch werden einige Gebiete der algebraischen Topologie, die man heute größtenteils zum klassischen Bestand rechnet, mit semisimplizialen Methoden in einheitlicher Weise dargestellt. Der Begriff der semisimplizialen Menge ist dabei von grundlegender Bedeutung. Er wurde um 1950 von EILENBERG und ZILBER bei der Untersuchung der singulären Homologietheorie geprägt. Seine Nützlichkeit für die algebraische Topologie, und zwar nicht nur für die Homologietheorie, erwies sich bald darauf durch die Arbeiten von DOLD, KAN, MACLANE, MOORE und POSTNIKOV. Durch sie wurde das vorliegende Buch angeregt.

Die semisimpliziale Menge steht zwischen der Topologie und der Algebra. Einerseits ist ihre Struktur so „algebraisch", daß man direkt Homologie- und Homotopiegruppen für sie definieren und allgemeine Zusammenhänge zwischen ihnen beweisen kann. Andererseits haben viele topologische Begriffe, wie z. B. die Faserung oder die Homotopie ein semisimpliziales Gegenstück. Der Zusammenhang zwischen der Topologie und der semisimplizialen Theorie beschränkt sich nicht auf diese Analogie: Es gibt einen Funktor S von der Kategorie der topologischen Räume in die Kategorie der semisimplizialen Mengen, der die topologischen Begriffe in die entsprechenden semisimplizialen überführt. „Semisimpliziale algebraische Topologie" bedeutet am Beispiel der singulären Homologietheorie: Man ordnet dem Raum X seine semisimpliziale Menge SX zu, definiert die Homologie von SX als singuläre Homologie des Raumes X und folgert die Eigenschaften der singulären Homologietheorie aus denen der Homologie semisimplizialer Mengen.

In dieser Weise werden die Homotopietheorie, die Homologie- und Kohomologietheorie semisimplizial entwickelt. Die Teile der Theorie, bei denen der semisimpliziale Standpunkt nicht sinnvoll erscheint, bleiben außer acht, z. B. die Dualitätssätze für Mannigfaltigkeiten oder spezielle Methoden, um die Homologiegruppen bestimmter Räume explizit zu berechnen. Eingeschlossen sind hingegen die Spektralsequenz einer Faserung, das Postnikov-System und die Kohomologieoperationen. Jedes Kapitel des Buches beginnt mit einer Inhaltsangabe. Darum braucht hier auf den Inhalt nicht näher eingegangen zu werden.

Das Buch besteht aus neun Kapiteln, die in Abschnitte unterteilt sind. Letztere zerfallen in Nummern. So bedeutet VII 3.8 die achte Nummer im dritten Abschnitt des siebten Kapitels. Formeln werden in runden Klammern numeriert: VII (3.5) bedeutet die fünfte Formel im dritten Abschnitt des VII. Kapitels ohne Rücksicht auf die Unterteilung des Abschnitts in Nummern. (Die genannte Formel steht z. B. in VII 3.4.) Bei Verweisen innerhalb desselben Kapitels wird die römische Ziffer weggelassen.

Um dem Leser die Suche nach Definitionen zu erleichtern, findet er am Ende eine Liste der benutzten Symbole und Abkürzungen und ein Namen- und Sachverzeichnis. Das Buch beansprucht nicht, ohne Vorkenntnisse verständlich zu sein. Die Sprache der Kategorien und Funktoren, die Grundbegriffe der allgemeinen Topologie und der Algebra werden vorausgesetzt.

Das Literaturverzeichnis umfaßt nicht nur die im Text zitierten Arbeiten, sondern es soll eine einigermaßen vollständige Bibliographie aller Arbeiten bis 1966 sein, in denen semisimpliziale Methoden entwickelt oder angewandt werden. Daß diese Methoden nicht nur in dem Bereich nützlich sind, dem dieses Buch gewidmet ist, zeigen einige neuere Arbeiten wie die von Artin-Mazur, Kuiper-Lashof und Segal. Schließlich sei erwähnt, daß die Terminologie nicht einheitlich ist: Was in diesem Buch semisimpliziale (ss.) Menge genannt wird, erscheint in der Literatur auch als ss. Komplex, c.s.s. Komplex oder simpliziale Menge.

Durch einen Briefwechsel mit Herrn Professor Dr. D. M. Kan wurde ich angeregt, dieses Buch zu schreiben. Die Universität Erlangen beurlaubte mich für zwei Jahre. In dieser Zeit konnte ich dank eines Stipendiums der Deutschen Forschungsgemeinschaft die Arbeit an dem Manuskript aufnehmen. Ich empfing mancherlei Hilfe und Anregung durch die Mitglieder und Gäste des Mathematischen Instituts der Universität Bonn, insbesondere durch meinen Lehrer, Herrn Professor Dr. F. Hirzebruch. Herr Professor Dr. A. Dold sah große Teile des Manuskriptes durch und machte eine Reihe von Verbesserungsvorschlägen. Die Mathematisch-Naturwissenschaftliche Fakultät der Universität Bonn nahm das vorliegende Buch als Habilitationsschrift an. Ihnen allen gilt mein herzlicher Dank. Ebenso danke ich allen, die mir bei der Herstellung des Manuskriptes und den Korrekturen geholfen haben, insbesondere Fräulein I. Wilksen, die das umfangreiche Manuskript schrieb.

Schließlich gilt mein Dank Herrn Professor Dr. R. Remmert, der mir anbot, eine ältere Fassung des Manuskriptes in den „Ergebnissen der Mathematik" zu veröffentlichen, Herrn Professor Dr. B. Eckmann, der das vorliegende umfangreicher gewordene Manuskript für die „Grundlehren der mathematischen Wissenschaften" annahm, und dem Springer-Verlag für die rasche und sorgfältige Herstellung.

Bonn, den 18. Februar 1968 Klaus Lamotke

Inhalt

I. Semisimpliziale Mengen

II. Die geometrische Realisierung

III. Fundamentalgruppe und Überlagerungen

IV. Homologische Algebra

V. Homologie semisimplizialer Mengen

I. Semisimpliziale Mengen

Eilenberg und Zilber [1] führten den Begriff der semisimplizialen (ss.) Menge ein, indem sie bei der Menge der singulären Simplexe eines topologischen Raumes von allen Eigenschaften abstrahierten, die nicht für die Entwicklung der singulären Homologietheorie benötigt werden. Eilenberg und Zilber wählten statt „ss. Menge" die Bezeichnung „c.s.s. Komplex". Sonst werden in der Literatur auch noch die Namen „ss. Komplex" und „simpliziale Menge" gebraucht.

Nach Vorbereitungen im ersten und zweiten Abschnitt bringen wir im dritten die (abstrakte) Definition der ss. Menge und beschreiben den Funktor S, der jedem topologischen Raum X seine singuläre ss. Menge $\mathrm{S}X$ zuordnet, wie nun die ältere Menge der singulären Simplexe genannt wird.

Die einfachsten (abstrakten) ss. Mengen sind die sogenannten ss. n-Modelle $\Delta(n)$, $n = 0, 1, 2, \ldots$, die wir im vierten Abschnitt definieren. In $\Delta(n)$ wird die simpliziale Struktur des affinen n-dimensionalen Standardsimplex $\nabla(n)$, siehe 2.1, erfaßt. Die n-Modelle sind für die allgemeine ss. Theorie wichtig, weil die n-Simplexe jeder ss. Menge X umkehrbar eindeutig den ss. Abbildungen $\Delta(n) \to X$ entsprechen.

Aus der Topologie läßt sich der Begriff der stetigen Abbildung (dritter Abschnitt), der Homotopie (fünfter Abschnitt), der Faserung (sechster und siebter Abschnitt) und der topologischen Gruppe (neunter Abschnitt) ins Semisimpliziale übertragen. In allen Fällen gehen die topologischen Begriffe unter dem Funktor S in die entsprechenden semisimplizialen über.

Bei der Homotopie fällt auf, daß sie im semisimplizialen Fall gewöhnlich keine Äquivalenzrelation ist; es sei denn, man betrachtet nur die Homotopie zwischen ss. Abbildungen $X \to Y$, wobei die ss. Menge Y einer zusätzlichen, sogenannten Ausfüllungsbedingung genügt. Sie wurde zuerst von Kan [1] formuliert. Die ss. Mengen, die ihr genügen, heißen daher Kan-Mengen. Die ss. Faserungen, Kan [5] und Moore [1], sind übrigens eine Verallgemeinerung der Kan-Mengen.

Viele Vereinfachungen, die die semisimplizialen gegenüber anderen Methoden in der algebraischen Topologie ermöglichen, verdankt man dem Begriff der Minimalität, den man bereits bei Eilenberg-Zilber [1] findet. Minimalität bedeutet: In jeder Klasse homotopieäquivalenter Kan-Mengen oder Faserungen liegt genau eine minimale Kan-Menge bzw. Faserung, die so einfach ist, wie es der vorgeschriebene Homotopietyp zuläßt.

Literatur zu diesem Kapitel findet man außer in den bereits zitierten Arbeiten unter anderem bei BARRATT-GUGENHEIM-MOORE, MACLANE [1], MOORE [1].

1. Endliche geordnete Mengen

1.1 Die Kategorie der *endlichen geordneten Mengen* hat als Objekte die Mengen natürlicher Zahlen

$$[n] = \{0, 1, \ldots, n\}, \qquad n = 0, 1, \ldots$$

Die Morphismen sind die *monotonen* Funktionen α: $[q] \to [n]$. Eine Funktion α heißt monoton, wenn aus $i \leq j$ folgt, daß $\alpha(i) \leq \alpha(j)$ ist.

1.2 Es gibt genau $n+1$ verschiedene injektive monotone Funktionen $[n-1] \to [n]$, nämlich die Funktionen

$$\delta_n^i: [n-1] \to [n], \; \delta_n^i(j) = \begin{cases} j, & j < i \\ j+1, & j \geq i \end{cases} \qquad i = 0, \ldots, n. \tag{1.1}$$

Ebenso gibt es genau $n+1$ verschiedene surjektive monotone Funktionen $[n+1] \to [n]$, nämlich die Funktionen

$$\sigma_n^i: [n+1] \to [n], \; \sigma_n^i(j) = \begin{cases} j, & j \leq i \\ j-1, & j > i \end{cases} \qquad i = 0, \ldots, n. \tag{1.2}$$

In Zukunft wird der untere Index n weggelassen. Die Funktionen δ^i und σ^i sind von besonderem Interesse, weil sich, wie in 1.4 gezeigt wird, jede monotone Funktion eindeutig als Hintereinanderschaltung der δ^i und σ^i schreiben läßt.

1.3 Aus (1.1 + 2) folgen die *Vertauschungsbeziehungen:*

(1.3)

a) $\delta^j \delta^i = \delta^i \delta^{j-1}, \quad i < j$

b) $\sigma^j \sigma^i = \sigma^i \sigma^{j+1}, \quad i \leq j$

c) $\sigma^j \delta^i = \delta^i \sigma^{j-1}, \quad i < j$

d) $\sigma^i \delta^i = \sigma^i \delta^{i+1} = id$

e) $\sigma^j \delta^i = \delta^{i-1} \sigma^j, \quad i > j+1.$

1.4 Satz: *Jede monotone Funktion* α: $[q] \to [n]$ *läßt sich eindeutig als Hintereinanderschaltung*

$$\alpha = \delta^{i_1} \ldots \delta^{i_s} \sigma^{j_1} \ldots \sigma^{j_t} \tag{1.4}$$

schreiben, wobei $n \geq i_1 > \cdots > i_s \geq 0$, $0 \leq j_1 < \cdots < j_t < q$ *und* $q+s=n+t$ *gilt. Insbesondere läßt sich* α *eindeutig in*

$$\alpha = \gamma\beta \tag{1.5}$$

zerlegen, wobei β *eine surjektive und* α *eine injektive monotone Funktion sind.*

Beweis: Jede monotone Funktion α ist eindeutig bestimmt durch die Folge $i_1 > \cdots > i_s$ der Zahlen in $[n]$, die nicht als Bilder unter α auftreten, und durch die Folge $j_1 < \cdots < j_t$ der Zahlen in $[q]$, für die $\alpha(j) = \alpha(j+1)$ ist. Die Funktion $\delta^{i_1} \ldots \delta^{i_s} \sigma^{j_1} \ldots \sigma^{j_t}$ bestimmt dieselben beidenFolgen wie α. Daher folgt (1.4).

2. Das affine Standardsimplex

Das *affine Standardsimplex* $\nabla(n)$ ist das Bindeglied zwischen den topologischen Räumen und den ss. Mengen. In dem I. Kapitel braucht man nur seine Definition 2.1+2 zu kennen. Die weiteren Eigenschaften 2.3−7 von $\nabla(n)$ werden erst für die geometrische Realisierung im II. Kapitel benötigt.

2.1 Es sei $\mathbf{R}^{n+1}$ der Vektorraum der $(n+1)$-Tupel $(t_0, t_1, \ldots, t_n)$ reeller Zahlen. Als n-dimensionales affines Standardsimplex $\nabla(n)$ definiert man den Durchschnitt der Hyperebene $\sum_{i=0}^{n} t_i = 1$ mit dem Sektor: $t_i \geq 0$, $i = 0, \ldots, n$. Die $n+1$ Punkte $A_i = (0, \ldots 0, \overset{i}{1}, 0, \ldots 0)$, $i = 0, \ldots, n$, heißen Ecken von $\nabla(n)$. Man kann sie als Basisvektoren von $\mathbf{R}^{n+1}$ auffassen und einen beliebigen Punkt $t = (t_0, \ldots, t_n) \in \nabla(n)$ als $t = t_0 A_0 + \cdots + t_n A_n$ schreiben. Man nennt die t_i die *baryzentrischen* Koordinaten von t, weil t der Schwerpunkt des Massensystems ist, bei dem jede Ecke A_i mit der Masse t_i belegt ist. Wenn für $t = \sum_{i=0}^{n} t_i A_i$ alle $t_i > 0$ sind, heißt t innerer Punkt von $\nabla(n)$. Die Menge der inneren Punkte wird mit $\mathring{\nabla}(n)$ bezeichnet. Ferner heißt $\dot{\nabla}(n) = \nabla(n) - \mathring{\nabla}(n)$ Rand von $\nabla(n)$.

2.2 Eine monotone Funktion $\alpha : [n] \to [q]$ bestimmt die lineare Abbildung

$$|\alpha| : \nabla(n) \to \nabla(q), \quad \sum_{i=0}^{n} t_i A_i \mapsto \sum_{i=0}^{n} t_i A_{\alpha(i)}. \tag{2.1}$$

Es ist $|\alpha\beta| = |\alpha|\,|\beta|$ und $|\mathrm{id}| = \mathrm{id}$.

2.3 Das folgende Lemma spricht die anschaulich offensichtliche Tatsache aus, daß jeder Punkt von $\nabla(n)$ innerer Punkt einer wohlbestimmten Seite von $\nabla(n)$ ist:

Lemma: *Zu jedem $t \in \nabla(n)$ gibt es genau eine natürliche Zahl $q \leq n$, ein $u \in \mathring{\nabla}(q)$ und eine injektive monotone Funktion $\alpha: [q] \to [n]$, so daß $t = |\alpha|(u)$ ist.*

2.4 Lemma: *Jede monotone Funktion $\alpha: [n] \to [q]$ ist durch ihren Wert $|\alpha|(t)$ für einen festen inneren Punkt $t \in \mathring{\nabla}(n)$ eindeutig bestimmt.*

Beweis: Es seien $\alpha, \beta: [n] \to [q]$ verschieden. Dann gibt es eine kleinste Zahl i, für die $\alpha(i) \neq \beta(i)$, etwa $\alpha(i) < \beta(i)$ ist. Für jeden inneren Punkt $t \in \mathring{\nabla}(n)$ ist dann die $\alpha(i)$-te baryzentrische Koordinate von $|\alpha|(t)$ echt größer als die von $|\beta|(t)$.

2.5 Es ist bisweilen vorteilhaft, einen Punkt $t = \sum_{i=0}^{n} t_i A_i$ nicht durch seine baryzentrischen Koordinaten $(t_0, \ldots, t_n)$, sondern durch folgende *Summenkoordinaten*

(2.2) $$\Sigma_{-1}(t) = 0, \quad \Sigma_0(t) = t_0, \quad \Sigma_1(t) = t_0 + t_1, \\ \ldots, \Sigma_{n-1}(t) = t_0 + \cdots + t_{n-1}, \quad \Sigma_n(t) = 1$$

zu beschreiben. Dann ist offensichtlich

(2.3) $$0 = \Sigma_{-1}(t) \leq \Sigma_0(t) \leq \Sigma_1(t) \leq \cdots \leq \Sigma_{n-1}(t) \leq \Sigma_n(t) = 1.$$

Umgekehrt gibt es zu jeder monotonen Folge $0 = \rho_{-1} \leq \rho_0 \leq \rho_1 \leq \cdots \leq \rho_{n-1} \leq \rho_n = 1$ genau einen Punkt $t \in \nabla(n)$ mit den Summenkoordinaten $\rho_{-1}, \rho_0, \ldots, \rho_n$, nämlich

(2.4) $$t = \rho_0 A_0 + (\rho_1 - \rho_0) A_1 + (\rho_2 - \rho_1) A_2 + \\ \cdots + (\rho_{n-1} - \rho_{n-2}) A_{n-1} + (1 - \rho_{n-1}) A_n.$$

Ein Punkt $t \in \nabla(n)$ ist genau dann innerer Punkt, wenn seine Summenkoordinaten streng monoton sind: $\rho_{-1} < \rho_0 < \cdots < \rho_n$.

2.6 Es sei $[0,1]$ das Einheitsintervall der reellen Zahlen. Die stetigen, streng monoton wachsenden Funktionen $g: [0,1] \to [0,1]$ mit $g(0) = 0$ und $g(1) = 1$ bilden bezüglich ihrer Hintereinanderschaltung eine Gruppe $\mathrm{Aut}[0,1]$, die sogenannte Automorphismengruppe von $[0,1]$. Diese Gruppe operiert folgendermaßen auf $\nabla(n)$: Wenn man die Punkte von $\nabla(n)$ in Summenkoordinaten darstellt, gilt

(2.5) $$g(t_{-1}, t_0, \ldots, t_n) = (g(t_{-1}), g(t_0), \ldots, g(t_n)), \quad g \in \mathrm{Aut}[0,1].$$

Aufgrund der Definitionen beweist man:

2.7 Lemma: *a) Für jedes* $g \in \mathrm{Aut}[0,1]$ *und jede monotone Funktion* $\alpha: [n] \to [q]$ *ist*

$$g|\alpha| = |\alpha| g. \tag{2.6}$$

b) Zu je zwei inneren Punkten $s, t \in \mathring{\nabla}(n)$ *gibt es ein* $g \in \mathrm{Aut}[0,1]$ *mit* $g(s) = t$.

3. Semisimpliziale Mengen

3.1 Eine *semisimpliziale (ss.) Menge X* ist ein kontravarianter Funktor von der Kategorie der endlichen geordneten Mengen, siehe 1.1, in die Kategorie der Mengen. (Entsprechend definiert man eine ss. Gruppe als einen kontravarianten Funktor in die Kategorie der Gruppen, einen ss. Raum als einen Funktor in die Kategorie der topologischen Räume usw.)

Jeder natürlichen Zahl $n \geq 0$ ist also eine Menge X_n zugeordnet, deren Elemente *n-Simplexe* heißen. Nullsimplexe werden auch *Punkte* genannt. Jeder monotonen Funktion $\alpha: [q] \to [n]$ ist eine Abbildung, *Operator* genannt, $\alpha^*: X_n \to X_q$ zugeordnet, und es gilt:

$$(\alpha\beta)^* = \beta^* \alpha^*, \quad \mathrm{id}^* = \mathrm{id}. \tag{3.1}$$

Die zu (1.1 + 2) gehörigen Operatoren werden mit

$$d_i = \delta^{i*}, \quad s_i = \sigma^{i*} \tag{3.2}$$

bezeichnet. Für sie gelten wegen (3.1) die zu (1.3) dualen Vertauschungsbeziehungen:

$$\begin{array}{lll} \text{a)} & d_i d_j = d_{j-1} d_i, & i<j \\ \text{b)} & s_i s_j = s_{j+1} s_i, & i \leq j \\ \text{c)} & d_i s_j = s_{j-1} d_i, & i<j \\ \text{d)} & d_i s_i = d_{i+1} s_i = \mathrm{id} & \\ \text{e)} & d_i s_j = s_j d_{i-1}, & i>j+1. \end{array} \tag{3.3}$$

3.2 Wenn X und Y zwei ss. Mengen sind, versteht man unter einer *ss. Abbildung* $f: X \to Y$ eine natürliche Transformation zwischen den Funktoren X und Y, d. h.: Jeder natürlichen Zahl n ist eine Abbildung $f: X_n \to Y_n$ zugeordnet, und für alle monotonen Funktionen α gilt $f\alpha^* = \alpha^* f$. Die ss. Mengen und ss. Abbildungen bilden eine Kategorie, die Kategorie der ss. Mengen.

Eine ss. Abbildung $f: X \to Y$ heißt *injektiv (surjektiv, bijektiv)*, wenn $f: X_n \to Y_n$ für alle n injektiv (surjektiv, bijektiv) ist. Jede bijektive ss. Abbildung f ist ein *Isomorphismus*, d. h., die Umkehrabbildung f^{-1} ist ebenfalls semisimplizial. (Man beachte den Unterschied zu den stetigen Abbildungen: Die Umkehrabbildung einer bijektiven stetigen Abbildung braucht nicht stetig zu sein.)

3.3 Eine Teilmenge A einer ss. Menge X heißt ss. Untermenge, kurz $A \subset X$, wenn $\alpha^*(A) = A$ für alle Operatoren α^* gilt. Wenn $A \subset X$ und $B \subset Y$ ist und eine ss. Abbildung $f\colon X \to Y$ die Eigenschaft $f(A) \subset B$ hat, schreibt man dafür kurz

$$f\colon (X,A) \to (Y,B).$$

Der mengentheoretisch gebildete Durchschnitt beliebig vieler ss. Untermengen ist wieder eine ss. Untermenge. Dasselbe gilt für die Vereinigung.

Wenn Σ eine beliebige Teilmenge von Simplexen einer ss. Menge ist, nennt man die kleinste ss. Untermenge A, in der Σ liegt, die von Σ *erzeugte* ss. Untermenge. Jedes Simplex $x \in A$ läßt sich als $x = \alpha^* z$ schreiben, wobei $z \in \Sigma$ ist. Jede ss. Abbildung $f\colon A \to Y$ ist daher durch ihre Werte $f(z)$ für alle $z \in \Sigma$ bestimmt. In einer ss. Menge X nennt man die von X_n erzeugte ss. Untermenge das *n-Gerüst* und bezeichnet es mit X^n. Offensichtlich ist

$$\emptyset \subset X^0 \subset X^1 \subset \cdots \subset X^n \subset X^{n+1} \subset \cdots \subset X.$$

Wenn $X = X^n$ ist, sagt man: X hat die Dimension $\leq n$.

3.4 Folgendermaßen bildet man das *kartesische Produkt* $X \times Y$ zweier ss. Mengen X und Y: Es ist $(X \times Y)_n = X_n \times Y_n$ das mengentheoretische kartesische Produkt von X_n und Y_n. Die Operatoren werden durch $\alpha^*(x,y) = (\alpha^* x, \alpha^* y)$ definiert. Die beiden Projektionen auf den ersten bzw. zweiten Faktor

$$\begin{aligned} \mathrm{pr}_1\colon\ & X \times Y \to X, \quad (x,y) \mapsto x \\ \mathrm{pr}_2\colon\ & X \times Y \to Y, \quad (x,y) \mapsto y \end{aligned} \tag{3.4}$$

sind offensichtlich ss. Abbildungen.

3.5 Jedem topologischen Raum X wird folgende sogenannte *singuläre* ss. Menge $\mathrm{S}X$ zugeordnet: Die n-Simplexe von $\mathrm{S}X$ sind alle stetigen Abbildungen $x\colon \nabla(n) \to X$, wobei $\nabla(n)$ das affine Standardsimplex, siehe 2.1, ist. Man nennt sie singuläre n-Simplexe von X. Jeder monotonen Funktion $\alpha\colon [q] \to [n]$ wird der Operator

$$\alpha^*\colon (\mathrm{S}X)_n \to (\mathrm{S}X)_q, \quad x \mapsto x \circ |\alpha|, \tag{3.5}$$

zugeordnet, wobei $|\alpha|$ in (2.1) erklärt ist. Eine stetige Abbildung $f\colon X \to Y$ bestimmt die ss. Abbildung

$$\mathrm{S}f\colon \mathrm{S}X \to \mathrm{S}Y, \quad x \mapsto f \circ x. \tag{3.6}$$

Offensichtlich ist $\mathrm{S}(f \circ g) = \mathrm{S}f \circ \mathrm{S}g$ und $\mathrm{S}\,\mathrm{id} = \mathrm{id}$. Daher ist S ein kovarianter Funktor von der Kategorie der topologischen Räume in die Kategorie der ss. Mengen. Der Beweis für den folgenden Satz ist klar:

3.6 Satz: *a) Wenn A ein Unterraum von X ist, ist SA eine ss. Untermenge von SX.*
b) Wenn A und B Unterräume von X sind, ist $S(A \cap B) = SA \cap SB$. *Hingegen ist im allgemeinen* $SA \cup SB \subsetneqq S(A \cup B)$.
c) Für das kartesische Produkt gilt $S(X \times Y) = SX \times SY$.

3.7 Ein Simplex $x \in X$ heißt entartet, wenn es eine surjektive monotone Funktion $\beta \neq \mathrm{id}$ und ein Simplex $y \in X$ gibt, so daß $x = \beta^* y$ ist. Nach 1.4 ist dies gleichbedeutend mit: Es gibt einen i und ein $z \in X$, so daß $x = s_i z$ ist.

Für ein Simplex $x \in X_n$ definiert man den Rand

$$Dx = (d_0 x, d_1 x, \ldots, d_n x). \tag{3.7}$$

Im Zusammenhang mit der Homotopie, siehe 8.1, interessiert:

3.8 Lemma: *Wenn x und y entartet sind, folgt aus $Dx = Dy$, daß $x = y$ ist.*

Beweis: Es sei $x = s_i u$ und $y = s_j v$. 1. Fall $j = i$: Es ist $u = d_i s_i u = d_i x = d_i y = d_i s_i v = v$, also $x = s_i u = s_i v = y$. – 2. Fall $j = i+1$: Es ist

$$u = d_{i+1} s_i u = d_{i+1} s_{i+1} v = v \tag{3.8}$$

und daher

$$u = d_i s_i u = d_i s_{i+1} v = d_i s_{i+1} u = s_i d_i u. \tag{3.9}$$

Dann folgt:

$$x = s_i u \overset{*}{=} s_i s_i d_i u = s_{i+1} s_i d_i u \overset{*}{=} s_{i+1} u \overset{**}{=} s_{i+1} v = y,$$

wobei bei * (3.9) und bei ** (3.8) benutzt wurde. – 3. Fall $j > i+1$: Es ist

$$s_i d_{j-1} u = d_j s_i u = d_j s_j v = v \tag{3.10}$$

und daher

$$u = d_i s_i u = d_i s_j v = d_i s_j s_i d_{j-1} u = s_{j-1} d_i s_i d_{j-1} u = s_{j-1} d_{j-1} u. \tag{3.11}$$

Dann folgt, wenn man bei * (3.11) und bei ** (3.10) benutzt:

$$x = s_i u \overset{*}{=} s_i s_{j-1} d_{j-1} u = s_j s_i d_{j-1} u \overset{**}{=} s_j v = y.$$

Jede ss. Menge wird von ihren nicht entarteten Simplexen erzeugt. Diese Tatsache ergibt sich aus folgendem Satz, der in der semisimplizialen Theorie von grundlegender Bedeutung ist:

3.9 Satz: *Jedes Simplex x läßt sich eindeutig als*

$$x = \beta^* y \tag{3.12}$$

darstellen, wobei β surjektiv und y nicht entartet ist. Man nennt (3.12) *die kanonische Darstellung von x.*

Beweis: I. Die Existenz der Darstellung (3.12): Wenn x nicht entartet ist, ist man fertig ($\beta=\mathrm{id}$). Sonst gibt es nach der Definition der Entartung ein echt surjektives β_1 und ein y_1, so daß $x=\beta_1^* y_1$ ist. Sollte y_1 entartet sein, gibt es ein echt surjektives β_2 und ein y_2 mit $y_1=\beta_2^* y_2$, also $x=\beta_1^*\beta_2^* y_2=(\beta_2\beta_1)^* y_2$, usw. Es ist $\dim x>\dim y_1>\dim y_2>\cdots$. Dieses Verfahren endet daher nach endlich vielen Schritten bei einem nicht entarteten y_n: $x=(\beta_n\ldots\beta_1)^* y_n$. Als Hintereinanderschaltung surjektiver Funktionen ist $\beta_n\ldots\beta_1$ surjektiv. II. Eindeutigkeit der Darstellung (3.12): Es sei $\beta^* y=\gamma^* z$, wobei β und γ surjektiv und y und z nicht entartet sind: Es gibt ein injektives α, so daß $\beta\alpha=\mathrm{id}$ ist. Dann ist $y=(\gamma\alpha)^* z$. Nach (1.5) zerlegt man $\gamma\alpha=\alpha'\gamma'$, wobei α' injektiv und γ' surjektiv ist. Dann ist $y=\gamma'^*\alpha'^* z$. Weil y nicht entartet ist, muß $\gamma'=\mathrm{id}$ sein. Folglich ist $\gamma\alpha$ injektiv und somit $\dim y\leq\dim z$. Entsprechend folgt $\dim z\leq\dim y$, also $\dim y=\dim z$. Daher ist $\gamma\alpha$ nicht nur injektiv, sondern auch surjektiv, also $\gamma\alpha=\mathrm{id}$ und folglich $y=z$.

Durch Widerspruch wird bewiesen, daß $\beta=\gamma$ ist: Aus der Annahme $\beta\neq\gamma$ folgt: Es gibt ein α, so daß $\beta\alpha=\mathrm{id}$ und $\gamma\alpha\neq\mathrm{id}$ ist. Man zerlegt nach (1.5) $\gamma\alpha=\alpha'\gamma'$ mit injektivem α' und surjektivem γ'. Dann ist

$$y=\alpha^*\beta^* y=\alpha^*\gamma^* y=\gamma'^*\alpha'^* y. \tag{3.13}$$

Wenn $\gamma'=\mathrm{id}$ wäre, müßte aus Dimensionsgründen auch $\alpha'=\mathrm{id}$ sein, was wegen $\alpha'\gamma'\neq\mathrm{id}$ ausgeschlossen ist. Folglich ist γ' echt surjektiv, und (3.13) bedeutet, daß y entgegen der Voraussetzung entartet ist.

4. Das ss. *n*-Modell

4.1 Simplizialer Komplex: Nach Eilenberg und Steenrod, Seite 162, versteht man unter einem simplizialen Komplex K: In einer Menge W, deren Elemente Ecken heißen, ist eine Familie K endlicher Teilmengen, die sogenannten Simplexe, ausgezeichnet, so daß jede Teilmenge eines Simplex ebenfalls ein Simplex ist.

Wenn man die Menge W teilweise ordnet, so daß die Ecken, die zu einem Simplex gehören, geordnet sind, bestimmt K folgende ss. Menge ΣK: Ein n-Simplex von ΣK ist eine Folge $(A_0,\ldots,A_n)$ von Ecken $A_0\leq\cdots\leq A_n$, die zu einem Simplex von K gehören. Einer monotonen Funktion $\alpha\colon[q]\to[n]$ ist der Operator

$$\alpha^*(A_0,\ldots,A_n)=(A_{\alpha(0)},\ldots,A_{\alpha(q)})$$

zugeordnet. Wenn der simpliziale Komplex K aus einem n-dimensionalen Simplex und seinen Seiten besteht, heißt ΣK ss. n-Modell. Wegen seiner Wichtigkeit wird es noch einmal direkt definiert:

4.2 Zur ganzen Zahl $n\geq 0$ wird das ss. *n-Modell* $\Delta(n)$ als folgende ss. Menge definiert: $\Delta(n)_q$ ist die Menge aller Folgen $(a_0,a_1,\ldots,a_q)$ von ganzen Zahlen $0 \leq a_0 \leq a_1 \leq \cdots \leq a_q \leq n$. Der monotonen Funktion $\alpha: [r] \to [q]$ ist der Operator $\alpha^*(a_0, \ldots, a_q) = (a_{\alpha(0)}, \ldots, a_{\alpha(q)})$ zugeordnet. Insbesondere ist also $d_i(a_0, \ldots, a_q) = (a_0, \ldots, \hat{a}_i, \ldots, a_q)$ und $s_i(a_0, \ldots, a_q) = (a_0, \ldots, a_i, a_i, \ldots, a_q)$. Ein Simplex $(a_0, \ldots, a_q)$ ist genau dann entartet, wenn es ein $0 \leq i \leq q-1$ gibt, für das $a_i = a_{i+1}$ ist.

Bemerkungen: 1) Man stellt sich $\Delta(n)$ als System der Teilsimplexe des affinen Standardsimplexes $\nabla(n)$ vor, dessen Ecken mit $0, \ldots, n$ statt $A_0, \ldots, A_n$ bezeichnet sind. Dann bedeutet $(a_0, \ldots, a_q)$ das Teilsimplex, das die Ecken $a_0, \ldots, a_q$ hat: siehe die Abbildung 4.1.

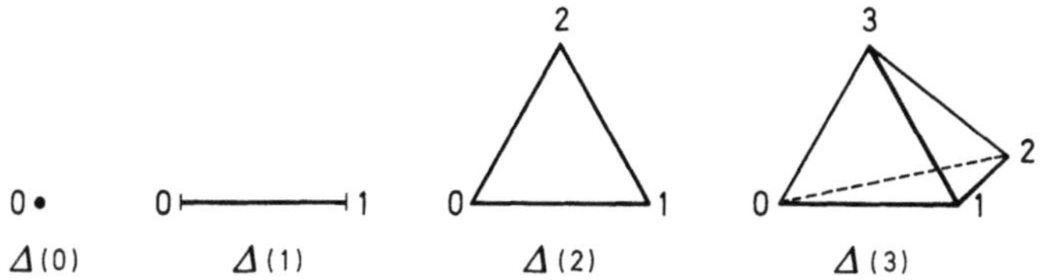

Abb. 4.1

2) Übungshalber verifiziere man die Vertauschungsbeziehungen (3.3) und die Aussagen 3.8 + 9 für die n-Modelle.

4.3 Das n-Modell $\Delta(n)$ wird von dem einen Simplex $(0, \ldots, n)$ erzeugt. Man bezeichnet es mit $[n] = (0, \ldots, n)$. Das n-Modell ist also n-dimensional. Jedes Simplex von $\Delta(n)$ läßt sich eindeutig als $\alpha^*[n]$ darstellen, mit anderen Worten:

Wenn man jeder monotonen Funktion $\alpha: [q] \to [n]$ das Simplex $\alpha^*[n] \in \Delta(n)_q$ zuordnet, wird eine umkehrbar eindeutige Beziehung zwischen den monotonen Funktionen $[q] \to [n]$ und den q-Simplexen von $\Delta(n)$ gestiftet.

4.4 Man erhält eine umkehrbar eindeutige Beziehung zwischen den monotonen Funktionen $[q] \to [n]$ und den ss. Abbildungen $\Delta(q) \to \Delta(n)$, wenn man der Funktion α die ss. Abbildung zuordnet, die gemäß 3.3 durch $[q] \mapsto (\alpha(0), \ldots, \alpha(q))$ bestimmt ist. Diese ss. Abbildung wird auch mit $\alpha: \Delta(q) \to \Delta(n)$ bezeichnet. Es gilt:

$$(4.1) \qquad \alpha([q]) = \alpha^*[n].$$

Aufgrund dieser Zuordnung ist die volle Teilkategorie der ss. Modelle zur Kategorie der endlichen geordneten Mengen äquivalent.

4.5 Eine wichtige ss. Untermenge von $\Delta(n)$ ist ihr $(n-1)$-Gerüst $\dot{\Delta}(n) = \Delta(n)^{n-1}$. Es heißt ss. $(n-1)$-*Sphäre* und wird von allen Simplexen $d_0[n], d_1[n], \ldots, d_n[n]$ erzeugt. Als weitere ss. Untermengen von $\Delta(n)$ interessieren später die ss. *Trichter* $\Lambda^i(n)$, die von allen Simplexen

$d_0[n],\dots,d_i\widehat{[n]},\dots,d_n[n]$ erzeugt werden; siehe die Abbildung 4.2. Man sagt: Der Trichter $\Lambda^i(n)$ hat ein Loch an der i-ten Stelle. Für $n=0$ setzt man $\dot\Delta(0)=\Lambda(0)=\emptyset$.

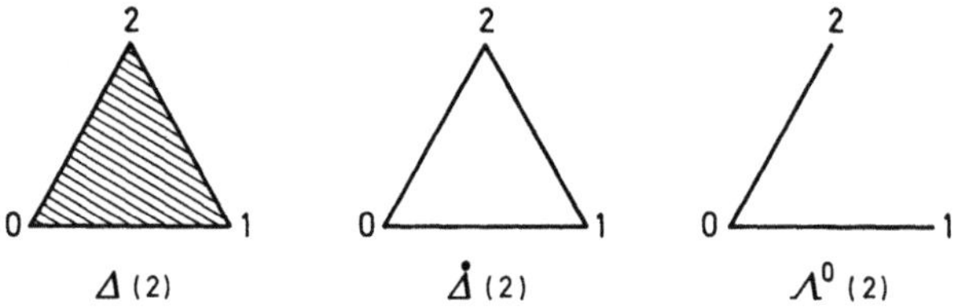

Abb. 4.2

4.6 Die Rolle, die das Einheitsintervall der reellen Zahlen in der Homotopietheorie topologischer Räume spielt, übernimmt in der semisimplizialen Theorie das 1-Modell $\Delta(1)$. Es wird im folgenden kurz mit $I=\Delta(1)$ bezeichnet. Für die Simplexe $(0,\dots,0)$ bzw. $(1,\dots,1)$ schreibt man kurz 0 bzw. 1 und bezeichnet auch die von 0 bzw. 1 erzeugten ss. Untermengen einfach mit 0 bzw. 1, wenn keine Mißverständnisse möglich sind.

Das kartesische Produkt $\Delta(n)\times I$ heißt ss. *Prisma.* Ein q-Simplex in $\Delta(n)\times I$ hat die Gestalt $((a_0,\dots,a_q),(0\dots01\dots1))$, wobei $0\le a_0\le\dots\le a_q\le n$ ganze Zahlen sind. Dafür schreibt man kürzer

(4.2) $$(a_0,\dots,a_i,\,a'_{i+1},\dots,a'_q)=((a_0,\dots,a_q),(0\dots\overset{i}{0}1\dots1)),$$

siehe die Abbildung 4.3.

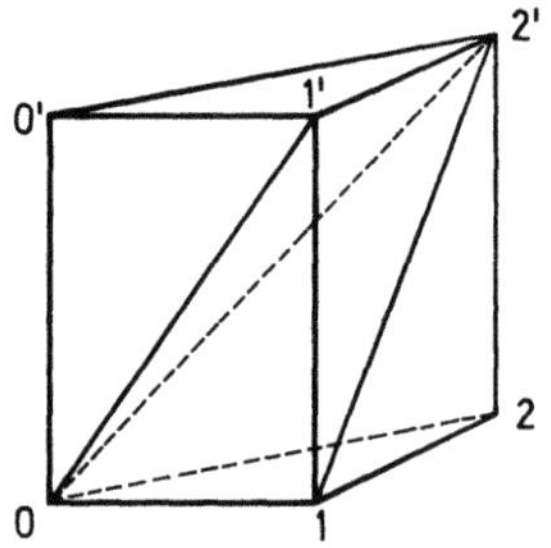

Abb. 4.3

Das Prisma $\Delta(n)\times I$ wird von den nicht entarteten $(n+1)$-Simplexen

(4.3) $$c_i=(0,1,\dots,i,i',(i+1)',\dots,n'),\quad i=0,\dots,n$$

erzeugt. Man verifiziert die Beziehungen:

(4.4) $$d_0c_0=([n],1),\quad d_{n+1}c_n=([n],0)$$

(4.5) $$d_{i+1}c_i=d_{i+1}c_{i+1},\quad i=0,\dots,n-1$$

(4.6) $$d_jc_i\in\dot\Delta(n)\times I,\quad i\neq j\neq i+1.$$

4.7 Die Bedeutung der n-Modelle für die allgemeine Theorie der ss. Mengen beruht auf folgender Tatsache: Für jede ss. Menge X wird eine umkehrbar eindeutige Beziehung zwischen den n-Simplexen von X und den ss. Abbildungen $\Delta(n) \to X$ gestiftet, indem man dem Simplex x die ss. Abbildung zuordnet, die durch $[n] \mapsto x$ bestimmt ist. Man bezeichnet diese Abbildung mit $\bar{x}$ oder einfach mit x selbst, wenn kein Mißverständnis möglich ist. Es ist

$$(4.7) \qquad a^* x\colon \Delta(q) \xrightarrow{\alpha} \Delta(n) \xrightarrow{x} X, \quad \text{für} \quad \alpha\colon [q] \to [n] \quad \text{und} \quad x \in X_n.$$

4.8 Weil das Prisma $\Delta(n) \times I$ von den Simplexen c_i (4.3) erzeugt wird, ist jede ss. Abbildung $h\colon \Delta(n) \times I \to X$ durch ihre Werte $h(c_i)$ bestimmt. Diese können beliebig vorgegeben werden, wenn nur

$$(4.8) \qquad d_{i+1} h(c_i) = d_{i+1} h(c_{i+1}), \quad i = 0, \ldots, n-1$$

erfüllt ist. Wenn X und Y ss. Untermengen von $\Delta(n)$ oder $\Delta(n) \times I$ sind, ist jede ss. Abbildung $f\colon X \to Y$ durch ihre Werte $f(x)$ für alle $x \in X_0$ eindeutig bestimmt.

4.9 Das ss. n-Modell $\Delta(n)$ ist in kanonischer Weise in die singuläre ss. Menge $S\nabla(n)$ des affinen n-dimensionalen Standardsimplex $\nabla(n)$ eingebettet:

$$(4.9) \qquad i\colon \Delta(n) \to S\nabla(n), \quad [n] \mapsto \mathrm{id}_{\nabla(n)}.$$

5. Homotopie und Ausfüllungsbedingung

5.1 Mit $[0,1]$ wird das Intervall der reellen Zahlen $0 \le t \le 1$ bezeichnet. Es seien X, Y zwei topologische Räume und $f_0, f_1\colon X \to Y$ zwei stetige Abbildungen. Man nennt f_0 *homotop* zu f_1, kurz: $f_0 \sim f_1$, wenn es eine stetige Abbildung $h\colon X \times [0,1] \to Y$ gibt, so daß $f_e(x) = h(x,e)$ für alle $x \in X$ und $e = 0,1$ gilt. Man nennt h eine Homotopie von f_0 nach f_1. Wenn $A \subset X$ ein Unterraum und $s\colon A \to Y$ eine vorgegebene stetige Abbildung ist, nennt man h „auf A *stationär* gleich s“, wenn $h(a,t) = s(a)$ für alle $a \in A$ und $t \in [0,1]$ ist. Man schreibt kurz: $f_0 \sim f_1$ stat. $= s$. Wenn $A \subset X$ und $B \subset Y$ Unterräume sind und $h(A \times [0,1]) \subset B$ ist, nennt man h eine Homotopie *relativ* A und B und schreibt kurz: $f_0 \sim f_1$ rel. A und B. Die Homotopie ist (auch im stationären und relativen Fall) eine Äquivalenzrelation.

5.2 Die oben gegebene Definition der Homotopie stetiger Abbildungen wird wörtlich in die semisimpliziale Theorie übertragen: Man ersetzt $[0,1]$ durch I, siehe 4.6, sieht X, Y als ss. Mengen, $A \subset X$, $B \subset Y$ als ss. Untermengen und f_0, f_1, h und s als ss. Abbildungen an. Allerdings ist die Homotopie von ss. Abbildungen im allgemeinen keine Äquivalenzrelation, wie das Beispiel 5.4 zeigt.

5.3 Satz: *Der Funktor* S *von* 3.5 *ist homotopietreu, d. h.: Für zwei stetige Abbildungen ist* $\mathrm{S}f_0 \sim \mathrm{S}f_1$, *wenn* $f_0 \sim f_1$ *ist. Allgemeiner:*
a) Aus $f_0 \sim f_1$ stat. $=s$ *folgt* $\mathrm{S}f_0 \sim \mathrm{S}f_1$ stat. $= \mathrm{S}s$.
b) Aus $f_0 \sim f_1$ rel. A *und* B *folgt* $\mathrm{S}f_0 \sim \mathrm{S}f_1$ rel. $\mathrm{S}A$ *und* $\mathrm{S}B$.

Beweis: Es sei $h\colon X \times [0,1] \to Y$ die Homotopie von f_0 nach f_1. Dann ist

$$\mathrm{S}X \times I \xrightarrow{\mathrm{id}\times i} \mathrm{S}X \times \mathrm{S}[0,1] = \mathrm{S}(X \times [0,1]) \xrightarrow{\mathrm{S}h} \mathrm{S}Y$$

die Homotopie von $\mathrm{S}f_0$ nach $\mathrm{S}f_1$. Dabei hat $i\colon I \to \mathrm{S}[0,1]$ die Bedeutung (4.9).

5.4 Beispiel: a) Die konstante ss. Abbildung $c\colon \Delta(n) \to \Delta(n), (0\ldots n) \mapsto (0\ldots 0)$, ist zur Identität von $\Delta(n)$ homotop. Die Homotopie lautet

$$(5.1) \qquad \omega\colon \Delta(n) \times I \to \Delta(n), \quad (a_0 \ldots a_i a'_{i+1} \ldots a'_q) \mapsto (0 \ldots 0\, a_{i+1} \ldots a_q).$$

Diese Homotopie ω ist eine Homotopie relativ $\Lambda^0(n)$ und $\Lambda^0(n)$. Sie ist ferner auf der von (0) erzeugten ss. Untermenge stationär.
b) Die Identität von $\Delta(n)$, $n \geq 1$, ist nicht zu c homotop. Denn für eine solche Homotopie $h\colon \Delta(n) \times I \to \Delta(n)$ müßte $h(1,1') = (1,0)$ sein. Aber es gibt kein Simplex $(1,0) \in \Delta(n)$.

5.5 Da die Homotopie im semisimplizialen Fall keine Äquivalenzrelation ist, kann man sich dadurch behelfen, daß man die von „homotop" erzeugte Äquivalenzrelation nimmt. Das ist jedoch nicht nötig, wenn man nur ss. Abbildungen in sogenannte Kan-Mengen betrachtet. Das sind ss. Mengen, die der Ausfüllungsbedingung genügen, die unten in 5.7 angegeben wird. Denn in 6.9 wird bewiesen:

Satz: *Es seien* $A \subset X$ *und* $B \subset Y$ *Paare von ss. Mengen.*
a) Wenn Y *eine Kan-Menge ist, ist „homotop" für die ss. Abbildungen* $X \to Y$ *eine Äquivalenzrelation.*
b) Wenn B *und* Y *Kan-Mengen sind, ist „homotop relativ* A *und* B" *für die ss. Abbildungen* $(X,A) \to (Y,B)$ *eine Äquivalenzrelation.*
c) Wenn Y *eine Kan-Menge ist, und* $s\colon A \to Y$ *eine vorgegebene ss. Abbildung ist, ist „homotop, wobei die Homotopie auf* A *stationär gleich* s *ist" eine Äquivalenzrelation für die ss. Abbildungen* $f\colon X \to Y$, *für die* $f|A = s$ *ist.*

Die Menge der Homotopieklassen wird im Falle a) mit $[X,Y]$, im Falle b) mit $[(X,A),(Y,B)]$ und im Falle c) mit $[X,Y]_s$ bezeichnet. Für die durch die ss. Abbildung f repräsentierte Homotopieklasse schreibt man kl f (lies: Klasse von f). Es bestehen kanonische Funktionen

($\rightarrow$ bzw. $\dashrightarrow$), die das Diagramm 5.1 kommutativ machen. Die Funktion $\dashrightarrow$ ist nur definiert, wenn $s(A) \subset B$ ist:

$$\begin{array}{ccc} [X,Y]_s & \rightarrow & [X,Y] \\ \vdots & \nearrow & \\ [(X,A),(Y,B)] & & \end{array}$$

Dia. 5.1

5.6 Aus dem Homotopiebegriff lassen sich weitere Begriffe ableiten: Zwei topologische Räume X und Y heißen homotopieäquivalent, wenn es zwei stetige Abbildungen $f: X \to Y$ und $g: Y \to X$ gibt, so daß $gf \sim \mathrm{id}_X$ und $fg \sim \mathrm{id}_Y$ ist.

Es sei $A \subset X$ ein Unterraum, $i: A \to X$ die Einbettung. Wenn es eine stetige Abbildung $r: X \to A$ gibt, so daß $ri = \mathrm{id}_A$ und $ir \sim \mathrm{id}_X$ stat. $= i$ ist, heißt A Deformationsretrakt von X. Man nennt r die Retraktion und die Homotopie von id_X nach ir Deformation. Offenbar sind X und A insbesondere homotopieäquivalent. Die Begriffe „homotopieäquivalent" und „Deformationsretrakt" lassen sich wörtlich auf Kan-Mengen übertragen.

5.7 Eine ss. Menge X heißt *Kan-Menge*, wenn die Ausfüllungsbedingung gilt:

Ausfüllungsbedingung, 1. Form: *Für jedes $n = 1, 2, \ldots$ und alle $0 \leq k \leq n$ läßt sich jede ss. Abbildung $f: \Lambda^k(n) \to X$ auf $\Delta(n)$ fortsetzen.*

Man nennt eine Folge von $(n-1)$-Simplexen $(x_0, x_1, \ldots, \overset{k}{-}, x_{k+1}, \ldots, x_n)$ einer ss. Menge X einen *Trichter* mit dem Loch an k-ter Stelle, wenn

(5.2) $$d_i x_j = d_{j-1} x_i, \quad i < j \quad \text{und} \quad i \neq k \neq j$$

gilt. Wegen 4.7 ist die 1. Form der Ausfüllungsbedingung äquivalent mit:

Ausfüllungsbedingung, 2. Form: *Für jedes $n = 1, 2, \ldots$ und alle $0 \leq k \leq n$ gibt es zu jedem Trichter $(x_0, \ldots, \overset{k}{-}, \ldots, x_n)$ in X ein $x \in X_n$ mit $d_i x = x_i$ für alle $i \neq k$.* Man nennt x Füllung des Trichters.

Die leere ss. Menge und alle nulldimensionalen ss. Mengen sind offenbar Kan-Mengen. Nicht nulldimensionale Kan-Mengen sind unendlich dimensional, wie in 6.3c) bewiesen wird. Die wichtigsten Kan-Mengen sind die singulären ss. Mengen:

5.8 Satz: *Für jeden topologischen Raum X ist die singuläre ss. Menge SX eine Kan-Menge.*

Beweis: Es sei $\nabla(n,i)$ die i-te Seite des affinen Standardsimplex $\nabla(n)$, d.h. der Unterraum aller $t_0 A_0 + \cdots + t_n A_n$ mit $t_i = 0$. Ferner sei $V^k(n)$

$= \bigcup_{i \neq k} \nabla(n,i)$. Dann ist $V^k(n)$ ein Retrakt von $\nabla(n)$: Jede stetige Abbildung $f\colon V^k(n) \to X$ läßt sich auf $\nabla(n)$ fortsetzen. Wenn ein Trichter $(x_0, \dots, \overset{k}{-}, \dots, x_n)$ in SX gegeben ist, bestimmt jedes $x_i\colon \nabla(n-1) \to X$ die stetige Abbildung $x_i'\colon \nabla(n,i) \to X$, $t_0 A_0 + \cdots + t_{i-1} A_{i-1} + t_{i+1} A_{i+1} + \cdots + t_n A_n \mapsto x_i(t_0 A_0 + \cdots + t_{i-1} A_{i-1} + t_{i+1} A_i + \cdots + t_n A_{n-1})$. Wegen (5.2) stimmen x_i' und x_j' auf $\nabla(n,i) \cap \nabla(n,j)$ überein. Folglich ergeben alle x_i' zusammen eine stetige Abbildung $f\colon V^k(n) \to X$ mit $f|\nabla(n,i) = x_i'$. Da $V^k(n)$ Retrakt von $\nabla(n)$ ist, läßt sich f zu einer stetigen Abbildung $x\colon \nabla(n) \to X$ fortsetzen, so daß also $x|\nabla(n,i) = x_i'$ ist. Das bedeutet aber $d_i x = x_i$, mit anderen Worten: x ist eine Füllung des gegebenen Trichters.

5.9 Bemerkungen: a) Außer durch die Ausfüllungsbedingungen lassen sich Kan-Mengen auch durch die Homotopie-Erweiterungseigenschaft 6.6 oder durch den ss. Approximationssatz II 5.8 charakterisieren.
b) Für jedes $n \geq 1$ ist $(-,(00),(01))$ ein Trichter in dem n-Modell $\Delta(n)$. Er läßt sich nicht füllen, da die Füllung (010) lauten müßte. Das ist aber kein Simplex in $\Delta(n)$. Daher ist $\Delta(n)$ keine Kan-Menge.

6. Homotopie-Hochhebung und -Erweiterung

6.1 Es sei $p\colon E \to B$ eine ss. Abbildung. Man nennt (E,p,B) eine ss. *Faserung*, wenn gilt:

Faserungsbedingung, 1. Form: *Jedes kommutative Diagramm* 6.1 *von ss. Abbildungen (ausgezogene Linien) läßt sich durch eine ss. Abbildung h (gestrichelt) so ergänzen, daß es kommutativ bleibt; alle* $n = 0, 1, \dots$ *und alle* $0 \leq i \leq n$:

$$\begin{array}{ccc} \Lambda^i(n) & \longrightarrow & E \\ \cap\big\downarrow & \overset{h}{\nearrow} & \big\downarrow p \\ \Delta(n) & \longrightarrow & B \end{array}$$

Dia. 6.1

Es sei $T = (x_0, \dots, \overset{i}{-}, \dots, x_n)$ ein Trichter in E und $b \in B_n$. Man nennt T einen Trichter über den Seiten von b, wenn $p(x_j) = d_j b$ für alle $j \neq i$ ist. Wenn $x \in E$ den Trichter füllt und $p(x) = b$ ist, heißt x Füllung von T über b. Wegen 4.7 ist die oben genannte Faserungsbedingung äquivalent mit:

Faserungsbedingung, 2. Form: *Es sei* $b \in B$ *und* T *ein Trichter in* E *über den Seiten von* b. *Er läßt sich über* b *füllen.*

Für $n = 0$ sagt die Faserungsbedingung, daß p für die Nullsimplexe surjektiv ist. Offensichtlich ist eine ss. Menge $X \neq \emptyset$ genau dann eine Kan-Menge, wenn die konstante Abbildung $X \to \Delta(0)$ eine Faserung ist.

Wenn man Faserungen untersucht, werden also gleichzeitig Kan-Mengen untersucht.

6.2 Lemma: *Es sei (E, p, B) eine Faserung und*

$$(x_0, \ldots, \underline{i_1}, \ldots, \underline{i_2}, \ldots, \underline{i_r}, \ldots, x_n)$$

in E ein Trichter mit mehreren Löchern, der über den Seiten von $b \in B_n$ liegt. Er läßt sich über b füllen.

Beweis: Man macht die Induktionsannahme, daß sich Trichter mit $m \geq 1$ Löchern füllen lassen. Wenn nun ein Trichter

$$T = (x_0, x_1, \ldots, \underline{i_1}, \ldots, \underline{i_m}, \ldots, \underline{i_{m+1}}, \ldots, x_n)$$

über b mit $m+1$ Löchern gegeben ist, bildet man zunächst den Trichter $(l = i_{m+1})$

$$T' = (d_{l-1} x_0, d_{l-1} x_1, \ldots, \underline{i_1}, \ldots, \underline{i_m}, \ldots, d_{l-1} x_{l-1}, d_l x_{l+1}, \ldots, d_l x_n)$$

über den Seiten von $d_l b$ und füllt ihn nach der Induktionsannahme über $d_l b$ durch y. Man setzt in T an der l-ten Stelle y ein und erhält so den Trichter T'' mit m Löchern über den Seiten von b. Nach der Induktionsannahme kann man ihn über b füllen. Jede solche Füllung ist gleichzeitig eine Füllung des gegebenen Trichters T über b.

6.3 Folgerungen: *a) Wenn (E,p,B) eine Faserung ist, ist p surjektiv.*
b) In einer Faserung (E,p,B) ist E genau dann eine Kan-Menge, wenn B es ist.
c) Jede Kan-Menge ist null- oder unendlich dimensional.

Beweis: a) ist der Spezialfall von 6.2, daß der Trichter ganz leer ist. Zu b): Es sei B eine Kan-Menge und $T = (x_0, \ldots, -, \ldots, x_n)$ ein Trichter in E. Man füllt den Trichter $p(T) = (p(x_0), \ldots, -, \ldots, p(x_n))$ in B durch $b \in B_n$. Dann ist T ein Trichter über den Seiten von b, der nach der Faserungsbedingung gefüllt werden kann. – Umgekehrt sei E eine Kan-Menge und $T = (b_0, \ldots, \underline{i}, \ldots, b_n)$ ein Trichter in B. Folgendermaßen wählt man einen Trichter $T' = (x_0, x_1, \ldots, \underline{i}, \ldots, x_n)$ in E mit $p(x_j) = b_j$: Nach a) gibt es ein x_0 mit $p(x_0) = b_0$. Wenn bereits $x_0, \ldots, x_{k-1}$ konstruiert sind, füllt man den Trichter $(d_{k-1} x_0, d_{k-1} x_1, \ldots, d_{k-1} x_{k-1}, -, \ldots, -)$ über b_k durch x_k. Danach füllt man den Trichter T' durch $x \in E$. Konstruktionsgemäß ist $p(x)$ eine Füllung des gegebenen Trichters T in B. Zu c): Es sei x ein nicht entartetes n-Simplex mit $n \geq 1$. Man füllt den Trichter $(x, s_0 d_0 x, -, \ldots, -)$ durch $y \in X_{n+1}$. Dann ist y nicht entartet. Denn die Annahme $y = s_i z$ führt folgendermaßen zu einem Widerspruch: Wenn $i \geq 1$ ist, ist $x = d_0 y = d_0 s_i z = s_{i-1} d_0 z$ entgegen der Voraussetzung entartet. Wenn $i=0$ ist, ist $x = d_0 y = d_0 s_0 z = z$ und folglich $x = z$

$= d_1 s_0 z = d_1 y = s_0 d_0 x$ entgegen der Voraussetzung entartet. Damit ist gezeigt: Wenn eine Kan-Menge in *einer* Dimension $n \geq 1$ ein nicht entartetes Simplex enthält, dann auch in allen höheren Dimensionen.

6.4 Es sei $p: E \to B$ eine ss. Abbildung. Man sagt: *Das Tripel (E, p, B) hat die Homotopie-Hochhebungs-Eigenschaft (HHE) für das Paar $A \subset X$ von ss. Mengen, wenn sich jedes kommutative Diagramm 6.2 ($e = 0$ oder 1) von ss. Abbildungen (ausgezogene Linien) durch eine ss. Abbildung H (gestrichelt) so ergänzen läßt, daß es kommutativ bleibt:*

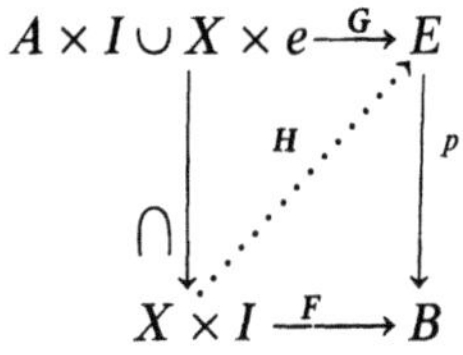

Dia. 6.2

6.5 Satz: *Folgende drei Aussagen sind äquivalent:*
a) (E, p, B) *ist eine Faserung.*
b) p *ist surjektiv, und (E, p, B) hat die HHE für $\dot{\Delta}(n) \subset \Delta(n)$, $n = 0, 1, \ldots$*
c) p *ist surjektiv, und (E, p, B) hat die HHE für beliebige Paare $A \subset X$ von ss. Mengen.*

Beweis: Aus a) folgt b): Es sei zunächst $e = 0$. Man betrachtet die erzeugenden Simplexe c_i von $\Delta(n) \times I$, siehe (4.3). Nach (4.6) ist $G(d_j c_i)$ für alle $i \neq j \neq i+1$ und nach (4.4) $G(d_{n+1} c_n)$ definiert. Man wählt $H(c_n)$ als eine Füllung des Trichters

$$(G(d_0 c_n), G(d_1 c_n), \ldots, -, G(d_{n+1} c_n)) \quad \text{über} \quad F(c_n),$$

sodann $H(c_{n-1})$ als eine Füllung des Trichters

$$(G(d_0 c_{n-1}), \ldots, -, d_n H(c_n), G(d_{n+1} c_{n-1})) \quad \text{usw.}$$

Dann ist $d_i H(c_i) = d_i H(c_{i-1})$ für alle i. Wegen 4.8 ist H also eine ss. Abbildung, die offensichtlich 6.2 kommutativ macht. Wenn $e = 1$ ist, beginnt man mit c_0, dann c_1, usw. und verfährt analog wie oben.

$$
\begin{array}{c}
A \times I \cup X \times e \xrightarrow{G} E \\
\cap \downarrow \quad \quad H^{n-1} \nearrow \quad \downarrow p \\
(A \cup X^{n-1}) \times I \cup X \times e \\
\cap \downarrow \\
X \times I \xrightarrow{F} B
\end{array}
$$

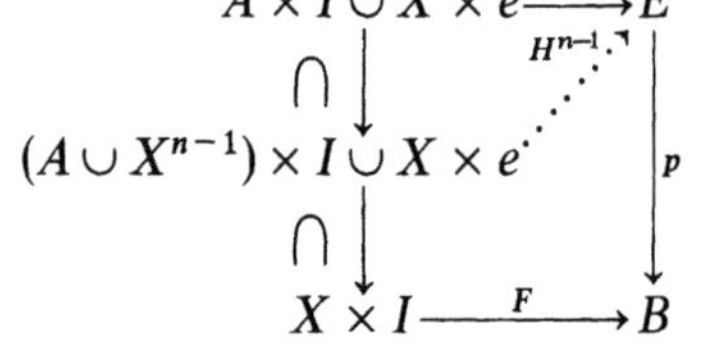

Dia. 6.3

Aus b) folgt c): Man geht gerüstweise vor und nimmt an, H^{n-1} sei bereits definiert, so daß das Diagramm 6.3 kommutativ ist. Es sei $x \in X_n$ nicht entartet. Das Diagramm 6.4 (ausgezogene Linien) ist kommutativ.

$$\begin{array}{ccccc}
\dot{\Delta}(n)\times I\cup\Delta(n)\times e & \xrightarrow{(x\times \mathrm{id})|\dots} & (A\cup X^{n-1})\times I\cup X\times e & \xrightarrow{H^{n-1}} & E \\
\cap\downarrow & \overset{H_x}{\nearrow} & \cap\downarrow & & \downarrow p \\
\Delta(n)\times I & \xrightarrow[x\times \mathrm{id}]{} & X\times I & \xrightarrow[F]{} & B
\end{array}$$

Dia. 6.4

Nach b) läßt es sich durch H_x (gestrichelt) ergänzen, so daß es kommutativ bleibt. Man definiert dann

$$H^n\colon\ (A\cup X^n)\times I\cup X\times e\to E \quad \text{durch} \quad H^n(x,t)=H^{n-1}(x,t) \quad \text{für}$$
$$(x,t)\in(A\cup X^{n-1})\times I\cup X\times e \quad \text{und} \quad H^n(x,t)=H_x([n],t)$$

für die nicht entarteten $x\in X_n$. Dann ist H^n eine ss. Abbildung, für die das Diagramm 6.3 mit n statt $n-1$ kommutativ ist.

Aus c) folgt a): Das rechte Viereck des Diagrammes 6.5 (ausgezogene Linien) sei gegeben, $n\geq 1$. Gesucht ist eine ss. Abbildung h (gestrichelt), so daß das rechte Teildiagramm kommutativ bleibt. Zunächst sei $i>0$.

$$\begin{array}{ccccc}
\Lambda^i(n)\times I\cup\Delta(n)\times e & \xrightarrow{F|\dots} & \Lambda^i(n) & \to & E \\
\cap\downarrow & \overset{H}{\nearrow} & \downarrow & \overset{h}{\nearrow} & \downarrow p \\
\Delta(n)\times I & \xrightarrow[F]{} & \Delta(n) & \to & B
\end{array}$$

Dia. 6.5

Man wählt $e=1$ und definiert F gemäß 4.8 durch $F(j)=j$ für alle j, $F(j')=j$ für alle $j\neq i-1$ und $F((i-1)')=i$. Dann ist F eine ss. Abbildung, für die $F(\Lambda^i(n)\times I\cup\Delta(n)\times 1)\subset\Lambda^i(n)$ ist. Wenn $i=0$ ist, wählt man $e=0$ und $F=\omega$ (5.1). In beiden Fällen findet man nach b) eine ss. Abbildung H, so daß das Diagramm kommutativ ist. Man definiert dann h durch $h([n])=H([n],1-e)$. Der Fall $B=\Delta(0)$ ergibt

6.6 Satz: *Eine ss. Menge Y ist genau dann eine Kan-Menge, wenn sie folgende Homotopie-Erweiterungs-Eigenschaft* (HEE) *hat: Für $e=0$ oder* 1 *und jedes Paar $A\subset X$ von ss. Mengen läßt sich jede ss. Abbildung $f\colon A\times I\cup X\times e\to Y$ auf $X\times I$ erweitern. Das heißt: Es gibt eine ss. Abbildung $F\colon X\times I\to Y$ mit $F|A\times I\cup X\times e=f$.*

6.7 Die Homotopie-Hochhebungs-Eigenschaft bleibt in einer allgemeineren Formulierung richtig: Man kann das Paar $(I,e)=(\Delta(1),\Lambda^{1-e}(1))$ durch $(\Delta(n),\Lambda^i(n))$ für alle $n=1,2,\dots$ und alle $0\leq i\leq n$ ersetzen. Da im folgenden nur noch der Fall $n=2$ benötigt wird, genügt:

Lemma: *Es sei $i=0,1$ oder 2, (E,p,B) eine Faserung und $A\subset X$ ein Paar von ss. Mengen. Jedes Diagramm 6.6 von ss. Abbildungen (ausge-*

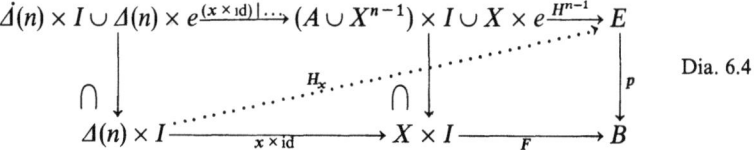

zogene Linien) läßt sich durch eine ss. Abbildung h (gestrichelt) so ergänzen, daß es kommutativ bleibt:

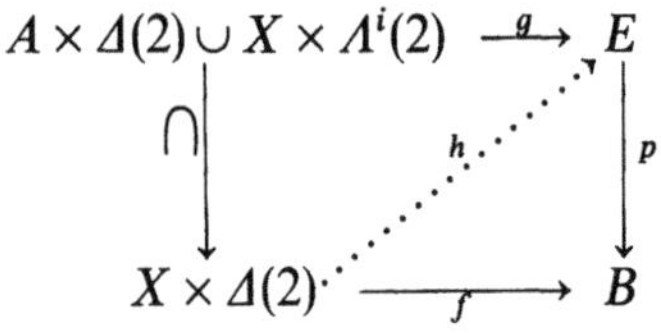

Dia. 6.6

Beweis: Es sei $i=0$. Man definiert die ss. Abbildungen

$$\varphi\colon I\times I\to\Delta(2),\quad 0\mapsto 0,\quad 1\mapsto 2,\quad 0'\mapsto 1,\quad 1'\mapsto 2$$
$$\psi\colon \Delta(2)\to I\times I,\quad 0\mapsto 0,\quad 1\mapsto 0',\quad 2\mapsto 1'.$$

Dann ist $\varphi\psi=\mathrm{id}$. Nach der HHE findet man im Diagramm 6.7 eine ss. Abbildung H, so daß das Diagramm kommutativ bleibt. Man definiert dann

$$h\colon X\times\Delta(2)\xrightarrow{\mathrm{id}\times\psi} X\times I\times I\xrightarrow{H} E.$$

Für $i=1$ oder 2 muß man φ und ψ anders definieren. Sonst verläuft der Beweis genauso.

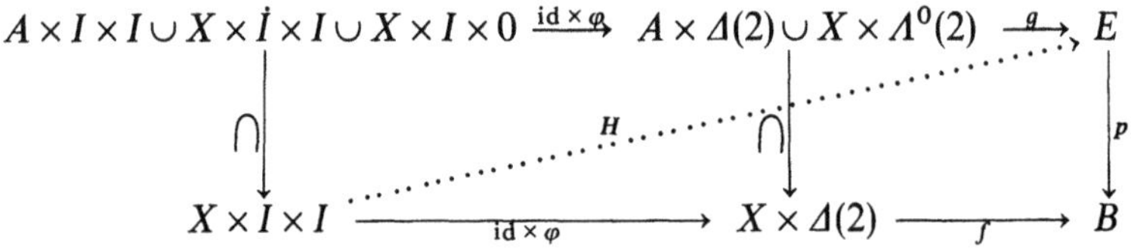

Dia. 6.7

Im Falle $B=\Delta(0)$ ergibt sich:

6.8 Korollar: *Es sei $i=0,1$ oder 2, Y eine Kan-Menge und $A\subset X$ ein Paar von ss. Mengen. Jede ss. Abbildung $A\times\Delta(2)\cup X\times\Lambda^i(2)\to Y$ läßt sich auf $X\times\Delta(2)$ fortsetzen.*

6.9 Beweis zum Satz in 5.5: Offensichtlich ist a) ein Spezialfall von b) oder c). Ferner ist die Relation „homotop" reflexiv. Denn $h(x,t)=f(x)$ für $x\in X$ und $t\in I$ ist eine Homotopie von f nach sich selbst.
Zu b): Es sei h_1 eine Homotopie von f_0 nach f_2 und h_2 eine von f_0 nach f_1. Beide seien auf A stationär gleich s. Man definiert
$g\colon A\times\Delta(2)\cup X\times\Lambda^0(2)\to Y$ durch $g(a,u)=s(a)$, $g(x,\delta^e(t)=h_e(x,t))$ für $a\in A$, $u\in\Delta(2)$, $x\in X$, $t\in I$, $e=1,2$. Nach 6.8 kann man g zu
$G\colon X\times\Delta(2)\to Y$ fortsetzen. Dann ist $h_0\colon X\times I\to Y, (x,t)\mapsto G(x,\delta^o(t))$, eine Homotopie von f_1 nach f_2, die auf A stationär gleich s ist.
Zu c): Es seien h_1 die Homotopie von f_0 nach f_2 und h_2 von f_0 nach f_1 mit $h_e(A\times I)\subset B$, $e=1,2$. Da B eine Kan-Menge ist, findet man nach 6.8

(setze dort $A=\emptyset$, $X=A$, $Y=B$) eine ss. Abbildung $g\colon A\times\Delta(2)\to B$ mit $g(a,\delta^e(t))=h_e(a,t)$. Man wendet nun 6.8 noch einmal an: Die ss. Abbildung $h\colon A\times\Delta(2)\cup X\times\Lambda^0(2)\to Y$ mit $h(a,u)=g(a,u)$, $h(x,\delta^e(t))=h_e(x,t)$ läßt sich zu $H\colon X\times\Delta(2)\to Y$ fortsetzen. Dann ist $h_0\colon X\times I\to Y, (x,t)\mapsto H(x,\delta^0(t))$ eine Homotopie von f_1 nach f_2 mit $h_0(A\times I)\subset g(A\times\Delta(2))\subset B$.

Die beiden Nummern 6.10+11 werden im VII. Kapitel gebraucht.

6.10 Es sei $A\subset B$ ein Paar von ss. Mengen, X eine Kan-Menge, $s_0,s_1\colon A\to X$ zwei ss. Abbildungen und $h\colon A\times I\to X$ eine Homotopie von s_0 nach s_1. Bei zwei ss. Abbildungen $f_0,f_1\colon B\to X$ nennt man f_0 längs h zu f_1 homotop (kurz: $f_0\sim_h f_1$), wenn es eine Homotopie $H\colon B\times I\to X$ von f_0 nach f_1 gibt, so daß $H|A\times I=h$ ist. Insbesondere muß also $f_e|A=s_e$ für $e=0$ und 1 sein. Die Relation $\sim_h$ hat folgende Eigenschaften:
a) Es sei $F\colon X\to Y$ eine ss. Abbildung. Aus $f_0\sim_h f_1$ folgt $Ff_0\sim_{Fh}Ff_1$. Denn FH ist eine Homotopie von Ff_0 nach Ff_1 längs Fh. Ferner folgt aus der HEE 6.6:
b) Es sei $e=0$ oder 1. Zu jeder ss. Abbildung $f_e\colon B\to X$ mit $f_e|A=s_e$ gibt es eine ss. Abbildung f_{1-e} mit $f_0\sim_h f_1$. – Schließlich folgt aus 6.8:
c) Es sei eine ss. Abbildung $k\colon A\times\Delta(2)\to X$ gegeben. Man definiert

$$k^i\colon A\times I\xrightarrow{\mathrm{id}\times\delta^i}A\times\Delta(2)\xrightarrow{k}X,\qquad i=0,1,2. \tag{6.1}$$

Wenn von den drei Aussagen $f_1\sim_{k_0}f_2$, $f_0\sim_{k_1}f_2$ und $f_0\sim_{k_2}f_1$ zwei gelten, gilt auch die dritte.

Es sei $S_e\colon A\times I\to Y$ die stationäre Homotopie $S_e(a,t)=s_e(a)$. Wenn man c) auf $k\colon A\times\Delta(2)\xrightarrow{\mathrm{id}\times\sigma^0}A\times I\xrightarrow{h}X$ bzw. $k\colon A\times\Delta(2)\xrightarrow{\mathrm{id}\times\sigma^1}A\times I\xrightarrow{h}X$ anwendet, ergibt sich:

d) Wenn von den drei Aussagen

I) $f_0\sim_h f_1$, $g_0\sim_h f_1$, $f_0\sim_{s_0}g_0$ bzw. II) $f_1\sim_{s_1}g_1$, $f_0\sim_h f_1$, $f_0\sim_h g_1$ zwei gelten, gilt auch die dritte.

6.11 Die Bezeichnungen seien wie in 6.10 gewählt. Außerdem bedeute $[B,X]_{s_e}$ die Menge der Homotopieklassen $\mathrm{kl}\,f_e$ von ss. Abbildungen $f_e\colon B\to X$, mit $f_e|A=s_e$, wobei die Homotopie auf A stationär $=s_e$ ist. Dann gilt

Lemma: *a) Die Relation „$\sim_h$" induziert einen Isomorphismus*

$$o(h)\colon [B,X]_{s_0}\to[B,X]_{s_1}, \tag{6.2}$$

$o(h)\,\mathrm{kl}\,f_0=\mathrm{kl}\,f_1$, *genau dann wenn* $f_0\sim_h f_1$ *ist.*

b) Für eine ss. Abbildung $F: X \to Y$ gilt $o(Fh) = F_* o(h)$, wobei F_* die Funktion $[B,X]_{s_1} \to [B,Y]_{Fs_1}$, $\text{kl} f_1 \mapsto \text{kl}(Ff_1)$, bedeutet.
c) Wenn h eine stationäre Homotopie ist, ist $o(h) = \text{id}$.
d) Für k^i wie in (6.1) gilt

(6.3) $$o(k^0) o(k^2) = o(k^1)$$

Beweis: a) folgt aus 6.10b + d). – b) folgt aus 6.10a). – c) ist trivial. – d) folgt aus 6.10c).

7. Faserungen

7.1 Unter einer Faserung (E, p, B) versteht man nach SERRE [1], Seite 433, eine stetige, surjektive Abbildung $p: E \to B$ zwischen zwei topologischen Räumen E und B, die folgende Homotopie-Hochhebungs-Eigenschaft hat:

Es sei X ein endliches Polyeder, A ein Unterpolyeder. Jedes kommutative Diagramm 7.1 von stetigen Abbildungen (ausgezogene Linien) läßt sich durch eine stetige Abbildung H (gestrichelt) so ergänzen, daß es kommutativ bleibt, $e = 0$ oder 1:

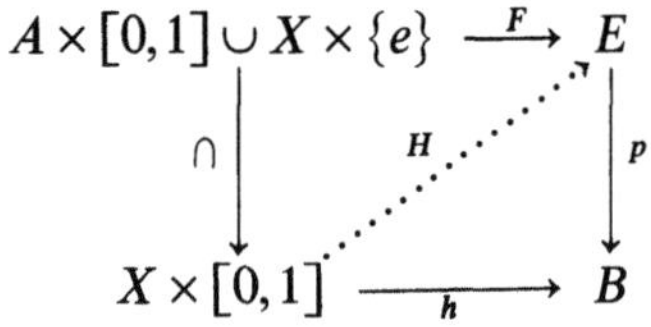

$$\begin{array}{ccc} A \times [0,1] \cup X \times \{e\} & \xrightarrow{F} & E \\ \cap \downarrow & {}^H \nearrow & \downarrow p \\ X \times [0,1] & \xrightarrow{h} & B \end{array}$$ Dia. 7.1

Die Homotopie-Hochhebungs-Eigenschaft folgt übrigens für beliebige Paare endlicher Polyeder $A \subset X$, wenn man sie nur für $A = \emptyset$ und $X = \nabla(n)$ fordert, wie in Hu [2], Seite 63, gezeigt wird.

Der Satz 6.5 zeigt, daß die ss. Faserung, die in 6.1 eingeführt wurde, das ss. Analogon der Serreschen Faserung ist. Darüber hinaus wird in II 5.6 bewiesen, daß (E, p, B) genau dann eine Serresche Faserung ist, wenn (SE, Sp, SB) eine ss. Faserung ist.

7.2 Für die Untersuchung der ss. Faserungen ist es zweckmäßig, die Kategorie der ss. *Tripel* einzuführen. Ihre Objekte $\xi = (E, p, B)$ bestehen aus zwei ss. Mengen E und B und einer ss. Abbildung $p: E \to B$. Sie heißen ss. Tripel. Man nennt E die *Totalmenge* und B die *Basis* des Tripels. Die Morphismen sind die kommutativen Diagramme 7.2. Sie heißen *Tripelabbildungen*. Man schreibt für solch ein Diagramm kurz

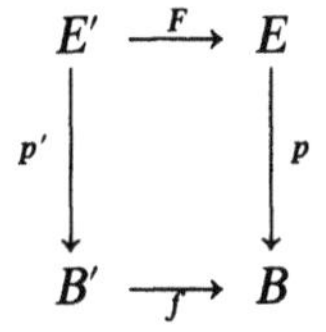

Dia. 7.2

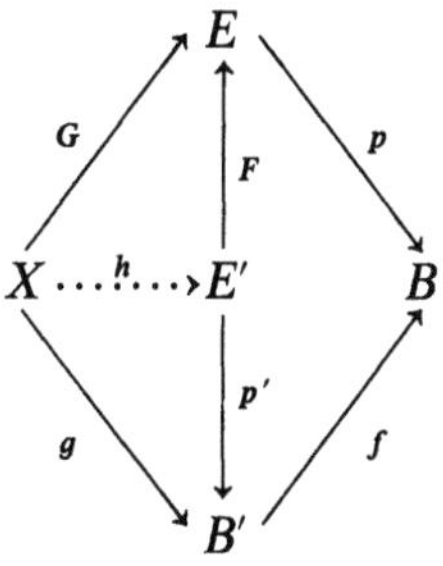

Dia. 7.3

$F: \xi' \to \xi$. Wenn $f = \mathrm{id}$ ist, heißt die Tripelabbildung *streng*.

7.3 Das Diagramm 7.2 heißt *universell*, wenn es kommutativ ist und wenn gilt: Zu irgendzwei ss. Abbildungen G und g, für die das Diagramm 7.3 (ausgezogene Linien) kommutativ ist, gibt es genau eine ss. Abbildung h (gestrichelt), so daß es kommutativ bleibt.
Eindeutigkeit: Das Diagramm 7.4 sei ebenfalls universell. Dann gibt

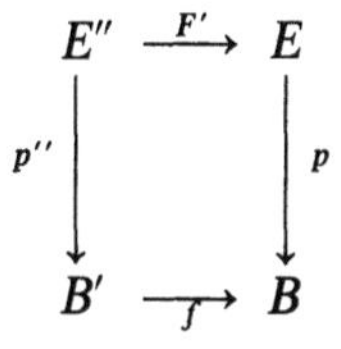

Dia. 7.4

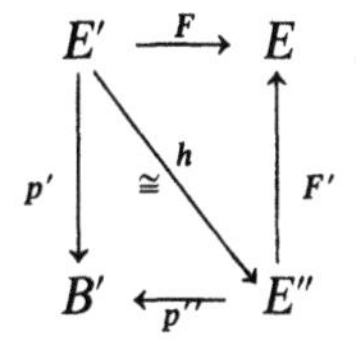

Dia. 7.5

es genau einen Isomorphismus h: $E' \to E''$, so daß das Diagramm 7.5 kommutativ ist. Das folgt leicht aus der Universalität.

7.4 Wenn ein ss. Tripel $\xi = (E, p, B)$ und eine ss. Abbildung f: $A \to B$ gegeben sind, definiert man f^*E als die ss. Untermenge von $A \times E$, die aus allen (a, x) mit $f(a) = p(x)$ besteht. Die Funktionen p': $f^*E \to A$,

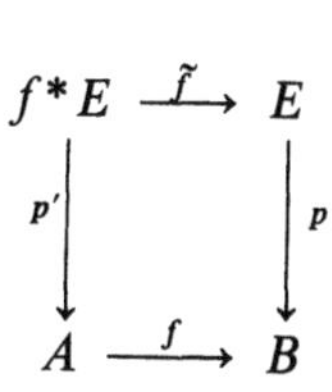

Dia. 7.6

$(a, x) \mapsto a$ und $\tilde{f}$: $f^*E \to E$, $(a, x) \mapsto x$ sind ss. Abbildungen. Das Diagramm 7.6 ist universell. Man nennt $f^*\xi = (f^*E, p', A)$ das durch f *induzierte* Tripel. Aus der Universalität folgt, daß für zwei ss. Abbildungen f und g, die sich hintereinander schalten lassen, die induzierten Tripel $g^* f^* \xi$ und $(f\,g)^* \xi$ in kanonischer Weise isomorph sind.

Wenn $b \in B_0$ ist, kann man nach 4.7 $b: \Delta(0) \to B$ als ss. Abbildung auffassen. Man nennt $b^* E$ die Faser von $\xi = (E, p, B)$ über b.

Aus der Universalität des induzierten Tripels folgt: Wenn ξ eine Faserung ist, ist $f^* \xi$ eine Faserung, die sogenannte induzierte Faserung. Bei einer Faserung sind alle Fasern Kan-Mengen.

7.5 Die Homotopie, die in 5.2 für ss. Abbildungen eingeführt wurde, wird auf strenge Tripelabbildungen übertragen: Es seien $\xi = (E, p, B)$ und $\xi' = (E', p', B)$ zwei ss. Tripel mit derselben Basis B und $F_0, F_1: E' \to E$ zwei strenge Tripelabbildungen. Unter einer *strengen Homotopie* von F_0 nach F_1 versteht man eine Homotopie H von F_0 nach F_1 im Sinne von 5.1 + 2, für die das Diagramm 7.7 kommutativ ist, wobei

$$\begin{array}{ccc} E' \times I & \xrightarrow{H} & E \\ & {\scriptstyle q} \searrow \quad \swarrow {\scriptstyle p} & \\ & B & \end{array}$$

Dia. 7.7

$q(x', t) = p'(x')$ ist.

7.6 Satz: *Es sei $\xi' = (E', p', B)$ ein ss. Tripel und $\xi = (E, p, B)$ eine ss. Faserung mit derselben Basis B.*
a) Für die strengen Tripelabbildungen $\xi' \to \xi$ ist „streng homotop" eine Äquivalenzrelation.
b) Es sei $A \subset E'$ eine ss. Untermenge und $S: A \to E$ eine vorgegebene ss. Abbildung mit $pS = p'$. Für die strengen Tripelabbildungen $F: \xi' \to \xi$ mit $F|A = S$ ist „streng homotop, wobei die Homotopie auf A stationär gleich S ist" eine Äquivalenzrelation.

Der Beweis verläuft wie in 6.9. Man muß nur das Lemma in 6.7 statt das Korollar 6.8 benutzen.

7.7 Bemerkung: Für nicht notwendig strenge Tripelabbildungen definiert man die Tripelhomotopie als kommutatives Diagramm 7.8. Damit diese Homotopie eine Äquivalenzrelation ist, muß man nicht nur

$$\begin{array}{ccc} E' \times I & \xrightarrow{H} & E \\ {\scriptstyle p' \times \mathrm{id}} \downarrow & & \downarrow {\scriptstyle p} \\ B' \times I & \xrightarrow[h]{} & B \end{array}$$

Dia. 7.8

wie in 7.6 voraussetzen, daß (E, p, B) eine Faserung ist, sondern auch, daß B (und folglich E, siehe 6.3 b)) eine Kan-Menge ist. Dieser Homotopiebegriff wird im folgenden nicht benötigt.

7.8 Analog zu 5.6 kann man aus dem Homotopiebegriff für Faserungen weitere Begriffe ableiten: Zwei Faserungen ξ und ξ' über derselben Basis B heißen *streng homotopieäquivalent*, wenn es zwei strenge Tripelabbildungen $F: \xi \to \xi'$ und $G: \xi' \to \xi$ gibt, so daß GF streng homotop zu id_ξ und FG streng homotop zu $\mathrm{id}_{\xi'}$ ist. Wegen 7.6 ist „streng homotopieäquivalent" in der Tat eine Äquivalenzrelation. Als Folgerung zu 8.12 wird sich ergeben, daß zwei aus derselben Faserung ξ induzierte Faserungen $f_0^* \xi$ und $f_1^* \xi$ streng homotopieäquivalent sind, wenn f_0 und f_1 homotop sind.

Es sei $\xi = (E, p, B)$ eine Faserung, $A \subset E$ eine ss. Untermenge und $i: A \to E$ die Einbettung. Man nennt das Tripel $\eta = (A, p|A, B)$ *Deformationsretrakt* von ξ, wenn η eine Faserung ist und wenn es eine strenge Tripelabbildung $r: \xi \to \eta$ gibt, so daß $ri = \mathrm{id}_\eta$ und ir streng homotop zu id_ξ ist, wobei die Homotopie auf A stationär ist. Insbesondere sind dann ξ und η streng homotopieäquivalent.

7.9 Eine spezielle Klasse von Serreschen Faserungen bilden die *Bündel*: Für eine stetige Abbildung $p: E \to B$ nennt man das Tripel (E, p, B) Bündel, wenn p surjektiv ist und es einen Raum Y, die sogenannte Faser, gibt, so daß jeder Punkt in B eine offene Umgebung U und einen Homöomorphismus $\varphi_U: Y \times U \xrightarrow{\cong} p^{-1}(U)$ besitzt, für den $p\varphi_U(y,u) = u$ für alle $y \in Y$ und $u \in U$ gilt. Jedes Bündel ist eine Serresche Faserung, siehe Hu [2], Seite 65. Viele Beispiele von Bündel enthält Steenrod [1].

Nun sei $\emptyset \neq E' \subset E$ ein Unterraum, $p' = p|E'$ die Beschränkung und $\xi' = (E', p', B)$. Man nennt (ξ, ξ') ein *Bündelpaar*, wenn es Y, U und φ_U wie oben gibt und außerdem in Y ein Unterraum Y' liegt, so daß die Beschränkung von φ_U auf $Y' \times U$ ein Homöomorphismus auf $p'^{-1}(U)$ ist. Dann sind insbesondere ξ und ξ' je für sich Bündel.

Analoge Begriffe definiert man in der ss. Theorie: Für eine ss. Abbildung $p: E \to B$ nennt man das Tripel (E, p, B) ein ss. Bündel, wenn p surjektiv ist und es eine ss. Menge Y, die sogenannte Faser, gibt, so daß zu jedem n und jedem $b \in B_n$ ein Isomorphismus

$$\varphi_b: \; Y \times \Delta(n) \xrightarrow{\cong} b^* E$$

mit $p\varphi_b(y,u) = u$ für alle $(y,u) \in Y \times \Delta(n)$ existiert.

Satz: *Ein ss. Bündel ist genau dann eine Faserung, wenn seine Faser eine Kan-Menge ist.*

Beweis: Dies folgt aus den beiden Tatsachen: a) Für ein kartesisches Produkt ist $(Y \times B, \mathrm{pr}_2, B)$ genau dann eine Faserung, wenn Y eine Kan-Menge ist. b) Ein Tripel $\xi = (E, p, B)$ ist genau dann eine Faserung, wenn zu jedem n und jedem $b \in B_n$ das induzierte Tripel $b^* \xi$ eine Faserung ist. – a+b) werden in offensichtlicher Weise aufgrund der Definitionen bewiesen.

Bemerkung: Wenn ξ ein beliebiges Tripel aber kein Bündel ist, können alle Fasern Kan-Mengen sein, ohne daß ξ eine Faserung ist, z. B. $\xi=(\Lambda^0(2),p,\Delta(1))$ mit $p(0)=0$, $p(1)=p(2)=1$.

Semisimpliziale Bündelpaare definiert man ganz analog zum oben beschriebenen stetigen Fall.

7.10 Satz: *Für jedes stetige Bündelpaar* (ξ,ξ') *ist* $(S\xi,S\xi')$ *ein ss. Bündelpaar. Wenn* (Y,Y') *die Fasern von* (ξ,ξ'), *sind* (SY,SY') *die von* $(S\xi,S\xi')$.

Beweis: Es werden die Bezeichnungen von 7.9 verwendet. Es sei $b\colon \nabla(n)\to B$ eine stetige Abbildung. Da sich $\nabla(n)$ zusammenziehen läßt, ist das induzierte Paar $(b^*\xi,b^*\xi')$ trivial, d. h., es gibt einen Homöomorphismus $\Phi_b\colon Y\times\nabla(n)\to b^*E$, für den $p\Phi_b=\mathrm{pr}_2$ ist, so daß die Beschränkung von Φ_b auf $Y'\times\nabla(n)$ ein Homöomorphismus auf b^*E' ist, siehe Steenrod [1], 11.6. Nun faßt man b als Simplex in $(SB)_n$ auf. Nach 4.9 ist $\Delta(n)$ in $S\nabla(n)$ eingebettet. Die Beschränkung von $S\Phi_b\colon SY\times S\nabla(n)\to Sb^*E$ ist ein Isomorphismus von $(SY\times\Delta(n),\, SY'\times\Delta(n))$ auf $(b^*SE,\, b^*SE')$.

7.11 Ein ss. Tripel $\xi=(E,p,B)$ heißt *trivial*, wenn es zu einem Tripel $(Y\times B,\mathrm{pr}_2,B)$, $Y\neq\emptyset$, streng isomorph ist. Es heißt *lokal trivial*, wenn für jedes n und jedes $b\in B_n$ das induzierte Tripel $b^*\xi$ trivial ist.

Satz: *a) Jedes ss. Bündel ist lokal trivial.*
b) Jedes lokal triviale Tripel $\xi=(E,p,B)$ *über einer zusammenhängenden Basis* B *ist ein ss. Bündel.*

Beweis: a) ist klar. – zu b): Zu jedem $b\in B_n$ gibt es ein Y_b und einen strengen Isomorphismus $Y_b\times\Delta(n)\xrightarrow{\cong} b^*E$. Es genügt somit zu zeigen, daß alle Y_b isomorph sind. Das folgt, weil für jedes b gilt: $Y_b\cong Y_{b(0)}$ und für jeden Streckenzug w von b_0 nach b_1 gilt: $Y_{b_0}\cong Y_{b_1}$. – „Zusammenhang" und „Streckenzug" werden in III 1.1+2 erklärt.

8. Minimalität

8.1 Zwei n-Simplexe x_0 und x_1 einer Kan-Menge X heißen homotop, wenn die ss. Abbildungen $x_0,x_1\colon \Delta(n)\to X$ homotop sind, wobei die Homotopie auf dem Rand $\dot\Delta(n)$ stationär ist. Diese Homotopie ist nach 5.5c) eine Äquivalenzrelation.

Es sei $*\in X_0$ ein ausgezeichneter Punkt. Man betrachtet die n-Simplexe x, für die $x(\dot\Delta(n))=*$ ist, und teilt sie in Homotopieklassen. Die Menge dieser Homotopieklassen wird mit $\pi_n(X,*)$ bezeichnet. Sie läßt sich zu einer Gruppe machen, der sogenannten n-ten Homotopiegruppe von X in $*$. Diese Gruppen werden im VII. Kapitel definiert und untersucht.

Die Homotopie von Simplexen kann man zur Faserhomotopie verallgemeinern: Es sei (E,p,B) eine Faserung. Zwei n-Simplexe $x_0, x_1 \in E$ heißen faserhomotop (kurz: $x_0 \sim x_1$), wenn es eine ss. Abbildung H: $\Delta(n) \times I \to E$ mit folgenden Eigenschaften gibt:

(8.1) $$H(u,e)=x_e(u), \quad H(v,t)=x_0(v)=x_1(v),$$
$$p\,H(u,t)=p\,x_0(u)=p\,x_1(u) \quad \text{für} \quad u\in\Delta(n), \quad v\in\dot{\Delta}(n), \quad t\in I, \quad e=0,1.$$

Mit anderen Worten: Die beiden strengen Tripelabbildungen x_0 und x_1, siehe Diagramm 8.1, sind streng homotop, und die Homotopie ist auf $\dot{\Delta}(n)$ stationär:

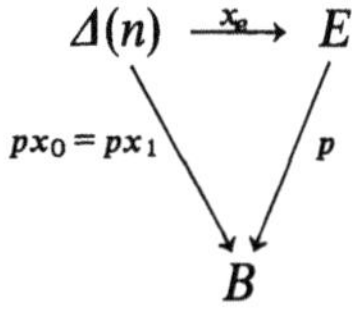

Dia. 8.1

Nach 7.6b) ist „faserhomotop" eine Äquivalenzrelation. Zwei faserhomotope Simplexe haben insbesondere denselben Rand. Wenn sie auch noch entartet sind, sind sie daher nach 3.8 einander gleich. Für $B=\Delta(0)$ ist die Faserhomotopie gleich der zuerst eingeführten Homotopie von Simplexen.

8.2 Man kann „faserhomotop" auch definieren, ohne von ss. Abbildungen Gebrauch zu machen:

Satz: *Es sei (E,p,B) eine Faserung, $x_0, x_1 \in E_n$. Für jedes $0 \leq i \leq n$ sind folgende beiden Aussagen äquivalent:*
a) x_0 und x_1 sind faserhomotop.
b) Es gibt ein $z\in E_{n+1}$ mit $p(z)=s_i p(x_0)$ und

$$D\,z=(d_0 s_i x_0, d_1 s_i x_0, \ldots, x_0, x_1, d_{i+2} s_i x_0, \ldots, d_{n+1} s_i x_0).$$

Dafür wird kurz $x_0 \sim_i x_1$ vermöge z geschrieben.

Beweis: Der Beweis besteht aus folgenden Schritten: I. $\sim_i$ ist eine Äquivalenzrelation. II. Wenn $x_0 \sim_i x_1$ für ein festes i gilt, gilt $x_0 \sim_j x_1$ für alle $0 \leq j \leq n$. III. Wenn $x_0 \sim_0 x_1$ ist, sind x_0 und x_1 faserhomotop. IV. Wenn x_0 und x_1 faserhomotop sind, ist $x_0 \sim_0 x_1$. – I. wird zum Beweis von II. und IV. gebraucht.

Zu I: Wenn man $z=s_i x_0$ setzt, folgt, daß $\sim_i$ reflexiv ist. – Nun sei $x_0 \sim_i x_1$ vermöge z und $x_0 \sim_i x_2$ vermöge z'. Man füllt den Trichter

$$(d_0 s_i s_i x_0, d_1 s_i s_i x_0, \ldots, z, z', -, d_{i+3} s_i s_i x_0, \ldots, d_{n+2} s_i s_i x_0)$$

in E über $s_i s_i p(x_0)$. Die $(i+2)$-te Seite der Füllung sei z''. Dann ist $x_1 \sim_i x_2$ vermöge z''.

Zu II: Es genügt wegen I. zu zeigen: Für jedes $0 \le i < n-1$ ist $x_0 \sim_i x_1$ genau dann, wenn $x_1 \sim_{i+1} x_0$ ist: Es sei $x_0 \sim_i x_1$ vermöge z. Man füllt den Trichter in E

$$(8.2) \qquad \begin{gathered}(d_0 s_{i+2} s_i x_0, d_1 s_{i+2} s_i x_0, \ldots, s_{i+1} x_0, -, \\ z, s_i x_0, d_{i+4} s_{i+2} s_i x_0, \ldots, d_{n+2} s_{i+2} s_i x_0)\end{gathered}$$

über $s_{i+2} s_i p(x_0)$ und wählt z' als $(i+1)$-te Seite der Füllung. Dann ist $x_1 \sim_{i+1} x_0$ vermöge z'. Wenn z' gegeben ist, ändert man den Trichter (8.2) ab: An der $(i+1)$-ten Stelle setzt man z' ein und läßt an der $(i+2)$-ten Stelle das Loch, usw. wie oben.

Zu III. Es sei $x_0 \sim_0 x_1$ vermöge z. Es seien $c_0, \ldots, c_n$ die erzeugenden Simplexe von $\Delta(n) \times I$, siehe (4.3). Man definiert H: $\Delta(n) \times I \to E$ durch $H(c_0) = z$, $H(c_i) = s_i x_1$, $i = 1, \ldots, n$. Nach 4.8 ist H eine ss. Abbildung. Die geforderten Eigenschaften von H (8.1) prüft man mit Hilfe von (4.4+6) nach.

Zu IV. Es sei H: $\Delta(n) \times I \to E$ mit den Eigenschaften (8.1) gegeben. Dann ist $H(d_i c_i) \sim_i H(d_{i+1} c_i)$ vermöge $H(c_i)$ für alle $i = 0, \ldots, n$, also nach II. $H(d_i c_i) \sim_0 H(d_{i+1} c_i)$ und, weil $\sim_0$ nach I. eine Äquivalenzrelation ist:

$$x_1 = H(d_0 c_0) \sim_0 H(d_{n+1} c_n) = x_0.$$

8.3 Lemma: *Es sei $0 \le k \le n$ und (E, p, B) eine Faserung. Für $x_0, x_1 \in E_n$ gelte $p(x_0) = p(x_1)$ und $d_i x_0 \sim d_i x_1$ für alle $i \neq k$. Dann ist auch $d_k x_0 \sim d_k x_1$.*

Beweis: Es sei H_i: $\Delta(n-1) \times I \to E$ die Homotopie von $d_i x_0$ nach $d_i x_1$. Man definiert, siehe Diagramm 8.2, $G(\delta^i(v), t) = H_i(v, t)$, $G(u, e) = x_e(u)$, $F(u, t) = p x_0(u) = p x_1(u)$ für $v \in \Delta(n-1)$, $u \in \Delta(n)$, $t \in I$, $e = 0, 1$:

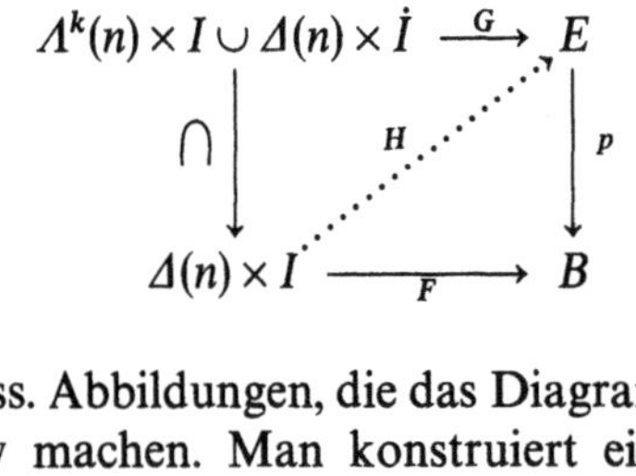

Dia. 8.2

Dann sind F und G ss. Abbildungen, die das Diagramm 8.2 (ausgezogene Linien) kommutativ machen. Man konstruiert eine ss. Abbildung H (gestrichelt), so daß das Diagramm kommutativ bleibt, genauso wie im Beweis zu 6.5a) $\Rightarrow$ b), indem man nacheinander $H(c_n), \ldots, H(c_0)$ als Trichterfüllungen wählt. Im Unterschied zur zitierten Stelle haben die auftretenden Trichter zum Teil zwei Löcher, was aber wegen 6.2 keine Schwierigkeit bedeutet. Nur für $k = 0$ versagt das Verfahren, weil dann der letzte zu füllende Trichter gar kein Loch hat. Aber in diesem Falle kommt man zum Ziel, indem man die Trichterfüllungen $H(c_0), \ldots, H(c_n)$

in umgekehrter Reihenfolge wählt. – Dann ist H_k: $\Delta(n-1)\times I\to E$ mit $H_k(v,t)=H(\delta^k(v,t))$ für $v\in\Delta(n-1)$ und $t\in I$ eine Homotopie von $d_k x_0$ nach $d_k x_1$.

8.4 Eine Faserung (E,p,B) heißt *minimal*, wenn zwei faserhomotope Simplexe gleich sind.

Satz: *Für jedes k sind die beiden Aussagen a) und b) über eine Faserung (E,p,B) äquivalent:*
a) Die Faserung ist minimal.
b) Wenn für zwei Simplexe $x,y\in E$ mit $p(x)=p(y)$ gilt, daß $d_i x=d_i y$ für alle $i\neq k$ ist, ist auch $d_k x=d_k y$.

Beweis: Wegen 8.3 folgt b) aus a). – Umgekehrt seien x_0 und x_1 zwei faserhomotope n-Simplexe. Dann gibt es nach 8.2b) ein $(n+1)$-Simplex z mit $Dz=(x_0,x_1,d_2 s_0 x_0,\ldots,d_{n+1} s_0 x_0)$ und $p(z)=s_0 p(x_0)$. Andererseits gilt für $s_0 x_0$ ebenfalls $d_i s_0 x_0=d_i z$ für $i\neq 1$ und $p(s_0 x_0)=s_0 p(x_0)$. Nach b) ist folglich $x_0=d_1 s_0 x_0=d_1 z=x_1$.

8.5 Eine Kan-Menge X heißt *minimal*, wenn sie leer ist oder wenn $(X,p,\Delta(0))$ eine minimale Faserung ist. Aus 8.4 folgt:

Satz: *Für jedes k sind folgende Aussagen über eine Kan-Menge X äquivalent:*
a) X ist minimal.
b) Irgendzwei homotope Simplexe von X sind gleich.
c) Für zwei Simplexe $x,y\in X$ folgt aus $d_i x=d_i y$ für alle $i\neq k$ auch $d_k x=d_k y$.

8.6 **Satz:** *Wenn ξ eine minimale Faserung ist, ist jede induzierte Faserung $f^*\xi$ minimal.*

Folgerung: *In einer minimalen Faserung sind alle Fasern minimale Kan-Mengen.*

Beweis: Es sei $\xi=(E,p,B)$. Die beiden Simplexe $x_0,x_1\in f^*E_n$ seien faserhomotop. Dann sind auch $\bar f(x_0)$ und $\bar f(x_1)$ faserhomotop, also einander gleich. Ferner ist $p'(x_0)=p'(x_1)$. Daraus folgt $x_0=x_1$.

Die wesentlichen Eigenschaften der minimalen Faserungen sind Folgerungen des Lemmas 8.8 weiter unten. Zu seinem Beweise dient:

8.7 **Lemma:** *Es sei (E,p,B) eine Faserung. Ferner seien g_1,g_2: $\Delta(n)\times I\to E$ zwei ss. Abbildungen, die auf $\dot\Delta(n)\times I\cup\Delta(n)\times(1-e)$ übereinanderstimmen und für die $pg_1=pg_2$ ist. Dann sind $g_1([n],e)$ und $g_2([n],e)$ faserhomotop. Wenn (E,p,B) minimal ist, sind sie also gleich, $e=0$ oder 1.*

Beweis für $e=1$ (für $e=0$ geht es genauso): Im Diagramm 6.6 setzt man $(X,A)=(\Delta(n),\dot\Delta(n))$ und definiert $g(v,s)=g_1(v,\sigma^1(s))=g_2(v,\sigma^1(s))$, $g(u,\delta^i(t))=g_i(u,t)\, f(u,s)=pg_1(u,\sigma^1(s))=pg_2(u,\sigma^1(s))$ für $v\in\dot\Delta(n), u\in\Delta(n)$, $s\in\Delta(2)$, $t\in I$, $i=1,2$. Dann sind f und g ss. Abbildungen, die das Diagramm 6.6 (ausgezogene Linien) kommutativ machen. Nach 6.7 gibt es eine ss. Abbildung h, so daß das Diagramm kommutativ bleibt. Man definiert $H: \Delta(n)\times I\to E$, $(u,t)\mapsto(u,\delta^0(t))$. Dann ist H eine Homotopie von $g_1([n],1)$ nach $g_2([n],1)$ mit den Eigenschaften (8.1).

8.8 Lemma: *Es sei (E,p,B) eine minimale Faserung und (E',p',B') ein beliebiges Tripel. Das kommutative Diagramm 8.3 von ss. Abbildungen sei gegeben:*

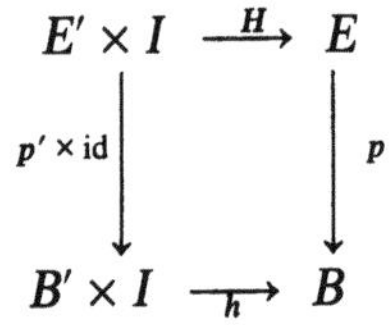

$$\begin{array}{ccc} E'\times I & \xrightarrow{H} & E \\ {\scriptstyle p'\times\mathrm{id}}\downarrow & & \downarrow{\scriptstyle p} \\ B'\times I & \xrightarrow{\bar h} & B \end{array}$$

Dia. 8.3

$$\begin{array}{ccccccc} E' & \xrightarrow{F_e} & j_e^* h^* E & \xrightarrow{\tilde j_e} & h^* E & \xrightarrow{\tilde h} & E \\ {\scriptstyle p'}\searrow & \swarrow{\scriptstyle r} & & & \downarrow{\scriptstyle q} & & \downarrow{\scriptstyle p} \\ & B' & \xrightarrow{j_e} & B'\times I & \xrightarrow{\bar h} & B & \end{array}$$

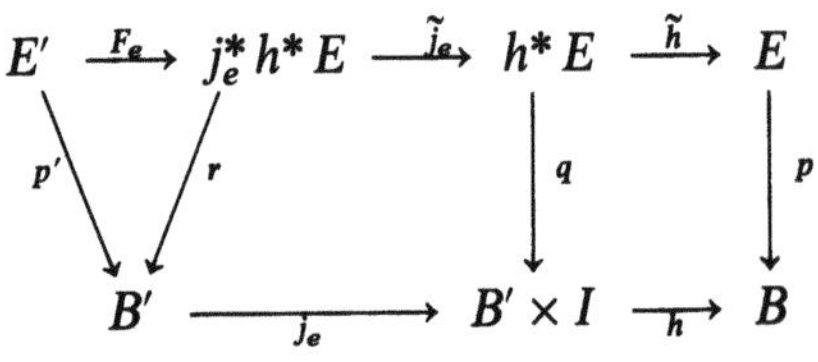

Dia. 8.4

Man definiert $j_e: B'\to B'\times I$, $b'\mapsto(b',e)$ für $e=0,1$ und bildet die induzierten Faserungen wie im Diagramm 8.4 angegeben. Wegen ihrer universellen Eigenschaften gibt es genau eine ss. Abbildung F_e, so daß $rF_e=p'$ und

(8.3) $$\tilde h\tilde j_e F_e(x)=H(x,e)$$

für alle $x\in E'$ ist. Wenn F_0 ein Isomorphismus ist, ist auch F_1 ein Isomorphismus.

Beweis: Da j_e injektiv ist, ist auch $\tilde j_e$ injektiv. Weil (E,p,B) minimal ist, ist auch $(h^*E,q,B'\times I)$ minimal.

I. F_1 ist injektiv: Man macht die Induktionsannahme, daß $F_1|E'^{n-1}$ injektiv ist. Es seien $x,x'\in E_n$ und $F_1(x)=F_1(x')$. Zu zeigen ist $x=x'$. Man definiert

$$g:\Delta(n)\times I\to h^*E\subset E\times B'\times I, (u,t)\mapsto(H(x(u),t),p'x(u),t)$$

und entsprechend g', indem man x durch x' ersetzt. Dann ist $qg=qg'$, ferner $g(v,t)=g'(v,t)$ für alle $v\in\dot\Delta(n)$, $t\in I$, weil $x|\dot\Delta(n)=x'|\dot\Delta(n)$ nach der Induktionsannahme gilt. Schließlich ist $g([n],1)=\tilde j_1 F_1(x)$ nach (8.3) und entsprechend $g'([n],1)=\tilde j_1 F_1(x')$, also $g([n],1)=g'([n],1)$. Nach 8.7 ist auch $\tilde{j}_0 F_0(x) = g([n],0) = g'([n],0) = \tilde{j}_0 F_0(x')$, also weil $\tilde{j}_0$ injektiv ist, $F_0(x) = F_0(x')$. Da F_0 nach der Voraussetzung ein Isomorphismus ist, folgt $x = x'$.

II. F_1 ist surjektiv: Man macht die Induktionsannahme, daß $F_1(E'^{n-1}) = j_1^* h^* E^{n-1}$ ist. Es sei $x \in E_n$ und $b \in B'_n$ mit $p(x) = h(b,1)$. Es ist ein $x' \in E'$ zu finden, so daß $F_1(x') = (x,b)$ ist. Nach I. ist F_1 injektiv. Aufgrund der Induktionsannahme ist daher $F_1|E'^{n-1}$ ein Isomorphismus auf $j_1^* h^* E^{n-1}$. Folglich gibt es genau eine ss. Abbildung $s\colon \dot{\Delta}(n) \to E'$ mit $F_1 s = (x,b)|\dot{\Delta}(n)$. Nach der HHE gibt es eine ss. Abbildung g: $\Delta(n) \times I \to h^* E$ mit $qg(u,t) = (b(u),t)$, $g(v,t) = (H(s(v),t), b(v),t)$, $g([n],1) = \tilde{j}_1(x,b)$ für $u \in \Delta(n)$, $v \in \dot{\Delta}(n)$, $t \in I$. Da F_0 bijektiv ist, gibt es genau ein $x' \in E'_n$ mit $\tilde{j}_0 F_0(x') = g([n],0)$. Es wird behauptet, daß $F_1(x') = (x,b)$ ist. Zunächst wird gezeigt, daß $s = x'|\dot{\Delta}(n)$ ist. Denn für jedes $v \in \dot{\Delta}(n)$ ist $\tilde{j}_0 F_0 x'(v) = g(v,0) = (H(s(v),0), b(v),0) = \tilde{j}_0 F_0 s(v)$ nach (8.3), also weil $\tilde{j}_0 F_0$ injektiv ist, $x'(v) = s(v)$. Man definiert nun g': $\Delta(n) \times I \to h^* E$, $(u,t) \mapsto (H(x'(u),t),\ b(u),t)$. Dann ist $qg' = qg$, ferner $g'(v,t) = (H(x'(v),t),\ b(v),t) = (H(s(v),t),\ b(v),t) = g(v,t)$ für $v \in \dot{\Delta}(n)$ $t \in I$, weil $x'|\dot{\Delta}(n) = s$ ist. Schließlich ist $g'([n],0) = \tilde{j}_0 F_0(x')$ nach (8.3) und andererseits $g([n],0) = \tilde{j}_0 F_0(x')$ nach der Definition von x'. Nach 8.7 ist dann auch $\tilde{j}_1 F_1(x') = g'([n],1) = g([n],1) = \tilde{j}_1(x,b)$. Weil $\tilde{j}_1$ injektiv ist, ist also $F_1(x') = (x,b)$.

8.9 Folgerungen: *a) Zwei streng homotopieäquivalente minimale Faserungen sind streng isomorph.*
b) Zwei homotopieäquivalente minimale Kan-Mengen sind isomorph.
c) Wenn ξ eine minimale Faserung mit der Basis B ist und $f_0, f_1\colon A \to B$ homotope ss. Abbildungen sind, sind die induzierten Faserungen $f_0^* \xi$ und $f_1^* \xi$ streng isomorph.

Beweis: Zu a): Es seien $f\colon E' \to E$ und $g\colon E \to E'$ die beiden Richtungen der Homotopieäquivalenz. Man setzt in 8.8 $(E',p',B') = (E,p,B)$ und nimmt als $H\colon E \times I \to E$ die Homotopie von id nach gf, als h die Projektion auf den ersten Faktor. Dann ist $hj_e = \mathrm{id}$ und $F_0 = \mathrm{id}$, $F_1 = gf$. Folglich ist gf ein Isomorphismus. Genauso zeigt man, daß fg ein Isomorphismus ist. b) folgt sofort aus a), wenn man als Basis der Faserung $\Delta(0)$ wählt. Zu c): Es sei h die Homotopie von f_0 nach f_1. Ferner wählt man in 8.8 $E' = f_0^* E$. Nach der HHE, siehe 6.5, findet man ein H, so daß das Diagramm 8.3 kommutativ ist und $H(x,0) = f_0(x)$ für alle $x \in E'$ gilt. Dann ist $hj_e = f_e$ und $F_0 = \mathrm{id}$. Also ist $F_1\colon f_0^* E \to f_1^* E$ ein strenger Isomorphismus.

8.10 Wenn $x_0 \in X_0$ ist, bezeichnet man mit x_0 auch alle $s_q \ldots s_0 x_0$ und die von x_0 erzeugte ss. Untermenge. Es sei A eine ss. Menge und

$a_0 \in A_0$. Man sagt: A läßt sich auf a_0 *zusammenziehen*, wenn es eine ss. Abbildung h: $A \times I \to A$ mit den Eigenschaften gibt: $h(a,0)=a_0$, $h(a,1)=a$ und $h(a_0,t)=a_0$ für alle $a \in A$ und $t \in I$. Beispielsweise lassen sich $\Delta(n)$ und $\Lambda^0(n)$ auf (0) zusammenziehen; man wähle $h=\omega$ (5.1). Eine Kan-Menge A läßt sich genau dann auf a_0 zusammenziehen, wenn a_0 Deformationsretrakt, siehe 5.6, von A ist.

Satz: *Eine minimale Faserung über einer zusammenziehbaren Basis ist trivial.*

Beweis: Es sei $\xi=(E,p,B)$ die Faserung. Es lasse sich B auf $*$ zusammenziehen. Das bedeutet: Die konstante Abbildung c: $B \to * \subset B$ ist zur identischen Abbildung id_B homotop. Nach 8.9c) sind daher $\xi=\mathrm{id}^*\xi$ und $c^*\xi$ streng isomorph. Aber $c^*\xi$ ist trivial, wie man leicht nachprüft.

8.11 Satz: *Jede minimale Faserung ist lokal trivial.*

Beweis: Die Faserung ξ sei minimal. Dann ist auch $b^*\xi$ für jedes $b \in B_n$ nach 8.6 minimal. Nun hat $b^*\xi$ die Basis $\Delta(n)$, und $\Delta(n)$ läßt sich zusammenziehen, siehe 8.10. Die Behauptung folgt dann aus dem Satz in 8.10.

Der folgende Satz zeigt, daß man sich in der Homotopietheorie oft auf minimale Faserungen und Kan-Mengen beschränken kann:

8.12 Satz: *Jede Faserung (E,p,B) besitzt eine minimale Faserung (E',p',B') als Deformationsretrakt.*

Beweis: Folgendermaßen wird E' gerüstweise konstruiert: Man teilt E_0 in Äquivalenzklassen nach der Faserhomotopie, wählt aus jeder Klasse einen Repräsentanten und nimmt E'^0 als die von diesen Repräsentanten erzeugte ss. Untermenge. Es sei E_1'' die Menge der Einssimplexe, deren Rand in E'^0 liegt. Man teilt E_1'' in Äquivalenzklassen nach der Faserhomotopie, wählt aus jeder Klasse einen Repräsentanten, wenn möglich den entarteten. (Zwei entartete, faserhomotope Simplexe sind gleich, 8.1 Schluß) und nimmt als E'^1 die von diesen Repräsentanten erzeugte ss. Untermenge; usw.

Um nachzuweisen, daß E' ein Deformationsretrakt von E ist, gibt man eine Folge von ss. Untermengen

$$E=E(-1) \supset E(0) \supset E(1) \supset \cdots \supset E(\infty)=E'$$

und von strengen Homotopien

$$h_n\colon E(n) \times I \to E \quad \text{für} \quad n=-1,0,1,2,\ldots$$

an, so daß gilt:

(8.4) $$h_n(x,0)=x,$$

(8.5) $$h_n(E(n) \times 1)=E(n+1),$$

(8.6) $$h_n \text{ ist auf } E' \text{ stationär,}$$

(8.7) $$E(n)^n = E'^n.$$

Wenn $E(n)$ bereits konstruiert ist, wählt man $h_n(x,t) = x$ für alle $x \in E'$. Damit ist (8.6) erfüllt. Ferner wählt man

$$h_n(\beta^* x, t) = h_x(\beta^*[n+1], t)$$

für alle nicht entarteten $x \in E(n)_{n+1}$ und surjektiven β, wobei h_x: $\Delta(n+1) \times I \to E$ eine Homotopie ist, die x mit dem zu x faserhomotopen Simplex in E' verbindet. Falls $x \in E'$ ist, wählt man h_x stationär. Damit ist (8.7) für $n+1$ erfüllt. Nach der HHE 6.5 setzt man h_n auf $E(n) \times I$ fort, so daß (8.4) erfüllt ist. Man definiert $E(n+1)$ durch (8.5).

Folgerungen: *a) Jede Kan-Menge besitzt eine minimale Kan-Menge als Deformationsretrakt.*
b) Nach 8.9 c) *gilt für eine beliebige Faserung mit der Basis B: Wenn* $f_0, f_1: A \to B$ *homotop sind, sind die induzierten Faserungen* $f_0^* \xi, f_1^* \xi$ *streng homotopieäquivalent.*

Bemerkung: Nach 8.9 a+b) sind die minimalen Deformationsretrakte bis auf Isomorphie (strenge Isomorphie bei Faserungen) eindeutig bestimmt.

9. Semisimpliziale Gruppen

9.1 Wie bereits in 3.1 erwähnt wurde, ist eine ss. Gruppe G ein kontravarianter Funktor von der Kategorie der endlichen geordneten Mengen in die Kategorie der Gruppen. Man kann dies auch so ausdrücken: Eine *ss. Gruppe G* ist eine ss. Menge, bei der jede Menge G_n eine Gruppe ist und alle Operatoren Homomorphismen sind. In 9.6a) wird gezeigt, daß jede ss. Gruppe eine Kan-Menge ist.

Wenn G und H zwei ss. Gruppen sind, versteht man unter einem *ss. Homomorphismus* $f: G \to H$ eine ss. Abbildung, für die $f: G_n \to H_n$ für alle n ein Homomorphismus ist.

9.2 Beispiele: a) Aus jeder abstrakten Gruppe Γ kann man eine ss. Gruppe G machen, indem man $G_n = \Gamma$ für alle n und $\alpha^* = \mathrm{id}$ für alle Operatoren definiert. Diese ss. Gruppe ist offensichtlich nulldimensional.
b) Es sei G eine topologische Gruppe. Die singuläre ss. Menge SG wird zu einer ss. Gruppe, indem man für zwei singuläre n-Simplexe x, y: $\nabla(n) \to G$ ihr Produkt $x \cdot y$: $\nabla(n) \to G$, $(x \cdot y)(u) = x(u) \cdot y(u)$ für alle $u \in \nabla(n)$ definiert. Wenn f: $G \to H$ ein stetiger Homomorphismus ist, ist Sf: $SG \to SH$ ein ss. Homomorphismus.

c) Es seien A, X und Y drei ss. Mengen. Einer ss. Abbildung $f\colon X \times A \to Y$ ordnet man die ss. Abbildung

$$(9.1) \qquad \tilde{f}\colon X \times A \to Y \times A, \quad (x,a) \mapsto (f(x,a), a)$$

zu. Es ist $\mathrm{pr}_2 \tilde{f} = \mathrm{pr}_2$. Offensichtlich gibt es zu jeder ss. Abbildung g: $X \times A \to Y \times A$ mit $\mathrm{pr}_2 g = \mathrm{pr}_2$ genau eine ss. Abbildung $f\colon X \times A \to Y$, so daß $\tilde{f} = g$ ist.

Nach diesen Vorbereitungen wird zu jeder ss. Menge X ihre ss. *Automorphismengruppe* Aut X definiert: Die Menge $(\mathrm{Aut}\, X)_n$ besteht aus allen ss. Abbildungen $b\colon X \times \Delta(n) \to X$, für die $\tilde{b}$ ein ss. Isomorphismus ist. Diese Menge wird zu einer Gruppe, wenn man das Produkt durch

$$(9.2) \qquad b \cdot c = b \circ \tilde{c}$$

definiert. Es ist $(b \cdot c)^{\sim} = \tilde{b} \circ \tilde{c}$. Schließlich werden die Operatoren α^* durch

$$(9.3) \qquad \alpha^* b = b \circ (\mathrm{id} \times \alpha)$$

definiert. Man prüft nach, daß sie Homomorphismen sind, indem man benutzt, daß $(\mathrm{id} \times \alpha)(\alpha^* b)^{\sim} = \tilde{b}(\mathrm{id} \times \alpha)$ ist.

9.3 Es sei G eine ss. Gruppe und X eine ss. Menge. Man sagt: G *operiert* von links auf X, wenn eine ss. Abbildung $G \times X \to X$, $(g,x) \mapsto g \cdot x$, gegeben ist, für die

$$(9.4) \qquad 1 \cdot x = x, (g \cdot h) \cdot x = g \cdot (h \cdot x) \quad \text{für alle} \quad x \in X, g, h \in G$$

gilt. Dabei wurde das Einselement in jedem G_n mit 1 bezeichnet. Entsprechend definiert man die Operation von rechts.

Beispiele: a) Wenn H eine ss. Untergruppe von G ist (d.h. H ist eine ss. Untermenge von G und jedes H_n Untergruppe von G_n), operiert H auf G durch die Multiplikation von links.
b) Auf jeder ss. Menge X operiert ihre Automorphismengruppe Aut X von links:

$$(9.5) \qquad b \cdot x = b(x, [n]) \quad \text{für alle} \quad b \in (\mathrm{Aut}\, X)_n, x \in X_n.$$

Wenn G auf X operiert, wird ein ss. Homomorphismus $\rho\colon G \to \mathrm{Aut}\, X$ bestimmt: Für jedes $g \in G_n$ ist $\rho(g) \in (\mathrm{Aut}\, X)_n$ die ss. Abbildung

$$(9.6) \qquad \rho(g)\colon X \times \Delta(n) \to X, \quad (x, \alpha^*[n]) \mapsto (\alpha^* g) \cdot x.$$

Wenn ρ ein Monomorphismus ist, sagt man: G operiert *effektiv* auf X.

9.4 Wenn G auf X operiert, nennt man zwei Simplexe $x, y \in X_n$ G-äquivalent, wenn es ein $g \in G_n$ gibt, so daß $g \cdot x = y$ ist. Dies ist in der Tat eine Äquivalenzrelation. Man definiert die ss. *Quotientenmenge* $G \backslash X$ folgendermaßen: $(G \backslash X)_n$ ist die Menge der G-Äquivalenzklassen von X_n.

Wenn $x \in X_n$ ist, werde seine G-Äquivalenzklasse mit $\mathrm{kl}\,x$ bezeichnet. Der Operator α^* wird durch $\alpha^* \mathrm{kl}\,x = \mathrm{kl}(\alpha^* x)$ definiert. Das ist, wie man nachprüft, sinnvoll. Die Zuordnung $p\colon X \to G\backslash X$, $x \mapsto \mathrm{kl}\,x$, ist eine surjektive ss. Abbildung.

Man sagt: Die ss. Gruppe G operiert *frei* auf der ss. Menge X, wenn für jedes $(g,x) \in G \times X$ gilt: Aus $g \cdot x = x$ folgt $g = 1$.

Beispiel: Jede ss. Untergruppe H von G operiert durch Linksmultiplikation frei auf G.

9.5 Satz: *Wenn G auf X frei operiert, ist $(X, p, G\backslash X)$ eine Faserung.*

Beweis: Es sei $(x_0, \ldots, \underline{k}, \ldots, x_n)$ in X ein Trichter über den Seiten von $y \in (G\backslash X)_n$.
I. Für $r = 0, 1, \ldots, k-1$ werden nacheinander Simplexe $t_r \in X_n$ konstruiert, so daß $p(t_r) = y$ und $d_i t_r = x_i$ für $0 \leq i \leq r$ ist: Da p surjektiv ist, kann man ein $t_{-1} \in X_n$ mit $p(t_{-1}) = y$ wählen. Nun sei t_r, $r \leq k-2$, bereits konstruiert. Da $p(d_{r+1} t_r) = d_{r+1} y = p(x_{r+1})$ ist, gibt es wegen des freien Operierens genau ein g_r, so daß

(9.7) $$g_r d_{r+1} t_r = x_{r+1}$$

ist. Man wende in (9.7) d_i mit $i \leq r$ an: $d_i g_r d_r x_i = d_i x_{r+1} = d_r x_i$. Da G frei operiert, bedeutet das:

(9.8) $$d_i g_r = 1 \quad \text{für} \quad 0 \leq i \leq r.$$

Man definiert $t_{r+1} = s_{r+1} g_r \cdot t_r$. Dann ist $p(t_{r+1}) = p(t_r) = y$, und aus (9.7+8) folgt $d_i t_{r+1} = x_i$ für $0 \leq i \leq r+1$.
II. Für $q = 0, 1, \ldots, n-k$ werden nacheinander Simplexe $v_q \in X_n$ konstruiert, so daß $p(v_q) = y$ und $d_i v_q = x_i$ für $0 \leq i < k$ und $n - q < i \leq n$ gilt: Man setzt $v_0 = t_{k-1}$. Aufgrund der Induktionsannahme, v_q sei bereits konstruiert, konstruiert man wie bei I. v_{q+1}.
III. Dann ist v_{n-k} eine Füllung des gegebenen Trichters über y. Falls $k = 0$ ist, entfällt I. Man beginnt in II. mit einem v_0, für das $p(v_0) = y$ ist.

9.6 Folgerungen: *a) Jede ss. Gruppe G ist eine Kan-Menge.*
b) Wenn H eine ss. Untergruppe von G ist, ist die Quotientenmenge $H\backslash G$ eine Kan-Menge.

Beweis: Zu a): Man wendet 9.5 für den Fall $G = X$ und das Operieren durch Linksmultiplikation an.
Zu b): Nach 9.5 ist $(G, p, H\backslash G)$ eine Faserung. Nach a) ist die Totalmenge G eine Kan-Menge. Dann ist nach 6.3 b) auch die Basis $H\backslash G$ eine Kan-Menge.

II. Die geometrische Realisierung

Die geometrische Realisierung, MILNOR [3], ist ein Funktor, der die umgekehrte Richtung wie der singuläre Funktor S von I 3.5 hat: Jeder ss. Menge X wird ein topologischer Raum $|X|$ zugeordnet. In den beiden ersten Abschnitten wird die Topologie dieses Raumes betrachtet mit dem Hauptergebnis, daß $|X|$ ein CW-Komplex ist, der für jedes nicht entartete n-Simplex genau eine n-Zelle enthält. Im vierten Abschnitt wird untersucht, wann für das kartesische Produkt $|X \times Y| = |X| \times |Y|$ gilt. Die geometrische Realisierung ist zwar nicht die Umkehrung des singulären Funktors S, aber $|\cdots|$ und S... sind im Sinne von KAN [10] adjungiert, (fünfter Abschnitt). Das bedeutet unter anderem, daß jede ss. Menge X in natürlicher Weise in $S|X|$ eingebettet ist, und zwar als Deformationsretrakt, wenn X eine Kan-Menge ist. Letzteres wird jedoch erst im VII. Kapitel vollständig bewiesen. Aufgrund dieser Tatsache kann man die Kan-Mengen durch eine Homotopie-Approximations-Eigenschaft charakterisieren. Die geometrische Realisierung wird außer in den oben zitierten Arbeiten auch von GABRIEL-ZISMAN betrachtet.

1. Die geometrische Realisierung

1.1 Es sei X eine ss. Menge. Die Menge X_n der n-Simplexe werde als diskreter topologischer Raum aufgefaßt. Man bildet die kartesischen Produkte $X_n \times \nabla(n)$ für alle $n = 0, 1, \ldots$ und die topologische Summe (= disjunkte Vereinigung):

$$(1.1) \qquad \bar{X} = X_0 \times \nabla(0) \amalg X_1 \times \nabla(1) \amalg \cdots \amalg X_n \times \nabla(n) \amalg \cdots.$$

Die Punkte dieses Raumes werden als Paare (x, t) beschrieben, wobei $x \in X_n$ und $t \in \nabla(n)$ liegt. Die monotonen Funktionen $\alpha \colon [n] \to [q]$ bestimmen in $\bar{X}$ folgende Relationen:

$$(1.2) \qquad (\alpha^* x, t) \sim (x, |\alpha|(t)), \qquad x \in X_q, \qquad t \in \nabla(n).$$

Mit $\sim$ werde die durch alle möglichen Relationen (1.2) erzeugte Äquivalenzrelation bezeichnet. Der Identifikationsraum

$$(1.3) \qquad |X| = \bar{X}/\sim$$

heißt *geometrische Realisierung* der ss. Menge X. Die durch $(x,t) \in \bar{X}$ repräsentierte Äquivalenzklasse in $|X|$ wird mit $|x, t|$ bezeichnet. Ferner bedeute $\pi \colon \bar{X} \to |X|$ die kanonische Projektion. Definitionsgemäß trägt

$|X|$ die Identifikationstopologie, d. h., eine Teilmenge $U \subset |X|$ ist genau dann offen (abgeschlossen), wenn ihr Urbild $\pi^{-1}(U) \subset \bar{X}$ offen (abgeschlossen) ist.

1.2 Wenn $f: X \to Y$ eine ss. Abbildung ist, ist $\bar{f}: \bar{X} \to \bar{Y}$, $(x,t) \mapsto (f(x),t)$ stetig und mit der durch (1.2) bestimmten Äquivalenzrelation verträglich. Daher induziert $\bar{f}$ eine Abbildung

$$|f|: |X| \to |Y|, \qquad |x,t| \mapsto |f(x),t|,$$

für die $|f|\pi = \pi\bar{f}$ gilt. Weil $|X|$ und $|Y|$ die Identifikationstopologie bezüglich π haben, ist $|f|$ stetig. Offensichtlich gilt ferner $|f_1 f_2| = |f_1||f_2|$ und $|\mathrm{id}| = \mathrm{id}$. Somit ist die geometrische Realisierung $|\cdots|$ ein kovarianter Funktor von der Kategorie der ss. Mengen in die Kategorie der topologischen Räume.

1.3 Jedem Simplex $x \in X_n$ wird die *charakteristische* Abbildung

(1.4) $$\chi_x: \nabla(n) \to |X|, \qquad t \mapsto |x,t|$$

zugeordnet. Sie ist stetig. Ferner gilt für sie:

Lemma: *a) Es ist*

(1.5) $$\chi_{\alpha^* x} = \chi_x \circ |\alpha|$$

für alle $x \in X_n$ und $\alpha: [\cdots] \to [n]$, wobei $|\alpha|$ wie in I (2.1) *definiert ist.*
b) Es sei Σ eine Teilmenge von Simplexen aus X, die ganz X erzeugt. Dann hat $|X|$ die feinste Topologie, für die alle χ_y, $y \in \Sigma$, stetig sind.

Beweis: a) ist nachzurechnen. – Zu b): Definitionsgemäß hat $|X|$ die feinste Topologie, für die alle χ_x, $x \in X$, stetig sind. Daher genügt es zu zeigen: Wenn alle $\chi_y, y \in \Sigma$, stetig sind, sind es auch alle $\chi_x, x \in X$. Nun läßt sich jedes x als $x = \alpha^* y$ darstellen, weil X durch Σ erzeugt wird. Nach (1.5) ist daher $\chi_x = \chi_y \circ |\alpha|$ und damit χ_x stetig.

1.4 Lemma: *Wenn Σ eine Teilmenge von Simplexen aus X ist, die ganz X erzeugt, ist*

(1.6) $$X = \bigcup_{y \in \Sigma} \chi_y(\nabla(\dim y)).$$

Beweis: Man muß zu jedem $p \in |X|$ ein $y \in \Sigma$ und ein $u \in \nabla(\dim y)$ finden, so daß $\chi_y(u) = p$ ist. Nun läßt sich p als $p = |\alpha^* y, t|$ schreiben, wobei $y \in \Sigma$ ist. Man wähle $u = |\alpha|(t)$. Nach (1.5) ist $\chi_y(|\alpha|(t)) = \chi_{\alpha^* y}(t) = |\alpha^* y, t|$.

1.5 Jedem n-Simplex $x \in X$ ordnet man die Teilmenge

(1.7) $$\mathring{x} = \{|x,t| \mid t \in \mathring{\nabla}(n)\} \subset X$$

zu, wobei $\mathring{\nabla}$ in I 2.1 definiert wurde. Dann gilt:

Satz: *Für jede ss. Menge X ist die geometrische Realisierung $|X|$ die disjunkte Vereinigung aller $\mathring{x}$, wobei x alle nicht entarteten Simplexe von X durchläuft. Durch χ_x wird $\mathring{V}(\dim x)$ bijektiv auf $\mathring{x}$ abgebildet.*

Beweis: a) Ein Punkt $(x,t) \in \bar{X}$ heiße regulär, wenn x nicht entartet und t innerer Punkt ist. Unten wird eine Funktion $\Phi\colon \bar{X} \to \bar{X}$ angegeben, die folgende Eigenschaften hat:

1. Für alle (x,t) ist $\Phi(x,t)$ regulär, und wenn (x,t) selbst regulär ist, ist $\Phi(x,t)=(x,t)$.
2. Es ist $\Phi(x,t) \sim (x,t)$.
3. Wenn $(x,t) \sim (y,s)$ ist, ist $\Phi(x,t)=\Phi(y,s)$.

Daraus folgt die Behauptung. Zur Definition von Φ: Wenn (x,t) gegeben ist, schreibt man nach dem Lemma in I 2.3

(1.8) $$t=|\alpha|(u), \quad \alpha \text{ injektiv}, \quad u \text{ innerer Punkt}$$

und gemäß der kanonischen Darstellung I (3.12)

(1.9) $$\alpha^* x=\beta^* y, \quad \beta \text{ surjektiv}, \quad y \text{ nicht entartet.}$$

Dann sind y, β und u durch (x,t) eindeutig bestimmt, und man setzt

(1.10) $$\Phi(x,t)=(y,|\beta|(u)).$$

Dann ist 1. erfüllt. Denn konstruktionsgemäß ist y nicht entartet und $|\beta|(u)$ ein innerer Punkt, weil β surjektiv und u ein innerer Punkt ist. Ferner gilt 2. Denn es ist $(x,t)=(x,|\alpha|(u))$ nach (1.8), $\sim(\alpha^* x,u)=(\beta^* y,u)$ nach (1.9), $\sim(y,|\beta|(u))$.
Zu 3. genügt es zu zeigen, daß $\Phi(\gamma^* x,t)=\Phi(x,|\gamma|(t))$ für alle möglichen γ ist. Für die linke Seite bildet man

(1.11) $$t=|\alpha|(u), \quad \text{injektiv}, \quad u \text{ innerer Punkt},$$

(1.12) $$\alpha^* \gamma^* x=\beta_1^* y_1, \quad \beta_1 \text{ surjektiv}, \quad y_1 \text{ nicht entartet},$$

so daß gilt:

(1.13) $$\Phi(\gamma^* x,t)=(y_1,|\beta_1|(u)).$$

Nun sei

(1.14) $$\gamma\alpha=\delta\sigma$$

die eindeutige Zerlegung, für die δ injektiv und σ surjektiv ist. Dann ist nach (1.11+14)

(1.15) $$|\gamma|(t)=|\gamma\alpha|(u)=|\delta|\,|\sigma|(u), \quad \delta \text{ injektiv}, \quad |\sigma|(u) \text{ innerer Punkt.}$$

Man bildet ferner

$$(1.16) \qquad \delta^* x = \beta_2^* y_2, \quad \beta_2 \text{ surjektiv}, \quad y_2 \text{ nicht entartet},$$

so daß gilt:

$$(1.17) \qquad \Phi(x, |\gamma|(t)) = (y_2, |\beta_2|\,|\sigma|(u)).$$

Aus (1.12+14+16) folgt $\sigma^* \beta_2^* y_2 = \beta_1^* y_1$, wobei σ, β_2, β_1 surjektiv und y_1, y_2 nicht entartet sind. Daher ist $\beta_2 \sigma = \beta_1$ und $y_1 = y_2$. Nach (1.13+17) bedeutet das $\Phi(\gamma^* x, t) = \Phi(x, |\gamma|(t))$.

1.6 Satz: *Für jedes n ist die charakteristische Abbildung*

$$(1.18) \qquad \chi_{[n]}\colon\ \nabla(n) \to |\Delta(n)|$$

ein Homöomorphismus.

Beweis: $\chi = \chi_{[n]}$ ist injektiv: Es sei $\chi(t_1) = \chi(t_2)$. Nach I 2.3 gibt es zwei injektive monotone Funktionen α_i und zwei innere Punkte u_i, so daß $|\alpha_i|(u_i) = t_i$ für $i = 1,2$ ist. Die Annahme $\chi(t_1) = \chi(t_2)$ bedeutet:

$$|\alpha_1^*[n], u_1| = |\alpha_2^*[n], u_2|.$$

Da α_i injektiv ist, ist $\alpha_i^*[n]$ nicht entartet. Aus 1.5 folgt somit: $\alpha_1 = \alpha_2$ und $u_1 = u_2$, also $t_1 = t_2$.

Da $\Delta(n)$ von dem einzigen Simplex $[n]$ erzeugt wird, ist χ nach 1.4 surjektiv, und hat $|\Delta(n)|$ nach 1.3 b) die Identifikationstopologie bezüglich χ.

Im folgenden wird $\nabla(n)$ mit $|\Delta(n)|$ identifiziert. Dann entspricht χ_x der Realisierung $|x|$ der ss. Abbildung $x\colon \Delta(n) \to X$ für jede ss. Menge X und jedes n-Simplex $x \in X$.

1.7 Satz: *a) Es sei $f\colon X \to Y$ eine ss. Abbildung. Sie ist genau dann injektiv, wenn ihre geometrische Realisierung $|f|\colon |X| \to |Y|$ injektiv ist. b) Wenn A eine ss. Untermenge von X ist, ist $|A|$ ein abgeschlossener Unterraum von $|X|$.*

Beweis: Zu a): Es sei f injektiv. Für zwei Punkte $|x_1, t_1|, |x_2, t_2| \in |X|$ möge $|f|(|x_1, t_1|) = |f|(|x_2, t_2|)$ also $|f(x_1), t_1| = |f(x_2), t_2|$ sein. Nach 1.5 kann man annehmen, daß x_i nicht entartet und t_i innerer Punkt ist, $i = 1,2$. Weil f injektiv ist, ist $f(x_i)$ nicht entartet. Nach 1.5 ist daher $t_1 = t_2$ und $f(x_1) = f(x_2)$. Letzteres bedeutet, weil f injektiv ist, $x_1 = x_2$. – Es sei $|f|$ injektiv. Für x, y sei $f(x) = f(y)$. Zu zeigen ist $x = y$. Es sei $n = \dim x$ ($= \dim y$). Man wählt ein $t \in \mathring{\nabla}(n)$. Aus $f(x) = f(y)$ folgt $|f|(|x,t|) = |f(x), t| = |f(y), t| = |f|(|y,t|)$. Weil $|f|$ injektiv ist, ist $|x,t| = |y,t|$. Es sei $x = \beta^* z$ die kanonische Darstellung. Dann ist $|x,t| = \chi_z |\beta|(t) \in \mathring{z}$.

Entsprechend sei $y = \gamma^* z'$ die kanonische Darstellung. Dann ist $|y,t| = \chi_{z'}|\gamma|(t) \in \mathring{z}'$. Da $|X|$ nach 1.5 die disjunkte Vereinigung der $\mathring{z}$ ist, ist $\mathring{z} = \mathring{z}'$. Da $\chi_z|\mathring{\nabla}(q)$ injektiv ist, folgt $|\beta|(t) = |\gamma|(t)$. Da t innerer Punkt ist, folgt aus I 2.4, daß $\beta = \gamma$ ist. Somit ist $x = \beta^* z = \gamma^* z' = y$.
Zu b): Es sei $U \subset |A|$. Für jedes $x \in X$ ist dann

$$\chi_x^{-1}(U) = \bigcup_\alpha |\alpha|(\chi_{\alpha^* x}^{-1}(U)), \tag{1.19}$$

wobei die Vereinigung über alle injektiven $\alpha: [\cdots] \to [\dim x]$ gebildet wird, für die $\alpha^* x \in A$ ist. – Beweis zu (1.19): Die Inklusion $\supset$ ist trivial. Zu $\subset$: Es sei $t \in \chi_x^{-1}(U)$, also $|x,t| \in U$. Gemäß I 2.3 gibt es genau ein injektives α und einen inneren Punkt u, so daß $|\alpha|(u) = t$ ist. Dann ist $|\alpha^* x, u| \in U$, also $u \in \chi_{\alpha^* x}^{-1}(U)$. Weil $|\alpha^* x, u| \in |A|$ und u innerer Punkt ist, folgt aus 1.5, daß $\alpha^* x \in A$ ist. – Wenn nun U in $|A|$ abgeschlossen ist, ist in (1.19) jedes $\chi_{\alpha^* x}^{-1}(U)$ abgeschlossen, also, weil die injektiven $|\alpha|$ abgeschlossene Abbildungen sind, auch $|\alpha|(\chi_{\alpha^* x}^{-1}(U))$ abgeschlossen und damit $\chi_x^{-1}(U)$ als endliche Vereinigung abgeschlossen in $\nabla(\dim x)$. Daraus folgt, daß U auch in $|X|$ abgeschlossen ist.

2. *CW*-Komplexe

Es soll bewiesen werden, daß die geometrische Realisierung $|X|$ jeder ss. Menge X ein *CW*-Komplex, siehe J. H. C. Whitehead, ist. Es empfiehlt sich, zu diesem Zweck die Definition des *CW*-Komplexes zu nehmen, die man bei Hu [3], Seite 128f., findet. Denn dann kann man den Beweis, daß $|X|$ ein Hausdorff-Raum ist, sparen.

2.1 Definition des *CW*-Komplexes nach Hu: Es sei $S_0, S_1, \ldots, S_n, \ldots$ eine Folge von Mengen, $S_0 \neq \emptyset$. Die Elemente von S_n heißen abstrakte n-Zellen. Man konstruiert induktiv eine Folge $P^0, P^1, \ldots, P^n, \ldots$ von topologischen Räumen: Es ist

$$P^0 = S_0 \text{ mit der diskreten Topologie.}$$

Es sei P^{n-1} bereits konstruiert. Wenn $S_n = \emptyset$ ist, setzt man $P^n = P^{n-1}$. Falls $S_n \neq \emptyset$ ist, nimmt man an, daß für jede abstrakte n-Zelle e eine stetige Abbildung

$$\Phi_e\colon \dot{\nabla}(n) \to P^{n-1}, \tag{2.1}$$

die sogenannte Anheftungsabbildung gegeben ist. Man versieht S_n mit der diskreten Topologie und definiert die Räume

$$S_n \times \dot{\nabla}(n) \subset S_n \times \nabla(n).$$

Der erste liegt als abgeschlossener Unterraum im zweiten. Die Abbildung

$$(2.2) \qquad f\colon S_n \times \dot{\nabla}(n) \to P^{n-1}, \quad f(e,t) = \Phi_e(t) \quad \text{für} \quad e \in S_n, \quad t \in \nabla(n)$$

ist stetig. Man definiert P^n als den Raum, der entsteht, wenn man $S_n \times \nabla(n)$ vermöge f an P^{n-1} heftet. Man hat dann die kanonische Projektion ($\amalg$ bedeutet disjunkte Vereinigung.)

$$(2.3) \qquad p\colon P^{n-1} \amalg (S_n \times \nabla(n)) \to P^n,$$

die eine Identifikationsabbildung ist. Dann liegt P^{n-1} als abgeschlossener Unterraum in P^n, und p bildet $S_n \times \mathring{\nabla}(n)$ bijektiv auf $P^n - P^{n-1}$ ab. Man nennt

$$P = \bigcup_{n=0}^{\infty} P^n$$

mit der feinsten Topologie versehen, für die alle Einbettungen $P^n \to P$ stetig sind, CW-Komplex und P^n das n-Gerüst von P.

2.2 Bei Hu [3] findet man die Beweise bzw. Literaturangaben dafür, daß jeder CW-Komplex ein normaler, parakompakter Hausdorff-Raum ist, der sich lokal zusammenziehen läßt.

2.3 Satz: *Die geometrische Realisierung $|X|$ jeder ss. Menge X ist ein CW-Komplex.*

Beweis: Die geometrische Realisierung $|X|$ soll gemäß 2.1 als CW-Komplex rekonstruiert werden. Als Menge S_n der abstrakten n-Zellen nimmt man die Menge der nicht entarteten n-Simplexe $x \in X_n$. Offenbar ist $|X^0| = S_0$ mit der diskreten Topologie. Schritt von $n-1$ nach n: Man nimmt an, es sei $|X|^{n-1} = |X^{n-1}|$. Um $|X|^n$ zu konstruieren, muß jedem nicht entarteten $x \in X_n$ eine Anheftungsabbildung $\Phi_x\colon \dot{\nabla}(n) \to |X^{n-1}|$ zugeordnet werden. Man wählt $\Phi_x(t) = |x,t|$ für $t \in \dot{\nabla}(n)$. Dies liegt tatsächlich in $|X^{n-1}|$, weil $t = |\delta^i|(t')$ mit $t' \in \nabla(n-1)$ ist, also $|x,t| = |x, |\delta^i|(t')| = |d_i x, t'|$ gilt und $d_i x \in X^{n-1}$ ist. Die Abbildung Φ_x ist stetig, weil $\chi_x|\dot{\nabla}(n)\colon \dot{\nabla}(n) \to |X^{n-1}| \to |X|$ stetig ist und $|X^{n-1}|$ in $|X|$ als Unterraum liegt, siehe 1.7b). Wie in 2.1 entsteht dann $|X|^n$, indem man $S_n \times \nabla(n)$ mittels f an $|X^{n-1}|$ heftet.

Um $|X|^n$ mit $|X^n|$ zu identifizieren, definiert man die Abbildung

$$h\colon (S_n \times \nabla(n)) \cup |X^{n-1}| \to |X^n|,$$

$h(|x,t|) = |x,t|$ für $|x,t| \in |X^{n-1}|$, $h(x,t) = |x,t|$ für $(x,t) \in S_n \times \nabla(n)$. Diese Abbildung ist offenbar stetig. Ferner ist $h(u) = h(v)$, wenn $p(u) = p(v) \in |X|^n$ ist. Daher induziert h eine stetige Abbildung

$$g\colon |X|^n \to |X^n|.$$

Sie ist bijektiv. Denn $|X|^n$ ist nach 2.1 die disjunkte Vereinigung von $|X^{n-1}|$ und $p(S_n \times \mathring{\nabla}(n)) \cong S_n \times \mathring{\nabla}(n)$. Ferner ist nach 1.5+7 $|X^n|$ die disjunkte Vereinigung von $|X^{n-1}|$ und $\bigcup_{x \in S_n} \mathring{x}$. Die Abbildung g ist auf $|X^{n-1}|$ die Identität und identifiziert $p(S_n \times \mathring{\nabla}(n))$ mit $\bigcup_{x \in S_n} \mathring{x}$.

Es bleibt zu zeigen, daß g offen ist. Dazu genügt es wegen 1.3b) für jede offene Menge $U \subset |X|^n$ und jedes nicht entartete $x \in X_q$, $q \leq n$, nachzuweisen, daß $\chi_x^{-1}(g(U))$ offen in $\nabla(q)$ ist. Nun ist das Diagramm 2.1 kommutativ, wenn man $\sigma_x(t) = |x,t| \in |X^{n-1}|$ für $q<n$ und

$$\begin{array}{ccc} (S_n \times \nabla(n)) \cup |X^{n-1}| & \xleftarrow{\sigma_x} & \nabla(q) \\ \downarrow{\scriptstyle p} & & \downarrow{\scriptstyle \chi_x} \\ |X|^n & \xrightarrow[g]{} & |X^n| \end{array}$$

Dia. 2.1

$\sigma_x(t) = (x,t) \in S_n \times \nabla(n)$ für $q=n$ definiert. Daher ist $\chi_x^{-1}(g(U)) = \sigma_x^{-1} p^{-1}(U)$ offen, weil p und σ_x stetig sind. Man kann also $|X|^n$ vermöge g mit $|X^n|$ identifizieren.

Der Beweis ist dadurch abgeschlossen, daß man bemerkt: Wegen 1.3b) hat $|X|$ die Topologie der Vereinigung $\bigcup_{n=0}^{\infty} |X^n|$.

2.4 Folgerung: Die geometrische Realisierung $|X|$ jeder ss. Menge X hat die in 2.2 für CW-Komplexe genannten Eigenschaften.

3. Sternumgebungen

Sternumgebungen sind spezielle offene Mengen in der geometrischen Realisierung $|X|$ einer ss. Menge X. Sie werden in der Überlagerungstheorie III 7.6 benutzt. Aus ihren Eigenschaften ergibt sich nebenbei, daß eine lokal endliche ss. Menge eine lokal kompakte geometrische Realisierung hat.

3.1 Die Automorphismengruppe Aut$[0,1]$, siehe I 2.6, operiert auf der geometrischen Realisierung $|X|$ jeder ss. Menge: Für $g \in \text{Aut}[0,1]$ und $|x,t| \in |X|$ ist

(3.1) $$g|x,t| = |x, g(t)|,$$

wobei $g(t)$ wie in I (2.5) definiert ist. Nach I 2.7a) ist diese Definition sinnvoll, d.h. $g|x,t|$ hängt nur von $|x,t|$ und nicht von der Wahl des Repräsentanten ab. Aufgrund der Definitionen und I 2.7 gilt:

3.2 Lemma: *Es sei* $g \in \mathrm{Aut}[0,1]$. *Dann gilt:*
a) Die Abbildung $g\colon |X| \to |X|$ *ist ein Homöomorphismus.*
b) Für jede ss. Abbildung $f\colon X \to Y$ *ist* $g|f| = |f|g$.
c) Für jede Zelle $\mathring{x}$ *von* $|X|$ *ist* $g(\mathring{x}) = \mathring{x}$.
d) Zu irgendzwei Punkten p *und* q, *die in derselben Zelle* $\mathring{x}$ *liegen, gibt es ein* g *mit* $g(p) = q$. *Man kann c+d) auch so ausdrücken: Die Zellen von* $|X|$ *sind die Orbiten des Operierens von* $\mathrm{Aut}[0,1]$ *auf* $|X|$.

3.3 Zu jedem $q \in X_0$ definiert man die *Sternumgebung* $U(q) \subset |X|$ als

$$U(q) = \bigcup_{n=0}^{\infty} U(q)^n,$$

wobei die $U(q)^0 \subset U(q)^1 \subset \cdots \subset U(q)^n \subset \cdots$ induktiv definiert werden:

$$U(q)^0 = \{|q,1|\}, \tag{3.2}$$

$$U(q)^n - U(q)^{n-1} = \{|x,(1-\lambda)T + \lambda M| \,|\, x \in X_n \text{ nicht entartet, } T \in \dot{\nabla}(n), \; 0 < \lambda < 1, \text{ so daß } |x,T| \in U(q)^{n-1} \text{ ist}\}.$$

Dabei bedeutet M den Schwerpunkt von $\nabla(n)$ mit den baryzentrischen Koordinaten $\left(\frac{1}{n+1}, \frac{1}{n+1}, \ldots, \frac{1}{n+1}\right)$.

3.4 Satz: *a)* $U(q)^n = U(q) \cap |X^n|$.
b) $U(q)$ *ist wegweise zusammenhängend.*
c) $U(q)$ *ist eine offene Umgebung von* $|q,1|$ *in* $|X|$.
d) Wenn $q_0 \neq q_1$ *ist, ist* $U(q_0) \cap U(q_1) = \emptyset$.
e) Zu jedem $a \in |X|$ *gibt es ein* $g \in \mathrm{Aut}[0,1]$ *und ein* $q \in X_0$, *so daß* $a \in g(U(q))$ *ist.*

Beweis: a) folgt aus $U(q)^n - U(q)^{n-1} \subset |X^n| - |X^{n-1}|$. – Zu b): Man zeigt durch Induktion, daß es zu jedem $a \in U(q)^n$ einen Weg innerhalb $U(q)^n$ von $|q,1|$ nach a gibt. Schluß von $n-1$ auf n: Es sei $a \in U(q)^n - U(q)^{n-1}$. Dann ist $a = |x,(1-\lambda)T + \lambda M|$, wobei $|x,T| \in U(q)^{n-1}$ ist. Nach der Induktionsannahme gibt es in $U(q)^{n-1}$ einen Weg von $|q,1|$ nach $|x,T|$. Dahinter setzt man den Weg $[0,1] \to U(q)^n$, $t \mapsto |x,(1-\lambda t)T + \lambda t M|$, von $|x,T|$ nach a. – Zu c): Man zeigt durch Induktion, daß $U(q)^n$ offen in $|X^n|$ ist. Dazu genügt es, für jedes nicht entartete $x \in X_n$ nachzuweisen, daß $\chi_x^{-1}(U(q)^n) = \{(1-\lambda)T + \lambda M \,|\, T \in \chi_x^{-1}(U(q)^{n-1}), 0 \le \lambda < 1\} \subset \nabla(n)$ offen ist. Das folgt, weil $\chi_x^{-1}(U(q)^{n-1}) \subset \dot{\nabla}(n)$ nach der Induktionsannahme offen ist. – Zu d): Man zeigt durch Induktion, daß $U(q_0)^n \cap U(q_1)^n = \emptyset$ ist. Schluß von $n-1$ auf n: Es sei $a \in U(q_0)^n \cap U(q_1)^n$. Dann muß $a \in (U(q_0)^n - U(q_0)^{n-1}) \cap (U(q_1)^n - U(q_1)^{n-1})$ sein. Es sei $a = |x,t|$, $x \in X_n$ nicht entartet, t innerer Punkt. Es gibt für $e=0$ und 1 je ein $0 \le \lambda_e < 1$ und ein $T_e \in \dot{\nabla}(n)$, so daß

$$(3.3)\qquad (1-\lambda_0)\,T_0+\lambda_0\,M=t=(1-\lambda_1)\,T_1+\lambda_1 M$$

und $|x,T_e|\in U(q_e)^{n-1}$ ist. Wegen der Induktionsannahme muß $T_0 \neq T_1$ sein. Das widerspricht aber (3.3). – Zu e): Es sei $a=|x,t|$, $x\in X_n$ nicht entartet, t innerer Punkt. Dann ist $a'=|x,\frac{1}{2}A_0+\frac{1}{2}M|\in U(x(0))^n-U(x(0))^{n-1}$, wobei A_0 die nullte Ecke von $\nabla(n)$ ist. Nach 3.2d) gibt es ein $g\in \operatorname{Aut}[0,1]$ mit $g(a')=a$.

3.5 Zu jedem Nullsimplex $p\in X_0$ betrachtet man die Menge $\mathrm{M}(p)$ der Simplexe, die p als Ecke haben, und nennt die von $\mathrm{M}(p)$ erzeugte ss. Untermenge den Stern von p, kurz $\mathrm{St}\,p$. Eine ss. Menge X heißt *lokal endlich*, wenn für jedes $p\in X_0$ der Stern $\mathrm{St}\,p$ höchstens endlich viele nicht entartete Simplexe enthält. Das ist gleichbedeutend damit, daß $\mathrm{M}(p)$ höchstens endlich viele nicht entartete Simplexe enthält.

Satz: *Wenn X lokal endlich ist, ist $|X|$ lokal kompakt.*

Beweis: Nach 3.4e) liegt jeder Punkt von $|X|$ in einem $g(U(q))$. Diese Menge ist offen, weil $U(q)$ nach 3.4c) offen ist und g nach 3.2a) ein Homöomorphismus ist. Man zeigt induktiv, daß $U(q)^n\subset|\mathrm{St}\,q|$, also $U(q)\subset|\mathrm{St}\,q|$ ist. Wenn man 3.2b) auf die Einbettung von $\mathrm{St}\,q$ in X anwendet, folgt, daß auch $g(U(q))\subset|\mathrm{St}\,q|$ ist. Schließlich ist $|\mathrm{St}\,q|$ kompakt. Denn da $\mathrm{St}\,q$ nach der Voraussetzung nur endlich viele nicht entartete Simplexe enthält, ist $|\mathrm{St}\,q|$ als Vereinigung endlich vieler kompakter Mengen, siehe (1.6), kompakt.

4. Kartesische Produkte

4.1 Kelley-Topologie: In einem CW-Komplex P ist jeder abstrakten n-Zelle e die sogenannte charakteristische Abbildung

$$\chi_e\colon\ \nabla(n)\xrightarrow{\ i_e\ } P^{n-1}\cup(S_n\times\nabla(n))\xrightarrow{\ p\ } P^n\xrightarrow{\ \subset\ } P$$

zugeordnet, wobei $i_e(t)=(e,t)\in S_n\times\nabla(n)$ ist und p die Bedeutung (2.3) hat. Der Raum P hat die feinste Topologie, so daß alle χ_e stetig sind. – Bei der geometrischen Realisierung $|X|$ einer ss. Menge sind die χ_x genau die in (1.4) definierten Abbildungen.

Wenn nun P und Q zwei CW-Komplexe sind, kann man ihr kartesisches Produkt $P\times Q$ bilden und für jedes Paar (e,f), bestehend aus einer p-Zelle e von P und einer q-Zelle f von Q, die stetige Abbildung

$$\chi_e\times\chi_f\colon\ \nabla(p)\times\nabla(q)\to P\times Q$$

betrachten. Im allgemeinen ist die übliche Produkttopologie auf $P\times Q$ nicht die feinste Topologie, für die alle $\chi_e\times\chi_f$ stetig sind (DOWKER). Man kann aber zu dieser Topologie verfeinern und schreibt dann $P \times_K Q$, wobei der Index K an die k-Räume erinnert, die KELLEY auf Seite 230, 240f. einführte. Die verfeinerte Topologie heißt Kelley-Topologie. Wenn P lokal kompakt ist oder wenn P und Q abzählbar viele Zellen besitzen, stimmen die übliche Produkttopologie und die Kelley-Topologie überein, wie bei HU [3] bzw. MILNOR [1] I bewiesen wird.

4.2 Satz: *Es seien X und Y zwei ss. Mengen, $p_1\colon X \times Y \to X$ und $p_2\colon X \times Y \to Y$ die beiden Projektionen. Dann ist*

$$p = |p_1| \times |p_2| \colon |X \times Y| \xrightarrow{\cong} |X| \times_K |Y| \tag{4.1}$$

einen Homöomorphismus (K bedeutet Kelley-Topologie 4.1).

Dieser Satz wird in den folgenden Nummern bewiesen.

Bemerkung: Wenn X lokal endlich ist, ist $|X|$ nach 3.5 lokal kompakt. Nach 4.1 kann also in (4.1) der Index K entfallen. Dasselbe gilt nach 4.1, wenn X und Y höchstens abzählbar viele nicht entartete Simplexe enthalten.

4.3 Lemma: *Für $X = \Delta(n)$ und $Y = \Delta(q)$ ist* (4.1) *ein Homöomorphismus.*

Beweis: Offensichtlich ist p stetig. – Um zu zeigen, daß p bijektiv ist, werden im folgenden die Punkte von $\nabla(n)$ stets durch ihre Summenkoordinaten $t = (t_{-1}, t_0, \ldots, t_n)$, siehe I 2.5, beschrieben. Aufgrund der Definition rechnet man nach, daß

$$|\delta^i|(t_{-1}, t_0, \ldots, t_n) = (t_{-1}, \ldots, t_{i-1}, t_{i-1}, \ldots, t_n),$$
$$|\sigma^i|(t_{-1}, t_0, \ldots, t_n) = (t_{-1}, \ldots, \hat{t}_i, \ldots, t_n)$$

ist. Wegen I 1.4 folgt daraus: Für jede monotone Funktion α wirkt $|\alpha|$ auf $(t_{-1}, t_0, \ldots, t_n)$ dadurch, daß einige t_i mehrfach gesetzt und andere gestrichen werden. Insbesondere wird nur mehrfach gesetzt, wenn α injektiv ist, und nur gestrichen, wenn α surjektiv ist.

Nun sei $u = (u_{-1}, \ldots, u_n) \in \nabla(n)$ und $v = (v_{-1}, \ldots, v_q) \in \nabla(q)$. Man ordnet sämtliche Zahlen, die als u_i oder v_j vorkommen, der Größe nach zur streng monotonen Folge $0 = z_{-1} < z_0 < \cdots < z_r = 1$ und definiert

$$u \cup v = (z_{-1}, \ldots, z_r) \in \nabla(r).$$

Nach I 2.5 ist $u \cup v$ ein innerer Punkt. Nach dem ersten Absatz gibt es monotone Funktionen η und ϑ, so daß

$$|\eta|(u \cup v) = u \quad \text{und} \quad |\vartheta|(u \cup v) = v \tag{4.2}$$

ist. Weil $u \cup v$ ein innerer Punkt ist, sind η und ϑ durch u und v eindeutig bestimmt, siehe I 2.4.

Es seien $\alpha\colon [r]\to[n]$ und $\beta\colon [r]\to[q]$ zwei monotone Funktionen, so daß $(\alpha^*[n],\beta^*[q])\in(\varDelta(n)\times\varDelta(q))_r$ nicht entartet ist. Dann gilt für jeden inneren Punkt $t\in\overset{\circ}{\nabla}(r)$

(4.3) $$|\alpha|(t)\cup|\beta|(t)=t.$$

Beweis: Die Annahme, daß $|\alpha|(t)\cup|\beta|(t)\neq t$ ist, bedeutet, daß eine Summenkoordination von t, etwa t_i, weder unter den Summenkoordinaten von $|\alpha|(t)$ noch von $|\beta|(t)$ vorkommt. Daher kann man $|\alpha|(t)$ aus t gewinnen, indem man zunächst t_i streicht, also $|\sigma^i|$ anwendet, und eine weitere Abbildung $|\alpha'|$ nachschaltet, insgesamt $\alpha=\alpha'\sigma^i$. Entsprechend ergibt sich $\beta=\beta'\sigma^i$. Dann ist aber $(\alpha^*[n],\beta^*[q])=s_i(\alpha'^*[n],\beta'^*[q])$ entgegen der Voraussetzung entartet.

Man definiert nun zu p die Umkehrabbildung $\psi\colon \nabla(n)\times\nabla(q) \to|\varDelta(n)\times\varDelta(q)|$, $(u,v)\to|(\eta^*[n],\vartheta^*[q]),u\cup v)|$ mit η und ϑ wie in (4.2). Dann ist $p\psi(u,v)=(|\eta^*[n],u\cup v|,|\vartheta^*[q],u\cup v|)=(|[n],|\eta|(u\cup v)|,|[q],|\vartheta|(u\cup v)|)$ $=(|[n],u|,|[q],v|)=(u,v)$ nach (4.2).

Andererseits sei $|(\alpha^*[n],\beta^*[q]),t|\in|\varDelta(n)\times\varDelta(q)|$. Nach 1.5 kann man annehmen, daß $(\alpha^*[n],\beta^*[q])$ nicht entartet und t innerer Punkt ist. Es ist $\psi p|(\alpha^*[n],\beta^*[q]),t|=\psi(|\alpha|(t),|\beta|(t))$. Nun ist $|\alpha|(t)\cup|\beta|(t)=t$ nach (4.3), nach der Definition von ψ also $\psi(|\alpha|(t),|\beta|(t))=|(\alpha^*[n],\beta^*[q]),t|$. Da $\varDelta(n)\times\varDelta(q)$ von endlich vielen Simplexen erzeugt ist, folgt, daß p ein Homöomorphismus ist.

4.4 Beweis des Satzes 4.2: Offenbar ist p natürlich, d.h., $p|f\times g| =(|f|\times|g|)p$ für $f\colon X\to X'$ und $g\colon Y\to Y'$. Man definiert zu p die Umkehrabbildung $\psi\colon |X|\times_K|Y|\to|X\times Y|$, $(|x,u|,|y,v|)\mapsto|x\times y|p^{-1}(u,v)$, wobei p^{-1} die Umkehrabbildung im Spezialfall 4.3 ist. Aus der Natürlichkeit von p folgt, daß ψ wohldefiniert ist und daß $\psi p=\mathrm{id}$ und $p\psi=\mathrm{id}$ gilt. Somit ist p bijektiv.

Definitionsgemäß ist p stetig, wenn $|X|\times|Y|$ die übliche Produkttopologie trägt. Da die Kelley-Topologie aber feiner ist, muß man die Stetigkeit von p zeigen. Dazu betrachtet man das kommutative Diagramm 4.1 für ein beliebiges Simplex $(u,v)\in(X\times Y)_r$ mit den kanonischen

$$\begin{array}{ccccc} \varDelta(r) & \xrightarrow{|(u,v)|} & |X\times Y| & \xrightarrow{p} & |X|\times_K|Y| \\ & \searrow{\scriptstyle |\alpha\times\beta|} & \downarrow{\scriptstyle |x\times y|} & & \downarrow{\scriptstyle |x|\times|y|} \\ & & |\varDelta(n)\times\varDelta(p)| & \xrightarrow{p} & |\varDelta(n)|\times|\varDelta(q)| \end{array}$$

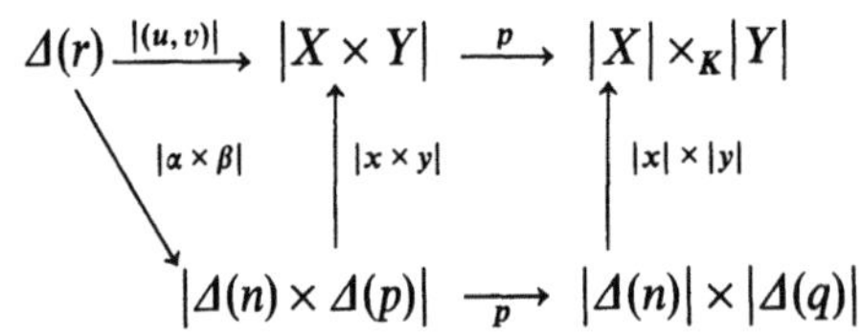

Dia. 4.1

Darstellungen $u=\alpha^*x$, $v=\beta^*y$, α,β surjektiv und $x\in X_n$, $y\in Y_q$ nicht entartet. Als Hintereinanderschaltung stetiger Abbildungen ist $(|x|\times|y|)p|\alpha\times\beta|$

stetig und wegen der Kommutativität auch $p|(u,v)|$. Letzteres bedeutet aber, daß p bezüglich der Kelley-Topologie stetig ist.

Um nachzuweisen, daß $p^{-1}: |X| \times_K |Y| \to |X \times Y|$ stetig ist, muß man aufgrund der Definition der Kelley-Topologie für jedes Paar von nicht entarteten Simplexen $x \in X_n$, $y \in Y_q$ zeigen, daß

$$|\Delta(n)| \times |\Delta(q)| \xrightarrow{|x| \times |y|} |X| \times_K |Y| \xrightarrow{p^{-1}} |X \times Y|$$

stetig ist. Wegen der Natürlichkeit ist diese Abbildung gleich $|x \times y| p^{-1}$, wobei nun p^{-1} nach 4.3 und $|x \times y|$ trivialerweise stetig ist.

5. Adjungierte Funktoren

Im Rahmen der abstrakten Kategorientheorie wird für Funktoren der Begriff „adjungiert“ eingeführt und gezeigt, daß die geometrische Realisierung $|\cdots|$ und der singuläre Funktor S..., siehe I 3.5, adjungiert sind. Die Tatsache wird in den letzten Nummern dieses Abschnittes angewandt. Innerhalb dieses Buches findet man in VIII 2 ein weiteres Paar adjungierter Funktoren.

5.1 Es seien $\mathscr{S}$ und $\mathscr{T}$ zwei Kategorien, $C: \mathscr{S} \to \mathscr{T}$ und $D: \mathscr{T} \to \mathscr{S}$ zwei kovariante Funktoren. Man nennt D *adjungiert* zu C, wenn es natürliche Morphismen

(5.1) $$i_K: K \to DC(K) \quad \text{und} \quad j_X: CD(X) \to X$$

für alle Objekte $K \in \mathscr{S}$ und $X \in \mathscr{T}$ gibt, so daß

(5.2) $$\begin{aligned} \text{id}&: C(K) \xrightarrow{C(i_K)} CDC(K) \xrightarrow{j_{C(K)}} C(K) \\ \text{id}&: D(X) \xrightarrow{i_{D(X)}} DCD(X) \xrightarrow{D(j_X)} D(X) \end{aligned}$$

die identischen Morphismen sind. – Wenn keine Verwechslung möglich ist, läßt man an i und j die Indexe fort.

5.2 In einer Kategorie $\mathscr{S}$ bedeute $\text{Hom}(X, Y)$ die Menge der Morphismen $X \to Y$. Wenn wie in 5.1 D zu C adjungiert ist, definiert man die Abbildungen

(5.3) $$\mathscr{A}: \text{Hom}(K, D(X)) \to \text{Hom}(C(K), X), \quad f \mapsto j_X C(f)$$

(5.4) $$\mathscr{B}: \text{Hom}(C(K), X) \to \text{Hom}(K, D(X)), \quad g \mapsto D(g) i_K.$$

Aus der Natürlichkeit von i und j und aus (5.2) folgt:

Satz: *Es ist* $\mathscr{A}\mathscr{B} = \text{id}$ *und* $\mathscr{B}\mathscr{A} = \text{id}$, *ferner*

(5.5) $$\mathscr{A}(D(F) f h) = F \mathscr{A}(f) C(h), \quad \mathscr{B}(F g C(h)) = D(F) \mathscr{B}(g) h$$

für f, g *wie in* (5.3+4), $F: X \to Y$ *und* $h: L \to K$.

5.3 Satz: *Der singuläre Funktor* S..., *siehe* I 3.5, *ist zur geometrischen Realisierung* $|\cdots|$ *adjungiert.*

Beweis: Für eine ss. Menge K definiert man

(5.6) $$i: K \to \mathrm{S}|K|, \quad k \mapsto \chi_k,$$

wobei χ_k die charakteristische Abbildung des Simplex k ist (1.4). Wegen (1.5) ist i semisimplizial. Für eine ss. Abbildung $f: K \to L$ ist

$$\mathrm{S}|f|\,i(k) = \mathrm{S}|f|(\chi_k) = |f|\,\chi_k = \chi_{f(k)} = i f(k).$$

Daher ist i natürlich. Für einen topologischen Raum X definiert man

(5.7) $$j: |\mathrm{S}X| \mapsto X, \quad |x,t| \mapsto x(t).$$

Weil $j|\alpha^* x,t| = x|\alpha|(t)$ ist, hängt $x(t)$ nur von $|x,t|$ und nicht von der Wahl des Repräsentanten (x,t) ab. Da $j\chi_x = x$ für jedes Simplex $x \in \mathrm{S}X$ gilt, ist j stetig. Die Natürlichkeit von j folgt, weil für jede stetige Abbildung $g: X \to Y$ gilt:

$$j|\mathrm{S}g|(|x,t|) = j(|\mathrm{S}g(x),t|) = j(|g x,t|) = g\,x(t) = g j(|x,t|).$$

Es muß noch (5.2) bewiesen werden, also gezeigt werden, daß

(5.8) $$j|i| = \mathrm{id} \quad \text{und} \quad \mathrm{S}j\,i = \mathrm{id}$$

gilt: Für jeden Punkt $|k,t| \in |K|$ ist

$$j|i|(|k,t|) = j(|i(k),t|) = j(|\chi_k,t|) = \chi_k(t) = |k,t|;$$

und für jedes singuläre Simplex $x \in \mathrm{S}X$ gilt:

$$\mathrm{S}j\,i(x) = \mathrm{S}j(\chi_x) = j\chi_x = x.$$

5.4 Es sei K eine ss. Menge und X ein topologischer Raum. Aus 5.2 folgt: Jeder ss. Abbildung $f: K \to \mathrm{S}X$ ist die stetige Abbildung

$$\mathscr{A} f = j|f|: |K| \to X$$

und jeder stetigen Abbildung $g: |K| \to X$ die ss. Abbildung

$$\mathscr{B} g = \mathrm{S}g\,i: K \to \mathrm{S}X$$

zugeordnet, so daß $\mathscr{B}\mathscr{A} f = f$, $\mathscr{A}\mathscr{B} g = g$ und

(5.9) $$\mathscr{A}(\mathrm{S}F f h) = F \mathscr{A} f|h|, \quad \mathscr{B}(f g|h|) = \mathrm{S}F \mathscr{B} g h$$

gilt, wobei $F: X \to Y$ eine stetige und $h: L \to K$ eine ss. Abbildung ist.

5.5 Satz: *Die Abbildung* i (5.6) *ist injektiv und* j (5.7) *surjektiv.*

Beweis: Zu j: Man ordnet jedem Punkt $p \in X$ das Nullsimplex p_Δ: $\nabla(0) \to \{p\} \subset X$ zu. Dann ist $j(|p_\Delta, 1|) = p_\Delta(1) = p$. Zu i: Nach der Definition von $\mathscr{B}$ ist $\mathscr{B}(\mathrm{id}_{|K|}) = i$ und daher $\mathrm{id}_{|K|} = \mathscr{A}|i_K| = j|i|$ wegen $\mathscr{A}\mathscr{B} = \mathrm{id}$ und der Definition von $\mathscr{A}$. Somit ist $|i|$ injektiv und wegen 1.7 auch i selbst injektiv.

Es folgen einige Anwendungen von 5.3–5.

5.6 Satz: *Für eine stetige Abbildung $p\colon E \to B$ zwischen zwei topologischen Räumen ist (E,p,B) genau dann eine Serresche Faserung, wenn (SE, Sp, SB) eine ss. Faserung ist.*

Beweis: In der Definition der Serreschen Faserung I 7.1 treten endliche Polyeder auf. Diese kann man mit Hilfe der geometrischen Realisierung von ss. Mengen so definieren: Ein endliches Polyeder ist die geometrische Realisierung $|K|$ einer ss. Untermenge K eines n-Modells $\Delta(n)$. Ein Unterpolyeder von $|K|$ ist die geometrische Realisierung $|L|$ einer ss. Untermenge $L \subset K$. Nach 5.4 entsprechen einander die Diagramme 5.1+2 von stetigen bzw. ss. Abbildungen, wenn man $F' = \mathscr{B}F$ bzw. $F = \mathscr{A}F'$ usw. setzt. Das bedeutet, daß die Homotopie-Hochhebungs-Eigenschaften von (E,p,B), siehe I 7.1, und (SE, Sp, SB), siehe I 6.4, für $|L| \subset |K|$ bzw. $L \subset K$ äquivalent sind. Daraus folgt wegen I 6.5 die Behauptung.

$$\begin{array}{ccc} |L|\times[0,1]\cup|K|\times\{e\} & \xrightarrow{F} & E \\ \cap\big\downarrow & \overset{H}{\nearrow} & \big\downarrow p \\ |K|\times[0,1] & \xrightarrow{h} & B \end{array}$$

Dia. 5.1

$$\begin{array}{ccc} L\times I\cup K\times e & \xrightarrow{F'} & SE \\ \cap\big\downarrow & \overset{H'}{\nearrow} & \big\downarrow Sp \\ K\times I & \xrightarrow{h'} & SB \end{array}$$

Dia. 5.2

5.7 Wie der Funktor S, siehe I 3.5, so ist auch der Funktor $|\cdots|$ homotopietreu. Genauer gesagt, gilt:

Satz: *Es seien $M \subset K$ und $N \subset L$ zwei Paare von ss. Mengen. Wenn die ss. Abbildungen $f_0, f_1\colon K \to L$ (stationär auf M; relativ M und N) homotop sind, sind ihre Realisierungen $|f_0|, |f_1|\colon |K| \to |L|$ (stationär auf $|M|$; relativ $|M|$ und $|N|$) homotop.*

Beweis: Nach 4.2 kann man $|K \times I|$ mit $|K| \times |I|$ und nach 1.6 $|I|$ mit $[0,1]$ identifizieren. Daher bestimmt eine ss. Homotopie $h\colon K \times I \to L$ von f_0 nach f_1 die stetige Homotopie $|h|\colon |K| \times [0,1] \to |L|$ von $|f_0|$ nach $|f_1|$. Dem Leser sei es überlassen, die zusätzlichen Behauptungen über „stationär" und „relativ" für diese Homotopie zu prüfen.

Korollar: *Zwei ss. Abbildungen $f_0, f_1\colon K \to SX$ sind genau dann homotop, wenn die stetigen Abbildungen $\mathscr{A}f_0, \mathscr{A}f_1\colon |K| \to X$ homotop sind. (Das gilt auch für stationäre und relative Homotopie.)*

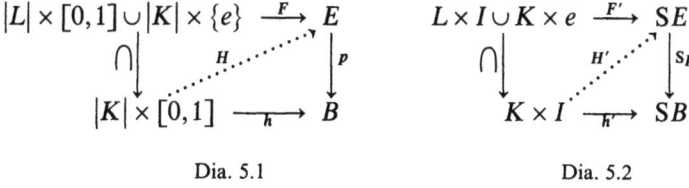

Beweis: Aus $f_0 \sim f_1$ folgt nach dem Satz $|f_0| \sim |f_1|$, also auch $\mathcal{A} f_0 = j|f_0| \sim j|f_1| = \mathcal{A} f_1$. Ebenso folgt aus $\mathcal{A} f_0 \sim \mathcal{A} f_1$, daß $f_0 = \mathcal{B}\mathcal{A} f_0 \sim \mathcal{B}\mathcal{A} f_1 = f_1$ ist.

5.8 Nach 5.5 wird jede ss. Menge K durch i in $\mathrm{S}|K|$ eingebettet. Mit Methoden der algebraischen Topologie wird in VII 9.8 bewiesen, daß jede zusammenhängende Kan-Menge K sogar ein Deformationsretrakt von $\mathrm{S}|K|$ ist. Wenn man diese Tatsache vorwegnimmt, kann man Kan-Mengen auch folgendermaßen charakterisieren:

Satz: *Eine ss. Menge K ist genau dann eine Kan-Menge, wenn sie folgende Homotopie-Approximations-Eigenschaft* (HAE) *hat:*
Es sei $A \subset X$ ein Paar von ss. Mengen, $f: A \to K$ eine ss. Abbildung und $F: |X| \to |K|$ eine stetige Fortsetzung von $|f|$. Dann gibt es eine ss. Fortsetzung $g: X \to K$ von f, so daß $|g|$ zu F homotop ist und die Homotopie auf $|A|$ stationär ist.

Beweis: I. Kan-Mengen haben die HAE: Im folgenden mögen i und j die Bedeutung von (5.6+7) haben. Da K Deformationsretrakt von $\mathrm{S}|K|$ ist, gibt es eine ss. Abbildung $r: \mathrm{S}|K| \to K$ mit

(5.10) $$r i_K = \mathrm{id}_K$$

(5.11) $$i_K r \sim \mathrm{id}_{\mathrm{S}|K|}, \quad \text{stat. auf } K.$$

Man definiert

$$g: X \xrightarrow{i_X} \mathrm{S}|X| \xrightarrow{\mathrm{S}F} \mathrm{S}|K| \xrightarrow{r} K.$$

Dann ist $g|A = r\mathrm{S}|f| i_A = r i_K f = f$ wegen (5.10) und weil i natürlich ist. Ferner ist

$$\begin{aligned} |g| &= j|i||g| && \text{nach (5.8)} \\ &= j|i_K r \mathrm{S} F i_X| && \text{nach der Definition von } g \\ &\sim j|\mathrm{S} F i_X| && \text{stat. auf } A \text{ nach (5.11) und 5.7.} \end{aligned}$$

Andererseits ist

$$\begin{aligned} j|\mathrm{S}F||i| &= F j|i|, && \text{weil } j \text{ natürlich ist} \\ &= F && \text{nach (5.8).} \end{aligned}$$

Damit ist „$|g| \sim F$ stat. auf A“ bewiesen.
II) Wenn K die HAE hat, ist K eine Kan-Menge: Es sei eine ss. Abbildung $f: \Lambda^i(n) \to K$ gegeben. Da $|\Lambda^i(n)|$ ein Retrakt von $|\Delta(n)|$ ist, läßt sich $|f|$ zu einer stetigen Abbildung $F: |\Delta(n)| \to |K|$ fortsetzen. Nach der HAE gibt es dann auch eine ss. Fortsetzung $g: \Delta(n) \to K$ von f.

Bemerkung: Weil sich $\Delta(n)$ zusammenziehen läßt, hat $\Delta(n)$ die HAE für den Fall $A = \emptyset$, ohne daß $\Delta(n)$ eine Kan-Menge ist.

III. Fundamentalgruppe und Überlagerungen

Nachdem in den ersten beiden Kapiteln die allgemeine Theorie der ss. Mengen dargestellt und die Beziehung zu den topologischen Räumen untersucht wurde, beginnen wir in diesem dritten Kapitel, die algebraische Topologie für ss. Mengen zu entwickeln: Im ersten Abschnitt wird für jede ss. Menge X ihre Fundamentalgruppe $\pi_1(X)$ eingeführt und im zweiten durch Erzeugende und Relationen beschrieben. Dabei orientieren wir uns an der kombinatorischen Beschreibung der Fundamentalgruppe eines simplizialen Komplexes, wie man sie etwa bei SEIFERT-THRELFALL findet. Nach dem topologischen Vorbild definieren wir im dritten Abschnitt ss. Überlagerungen und untersuchen dort und im vierten Abschnitt den Zusammenhang zwischen Überlagerungen und der Fundamentalgruppe. Als Beispiel einer ss. Überlagerung wird im fünften Abschnitt die ss. Auflösung einer beliebigen Gruppe betrachtet, die auch später bei der semisimplizialen Beschreibung der Kohomologie einer Gruppe, V 7.8, und bei der Konstruktion der Steenrodschen Kohomologieoperationen, IX 4., eine Rolle spielt. Im sechsten Abschnitt werden die Ergebnisse über die Fundamentalgruppe auf die singuläre ss. Menge SX eines topologischen Raumes angewandt. Insbesondere kann man die Fundamentalgruppe einer Vereinigung $X \cup Y$ zweier offener Mengen durch die von X, Y und $X \cap Y$ ausdrücken (VAN KAMPEN). Schließlich wird im siebten Abschnitt gezeigt, daß die beiden Funktoren S..., I 3.5, und $|\cdots|$, II 1.1, Überlagerungen in Überlagerungen überführen. Diese Tatsache wird benutzt, um zu zeigen, daß die Einbettung $i\colon K \to \mathrm{S}|K|$, II (5.6), einen Isomorphismus der Fundamentalgruppen induziert.

1. Die Fundamentalgruppe

1.1 Streckenzüge: Es sei X eine beliebige ss. Menge, $x \in X_1$ ein Einssimplex und $\varepsilon = \pm 1$. Ein Ausdruck der Gestalt x^ε heißt *Strecke*. Man nennt $d_1 x$ den Anfangs- und $d_0 x$ den Endpunkt von x^{+1}. Bei x^{-1} ist es umgekehrt. Es seien p und q zwei Punkte in X_0. Ein Ausdruck der Gestalt

$$(1.1) \qquad \sigma = x_1^{\varepsilon_1} x_2^{\varepsilon_2} \dots x_n^{\varepsilon_n}, \quad x_\nu \in X_1, \quad \varepsilon_\nu = \pm 1$$

heißt *Streckenzug* von p nach q, wenn folgendes gilt: Der Anfangspunkt von $x_1^{\varepsilon_1}$ ist p; für alle $1 \leq \nu \leq n-1$ ist der Endpunkt von $x_\nu^{\varepsilon_\nu}$ der Anfangspunkt von $x_{\nu+1}^{\varepsilon_{\nu+1}}$. Der Endpunkt von x^{ε_n} ist q.

Wenn $\tau = y_1^{\eta_1} \ldots y_m^{\eta_m}$ ein Streckenzug von q nach $r \in X_0$ ist, kann man das Produkt

$$\sigma \cdot \tau = x_1^{\varepsilon_1} \ldots x_n^{\varepsilon_n} y_1^{\eta_1} \ldots y_m^{\eta_m}$$

bilden. Es ist ein Streckenzug von p nach r. Das Produkt ist assoziativ. Ferner gehört zu σ der inverse Streckenzug

$$\sigma^{-1} = x_n^{-\varepsilon_n} \ldots x_1^{-\varepsilon_1}$$

von q nach p. Es ist $(\sigma \cdot \tau)^{-1} = \tau^{-1} \cdot \sigma^{-1}$.

1.2 Zusammenhang: Man sagt: Zwei Simplexe x und y aus X hängen zusammen, wenn es einen Streckenzug von $x(0)$ nach $y(0)$ gibt. „Zusammenhängen" ist eine Äquivalenzrelation. Jede Äquivalenzklasse ist eine ss. Untermenge von X. Sie heißt *Zusammenhangskomponente* von X. Wenn es nur eine Zusammenhangskomponente gibt, heißt X *zusammenhängend.* Beispielsweise sind die n-Modelle $\Delta(n)$ zusammenhängend. Ferner ist ein topologischer Raum X genau dann wegweise zusammenhängend, wenn seine singuläre ss. Menge SX zusammenhängend ist.

In diesem Kapitel sollen alle ss. Mengen zusammenhängend sein, wenn nicht ausdrücklich etwas anderes festgestellt wird.

1.3 Wege: Man nennt zwei Streckenzüge äquivalent, wenn sie auseinander hervorgehen, indem man endlich oft folgende Operationen anwendet: Am Anfang, im Innern oder am Ende eines Streckenzuges wird $x^{\varepsilon} x^{-\varepsilon} (x \in X_1, \varepsilon = +1$ oder $= -1)$ oder $s_0 q (q \in X_0)$ hinzugefügt oder weggelassen, so daß wieder ein Streckenzug entsteht. Eine Äquivalenzklasse von Streckenzügen heißt *Weg.* Die Begriffe „Anfangs- und Endpunkt", „Produkt", „invers", die für Streckenzüge definiert wurden, übertragen sich in offensichtlicher Weise auf Wege. Die Ausdrucksweise ist im folgenden oft nachlässig: Ein Weg w und ein repräsentierender Streckenzug σ für w werden nicht unterschieden.

Alle Wege in X, die einen festen Anfangs- und Endpunkt $* \in X_0$ haben (kurz: die in $*$ *geschlossen* sind), bilden bezüglich ihrer Produktes eine Gruppe, die sogenannte Wegegruppe von X in $*$. Diese Wegegruppe ist für „große" ss. Mengen, z.B. für die singulären ss. Mengen topologischer Räume unübersichtlich groß. Daher bildet man eine Quotientengruppe, siehe 1.5.

1.4 Homotope Wege: Wenn $y \in X_2$ ist, nennt man $d_2 y \cdot d_0 y \cdot (d_1 y)^{-1}$ Rand von y. Ein Weg der Gestalt $w \cdot r \cdot w^{-1}$, wobei w ein beliebiger Weg und r der Rand eines 2-Simplexes ist, der dazu inverse Weg $w \cdot r^{-1} \cdot w^{-1}$

und alle Produkte solcher Wege heißen nullhomotop (~ 0). Die nullhomotopen Wege sind geschlossen. Zwei Wege v und w heißen *homotop* ($v \sim w$), wenn $v w^{-1}$ definiert und nullhomotop ist. Die Homotopie ist eine Äquivalenzrelation. Die von w repräsentierte Homotopieklasse wird mit $\mathrm{kl}\, w$ bezeichnet. Folgendes Lemma zeigt, daß es bei einer Kan-Menge genügt, statt der Streckenzüge nur Einssimplexe zu betrachten:

Lemma: *In einer (nicht notwendig zusammenhängenden) Kan-Menge gibt es zu jedem Streckenzug σ ein Einssimplex x, so daß die Streckenzüge σ und x^{+1} homotop sind.*

Beweis: Die Behauptung folgt durch Induktion über die Länge von σ aus den folgenden Aussagen a+b):
a) Jede Strecke x^{-1} ist zu einer Strecke y^{+1} homotop.
b) Jeder Streckenzug $x \cdot y^{\varepsilon}$, $\varepsilon = \pm 1$, ist zu einer Strecke z^{+1} homotop.
Zu a): Man füllt den Trichter $(-, s_0 d_1 x, x)$ durch u und setzt $y = d_0 u$.
Zu b): Wenn $\varepsilon = +1$ ist, füllt man den Trichter $(y, -, x)$ durch u und setzt $z = d_1 u$. Wenn $\varepsilon = -1$ ist, füllt man den Trichter $(y, x, -)$ durch u und setzt $z = d_2 u$.

1.5 Die Fundamentalgruppe: In der ss. Menge X sei ein Basispunkt $*$ gewählt. Man prüft leicht nach: Die in $*$ geschlossenen nullhomotopen Wege bilden eine invariante Untergruppe der Wegegruppe von X in $*$. Die Quotientengruppe wird mit $\pi_1(X, *)$ bezeichnet und *Fundamentalgruppe* oder erste Homotopiegruppe von X in $*$ genannt. Die Elemente von $\pi_1(X, *)$ sind also die Homotopieklassen $\mathrm{kl}\, w$ der in $*$ geschlossenen Wege w.

Wenn $f\colon X \to Y$ eine ss. Abbildung ist, wird dem Streckenzug σ in X von p nach q, siehe (1.1), der Streckenzug

$$f(\sigma) = f(x_1)^{\varepsilon_1} \ldots f(x_n)^{\varepsilon_n}$$

in Y von $f(p)$ nach $f(q)$ zugeordnet. Offenbar ist

$$f(\sigma \cdot \tau) = f(\sigma) \cdot f(\tau) \quad \text{und} \quad f(\sigma^{-1}) = f(\sigma)^{-1}.$$

Wenn zwei Streckenzüge σ und τ denselben Weg darstellen, gilt es auch für $f(\sigma)$ und $f(\tau)$. Daher ist es sinnvoll, für einen Weg w in X vom Weg $f(w)$ in Y zu sprechen. Wenn $w \sim 0$ ist, ist $f(w) \sim 0$, und wenn $v \sim w$ ist, ist $f(v) \sim f(w)$.

Nun sei Y mit dem Basispunkt $* = f(*)$ versehen. Dann ist die durch f bestimmte Abbildung der Wege ein Homomorphismus der Wegegruppe von X in $*$ in die Wegegruppe von Y in $f(*)$. Die Untergruppe der nullhomotopen Wege von X wird in die entsprechende Untergruppe von Y abgebildet. Das bedeutet: Jede ss. Abbildung $f\colon (X, *) \to (Y, *)$ induziert einen Homomorphismus $\pi_1(f)\colon \pi_1(X, *) \to \pi_1(Y, *)$. Man prüft leicht nach, daß π_1 so zu einem kovarianten Funktor von der Kategorie der punktierten zusammenhängenden ss. Mengen in die Kategorie der Gruppen wird.

Bemerkung: In 5.1, 5.3c) wird gezeigt, daß es zu jeder abstrakten Gruppe G eine ss. Menge X mit $\pi_1(X,*)=G$ gibt.

1.6 Satz: *Es seien $f_0, f_1: X \to Y$ zwei ss. Abbildungen. Es sei f_0 zu f_1 homotop, wobei die Homotopie auf $* \in X_0$ konstant ist. Dann ist*

$$\pi_1(f_0)=\pi_1(f_1)\colon \pi_1(X,*)\to\pi_1(Y,f(*)).$$

Beweis: Es sei h: $X \times I \to Y$ die Homotopie. Der Streckenzug $\sigma = x_1^{\varepsilon_1}\dots x_n^{\varepsilon_n}$ sei in $*$ geschlossen. In $I \times I$, siehe Abb. 1.1, sind die beiden Streckenzüge (01)(11′) und (00′)(0′1′) homotop. Daraus folgt, wenn man die Abbildung $h(x_i \times \mathrm{id})$: $I \times I \to Y$ heranzieht, daß $f_0(x_i)h(s_0 d_0 x_i, [1])$ $\sim h(s_0 d_1 x_i, [1]) f_1(x_i)$ ist. Durch Zusammensetzen der x_i zu σ ergibt sich dann, daß $f_0(\sigma)h(*,[1]) \sim h(*,[1]) f_1(\sigma)$ ist, also weil $h(*,[1]) = s_0 f(*)$, daß $f_0(\sigma) \sim f_1(\sigma)$ ist.

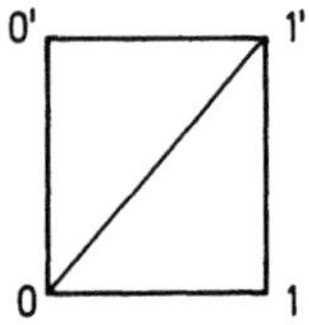

Abb. 1.1

Korollar: *Wenn sich X auf $*$ zusammenziehen läßt, ist $\pi_1(X,*)=0$. Wegen* I 8.10 *ist insbesondere $\pi_1(\Delta(n),(0))=0$ für alle n.*

1.7 Abhängigkeit vom Basispunkt: Ein Weg w von p nach q bestimmt den Isomorphismus der Fundamentalgruppen

(1.2) $$o(w)\colon \pi_1(X,p) \xrightarrow{\cong} \pi_1(X,q), \quad \mathrm{kl}\, v \mapsto \mathrm{kl}(w^{-1}\cdot v \cdot w),$$

wobei v ein in p geschlossener Weg ist. Offensichtlich hängt $o(w)$ nur von der Homotopieklasse von w ab. Bis auf Isomorphie ist also $\pi_1(X,p)$ allein durch X bestimmt. Daher schreibt man auch $\pi_1(X)$.

Man nennt X *einfach zusammenhängend*, wenn $\pi_1(X)=0$ ist. Das ist gleichbedeutend mit: Irgendzwei Wege in X, die denselben Anfangs- und Endpunkt haben, sind homotop. Aus der Definition (1.2) ergibt sich ferner: a) Für eine ss. Abb. f: $X \to Y$ ist

(1.3) $$\pi_1(f)o(w)=o(f(w))\pi_1(f).$$

b) Wenn der Weg w in $* \in X_0$ geschlossen ist, ist $o(w)$ der innere Automorphismus von $\pi_1(X,*)$ mit $\mathrm{kl}\, w$.

2. Beschreibung von $\pi_1(X)$ durch Erzeugende und Relationen

2.1 Es sei $(X,*)$ eine (zusammenhängende!) ss. Menge mit einem Basispunkt $*$. Unter einem Baum Σ in $(X,*)$ versteht man eine Menge von Streckenzügen in X mit folgenden Eigenschaften:
1) Alle σ in Σ beginnen in $*$. Kein $\sigma\in\Sigma$ ist geschlossen.
2) Zu jedem $p\in X_0$, $p\neq *$, gibt es genau ein $\sigma\in\Sigma$, das in p endet.
3) Wenn $x_1^{\varepsilon_1}\ldots x_n^{\varepsilon_n}\in\Sigma$ ist, ist für jedes $1\leq i\leq n$ der Teilstreckenzug $x_1^{\varepsilon_1}\ldots x_i^{\varepsilon_i}\in\Sigma$.
4) Wenn $x_1^{\varepsilon_1}\ldots x_n^{\varepsilon_n}\in\Sigma$ ist, ist jedes x_i, $1\leq i\leq n$, nicht entartet.
Es gibt stets einen Baum in $(X,*)$.

2.2 Satz: *Die Fundamentalgruppe $\pi_1(X,*)$ kann man folgendermaßen durch Erzeugende und Relationen beschreiben: Alle nicht entarteten Einssimplexe, die in keinem $\sigma\in\Sigma$ vorkommen, sind Erzeugende. Jedes nicht entartete Zweisimplex y bestimmt die Relation $d_2y\cdot d_0y=d_1y$. Sollte hier ein d_iy entartet sein, oder in einem $\sigma\in\Sigma$ vorkommen, ist es durch* 1 *zu ersetzen.*

Beweis: Es sei G die Gruppe, die durch die angegebenen Erzeugenden und Relationen beschrieben wird. Man kann sie auch durch folgende Erzeugende und Relationen beschreiben: Die Erzeugenden sind alle Einssimplexe von X. Die Relationen sind $\sigma=1$ für alle $\sigma\in\Sigma$, $s_0p=1$ für alle $p\in X_0$ und $d_2y\cdot d_0y=d_1y$ für alle Zweisimplexe $y\in X$. – Die formale Kombination $x_1^{r_1}\ldots x_n^{r_n}$ von Einssimplexen x_i mit Exponenten $r_i\in\mathbf{Z}$ repräsentiere das Element $[x_1^{r_1}\ldots x_n^{r_n}]\in G$. Man definiert f: $\pi_1(X,*)\to G$ durch $f(\mathrm{kl}\,\sigma)=[\sigma]$ für alle in $*$ geschlossenen Streckenzüge σ und g: $G\to\pi_1(X,*)$ durch $g([x])=\mathrm{kl}(\sigma_{d_1x}\cdot x\cdot\sigma_{d_0x})$ für alle $x\in X_1$. Man prüft nach, daß f und g wohlbestimmte, zueinander inverse Homomorphismen sind.

2.3 Folgerung: *Die Fundamentalgruppe einer eindimensionalen ss. Menge ist frei.*

Beispiel: Es soll $\pi_1(\dot{\Delta}(2),(0))$ berechnet werden: Man wählt $\Sigma=\{(01),(02)\}$. Dann hat $\pi_1(\dot{\Delta}(2),(0))$ das erzeugende Element (12) und keine Relation. Folglich ist $\pi_1(\dot{\Delta}(2),(0))\cong\mathbf{Z}$.

Bei größeren ss. Mengen wird die Berechnung der Fundamentalgruppe nach 2.2 kompliziert. In diesen Fällen hilft bisweilen der folgende

2.4 Satz (Seifert): *Es seien X und Y zwei zusammenhängende ss. Untermengen derselben ss. Menge, deren Durchschnitt $X\cap Y$ auch zusammenhängend ist; siehe das Diagramm 2.1 der Einbettungsabbildungen. Als Basispunkt aller Fundamentalgruppen sei ein Punkt $*\in X\cap Y$ gewählt.*

Dann ist $\pi_1(X \cup Y)$ die Quotientengruppe des freien Produktes $\pi_1(X) \circ \pi_1(Y)$ (direkte Summe $\pi_1(X) \amalg \pi_1(Y)$ im Sinne der Kategorientheorie) nach dem kleinsten Normalteiler, der

$$(2.1) \qquad \{\pi_1(i_X)(a) \cdot \pi_1(i_Y)(a^{-1}) \mid a \in \pi_1(X \cap Y)\}$$

enthält. Kurze aber ungenaue Schreibweise: $\pi_1(X \cup Y) = \pi_1(X) \circ \pi_1(Y) / \pi_1(X \cap Y)$. Die kanonischen Monomorphismen $\pi_1(X) \rightarrowtail \pi_1(X) \circ \pi_1(Y)$ und $\pi_1(Y) \rightarrowtail \pi_1(X) \circ \pi_1(Y)$ gehen in $\pi_1(j_X)$ und $\pi_1(j_Y)$ über.

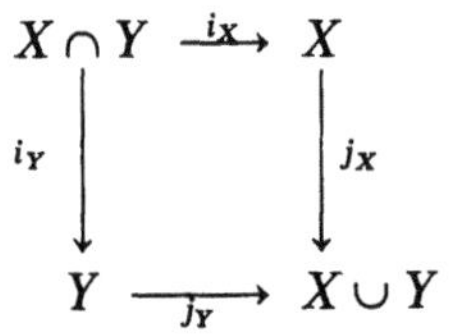

Dia. 2.1

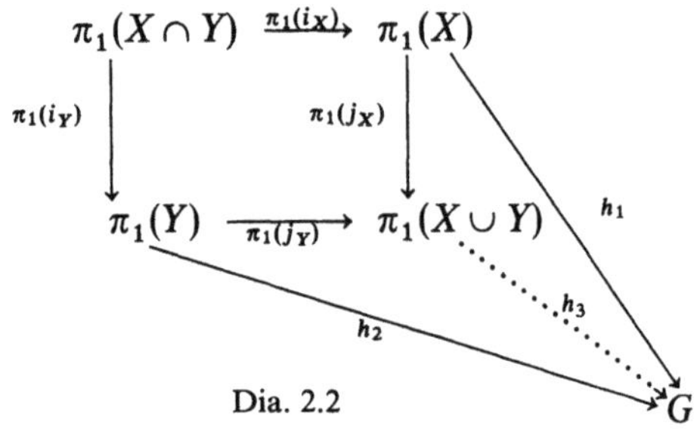

Dia. 2.2

Bemerkungen: a) Offensichtlich braucht a in (2.1) nur ein Erzeugendensystem von $\pi_1(X \cup Y)$ zu durchlaufen.
b) Das Bild des Diagramms 2.1 unter dem Funktor π_1 hat folgende universelle Eigenschaft (Dia. 2.2): Es sei G eine beliebige Gruppe, h_1 und h_2 zwei Homomorphismen, für die $h_1 \pi_1(i_X) = h_2 \pi_1(i_Y)$ ist. Dann gibt es genau einen Homomorphismus h_3, so daß $h_1 = h_3 \pi_1(j_X)$ und $h_2 = h_3 \pi_1(j_Y)$ ist.

2.5 Beweis zu 2.4: Man wählt einen Baum Σ in $(X \cup Y, *)$, so daß jedes $\sigma \in \Sigma$ ganz in X bzw. Y liegt, wenn der Endpunkt von σ in X bzw. Y liegt. Das ist möglich, weil X, Y und $X \cap Y$ zusammenhängend sind. – Im folgenden bedeute $\Sigma \wedge X$ die Menge der $\sigma \in \Sigma$, die ganz in X liegen, und $x \eta \Sigma$ für $x \in X_1$, daß x in einem $\sigma \in \Sigma$ vorkommt. – Dann sind $\Sigma \wedge X$, $\Sigma \wedge Y$ bzw. $\Sigma \wedge (X \cap Y)$ Bäume in $(X, *)$, $(Y, *)$ bzw. $(X \cap Y, *)$. Es sei

$$\begin{aligned}
A &= \{z \mid z \in X_1 \cap Y_1,\ z \text{ nicht entartet},\ z \not\eta \Sigma\},\\
B &= \{x \mid x \in X_1,\ x \text{ nicht entartet},\ x \not\eta \Sigma,\ x \notin A\},\\
C &= \{y \mid y \in Y_1,\ y \text{ nicht entartet},\ y \not\eta \Sigma,\ y \notin A\},\\
R &= \{r \mid r \in X_2 \cap Y_2,\ r \text{ nicht entartet}\},\\
S &= \{s \mid s \in X_2,\ s \text{ nicht entartet},\ s \notin R\},\\
T &= \{t \mid t \in Y_2,\ t \text{ nicht entartet},\ t \notin R\}.
\end{aligned}$$

Dann werden nach 2.2 die Fundamentalgruppen folgendermaßen durch Erzeugende (vor $|$) und Relationen (hinter $|$) beschrieben:

$$\pi_1(X \cap Y) = (A|R), \quad \pi_1(X) = (A \cup B|R \cup S), \quad \pi_1(Y) = (A \cup C|R \cup T)$$
$$\text{und} \quad \pi_1(X \cup Y) = (A \cup B \cup C|R \cup S \cup T).$$

Alle Vereinigungen sind disjunkt. Es ist dann ein leicht lösbares gruppentheoretisches Problem, daraus die Behauptung abzuleiten.

2.6 Beispiele: a) Wenn $X \cap Y$ einfach zusammenhängend ist, ist $\pi_1(X \cup Y) = \pi_1(X) \circ \pi_1(Y)$.

b) Wenn Y einfach zusammenhängend ist, ist $\pi_1(X \cup Y) \cong \pi_1(X)/\pi_1(i_X)(\pi_1(X \cap Y))$.

c) Aus a) und dem Beispiel zu 2.3 folgt, daß für die ss. Menge X, die, wie die Abbildung 2.1 zeigt, aus zwei Exemplaren von $\dot{\Delta}(2)$ zusammengesetzt ist, gilt: $\pi_1(X) = \mathbf{Z} \circ \mathbf{Z}$. Insbesondere ist diese Fundamentalgruppe nicht abelsch.

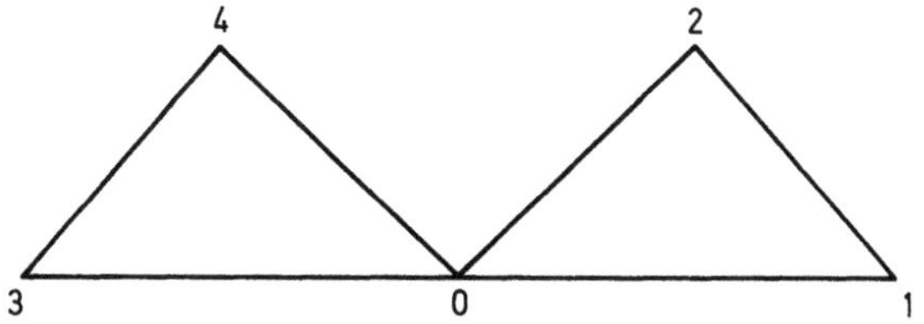

Abb. 2.1

d) Für $n \geq 3$ ist $\pi_1(\dot{\Delta}(n)) = 0$. Denn $\dot{\Delta}(n) = \Lambda^0(n) \cup d_0[n]$. Da sich $\Lambda^0(n)$ und $d_0[n] \cong \Delta(n-1)$ zusammenziehen lassen, verschwinden nach dem Korollar zu 1.6 deren Fundamentalgruppen. Für $n \geq 3$ ist $\Lambda^0(n) \cap d_0[n] \cong \dot{\Delta}(n-1)$ zusammenhängend. Aus 2.4 folgt dann die Behauptung.

e) Für alle n und $0 \leq k \leq n$ ist $\pi_1(\Lambda^k(n)) = 0$. Die Behauptung folgt für $k = 0$, weil sich $\Lambda^0(n)$ zusammenziehen läßt. Die Fälle $n = 2$ und 3 müssen gesondert betrachtet werden; es sei dem Leser überlassen. Für $n \geq 4$ kann man folgendermaßen allgemein schließen: Es ist $\dot{\Delta}(n) = \Lambda^k(n) \cup d_k[n]$. Da $d_k[n] \cong \Delta(n-1)$ nach dem Korollar zu 1.6 einfach zusammenhängend ist, ist nach b) + d): $0 = \pi_1(\dot{\Delta}(n)) \cong \pi_1(\Lambda^k(n))/\pi_1(i)(\pi^1(\Lambda^k(n) \cap d_k[n]))$. Nun ist für $n \geq 4$ $\Lambda^k(n) \cap d_k[n] \cong \dot{\Delta}(n-1)$ nach d) einfach zusammenhängend. Folglich muß $\pi_1(\Lambda^k(n)) = 0$ sein.

3. Semisimpliziale Überlagerungen

Weiterhin seien alle ss. Mengen zusammenhängend, wenn nichts anderes ausdrücklich gesagt wird. Für einen Weg w bezeichnet $A(w)$ den Anfangs- und $E(w)$ den Endpunkt.

3.1 Eine ss. Abbildung $p: Y \to X$ heißt *Überlagerung*, wenn folgende Bedingung erfüllt ist: *Zu jedem $n \geq 0$, jedem $x \in X_n$, jedem $q \in Y_0$ mit $p(q) = x(k)$ für ein $0 \leq k \leq n$ gibt es genau ein $y \in Y_n$ mit $p(y) = x$ und $y(k) = q$.*

Bemerkung: Der Leser möge nachprüfen, daß man Überlagerungen auch durch 1. oder 2. charakterisieren kann:
1. Das Tripel (Y, p, X) ist lokal trivial. Jede Faser ist diskret.
2. Das Tripel (Y, p, X) genügt folgender verschärften Faserungsbedingung: Zu jedem $x \in X_n$ und jedem Trichter $(y_0, \ldots, \overset{k}{-}, \ldots, y_n)$ über den Seiten von x mit einem Loch gibt es genau ein $y \in Y_n$ mit $p(y) = x$, das den Trichter füllt. – Insbesondere ist eine Überlagerung also eine Faserung.

3.2 Es sei (Y, p, X) eine Überlagerung, bei der X und Y nicht zusammenhängend zu sein brauchen, u ein Weg in X und v ein Weg in Y. Wenn $p(v) = u$ ist, heißt v *Überlagerungsweg* von u.

Monodromiesatz: *a) Zu jedem Weg u in X und jedem Punkt $q \in Y_0$, der über dem Anfangspunkt von u liegt $(p(q) = A(u))$, gibt es genau einen Überlagerungsweg, der in q beginnt. – b) Wenn u nullhomotop ist, ist jeder Überlagerungsweg von u ebenfalls nullhomotop.*

Beweis: Zu a) Es sei $\sigma = x_1^{\varepsilon_1} x_2^{\varepsilon_2} \ldots x_n^{\varepsilon_n}$ ein Streckenzug in X. Nach der Überlagerungsbedingung gibt es genau eine Strecke $y_1^{\varepsilon_1}$ mit $p(y_1) = x_1$ und $A(y_1^{\varepsilon_1}) = q$. Aus demselben Grunde gibt es genau eine Strecke $y_2^{\varepsilon_2}$ mit $p(y_2) = x_2$ und $A(y_2^{\varepsilon_2}) = E(y_1^{\varepsilon_1})$ usw. Dann ist $\tau = y_1^{\varepsilon_1} \ldots y_n^{\varepsilon_n}$ der einzige Streckenzug in Y, der in q beginnt und σ überlagert. Die Behauptung a) wurde nun aber für Wege ausgesprochen. Sie folgt aus der Aussage über Streckenzüge, wenn man außerdem benutzt (der Beweis sei dem Leser überlassen): Wenn die Streckenzüge τ und τ' in Y im selben Punkt beginnen und ihre Bilder $p(\tau)$ und $p(\tau')$ denselben Weg darstellen, dann repräsentieren auch τ und τ' denselben Weg. Zu b) Es sei v ein Weg in Y mit dem Anfangspunkt q. Der Bildweg $p(v)$ sei der Rand des 2-Simplexes $x \in X$. Nach der Überlagerungsbedingung gibt es genau ein 2-Simplex $y \in Y$ über x mit $y(0) = q$. Nach a) ist dann v Randweg von y. – Damit ist b) bewiesen, wenn u Randweg eines 2-Simplex ist. Indem man a) anwendet, beweist man b) zweitens für $u = w \cdot r \cdot w^{-1}$, wobei r Randweg eines 2-Simplex ist und drittens für Produkte solcher Wege, d.h., für beliebige nullhomotope Wege.

3.3 Korollar: *Die beiden Wege u und v in X mögen in $p(q)$ beginnen $(q \in Y_0)$. Es seien u' bzw. v' ihre Überlagerungswege, die in q beginnen. Genau dann, wenn u und v denselben Endpunkt haben und uv^{-1} ein Element in $\pi_1(p)(\pi_1(Y, q))$ repräsentiert, haben auch u' und v' denselben Endpunkt.*

Beweis: Die eine Richtung der Behauptung (wenn $E(u') = E(v')$) ist trivial. Umgekehrt: Es sei w ein in q geschlossener Weg, so daß $p(w)$ zu uv^{-1} homotop ist. Dann ist $p(w)vu^{-1}$ nullhomotop, also nach 3.2b) auch der Überlagerungsweg davon nullhomotop. Er hat aber nach 3.2a) die Gestalt $wv'u''^{-1}$ mit $p(u'')=u$. Da er nullhomotop ist, ist er geschlossen, also $q=A(w)=A(u'')$. Nach 3.2a) folgt daraus $u''=u'$ und somit $E(u')= = E(u'')=E(v')$.

3.4 Satz: *a) Eine Überlagerung $p: Y \to X$ induziert einen Monomorphismus $\pi_1(p): \pi_1(Y,q) \to \pi_1((X,p(q))$ der Fundamentalgruppen.*
b) Es sei $* \in X_0$. Wenn q ganz $p^{-1}(*)_0$ durchläuft, durchlaufen die $\pi_1(p)(\pi_1(Y,q))$ eine volle Klasse untereinander konjugierter Untergruppen in $\pi_1(X,*)$.

Beweis: a) folgt sofort aus 3.2b). – Zu b): Es sei $q_0, q_1 \in p^{-1}(*)_0$. Dann sind $\pi_1(p)(\pi_1(Y,q_0))$ und $\pi_1(p)(\pi_1(Y,q_1))$ konjugiert. Denn es sei w ein Weg von q_0 nach q_1. Nach 1.7 ist dann $o(w)(\pi_1(Y,q_0))=\pi_1(Y,q_1)$ und $\pi_1(p)o(w)=o(p(w))\pi_1(p)$. Daraus folgt, weil $p(w)$ in $*$ geschlossen ist, daß $\pi_1(p)(\pi_1(Y,q_0))$ mittels $\mathrm{kl}\,p(w) \in \pi_1(X,*)$ zu $\pi_1(p)(\pi_1(Y,q_1))$ konjugiert ist. – Umgekehrt seien $q_0 \in p^{-1}(*)_0$ und ein Element $a \in \pi_1(X,*)$ gegeben. Es sei u ein in $*$ geschlossener Weg, der a repräsentiert. Der Überlagerungsweg u' von u, der in q_0 beginnt, ende in q_1. Dann ist gemäß dem ersten Teil des Beweises $\pi_1(p)(\pi_1(Y,q_0))$ mittels a zu $\pi_1(p)(\pi_1(Y,q_1))$ konjugiert.

3.5 Hochhebungssatz: *Es sei (Y,p,X) eine Überlagerung, $y_0 \in Y_0$ und $x_0 \in X_0$.*
a) Zu jeder ss. Abbildung $f: (Z,z_0) \to (X,x_0)$ gibt es genau dann eine ss. Abbildung $g: Z \to Y$ mit

$$pg=f \quad \text{und} \quad g(z_0)=y_0 \tag{3.1}$$

wenn gilt:

$$\pi_1(f)(\pi_1(Z,z_0)) \subset \pi_1(p)(\pi_1(Y,y_0)). \tag{3.2}$$

Durch (3.1) *ist g eindeutig bestimmt.*
b) Wenn f eine Überlagerung ist, ist auch g eine Überlagerung. In diesem Falle ist g genau dann ein Isomorphismus, wenn in (3.2) $=$ *statt* $\subset$ *steht.*

Beweis: I. Wenn es eine Abbildung g mit der Eigenschaft (3.1) gibt, ist (3.2) offenbar erfüllt.
II. Die Abbildung g ist eindeutig bestimmt: Es sei g' eine weitere Abbildung mit $pg'=f$ und $g'(z_0)=y_0$. Für alle Nullsimplexe $z_1 \in Z$ gilt: Es sei u in Z ein Weg von z_0 nach z_1. Dann sind $g(u)$ und $g'(u)$ zwei Überlagerungswege von $f(u)$ mit demselben Anfangspunkt y_0, also $g(u)=g(u')$ nach 3.2a) und insbesondere $g(z_1)=E(g(u))=E(g'(u))=g'(z_1)$. Für ein beliebiges n-Simplex $z \in Z$ gilt daher $g(z)(0)=g'(z)(0)$, ferner nach der Voraussetzung $pg(z)=pg'(z)$, also nach der Überlagerungsbedingung $g(z)=g(z')$.

III. Wenn (3.2) gilt, existiert ein g mit der Eigenschaft (3.1):
1. Auf Z_0 wird g folgendermaßen konstruiert: Zu jedem $z \in Z_0$ wählt man einen Weg u in Z von z_0 nach z und überlagert $f(u)$ durch den Weg u' in Y, der in y_0 beginnt. Der Endpunkt $E(u')$ hängt nicht von der Wahl von u ab. Denn zu einem anderen Weg v von z_0 nach z werde v' in Y in derselben Weise konstruiert. Dann ist uv^{-1} in z_0 geschlossen. Also repräsentiert $f(u)\cdot f(v)^{-1}$ ein Element in $\pi_1(f)(\pi_1(Z,z_0))$, das wegen (3.2) auch in $\pi_1(p)(\pi_1(Y,y_0))$ liegt. Nach 3.3 ist dann $E(u')=E(v')$. Daher ist die Definition $g(z)=E(u')$ eindeutig. Offensichtlich gilt (3.1).
2. Nun sei $z \in Z_n$, $n \geq 0$. Wegen 1. ist $g(z(0))$ bereits bekannt. Man definiert $g(z) \in Y_n$ als das Simplex mit $pg(z)=f(z)$ und $g(z)(0)=g(z(0))$ gemäß der Überlagerungsbedingung.
3. Man muß nun beweisen, daß g eine ss. Abbildung ist: Es sei α^* einer der Operatoren s_i und d_i. Dann ist $p(g(\alpha^* z))=p(\alpha^* g(z))$. Daraus folgt wegen der Überlagerungsbedingung $g(\alpha^* z)=\alpha^* g(z)$, sobald man weiß, daß die nullten Ecken von $g(\alpha^* z)$ und $\alpha^* g(z)$ übereinstimmen. Das ist der Fall, wenn $\alpha^* \neq d_0$ ist. Denn dann ist $g(\alpha^* z)(0)=g(\alpha^* z(0))=g(z(0))$ $=g(z)(0)=\alpha^* g(z)(0)$. Für $\alpha^*=d_0$ ist $g(d_0 z)(0))=g(z(1))$ und $d_0 g(z)(0)$ $=g(z)(1)$, so daß also nur noch $g(z(1))=g(z)(1)$ zu zeigen ist. Dazu kann man ohne Beschränkung der Allgemeinheit annehmen, daß z ein Einssimplex ist. Denn sonst ersetzt man z durch $z(01)$. Gemäß 1. wählt man einen Weg u in Z von z_0 nach $z(0)$ und konstruiert dazu den Weg u' in Y mit $p(u')=f(u)$ und $A(u')=y_0$, so daß also $E(u')=g(z(0))=g(z)(0)$ ist. Nun ist $w=u\cdot z$ ein Weg in Z von z_0 nach $z(1)$. Dazu werden wie in 1. der Weg w' in Y konstruiert, für den $p(w')=f(w)=f(u)\cdot f(z)$ und $A(w')=y_0$ ist, so daß also $E(w')=g(z(1))$ ist. Nach 3.2a) muß dann $w'=u' g(z)$ sein, woraus $g(z(1))=E(w')=g(z)(1)$ folgt.

Der Beweis zu b) ist offensichtlich.

Bemerkung: Ein Tripel (Y,p,X) ist genau dann eine Überlagerung, wenn der Hochhebungssatz gilt. Denn die Überlagerungsbedingung ist der Hochhebungssatz für $Z=\Delta(n)$. Da $\Delta(n)$ nach dem Korollar in 1.6 einfach zusammenhängend ist, ist (3.2) trivialerweise erfüllt.

3.6 Für den Klassifikationssatz weiter unten mögen folgende Vereinbarungen getroffen werden: Alle ss. Mengen sind mit einem Basispunkt $*$ versehen, alle ss. Abbildungen überführen den Basispunkt in den Basispunkt. Alle Fundamentalgruppen sind bezüglich $*$ gebildet. Es werden nur Überlagerungen einer festen ss. Menge X betrachtet. Man schreibt darum kurz (Y,p) statt (Y,p,X). Zwischen zwei Überlagerungen (Y,p) und (Y',p') wird nicht unterschieden, wenn es einen ss. Isomorphismus $f\colon Y \xrightarrow{\cong} Y'$ mit $p'f=p$ gibt. Man sagt: (Y',p') überlagert (Y,p), wenn es eine Überlagerung (Y',p'',Y) mit $pp''=p'$ gibt.

Klassifikationssatz: *a) Wenn man jeder Überlagerung (Y,p) die Untergruppe $\pi_1(p)(\pi_1(Y))$ von $\pi_1(X)$ zuordnet, wird eine umkehrbar eindeutige Beziehung zwischen den Überlagerungen von X und den Untergruppen der Fundamentalgruppe $\pi_1(X)$ gestiftet.*
b) Folgende beiden Aussagen sind äquivalent:
1. *(Y',p') überlagert (Y,p).*
2. *$\pi_1(p')(\pi_1(Y')) \subset \pi_1(p)(\pi_1(Y))$.*

Beweis: Alle Aussagen des Klassifikationssatzes folgen aus 3.5 bis auf die Existenzaussage: Zu jeder Untergruppe G von $\pi_1(X)$ gibt es eine Überlagerung (Y,p) von X mit $\pi_1(p)(\pi_1(Y))=G$. Sie wird folgendermaßen bewiesen:
I. Man nennt zwei Wege u und v in X, die in $*$ beginnen und denselben Endpunkt haben, G-äquivalent, wenn $\mathrm{kl}(uv^{-1})\in G$ ist. Die Äquivalenzklasse von u werde mit $\mathrm{kl}_G u$ bezeichnet, während kl ohne Index wie in 1.4 die Homotopieklasse bedeutet. Da $\mathrm{kl}_G(u\cdot v)$ nur von $\mathrm{kl}_G u$ und $\mathrm{kl}\,v$ abhängt, schreibt man $\mathrm{kl}_G(u\cdot v)=\mathrm{kl}_G u\cdot\mathrm{kl}\,v$. Es gilt $(\mathrm{kl}_G u\cdot\mathrm{kl}\,v)\cdot\mathrm{kl}\,v' =\mathrm{kl}_G u\cdot\mathrm{kl}(v\cdot v')$. Für den konstanten Weg $*=s_0*$ besteht kl_G* genau aus allen Wegen u, die in $*$ geschlossen sind und ein Element in G repräsentieren, d. h. $\mathrm{kl}\,u\in G$.
II. Als n-Simplexe von Y wählt man alle Paare (x,a), wobei $x\in X_n$ und a eine G-Äquivalenzklasse von Wegen ist, die in $*$ beginnen und in $x(0)$ enden. Es sei α^* einer der Operatoren $d_1,d_2,\ldots,s_0,s_1,\ldots$. Für ihn definiert man $\alpha^*(x,a)=(\alpha^*x,a)$. Diese Definition ist sinnvoll, da $\alpha^*x(0)=x(0)$ ist. Das gilt nicht für $\alpha^*=d_0$. Dann ist $d_0x(0)=x(1)$, und man definiert $d_0(x,a)=(d_0x,a\cdot\mathrm{kl}\,x(01))$. Zu Bezeichnungsweise siehe I.
III. Diese d_i und s_j genügen den Vertauschungsbeziehungen I (3.3). Als Muster sei der Beweis für $d_0d_0=d_0d_1$ ausgeführt: $d_0d_0(x,a) =d_0(d_0x,a\cdot\mathrm{kl}\,x(01))=(d_0d_0x,a\cdot\mathrm{kl}\,x(01)\cdot\mathrm{kl}\,x(12))\overset{*}{=}(d_0d_1x,a\cdot\mathrm{kl}\,x(02)) =d_0(d_1x,a)=d_0d_1(x,a)$. Bei $*$ wurde benutzt, daß $x(01)\cdot x(12)$ zu $x(02)$ homotop ist. Ferner wurde I. benutzt.
IV. Man definiert $p\colon Y\to X$ durch $p(x,a)=x$. Dann ist p offensichtlich eine ss. Abbildung. Sie genügt der Überlagerungsbedingung: Es sei $x\in X_n$ und $q\in Y_0$ mit $p(q)=x(k)$ gegeben. Dann hat q die Gestalt $q=(x(k),a)$, wobei a eine G-Äquivalenzklasse von Wegen ist, die in $*$ beginnen und in $x(k)$ enden. Man wählt $y=(x,a\cdot\mathrm{kl}\,x(0k)^{-1})\in Y_n$. Dann ist $y(k)=q$ und $p(y)=x$. Dieses y ist eindeutig bestimmt. Denn wenn für $y'=(x',a')$ ebenfalls $p(y')=x$ gilt, ist $x'=x$ und aus $y'(k)=q$ folgt $a'\cdot\mathrm{kl}\,x(0k)=a$, also $a'=a\cdot\mathrm{kl}\,x(0k)^{-1}$.
V. Man wählt $*=(*,\mathrm{kl}_G*)\in Y_0$ als Basispunkt. – Es sei u ein Weg in X, der in $*$ beginnt. Nach 3.2a) besitzt er genau einen Überlagerungsweg u' in Y, der in $*$ beginnt. Durch Induktion über die Anzahl der Strecken, die in einer Darstellung von u als Streckenzug vorkommen, beweist man,

daß $E(u')=(E(u), \mathrm{kl}_G u)$ ist. – Daraus folgt, daß Y zusammenhängend ist und $\pi_1(p)(\pi_1(Y))=G$ ist.

3.7 Bemerkungen: a) Nach der Vereinbarung zu Beginn von 3.6 muß man im Klassifikationssatz unter Umständen zwei Überlagerungen (Y,p) und (Y',p') als verschieden ansehen, wenn sie sich nur durch die Wahl des Basispunktes in $Y=Y'$ unterscheiden. Wenn man davon absieht, Basispunkte einzuführen, folgt wegen 3.4 b) aus dem Klassifikationssatz eine umkehrbar eindeutige Beziehung zwischen den Überlagerungen von X und den Konjugationsklassen der Untergruppen von $\pi_1(X)$.

b) Eine Überlagerung (Y,p,X) heißt *normal*, wenn $\pi_1(p)(\pi_1(Y,q))$ Normalteiler in $\pi_1(X,p(q))$ ist. Diese Definition hängt nicht von der Wahl des Punktes $q\in Y_0$ ab: Es sei $q'\in Y_0$ ein anderer Punkt. Man wählt einen Weg u' von q nach q' und setzt $u=p(u')$. Wenn $\pi_1(p)(\pi_1(Y,q))$ Normalteiler in $\pi_1(X,p(q))$ ist, ist $o(u)\pi_1(p)(\pi_1(Y,q))$ Normalteiler in $o(u)\pi_1(X,p(q))$. Nun ist nach 1.7

$$o(u)\pi_1(X,p(q)) = \pi_1(X,p(q')) \quad \text{und}$$
$$o(u)\pi_1(p)(\pi_1(Y,q)) = \pi_1(p)\ (\pi_1(Y,q')).$$

Ohne Rücksicht auf Basispunkte besteht also nach a) eine umkehrbar eindeutige Beziehung zwischen den normalen Überlagerungen von X und den Normalteilern in $\pi_1(X)$.

c) Wegen 3.4 a) und dem zuletzt genannten Ergebnis gibt es genau eine Überlagerung (Y,p,X) zu vorgegebenem X, für die Y einfach zusammenhängend ist. Sie heißt *universelle* Überlagerung, weil sie nach dem Teil b) des Klassifikationssatzes jede andere Überlagerung von X überlagert.

d) Man kann an dieser Stelle folgenden Satz der Gruppentheorie semisimplizial beweisen: Jede Untergruppe U einer freien Gruppe F ist frei: Es sei M eine Basis für F. Man bildet die eindimensionale ss. Menge X, die aus einem Nullsimplex und M als Menge der nicht entarteten Einssimplexe besteht. Dann ist $\pi_1(X)=F$ nach 2.2. Nach 3.6 gibt es zur Untergruppe U eine Überlagerung (Y,p,X), so daß $\pi_1(Y)=U$ ist. Weil X eindimensional ist, ist es auch Y. Nach der Folgerung 2.3 ist daher $U=\pi_1(Y)$ frei.

4. Deckbewegungen

4.1 Es sei X eine ss. Menge und G eine (abstrakte) Gruppe. Man sagt: G *operiert* von links auf X, wenn jedem $g\in G$ eine ss. Abbildung $X\to X$, $x\mapsto g\cdot x$, zugeordnet ist, so daß $1\cdot x=x$ und $g_1\cdot(g_2\cdot x)=(g_1\cdot g_2)x$ gilt. Die Abbildung $x\mapsto g\cdot x$ ist folglich ein Automorphismus mit der Umkehrung $x\mapsto g^{-1}x$.

4.2 Unter einer *Deckbewegung* einer Überlagerung (Y,p,X) versteht man einen Automorphismus $f\colon Y \to Y$ *mit* $pf = p$. Die Menge der Deckbewegungen macht man zu einer Gruppe D, indem man als Produkt von f_1 und f_2 ihre Hintereinanderschaltung $f_1 \cdot f_2 = f_1 \circ f_2$ definiert. Dann operiert D von links auf Y. Es sei ein Punkt $* \in Y_0$ gewählt. Nach 3.5 ist jede Deckbewegung eindeutig durch $f(*)$ bestimmt. Zu einem Punkt $q \in Y_0$ gibt es genau dann eine Deckbewegung f mit $f(*) = q$, wenn

(4.1) $$\pi_1(p)(\pi_1(Y,*)) = \pi_1(p)(\pi_1(Y,q))$$

ist. Wenn man noch 3.4b) und 3.1 heranzieht, folgt daraus:

4.3 Lemma: *Genau dann, wenn die Überlagerung (Y,p,X) normal ist, gibt es zu je zwei Simplexen y und y' mit $p(y) = p(y')$ eine Deckbewegung f mit $y' = f(y)$.*

4.4 Satz: *Die Überlagerung $p\colon Y \to X$ sei normal. In Y sei ein Basispunkt $*$ gewählt. Es sei D die Gruppe der Deckbewegungen und $f \in D$. Man wählt einen Weg w von $*$ nach $f(*)$. Dann hängt die Linksnebenklasse von $\mathrm{kl}\, p(w)$ in $\pi_1(X,p(*))$ modulo $\pi_1(p)(\pi_1(Y,*))$ nur von f ab und die Zuordnung*

(4.2) $$\varphi\colon D \xrightarrow{\cong} \pi_1(p)(\pi_1(Y,*))\backslash\pi_1(X,p(*)),\ f \mapsto \pi_1(p)(\pi_1(Y,*)) \cdot \mathrm{kl}\, p(w)$$

ist ein Isomorphismus.

Beweis: a) Die erste Behauptung folgt aus 3.3. – b) φ ist ein Homomorphismus: Es sei $f,g \in D$, v ein Weg von $*$ nach $f(*)$ und w ein Weg von $*$ nach $g(*)$. Dann ist $v \cdot f(w)$ ein Weg von $*$ nach $f \cdot g(*)$ und folglich wird $\varphi(f \cdot g)$ durch $p(v) \cdot p(w)$ repräsentiert, d.h. $\varphi(f \cdot g) = \varphi(f) \cdot \varphi(g)$. – c) φ ist monomorph: Wenn $\varphi(f) = 1$ ist, ist $p(w) \in \pi_1(p)(\pi_1(Y,*))$. Nach 3.3 ist w dann geschlossen, also $* = f(*)$ und folglich $f = \mathrm{id}$, weil f durch $f(*)$ eindeutig bestimmt ist. – d) φ ist epimorph: Ein beliebiges Element $a \in \pi_1(p)(\pi_1(Y,*))\backslash\pi_1(X,p(*))$ wird durch einen in $p(*)$ geschlossenen Weg v in X repräsentiert. Man hebt v zu w nach Y hoch, so daß w in $*$ beginnt. Dann gibt es nach 4.3 genau eine Deckbewegung f mit $f(*) = E(w)$. Für sie ist $\varphi(f) = a$.

4.5 Bemerkungen zum Isomorphismus (4.2): a) Wenn (Y,p,X) die universelle Überlagerung ist, ist

(4.3) $$\varphi\colon D \to \pi_1(X,p(*)),\quad f \mapsto \mathrm{kl}\, p(w)$$

ein Isomorphismus, wobei w ein Weg von $*$ nach $f(*)$ ist.

b) Der Isomorphismus (4.2) hängt von der Wahl des Basispunktes $* \in Y_0$ ab und zwar folgendermaßen: Es seien $y_0, y_1 \in Y_0$ mit $p(y_0) = p(y_1)$. Die zugehörigen Isomorphismen (4.2) seien φ_0 und φ_1. Es gibt genau eine Deckbewegung d mit $d\,y_0 = y_1$. Für jede Deckbewegung f ist

(4.4) $$\varphi_1(f) = \varphi_0(d^{-1} f d).$$

Beweis: Es sei v ein Weg von y_0 nach y_1, w ein Weg von y_0 nach $f(y_0)$. Dann wird $\varphi_0(d)$ durch $p(v)$ und $\varphi_0(f)$ durch $p(w)$ repräsentiert. Ferner ist $v^{-1}\cdot w\cdot f(v)$ ein Weg von y_1 nach $f(y_1)$, so daß also $\varphi_1(f)$ durch $p(v)^{-1}\cdot p(w)\cdot p(v)$ repräsentiert wird. Das bedeutet (4.4).

Der Isomorphismus (4.2) hängt also genau dann nicht von der Wahl des Basispunktes $* \in Y_0$ ab, wenn D abelsch ist.

4.6 In 4.2 wurde einer Überlagerung (Y,p,X) eine Gruppe D zugeordnet, die von links auf Y operiert. Umgekehrt soll unter gewissen Voraussetzungen zu einer ss. Menge Y, auf der eine Gruppe G von links operiert, eine Überlagerung (Y,p,X) konstruiert werden: Man nennt zwei Simplexe $y, y' \in Y$ G-äquivalent, wenn es ein $g \in G$ mit $gy = y'$ gibt. Die von y repräsentierte G-Äquivalenzklasse werde mit $[y]$ bezeichnet. Die Menge der G-Äquivalenzklassen hat die Struktur einer ss. Menge, die $G\backslash Y$ heißt:

$$(G\backslash Y)_n = \{[y] \mid y \in Y_n\}, \quad \alpha^*[y] = [\alpha^* y]. \tag{4.5}$$

Die Projektion $p\colon Y \to G\backslash Y$, $y \mapsto [y]$, ist eine ss. Abbildung. Man sagt: G operiert *frei* auf Y, wenn für jedes Paar (g,y) mit $g \in G$ und $y \in Y$ aus $gy = y$ folgt, daß $g = 1$ ist.

4.7 Satz: *a) Wenn die Gruppe G frei von links auf der ss. Menge Y operiert, ist die Projektion $p\colon Y \to G\backslash Y$ eine normale Überlagerung mit G als Gruppe der Deckbewegungen.*
b) Es sei D die Gruppe der Deckbewegungen einer normalen Überlagerung (Y,p,X). Dann operiert D frei von links auf Y, und es gibt einen Isomorphismus $h\colon D\backslash Y \xrightarrow{\cong} X$, so daß $hp_1 = p$ für die Projektion $p_1\colon Y \xrightarrow{\cong} D\backslash Y$ gilt.

Beweis: Zu a): Die Überlagerungsbedingung für p ist erfüllt: Es sei $\eta \in (G\backslash Y)_n$ und $q \in Y_0$ mit $[q] = \eta(k)$ für ein $0 \le k \le n$. Es sei $x \in Y_n$ ein Repräsentant von η. Aus $[q] = \eta(k)$ folgt $[q] = [x(k)]$. Daher gibt es ein $g \in G$ mit $gx(k) = q$. Für $y = gx$ gilt dann $[y] = \eta$ und $y(k) = q$. Dadurch ist y auch eindeutig bestimmt. Denn wenn auch $[z] = \eta$ wäre, gäbe es ein $g' \in G$ mit $z = g'y$. Aus $g'y(k) = z(k) = q = y(k)$ folgt $g = 1$, weil G frei operiert, somit $z = y$. Die Überlagerung ist normal, und G ist die Gruppe der Deckbewegungen: Trivialerweise ist G eine Untergruppe der Gruppe aller Deckbewegungen. Außerdem gibt es zu je zwei Simplexen $y, y' \in Y$ mit $[y] = [y']$ definitionsgemäß ein $g \in G$ mit $y' = gy$. Daraus folgt wegen 4.3 die Behauptung.
Zu b): Aus 4.2 folgt, daß D frei operiert. Man definiert $h\colon D\backslash Y \to X$, $[y] \mapsto p(y)$. Diese Definition ist sinnvoll, da $p(y) = p(gy)$ für jedes $g \in D$ gilt. Trivialerweise ist h eine surjektive ss. Abbildung. Wegen 4.3 ist h auch injektiv.

5. Die semisimpliziale Auflösung einer Gruppe

5.1 Es sei π eine abstrakte Gruppe. Als *ss. Auflösung* von π definiert man folgende zusammenhängende ss. Menge $L(\pi)$: Es ist $L(\pi)_n$ die Menge aller $(n+1)$-Tripel $(g_0, g_1, \dots, g_n)$ von Elementen $g_i \in \pi$. Man setzt

$$(5.1) \qquad d_i(g_0, \dots g_n) = (g_0, \dots, \hat{g}_i, \dots g_n) \quad \text{und}$$
$$s_i(g_0, \dots g_n) = (g_0, \dots g_i, g_i \dots g_n).$$

Vermöge $(g_0, \dots g_n) \mapsto (g g_0, \dots g g_n)$ operiert die Gruppe π frei von links auf $L(\pi)$.

Die ss. Quotientenmenge $\pi \backslash L(\pi)$ bezeichnet man mit $K(\pi)$. Nach 4.7 a) ist die kanonische Projektion $p: L(\pi) \to K(\pi)$ eine normale Überlagerung mit π als Gruppe der Deckbewegungen. Offensichtlich operiert π transitiv auf $L(\pi)_0$. Daher besteht $K(\pi)_0$ nur aus einem Nullsimplex.

5.2 Lemma: *Es sei $Y \subset X$ ein Paar von nicht notwendig zusammenhängenden ss. Mengen. Jede ss. Abbildung f: $Y \to L(\pi)$ läßt sich auf X fortsetzen. Wenn $Y_0 = X_0$ ist, ist die Fortsetzung eindeutig bestimmt.*

Beweis: Man definiert f': $X^0 \cup Y \to L(\pi)$ durch $f'(z) = f(z)$ für $z \in Y$ und $f'(z) =$ beliebiges Nullsimplex von $L(\pi)$ für $z \in X_0, \notin Y_0$. Dann ist $F: X \to L(\pi)$, $x \mapsto (f'x(0), f'x(1), \dots, f'x(n))$ für alle $x \in X_n$, die eindeutig bestimmte Fortsetzung von f'.

5.3 Korollar: *a) Die ss. Auflösung $L(\pi)$ läßt sich zusammenziehen.*
b) Die Überlagerung $(L(\pi), p, K(\pi))$ ist universell.
c) Die Fundamentalgruppe von $K(\pi)$ ist isomorph zu π.

Beweis: a) folgt aus dem Lemma, angewandt auf

$$L(\pi) \times \dot{I} \subset L(\pi) \times I, \quad f: L(\pi) \times \dot{I} \to L(\pi), \quad (x,0) \mapsto x, \quad (x,1) \mapsto (1, \dots, 1).$$

b) folgt aus a) wegen dem Korollar zu 1.6. c) folgt aus b) und 4.5 a).

5.4 Ein Homomorphismus $h: \pi \to \rho$ zwischen zwei Gruppen induziert die ss. Abbildung

$$(5.2) \qquad L(h): L(\pi) \to L(\rho), \quad (g_0, \dots, g_n) \mapsto (h(g_0), \dots, h(g_n)).$$

Es gilt für alle $x \in L(\pi)$ und $g \in \pi$:

$$(5.3) \qquad L(h)(g \cdot x) = h(g) \cdot L(h)(x).$$

Daraus folgt, daß $L(h)$ die ss. Abbildung

$$(5.4) \qquad K(h): K(\pi) \to K(\rho), \quad [g_0, \dots, g_n] \to [h(g_0), \dots, h(g_n)]$$

induziert, so daß für die kanonischen Projektionen p gilt: $p L(h) = K(h) p$.

Offensichtlich sind L und K kovariante Funktoren von der Kategorie der Gruppen in die Kategorie der ss. Mengen.

5.5 Satz: *Wenn $h: \pi \to\!\!| \rho$ ein Epimorphismus ist, ist $(K(\pi), K(h), K(\rho))$ eine minimale Faserung. Insbesondere ist (setze $\rho = \{1\}$!) $K(\pi)$ eine minimale Kan-Menge.*

Beweis: I. Jedes kommutative Diagramm 5.1 (ausgezogene Linien), läßt sich durch g (gestrichelt) so ergänzen, daß es kommutativ bleibt. Wenn $n \geq 2$ ist, ist g eindeutig bestimmt.

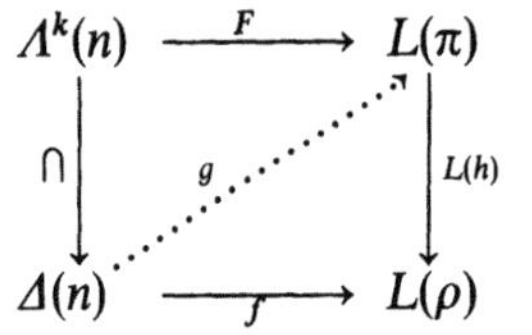

Dia. 5.1

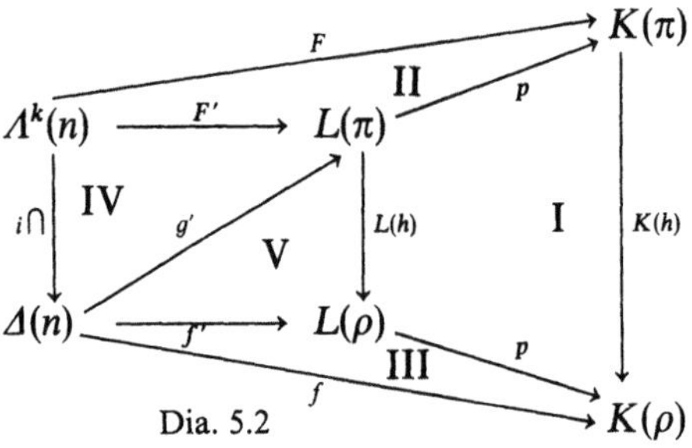

Dia. 5.2

II. Die Aussage I. bleibt richtig, wenn man L durch K ersetzt. Aus II. und der Tatsache, daß $K(\pi)_0$ und $K(\rho)_0$ aus je einem Element bestehen, folgt die Behauptung.

Beweis zu I.: 1. $n=0$: Es ist $f(0) \in \rho$. Da h epimorph ist, gibt es ein $g(0) \in \pi$ mit $hg(0) = f(0)$. – 2. $n=1$: Es sei etwa $k=1$ (Der Fall $k=0$ geht genauso.) Es sei $f([1]) = (a_0, a_1)$ und $F(0) = b_0$. Dann ist wegen der Kommutativität $h(b_0) = a_0$. Da h epimorph ist, gibt es ein $b_1 \in \pi$ mit $h(b_1) = a_1$. Man setzt $g([1]) = (b_0, b_1)$. – 3. $n \geq 2$: In diesem Falle ist $\Lambda^k(n)_0 = \Delta(n)_0$. Nach 5.2 gibt es genau ein g, so daß das obere Dreieck im Dia. 5.1 kommutativ wird. Dann sind $L(h)g$ und f Fortsetzungen von $L(h)F$. Folglich ist $L(h)g = f$ nach 5.2.

Beweis zu II.: Der äußere Rand vom Dia. 5.2 ist gegeben. Nach dem Korollar zu 1.6 ist $\Delta(n)$ und nach 2.6e) $\Lambda^k(n)$ einfach zusammenhängend. Nach 3.5 gibt es daher genau ein F' und f' mit $F'(k) = (1)$, $f'(k) = (1)$, so daß die Teildiagramme II und III kommutativ sind. Diagrammjagen mit Hilfe von 3.5 ergibt, daß dann auch $L(h)F' = f'i$ ist. Folglich gibt es nach I. ein g', so daß die Teildiagramme IV und V kommutativ sind. Man setzt $g = pg'$. – Zur Eindeutigkeit von g: Es seien $g_0, g_1: \Delta(n) \to K(\pi)$ zwei Abbildungen mit $g_e i = F$ und $K(h)g_e = f$ für $e=0$ und 1. Nach 3.5 gibt es genau ein $g'_e: \Delta(n) \to L(\pi)$ mit $g'_e(k) = (1)$ und $pg'_e = g_e$ für $e=0$ und 1. Diagrammjagen mit Hilfe von 3.5 ergibt, daß die Teildiagramme IV und V kommutativ sind, wenn man für g' g'_e einsetzt. Folglich ist für $n \geq 2$ nach I. $g'_0 = g'_1$ und somit $g_0 = g_1$.

6. Die Fundamentalgruppe topologischer Räume

6.1 Die übliche Definition der Fundamentalgruppe eines topologischen Raumes lautet kurz zusammengefaßt folgendermaßen. (Eine ausführliche Darstellung findet man z. B. bei Hu [2], Seite 39 f.)

Ein Weg in einem topologischen Raum X ist eine stetige Abbildung $w: [0,1] \to X$. Wenn $v(1) = w(0)$ für zwei Wege v und w gilt, wird ihr Produkt $v \cdot w$ durch

$$(v \cdot w)(t) = \begin{cases} v(2t) & \text{für} \quad 0 \le t \le \frac{1}{2} \\ w(2t-1) & \text{für} \quad \frac{1}{2} \le t \le 1 \end{cases}$$

definiert. Jedem Weg w wird der inverse Weg w^{-1} mit $w^{-1}(t) = 1 - t$ für alle $t \in [0,1]$ zugeordnet. Ein Weg w heißt konstant, wenn $w(t) = w(0)$ für alle $t \in [0,1]$ ist. Zwei Wege w_0, w_1 heißen homotop $(w_0 \sim w_1)$, wenn es eine stetige Abbildung $h: [0,1] \times [0,1] \to X$ gibt, für die $h(t,e) = w_e(t)$ und $h(e,t) = w_0(e)\,(= w_1(e))$ für alle $t \in [0,1]$ und $e = 0$ und 1 ist. Die Homotopie ist eine Äquivalenzrelation. Man bezeichnet die durch w repräsentierte Homotopieklasse mit $[w]$. Wenn w zu einem konstanten Weg w homotop ist, heißt w nullhomotop. Wenn $v_0 \sim v_1$ und $w_0 \sim w_1$ ist, ist $v_0 \cdot w_0 \sim v_1 \cdot w_1$, sobald das Produkt definiert ist. Daher ist es sinnvoll

$$[v] \cdot [w] = [v \cdot w] \tag{6.1}$$

zu definieren. Der Weg w heißt geschlossen in $* \in X$, wenn $w(0) = w(1) = *$ ist.

Satz: *Die Homotopieklassen der in $* \in X$ geschlossenen Wege bilden bezüglich des Produktes* (6.1) *eine Gruppe. Sie heißt Fundamentalgruppe von X in $*$ und wird mit $\pi_1(X,*)$ bezeichnet. Es ist $[w]^{-1} = [w^{-1}]$ und* $[*] = 1$, *wobei $*$ den konstanten Weg $t \mapsto *$ bezeichnet.*

6.2 Satz: *Für jeden topologischen Raum X und jeden Punkt $* \in X$ ist die in* 6.1 *definierte Fundamentalgruppe $\pi_1(X,*)$ zur Fundamentalgruppe $\pi_1(SX,*)$ der singulären ss. Menge SX in natürlicher Weise isomorph. (Als Basispunkt in SX wird das Nullsimplex $\nabla(0) \to X$, $0 \mapsto *$, gewählt. Es wird auch mit $*$ bezeichnet.)*

Beweis: Die stetigen Wege $w: [0,1] \to X$ sind genau die Einssimplexe von SX. Als Streckenzug in SX aufgefaßt werde w mit $\hat{w}$ bezeichnet. Dann gilt für die Homotopie: $(v \cdot w)\hat{} \sim \hat{v} \cdot \hat{w}$ und: Aus $v \sim w$ folgt $\hat{v} \sim \hat{w}$. Daher ist die Zuordnung $\Phi: \pi_1(X,*) \to \pi_1(SX,*)$, $[w] \mapsto \mathrm{kl}\,\hat{w}$, ein wohldefinierter natürlicher Homomorphismus. Um zu zeigen, daß Φ ein Isomorphismus ist, ordnet man umgekehrt jedem Streckenzug $\tau = w_1^{\varepsilon_1} \dots w_n^{\varepsilon_n}$ in SX folgenden Weg $\check{\tau}$ in X zu:

$$\check{\tau}(t) = w_i^{\varepsilon_i}(nt - i + 1) \quad \text{für} \quad (i-1)/n \le t \le i/n \quad \text{und alle} \quad i = 1, \dots, n.$$

Dann gilt nämlich: $\check{\hat{w}} = w$, $\hat{\check{\tau}} \sim \tau$ und: Aus $\sigma \sim \tau$ folgt $\check{\sigma} \sim \check{\tau}$.

6.3 Die übrigen Nummern 6.3–5 dieses Abschnittes dienen dazu, den Satz 2.4 auf topologische Räume zu übertragen: Es sei X ein topologischer Raum und $\Phi=\{U_i\}_{i\in J}$ eine Überdeckung von X. Man betrachte folgende ss. Untermenge $S_\Phi X$ der singulären ss. Menge SX: Ein Simplex $x: \nabla(n)\to X$ liegt genau dann in $S_\Phi X$, wenn Bild x ganz in wenigstens einem U_i enthalten ist.

Satz: *Wenn die Überdeckung $\Phi=\{U_i\}_{i\in J}$ des Raumes X die Eigenschaft hat, daß jeder Punkt von X eine Umgebung besitzt, die ganz in wenigstens einem U_i enthalten ist, induziert die Einbettung $S_\Phi X\subset SX$ einen Isomorphismus der Fundamentalgruppen.*

6.4 Zum Beweis des Satzes benötigt man einige neue Begriffe: Es sei K eine ss. Untermenge von $\Delta(n)$. Wenn man gemäß II (1.18) $|\Delta(n)|$ mit $\nabla(n)$ identifiziert, wird $|K|$ nach II 1.7b) zu einem Unterraum von $\nabla(n)$ und ist somit in dem Vektorraum $\mathbf{R}^{n+1}$ enthalten. Daher ist es sinnvoll, davon zu sprechen, daß $r_0 a_0+\cdots r_q a_q\in|K|$ ist oder nicht, wenn die r_i reelle Zahlen und die a_i Punkte in $|K|$ sind.

Es seien $K\subset\Delta(n)$ und $L\subset\Delta(m)$ ss. Untermengen und $l: |L|\to|K|$ eine Abbildung. Man nennt l linear, wenn gilt: Es seien $a, a_0, \ldots, a_q$ Punkte von $|L|$ und $a=r_0 a_0+\cdots+r_q a_q$ mit $r_i\geq 0$ reell, $\sum_{i=0}^{q} r_i=1$. Dann ist

$$l(a)=r_0\, l(a_0)+\cdots+r_q\, l(a_q).$$

Man zeigt, daß diese Definition von der Wahl der Einbettungen $K\subset\Delta(n)$, $L\subset\Delta(m)$ unabhängig ist, daß l stetig ist und daß für jede ss. Abbildung $f: L\to K$ die Realisierung $|f|$ linear ist, siehe Eilenberg und Steenrod, II 2.–4.

Wenn l ein Homöomorphismus ist, heißt (L, l) Unterteilung von K, siehe die Abbildung 6.1.

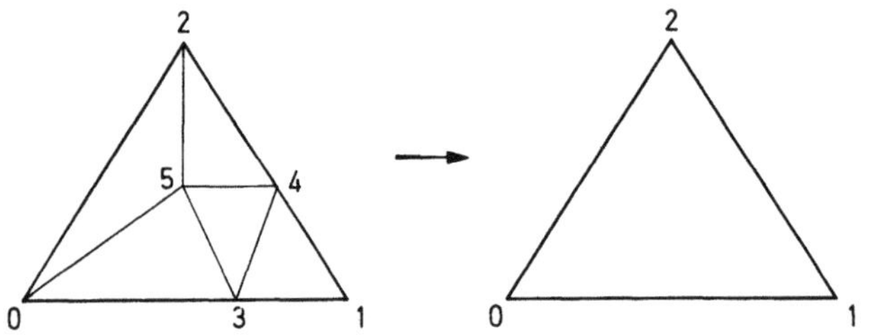

Abb. 6.1

Lemma A: Es sei Φ eine Überdeckung des topologischen Raumes X, so daß jeder Punkt von X eine Umgebung besitzt, die ganz in einer Menge aus Φ liegt. Ferner sei $K\subset\Delta(n)$ eine ss. Untermenge und f:

$|K| \to X$ eine stetige Abbildung. Dann gibt es eine Unterteilung (L, l) von K, so daß $\mathscr{B}(f \circ l)(L) \subset \mathrm{S}_\Phi X$ ist ($\mathscr{B}$ wie in II 5.4).

Beweis: Die Urbilder der Mengen in Φ unter f überdecken $|K|$, so daß jeder Punkt von $|K|$ im Innern wenigstens eines Urbildes liegt. Nach EILENBERG-STEENROD, II 6.6 + 7.5, hat dann beispielsweise eine hinreichend feine baryzentrische Unterteilung (L, l) von K die Eigenschaft, daß für jedes Simplex s in L das Bild $l(|s|)$ in wenigstens einem Urbild enthalten ist. Das bedeutet, daß $\mathscr{B}(f \circ l)(L) \subset \mathrm{S}_\Phi X$ ist.

Jedem Streckenzug τ in L ist der Streckenzug $i(\tau)$ in $\mathrm{S}|L|$ zugeordnet, wobei i: $L \to \mathrm{S}|L|$ wie in II (5.6) definiert ist. Nach dem Schluß des Beweises in 6.2 bestimmt $i(\tau)$ den stetigen Weg $|\tau| = i(\tau)^\vee : [0,1] \to |L|$. Nun sei (L, l) eine Unterteilung von K. Dann gibt es zu jedem Streckenzug σ in K genau einen Streckenzug σ' in L, so daß $|\sigma|$ und $l|\sigma'|$ äquivalent sind. (Man nennt zwei Wege v, w: $[0,1] \to X$ äquivalent, wenn es ein $g \in \mathrm{Aut}[0,1]$ gibt, so daß $w = v \circ g$ ist. Weil g zu id homotop ist, sind äquivalente Wege homotop.)

Statt des Beweises dazu sei ein Beispiel angegeben, welches dem Leser ermöglicht, den Beweis selbst zu finden: In der Abbildung 6.1 sei $\sigma = (01) \cdot (11) \cdot (12)$. Dann ist $\sigma' = (03)(13)^{-1}(11)(14)(24)^{-1}$. Man nennt σ' die Unterteilung von σ bezüglich (L, l).

Es sei X ein topologischer Raum. Ein Einssimplex von SX ist eine stetige Abbildung x: $[0,1] \to X$. Es seien endlich viele reelle Zahlen $0 = a_0 \le a_1 \le \cdots \le a_n = 1$ gewählt. Man definiert das Einssimplex x_i: $[0,1] \to X$ durch $x_i(t) = x(a_i t + a_{i-1}(1-t))$ (Typ I) oder $x_i(t) = x(a_{i-1} t + a_i(1-t))$ (Typ II). Dann ist $\tau = x_1^{\varepsilon_1} \ldots x_n^{\varepsilon_1}$ ein Streckenzug in SX, wobei $\varepsilon_i = +1$ für x_i vom Typ I und $\varepsilon_i = -1$ für x_i vom Typ II ist. Man nennt τ eine singuläre Unterteilung von x. Wenn ein Streckenzug $y_1^{\varepsilon_1} \cdots y_m^{\varepsilon_m}$ gegeben ist und τ_i eine singuläre Unterteilung von y_i ist, heißt $\tau_1^{\varepsilon_1} \ldots \tau_m^{\varepsilon_m}$ singuläre Unterteilung von $y_1^{\varepsilon_1} \ldots y_m^{\varepsilon_m}$.

Lemma B: Für eine beliebige Überdeckung Φ von X gilt: Es sei σ ein Streckenzug in $\mathrm{S}_\Phi X$ und σ' eine singuläre Unterteilung. Dann ist σ' auch in $\mathrm{S}_\Phi X$ und dort zu σ homotop.

Beweis: Die erste Behauptung (σ' in $\mathrm{S}_\Phi X$) ist trivial. Es genügt die zweite Behauptung für den Fall zu beweisen, daß σ aus einem Einssimplex x besteht und $\sigma' = x_1^{\varepsilon_1} x_2^{\varepsilon_2}$ ist. Durch Induktion folgt daraus Lemma B. Es sei $\varepsilon_1 = \varepsilon_2 = 1$. (Für die drei anderen Wertekombinationen verläuft der Beweis analog.) Der zugehörige Unterteilungspunkt sei $0 \le a \le 1$. Man definiert p: $\nabla(2) \to [0,1]$ als die lineare Abbildung, die die nullte Ecke von $\nabla(2)$ auf 0, die erste auf a und die zweite auf 1 abbildet. Es sei $y = x \circ p$: $\nabla(2) \to X$. Offensichtlich ist Bild $y \subset$ Bild x und daher $y \in S_\Phi X$, weil $x \in S_\Phi X$ ist. Ferner ist $d_0 y = x_2$, $d_1 y = x$ und $d_2 y = x_1$. Das bedeutet, daß die Streckenzüge x und $x_1 \cdot x_2$ in $S_\Phi X$ homotop sind.

Der Beweis des folgenden Lemmas C ist offensichtlich. Er sei daher dem Leser überlassen:

Lemma C: Es sei (L,l) eine Unterteilung der ss. Untermenge $K \subset \Delta(n)$ und $f\colon |K| \to X$ eine stetige Abbildung. Ferner sei der Streckenzug σ' in L die Unterteilung eines Streckenzuges σ in K bezüglich (L,l). Dann ist der Streckenzug $\mathscr{B}(f \circ l)(\sigma')$ eine singuläre Unterteilung von $\mathscr{B}f(\sigma)$.

Nach diesen Vorbereitungen kann der Satz in 6.3 bewiesen werden: I. Die Einbettung $S_\Phi X \subset SX$ induziert einen Epimorphismus $\pi_1(S_\Phi X) \to \pi_1(SX)$: Zu jedem Streckenzug σ in SX muß ein Streckenzug τ in $S_\Phi X$ angegeben werden, der in SX zu σ homotop ist. Wegen des Lemmas B genügt es zu zeigen, daß es in $S_\Phi X$ eine singuläre Unterteilung σ' von σ gibt. Es genügt den Fall zu betrachten, daß σ aus einem Einssimplex $x\colon [0,1] \to X$ besteht. Der allgemeine Fall folgt daraus durch Induktion. Nun gibt es nach dem Lemma A eine Unterteilung (L,l) von $\Delta(1)$, so daß $\mathscr{B}(x \circ l)(L) \subset S_\Phi X$ ist. Es sei τ' in L die Unterteilung von (01) bezüglich (L,l). Dann ist $\sigma' = \mathscr{B}(x \circ l)(\tau')$ in $S_\Phi X$ und nach dem Lemma C eine singuläre Unterteilung von $x = \mathscr{B}x(01)$.

II. Die Einbettung $S_\Phi X \subset SX$ induziert einen Monomorphismus $\pi_1(S_\Phi X) \rightarrowtail \pi_1(SX)$: Zu zeigen ist, daß ein Streckenzug σ in $S_\Phi X$ nullhomotop in $S_\Phi X$ ist, wenn er es in SX ist. Es genügt dies für den Randstreckenzug ρ eines Simplex $y \in (SX)_2$ zu beweisen, für das also $d_i y \in S_\Phi X$, $i = 0,1,2$, ist: Nach dem Lemma A gibt es eine Unterteilung (L,l) von $\Delta(2)$, so daß $\mathscr{B}(y \circ l)(L) \subset S_\Phi X$ ist. Es sei $\sigma = (01)\cdot(12)\cdot(02)^{-1}$, so daß also $\mathscr{B}y(\sigma) = \rho$ ist, und σ' in L die Unterteilung von σ bezüglich (L,l). Nach dem Lemma C ist $\mathscr{B}(y \circ l)(\sigma')$ eine singuläre Unterteilung von ρ, also $\mathscr{B}(y \circ l)(\sigma')$ in $S_\Phi X$ zu ρ homotop gemäß dem Lemma B. Daraus folgt, daß ρ nullhomotop ist. Denn σ' ist nullhomotop, weil σ' ein geschlossener Streckenzug in L ist und $\pi_1(L) \cong \pi_1(S|L|) \cong \pi_1(S\nabla(2)) \cong \pi_1(\Delta(2)) = 0$ ist. Bei diesen Isomorphismen wurde benutzt, daß $i\colon K \to S|K|$, siehe II (5.6), für jede ss. Menge K einen Isomorphismus der Fundamentalgruppen induziert, wie unten in 7.7 gezeigt wird. Daß $\pi_1(\Delta(2)) = 0$ ist, wurde in 1.6 bemerkt.

6.5 Satz (van Kampen): *Der Satz 2.4 gilt auch, wenn man „ss. Menge“ durch „topologischen Raum“ und „ss. Untermenge“ durch „offenen Unterraum“ ersetzt.*

Beweis: Es sei $\Phi = \{X, Y\}$ die Überdeckung von $X \cup Y$. Dann ist $S_\Phi(X \cup Y) = SX \cup SY$ und $S(X \cap Y) = SX \cap SY$. Nach 2.4 ist also $\pi_1(S_\Phi(X \cup Y)) = \pi_1(SX) \circ \pi_1(SY)/\pi_1(SX \cap SY)$. Nach 6.3 ist $\pi_1(S_\Phi(X \cup Y)) = \pi_1(S(X \cup Y))$. Die Behauptung folgt nun, wenn man noch 6.2 berücksichtigt.

7. Stetige und semisimpliziale Überlagerungen

7.1 Eine stetige Abbildung $p: E \to B$ heißt stetige Überlagerung, wenn folgendes gilt:
a) B und E sind zusammenhängend und lokal wegweise zusammenhängend.
b) Jeder Punkt $b \in B$ besitzt eine offene Umgebung U, so daß jede Wegzusammenhangskomponente von $p^{-1}(U)$ offen in E ist und unter p homöomorph auf U abgebildet wird.

Unter einer Deckbewegung von $p: E \to B$ (kurz: von E) versteht man einen Homöomorphismus $f: E \to E$ mit $pf = p$. Die Deckbewegungen bilden eine Gruppe, wenn man als Verknüpfung die Hintereinanderschaltung nimmt.

Die Ergebnisse des 3. und 4. Abschnittes gelten im wesentlichen auch für stetige Überlagerungen, siehe z.B. Hu [2], Chap. III 16.+17. Im folgenden wird benötigt:

7.2 Der Hochhebungssatz 3.5 gilt für stetige Überlagerungen, wenn Z zusätzlich lokal wegweise zusammenhängend ist.

7.3 Folgerungen: a) Wenn die stetige Überlagerung $p: E \to B$ einen Schnitt, d.h. eine stetige Abbildung $s: B \to E$ mit $ps = \mathrm{id}$ besitzt, ist p ein Homöomorphismus.
b) Zu zwei Punkten $q_0, q_1 \in E$ gibt es genau dann eine Deckbewegung f: $E \to E$ mit $f(q_0) = q_1$, wenn $\pi_1(p)(\pi_1(E, q_0)) = \pi_1(p)(\pi_1(E, q_1)) \subset \pi_1(B, p(q_0))$ ist. Diese Deckbewegung ist eindeutig bestimmt.

7.4 Existenz der universellen Überlagerung: Es sei B ein zusammenhängender, lokal zusammenhängender und lokal einfach zusammenhängender Raum. Dann gibt es eine Überlagerung $p: E \to B$, wobei E einfach zusammenhängend ist.

Nach diesen Vorbereitungen werden stetige und ss. Überlagerungen verglichen:

7.5 Satz: *a) Wenn $p: E \to B$ eine stetige Überlagerung ist, ist Sp: $SE \to SB$ eine ss. Überlagerung.*
b) Für die Gruppen D(E) und $D(SE)$ der Deckbewegungen ist

$$(7.1) \qquad D(E) \xrightarrow{\cong} D(SE), \quad f \mapsto Sf,$$

ein Isomorphismus

Beweis: Zu a): Da E und B wegweise zusammenhängend sind, sind SE und SB zusammenhängend. Aus 7.2 folgt, daß Sp der Überlagerungsbedingung 3.1 genügt. – b) ist bis auf die Surjektivität trivial: Es sei $*\in E$ und φ: $SE \to SE$ eine ss. Deckbewegung mit $\varphi(*)=e$. Dann ist nach 4.2 und 6.2 $\pi_1(p)(\pi_1(E,*))=\pi_1(Sp)(\pi_1(SE,*))=\pi_1(Sp)(\pi_1(SE,e))=\pi_1(p)(\pi_1(E,e))$. Also gibt es nach 7.3b) eine stetige Deckbewegung f: $E\to E$ mit $f(*)=e$. Dann ist $Sf=\varphi$, weil $Sf(*)=e=\varphi(*)$ ist.

7.6 Satz: *a) Wenn p: $Y\to X$ eine ss. Überlagerung ist, ist p: $|Y|\to|X|$ eine stetige Überlagerung.*
b) Für die Gruppen $D(Y)$ und $D(|Y|)$ der Deckbewegungen ist

$$D(Y) \xrightarrow{\cong} D(|Y|), \quad f \longmapsto |f| \tag{7.2}$$

ein Isomorphismus.

Dem Beweis dienen die folgenden Nummern 7.7 – 11.

7.7 Lemma: *Es sei $a\in|Y|$ und $|p|(a)=|x,t|$. Dann gibt es genau ein $y\in Y$ mit $p(y)=x$ und $a=|y,t|$.*

Beweis: Es sei $a=|z,u|$, z nicht entartet, u innerer Punkt. Dann ist mit Φ wie in II 1.5 $\Phi(x,t)=(p(z),u)$; ausführlicher: Man setzt

$$t=|\gamma|(t'), \quad \gamma \text{ injektiv}, \quad t' \text{ innerer Punkt.} \tag{7.3}$$

Es gibt genau ein surjektives β, so daß

$$\gamma^* x=\beta^* p(z), \quad |\beta|(t')=u \tag{7.4}$$

ist. – Existenz von y: Nach 3.1 gibt es genau ein $y\in Y$ mit $p(y)=x$ und $y(\gamma(0))=z(\beta(0))$. Dann ist ebenfalls nach 3.1 $\gamma^* y=\beta^* z$. Daraus folgt $|y,t|=|\gamma^* y,t'|$ wegen (7.3), $=|\beta^* z,t'|=|z,u|=a$ wegen (7.4). – Eindeutigkeit von y: Es sei auch $p(\bar{y})=x$ und $|\bar{y},t|=a$. Dann ist $|z,u|=a=|\bar{y},t|$ $=|\gamma^* \bar{y},t'|$ nach (7.3), $=|\beta_1^* z_1,t'|=|z_1,|\beta_1|(t')|$, wobei $\gamma^* \bar{y}=\beta_1^* z_1$ die kanonische Darstellung I (3.12) ist. Es folgt $z=z_1$ und $|\beta|(t')=u=|\beta_1|(t')$ wegen (7.4), also $\beta=\beta_1$ nach I 2.4, somit $\gamma^* \bar{y}=\beta^* z$, insbesondere $\bar{y}(\gamma(0))=z(\beta(0))$. Das bedeutet zusammen mit $p(\bar{y})=x$ nach 3.1, daß $\bar{y}=y$ ist.

7.8 Lemma: *Wenn p: $Y\to X$ eine Überlagerungsabbildung ist, ist $|p|$: $|Y|\to|X|$ eine offene Abbildung.*

Beweis: Es sei $U\subset|Y|$ offen. Es genügt nach II 1.3 für jedes n und jedes $x\in X_n$ zu zeigen, daß $\chi_x^{-1}(|p|(U))\subset\nabla(n)$ offen ist. Das folgt aus

$$\chi_x^{-1}(|p|(U))=\bigcup_{p(y)=x}\chi_y^{-1}(U). \tag{7.5}$$

Beweis zu (7.5): Die Inklusionsrichtung $\supset$ ist trivial. Die Richtung $\subset$ folgt aus 7.7.

7.9 Lemma: *Die Sternumgebung* II 3.3 *werde mit* $U(\ldots)$ *bezeichnet. Dann gilt für jedes* $q \in X_0$:

$$|p|^{-1}(U(q)) = \bigcup_{p(r)=q} U(r). \tag{7.6}$$

Beweis: Durch Induktion wird gezeigt, daß $|p|^{-1}(U(q)^n) = \bigcup_r U(r)^n$ ist.

Schluß von $n-1$ auf n: Man muß 1. für jedes $a \in U(r)^n - U(r)^{n-1}$ nachweisen, daß $|p|(a) \in U(q)^n$ ist und 2. für jedes b mit $|p|(b) \in U(q)^n - U(q)^{n-1}$ ein r mit $p(r)=q$ finden, so daß $b \in U(r)^n$ ist. – Zu 1.: Nach II (3.2) ist $a = |y,(1-\lambda)T+\lambda M|$, wobei $y \in Y_n$ nicht entartet und $|y,T| \in U(r)^{n-1}$ ist. Daher ist $|p(y),T| \in U(q)^{n-1}$ nach der Induktionsannahme, also weil $p(y)$ nicht entartet ist: $|p|(a) = |p(y),(1-\lambda)T+\lambda M| \in U(q)^n$ wegen II (3.2). – Zu 2.: Nach II (3.2) ist $|p|(b) = |x,(1-\lambda)T+\lambda M|$, wobei $x \in X_n$ nicht entartet und $|x,T| \in U(q)^{n-1}$ ist. Es gibt nach 7.7 ein y mit $p(y)=x$, so daß $b = |y,(1-\lambda)T+\lambda M|$ ist. Dann ist $|p|(|y,T|) = |x,T| \in U(q)^{n-1}$. Nach der Induktionsannahme gibt es daher ein r mit $p(r)=q$, so daß $|y,T| \in U(r)^{n-1}$ ist. Weil y nicht entartet ist, ist dann $b \in U(r)^n$ wegen II (3.2).

7.10 Lemma: *Für jedes* $r \in Y_0$ *mit* $p(r)=q$ *ist die Beschränkung*

$$|p|\,|U(r)\colon U(r) \xrightarrow{\cong} U(q)$$

ein Homöomorphismus.

Beweis: Wegen 7.8 genügt es zu zeigen, daß $|p|\,|U(r)$ bijektiv ist. Das folgt, indem man induktiv zeigt, daß $|p|\,|U(r)^n\colon U(r)^n \to U(q)^n$ bijektiv ist. Schluß von $n-1$ auf n: Injektivität: Es sei $a_0, a_1 \in U(r)^n$, $|p|(a_0) = |p|(a_1)$. Man kann annehmen, daß $a_0 \notin U(r)^{n-1}$ ist. Da p nicht entartete Simplexe in nicht entartete überführt, ist dann $|p|(a_1) = |p|(a_0) \in U(q)^n - U(q)^{n-1}$, also auch $a_1 \notin U(r)^{n-1}$. Man stellt a_0, a_1 und $|p|(a_0)$ gemäß II (3.2) dar: $a_e = |y_e,(1-\lambda_e)T_e+\lambda_e M|$, $e=0$ und 1, $|p|(a_e) = |x,(1-\lambda)T+\lambda M|$. Dann muß $p(y_e)=x$ und $(1-\lambda_e)T_e+\lambda_e M = (1-\lambda)T+\lambda M$ sein, also $\lambda_e=\lambda$ und $T_e=T$. Nun ist aber $|y_e,T| \in U(r)^{n-1}$ und $|p|(|y_e,T|) = |x,T|$ also nach der Induktionsannahme $|y_0,T| = |y_1,T|$. Daraus folgt wegen 7.7 $y_0=y_1$ und somit $a_0=a_1$. – Surjektivität: Zu $a \in U(q)^n - U(q)^{n-1}$ muß man ein $b \in U(r)^n$ finden, so daß $|p|(b)=a$ ist. Man schreibt nach II (3.2) $a = |x,(1-\lambda)T+\lambda M|$, wobei $x \in X_n$ nicht entartet und $|x,T| \in U(q)^{n-1}$ ist. Nach der Induktionsannahme gibt es ein $c \in U(q)^{n-1}$ mit $|p|(c) = |x,T|$. Nach 7.7 gibt es ein y mit $p(y)=x$, so daß $c = |y,T|$ ist. Dann ist y nicht entartet, somit nach II (3.2) $b = |y,(1-\lambda)T+\lambda M| \in U(r)^n$ und $|p|(b)=a$.

7.11 Beweis zu 7.6: Zu a): Da X und Y zusammenhängend sind, sind X und Y wegweise zusammenhängend. Nach II 2.2 sind sie auch lokal wegweise zusammenhängend. Die Bedingung 7.1 a) ist also erfüllt. –

Zu 7.1 b): Nach II 3.4e) gibt es zu jedem Punkt $b \in |X|$ ein $q \in X_0$ und ein $g \in \mathrm{Aut}[0,1]$, so daß $b \in g\,U(q)$ ist. Da $U(q)$ nach II 3.4c) offen und g nach II 3.2a) ein Homöomorphismus ist, ist $g\,U(q)$ offen. Aus (7.6) und II 3.2b) folgt:

$$|p|^{-1}(g\,U(q)) = \bigcup_{p(r)=q} g\,U(r).$$

Die $U(r)$ sind nach II 3.4b–d) wegzusammenhängend, offen und paarweise disjunkt. Dasselbe gilt dann auch für die $g\,U(r)$, mit anderen Worten: Die $g\,U(r)$ sind die Wegzusammenhangskomponenten von $|p|^{-1}(g\,U(q))$. Aus 7.10 und II 3.2a+b) folgt, daß jedes $g\,U(r)$ durch $|p|$ homöomorph auf $g\,U(q)$ abgebildet wird. Damit ist die Bedingung 7.1 b) erfüllt.
b) wird wie 7.5b) bewiesen. Das bedeutet, daß b) nur für normale Überlagerungen gezeigt werden kann, solange der 6.2 entsprechende Satz 7.12 noch nicht zur Verfügung steht.

7.12 Satz: Die Einbettung i: $X \to \mathrm{S}|X|$, II (5.6), induziert für jede ss. Menge X einen Isomorphismus

$$\pi_1(i)\colon \pi_1(X,*) \xrightarrow{\cong} \pi_1(\mathrm{S}|X|,*)$$

der Fundamentalgruppen.

Das bedeutet wegen 6.2, daß die Fundamentalgruppen von X und $|X|$ übereinstimmen.

Beweis: I. Zunächst sei $\pi_1(X)=0$. Weil X zusammenhängend ist, ist $|X|$ wegweise zusammenhängend. Nach II 2.2 ist $|X|$ lokal wegweise und einfach zusammenhängend. Nach 7.4 gibt es also eine Überlagerung p: $E \to |X|$ mit $\pi_1(E)=0$. Nach 7.5a) ist $\mathrm{S}p$: $\mathrm{S}E \to \mathrm{S}|X|$ eine Überlagerung. Nach 3.5 gibt es, weil X einfach zusammenhängend ist, eine Abbildung g: $X \to \mathrm{S}E$ mit $\mathrm{S}p \cdot g = i$. Wenn man $\mathscr{A}$, II 5.4, anwendet, wird $\mathscr{A}g$: $|X| \to E$ zu einem Schnitt, d. h. $p\mathscr{A}g = \mathrm{id}$. Nach 7.3a) ist also p ein Homöomorphismus und somit $\pi_1(\mathrm{S}|X|) = \pi_1(|X|) \cong \pi_1(E) = 0$.
II. Wenn X nicht notwendig einfach zusammenhängend ist, bildet man die universelle Überlagerung (Y,p,X). Nach 7.5a) und 7.6a) ist dann $\mathrm{S}|p|$: $\mathrm{S}|Y| \to \mathrm{S}|X|$ eine Überlagerung und zwar wegen I. die universelle Überlagerung. Nach 4.5a) ist $\pi_1(X) \cong D(Y)$ und $\pi_1(\mathrm{S}|X|) \cong D(\mathrm{S}|Y|)$. Nach 7.5b) und 7.6b) ist $D(Y) \cong D(\mathrm{S}|Y|), f \mapsto \mathrm{S}|f|$. Die Hintereinanderschaltung dieser Isomorphismen ist $\pi_1(i)$.

IV. Homologische Algebra

In diesem Kapitel stellen wir die Hilfsmittel aus der homologischen Algebra bereit, die später benötigt werden. Da zwei Lehrbücher der homologischen Algebra erschienen sind, CARTAN-EILENBERG und MACLANE [2], beschränken wir uns darauf, die Definitionen und Sätze anzugeben, sofern man in den genannten Werken eine ausführlichere Darstellung und die Beweise findet.

Im ersten Abschnitt wird die Bezeichnungsweise für die grundlegenden Begriffe festgelegt. Der zweite bis fünfte Abschnitt handelt von Kettenkomplexen, Kokettenkomplexen und ihrer (Ko-)Homologie. Insbesondere wird im dritten und fünften Abschnitt die (Ko-)Homologie eines Tensorproduktes von Kettenkomplexen betrachtet. Im sechsten Abschnitt wird der Kohomologiering einer (abstrakten) Gruppe definiert und im folgenden Abschnitt für die zyklischen Gruppen berechnet. Denn dies benötigen wir im IX. Kapitel bei der Konstruktion der Steenrodschen Kohomologieoperationen.

Grundlegende Begriffe wie Modul, exakte Sequenz, frei, $\otimes$, Hom, Tor und Ext werden als bekannt vorausgesetzt.

1. Grundbegriffe

1.1 Ein *graduierter Modul* A ist eine Folge $\{A_p\}_{p\in\mathbb{Z}}$ von Moduln. Ein Element $a\in A_p$ heißt vom Grade p, kurz $\operatorname{gr} a=p$. Ein Homomorphismus $f\colon A\to B$ vom Grade r zwischen zwei graduierten Moduln ist eine Folge $\{f_p\}_{p\in\mathbb{Z}}$ von Homomorphismen $f_p\colon A_p\to B_{p+r}$. Man schreibt kurz f statt f_p. – Entsprechend definiert man einen *bigraduierten* Modul $A=\{A_{p,q}\}_{p,q\in\mathbb{Z}}$. Ein Element $a\in A_{p,q}$ heißt vom Grade (p,q), kurz $\operatorname{gr} a=(p,q)$, und vom Totalgrade $p+q$, kurz $\operatorname{tgr} a=p+q$. – Wenn nichts anderes gesagt wird, sind im folgenden alle auftretenden graduierten Moduln $\{A_p\}$ *positiv*, d. h. $A_p=0$ für $p<0$, und alle bigraduierten Moduln $\{A_{p,q}\}$ liegen im ersten Quadranten, d. h. $A_{p,q}=0$ für $p<0$ oder $q<0$. – Man schreibt die (Bi-)Graduierungsindexe bisweilen auch oben statt unten: $\{A^p\}$ und $\{A^{p,q}\}$.

Bemerkung: Man nennt $\{A_p\}$ genauer einen graduierten Linksmodul über dem Ring R, wenn alle A_p Linksmoduln über R sind. Entsprechendes gilt mit „rechts“ statt „links“, für bigraduierte Moduln und für die in 1.2–4 definierten (bi-)graduierten Algebren, (Ko-)Kettenkomplexe usw.

1.2 Eine *graduierte Algebra* $A=\{A^p\}$ ist ein graduierter Modul zusammen mit Homomorphismen, Produkte genannt,

$$A^p \otimes A^q \to A^{p+q}, \quad a\otimes b \mapsto a\cdot b \quad \text{für alle } p \text{ und } q,$$

die assoziativ sind:

$$(a\cdot b)\cdot c = a\cdot(b\cdot c).$$

Ein Einselement $e\in A^0$ hat die Eigenschaft

$$e\cdot a = a\cdot e = a \quad \text{für alle } a\in A^p \text{ und alle } p.$$

Entsprechend definiert man eine *bigraduierte Algebra* durch Produkte

$$A^{p,q} \otimes A^{p',q'} \to A^{p+p',\, q+q'}.$$

Ein Algebrenhomomorphismus $f\colon A\to B$ verträgt sich mit den Produkten:

$$f(a\cdot b) = f(a)\cdot f(b).$$

Eine graduierte bzw. bigraduierte Algebra heißt kommutativ, wenn

$$a\cdot b = (-1)^{\operatorname{gr} a\cdot \operatorname{gr} b}\, b\cdot a \quad \text{bzw.} \quad a\cdot b = (-1)^{\operatorname{tgr} a\cdot \operatorname{tgr} b}\, b\cdot a$$

ist.

1.3 Ein *Kettenkomplex* $K=\{K_n,\partial\}$ ist ein graduierter Modul mit unteren Indexen zusammen mit Homomorphismen, Differentiale genannt,

$$\partial\colon K_n \to K_{n-1}, \quad \text{alle } n,$$

für die $\partial\circ\partial=0$ ist. Entsprechend ist ein *Kokettenkomplex* $K=\{K^n,\delta\}$ ein graduierter Modul mit oberen Indexen und Differentialen

$$\delta\colon K^n \to K^{n+1}, \quad \delta\circ\delta = 0.$$

Wenn $\{K^n\}$ außerdem eine graduierte Algebra ist, wird verlangt, daß sich Differential und Produkt gemäß

$$\delta(a\cdot b) = \delta a\cdot b + (-1)^{\operatorname{gr} a}\, a\cdot \delta b$$

vertragen.

1.4 Ein *bigraduierter Differentialmodul* $A=\{A_{p,q},d\}$ mit unteren Indexen ist ein bigraduierter Modul zusammen mit Differentialen

$$d\colon A_{p,q} \to A_{p+r,\,q+s}, \quad \text{alle } p \text{ und } q,\ r \text{ und } s \text{ fest}, \quad r+s=-1,$$

für die $d\circ d=0$ ist. Entsprechend definiert man einen bigraduierten Differentialmodul $A=\{A^{p,q},d\}$ mit oberen Indexen, bei dem das Differential

$$d\colon A^{p,q} \to A^{p+r,q+s}, \quad r+s=1, \quad d\circ d=0$$

lautet. Wenn $\{A^{p,q}\}$ außerdem eine bigraduierte Algebra ist, wird verlangt, daß sich Differential und Produkt gemäß

$$d(a \cdot b) = da \cdot b + (-1)^{\operatorname{tgr} a} a \cdot db$$

vertragen.

2. Kettenkomplexe und Homologiemoduln

Es sei R ein Ring mit 1. Er braucht nicht kommutativ zu sein.

2.1 Einen *Kettenkomplex* über R, siehe 1.3, kann man auch als eine Folge

$$K: \cdots \longleftarrow K_{n-1} \xleftarrow{\partial} K_n \xleftarrow{\partial} K_{n+1} \longleftarrow \cdots$$

von Moduln K_n über R und Homomorphismen ∂ mit $\partial\partial = 0$ beschreiben. Wenn $R = \mathbf{Z}$ ist, spricht man von einem Kettenkomplex abelscher Gruppen. Man nennt K_n den n-ten Kettenmodul von K. Wenn alle K_n freie Moduln sind, heißt K frei.

2.2 Eine *Kettenabbildung* $f: K \to L$ zwischen zwei Kettenkomplexen ist ein Homomorphismus vom Grade 0, der sich mit den Differentialen verträgt:

$$f\partial = \partial f.$$

Zwei Kettenabbildungen $f, g: K \to L$ heißen *homotop*, wenn es einen Homomorphismus $h: K \to L$ vom Grade 1 gibt, so daß

$$\partial h + h\partial = f - g \tag{2.1}$$

ist. Man nennt h Kettenhomotopie. „Homotop" ist eine Äquivalenzrelation. Man schreibt $f \simeq g$.

Zwei Kettenkomplexe K und L heißen homotopieäquivalent, wenn es zwei Kettenabbildungen $f: K \to L$ und $g: L \to K$ gibt, für die $fg \simeq \mathrm{id}$ und $gf \simeq \mathrm{id}$ ist. Aus $f_0 \simeq f_1$ und $g_0 \simeq g_1$ folgt $f_0 g_0 \simeq f_1 g_1$, wenn die Hintereinanderschaltungen definiert sind.

2.3 Es sei $\mathrm{Z}_n(K) = \{x \mid x \in K_n \text{ und } \partial x = 0\}$ und $\mathrm{B}_n(K) = \{\partial x \mid x \in K_{n+1}\}$. Die Elemente von Z_n heißen *n-Zykel*, die von B_n *n-Ränder*. Wegen $\partial\partial = 0$ ist $\mathrm{B}_n(K) \subset \mathrm{Z}_n(K)$. Der Quotientenmodul

$$\mathrm{H}_n(K) = \mathrm{Z}_n(K)/\mathrm{B}_n(K)$$

heißt n-ter *Homologiemodul* von K. Wenn $x \in \mathrm{Z}_n(K)$ ist, bezeichnet man das durch x repräsentierte Element in $\mathrm{H}_n(K)$ mit $\mathrm{kl}\, x$ (lies: Homologieklasse von x). Eine Kettenabbildung $f: K \to L$ bestimmt den Homomorphismus

$$\mathrm{H}_n(f): \mathrm{H}_n(K) \to \mathrm{H}_n(L), \qquad \mathrm{kl}\, x \mapsto \mathrm{kl}\, f(x).$$

Der n-te Homologiemodul H_n ist ein kovarianter Funktor von der Kategorie der Kettenkomplexe in die Kategorie der Modul über R. – Aus den Definitionen folgt leicht:

2.4 Satz: *Wenn die Kettenabbildungen $f, g: K \to L$ homotop sind, ist* $\mathrm{H}_n(f) = \mathrm{H}_n(g)$.

Insbesondere haben homotopieäquivalente Kettenkomplexe isomorphe Homologiemoduln.

2.5 Es sei $E\colon 0 \longrightarrow K \xrightarrow{i} L \xrightarrow{p} M \longrightarrow 0$

eine exakte Sequenz von Kettenkomplexen und Kettenabbildungen; exakt soll heißen: Für jedes n ist $0 \longrightarrow K_n \xrightarrow{i_n} L_n \xrightarrow{p_n} \mathrm{M}_n \longrightarrow 0$ exakt. Folgendermaßen wird der *verbindende Homomorphismus*

$$\partial_E\colon \mathrm{H}_n(M) \to \mathrm{H}_{n-1}(K)$$

definiert: Es sei $x \in Z_n(M)$. Da p epimorph ist, gibt es ein $y \in L_n$ mit $p(y) = x$. Es ist $p\partial y = \partial p y = 0$. Wegen der Exaktheit bei L gibt es ein $z \in K_{n-1}$ mit $i(z) = \partial y$. Es ist sogar $z \in Z_{n-1}(K)$. $\mathrm{kl}\, z$ hängt nur von $\mathrm{kl}\, x$ ab. Man definiert $\partial_E \mathrm{kl}\, x = \mathrm{kl}\, z$.

2.6 Satz: *Es sei $E\colon 0 \longrightarrow K \xrightarrow{i} L \xrightarrow{p} M \longrightarrow 0$ eine kurze exakte Sequenz von Kettenkomplexen.*

a) Der verbindende Homomorphismus $\partial_E\colon H_n(M) \to H_{n-1}(K)$ ist natürlich, d. h., $H_{n-1}(f)\partial_E = \partial_{E'} H_n(h)$ für ein kommutatives Diagramm von Kettenkomplexen, dessen Zeilen exakt sind:

$$\begin{array}{cccccccccc} E\colon & 0 & \to & K & \to & L & \to & M & \to & 0 \\ & & & {\scriptstyle f}\downarrow & & {\scriptstyle g}\downarrow & & {\scriptstyle h}\downarrow & & \\ E'\colon & 0 & \to & K' & \to & L' & \to & M' & \to & 0 \end{array}$$

b) Die lange Homologiesequenz

$$\cdots \longrightarrow \mathrm{H}_{n+1}(M) \xrightarrow{\partial_E} \mathrm{H}_n(K) \xrightarrow{\mathrm{H}_n(i)} \mathrm{H}_n(L) \xrightarrow{\mathrm{H}_n(p)} \mathrm{H}_n(M) \xrightarrow{\partial_E} \mathrm{H}_{n-1}(K) \longrightarrow \cdots$$

ist exakt.

c) Das Diagramm 2.2 bestehe aus Kettenkomplexen und Kettenabbildungen:

$$\begin{array}{ccccccccc} & & \mathscr{A}' & & \mathscr{A} & & \mathscr{A}'' & & \\ & & 0 & & 0 & & 0 & & \\ & & \downarrow & & \downarrow & & \downarrow & & \\ \mathscr{K}\colon & 0 \to & K' & \to & K & \to & K'' & \to & 0 \\ & & \downarrow & & \downarrow & & \downarrow & & \\ \mathscr{L}\colon & 0 \to & L' & \to & L & \to & L'' & \to & 0 \\ & & \downarrow & & \downarrow & & \downarrow & & \\ \mathscr{M}\colon & 0 \to & M' & \to & M & \to & M'' & \to & 0 \\ & & \downarrow & & \downarrow & & \downarrow & & \\ & & 0 & & 0 & & 0 & & \end{array}$$

Dia. 2.2

Alle Spalten und die mittlere Zeile seien exakt. Die erste Zeile ist genau dann exakt, wenn die letzte exakt ist. In diesem Falle gilt für die verbindenden Homomorphismen

$$\partial_{\mathscr{A}'} \partial_{\mathscr{M}} = -\partial_{\mathscr{K}} \partial_{\mathscr{A}''}.$$

2.7 Ein Kettenkomplex K' heißt Unterkomplex von K, kurz $K' \subset K$, wenn jeder Kettenmodul K'_n Untermodul von K_n ist und das Differential $\partial': K'_{n+1} \to K'_n$ die Beschränkung des Differentials ∂ von K_n auf K'_n ist. Dann induziert ∂ eine Abbildung $\bar{\partial}$: $K_{n+1}/K'_{n+1} \to K_n/K'_n$. Die Folge

$$\cdots \xleftarrow{\bar{\partial}} K_n/K'_n \xleftarrow{\bar{\partial}} K_{n+1}/K'_{n+1} \xleftarrow{\bar{\partial}} \cdots$$

ist ein Kettenkomplex. Er heißt Quotientenkomplex K/K'. Wenn $i: K' \to K$ die Einbettung und $p: K \to K/K'$ die kanonische Projektion ist, ist

$$0 \longrightarrow K' \xrightarrow{i} K \xrightarrow{p} K/K' \longrightarrow 0$$

eine exakte Sequenz wie in 2.5.

Die Nummern 2.5–7 sind bei MacLane [2], II4 ausführlicher dargestellt. Den Beweis zu 2.6c) findet man bei Cartan-Eilenberg, III Prop. 4.1.

2.8 In dieser Nummer seien alle Moduln solche über einem kommutativen Ring mit 1. Wenn K ein Kettenkomplex und A ein Modul ist, bezeichnet $K \otimes A$ den Kettenkomplex

$$\cdots K_n \otimes A \xleftarrow{\partial \otimes \mathrm{id}} K_{n+1} \otimes A \xleftarrow{\partial \otimes \mathrm{id}} \cdots.$$

Die Homologiemoduln $\mathrm{H}_n(K \otimes A)$ dieses Kettenkomplexes heißen Homologiemoduln von K mit *Koeffizienten* in A.

Eine Kettenabbildung f: $K \to L$ und ein Homomorphismus $m: A \to B$ bestimmen die Kettenabbildung

$$f \otimes m: K \otimes A \to L \otimes B, \quad k \otimes a \mapsto f(k) \otimes m(a).$$

Die Zuordnung $K, A \mapsto K \otimes A$ ist in K und in A ein kovarianter Funktor. Wenn die Kettenabbildungen f_0 und f_1 homotop sind, sind auch $f_0 \otimes m$ und $f_1 \otimes m$ homotop. Die induzierten Homomorphismen bezeichnet man kurz mit

$$\mathrm{H}_*(f) = \mathrm{H}_n(f) = \mathrm{H}_n(f \otimes \mathrm{id}) \quad \text{und} \quad m_* = \mathrm{H}_n(\mathrm{id} \otimes m)$$

und nennt m_* *Koeffizientenhomomorphismus.* Offenbar ist $\mathrm{H}_n(f) m_* = m_* \mathrm{H}_n(f) = \mathrm{H}_n(f \otimes m)$.

Wenn $0 \longrightarrow K \xrightarrow{i} L \xrightarrow{p} M \longrightarrow 0$ eine exakte Sequenz von Kettenkomplexen ist und M oder A frei ist, ist auch

$$0 \longrightarrow K \otimes A \xrightarrow{i \otimes \mathrm{id}} L \otimes A \xrightarrow{p \otimes \mathrm{id}} M \otimes A \longrightarrow 0$$

exakt, MacLane [2], V 8.6.

2.9 Unter einem Hauptidealring versteht man einen kommutativen Ring mit 1 ohne Nullteiler, in dem jedes Ideal Hauptideal ist, z.B. **Z** und alle Körper.

Universelles Koeffizientensatz für die Homologie: *Es sei K ein freier Kettenkomplex über einem Hauptidealring R und A ein Modul über R. Dann ist folgende Sequenz von Moduln und Homomorphismen exakt:*

(2.2) $0 \longrightarrow \mathrm{H}_n(K) \otimes A \xrightarrow{i} \mathrm{H}_n(K \otimes A) \xrightarrow{p} \mathrm{Tor}(\mathrm{H}_{n-1}(K), A) \longrightarrow 0.$

Dabei ist $i(\mathrm{kl}\, x \otimes m) = \mathrm{kl}(x \otimes m)$. Die Abbildungen i und p sind natürlich in K und A. Die Sequenz spaltet natürlich in A; d.h., es gibt einen in A natürlichen Homomorphismus $q\colon \mathrm{H}_n(K \otimes A) \to \mathrm{H}_n(K) \otimes A$ mit $qi = \mathrm{id}$. Mit anderen Worten: Das mittlere Glied in (2.2) ist die direkte Summe der beiden äußeren Glieder. Man beachte, daß für einen Körper R $\mathrm{Tor} = 0$ ist, also i ein Isomorphismus ist.

Beweise zu dieser Nummer findet man bei MacLane [2], V 11.1.

3. Tensorprodukte von Kettenkomplexen

Es sei R ein kommutativer Ring mit 1. Alle Moduln, Kettenkomplexe usw. seien solche über R. Das Tensorprodukt werde über R gebildet.

3.1 Für zwei Kettenkomplexe K und L wird ihr *Tensorprodukt* $K \otimes L$ folgendermaßen definiert: Der n-te Kettenmodul $(K \otimes L)_n$ ist die direkte Summe $\coprod_{k+l=n} K_k \otimes L_l$. Das Differential $\partial\colon (K \otimes L)_{n+1} \to (K \otimes L)_n$ wird durch

(3.1)
$$\partial(a \otimes b) = \partial a \otimes b + (-1)^{\mathrm{gr}\, a} a \otimes \partial b,$$
$$a \in K_k, \quad b \in L_l \quad \text{mit} \quad k + l = n + 1$$

definiert.

Zwei Kettenabbildungen $f\colon K \to K'$ und $g\colon L \to L'$ bestimmen die Kettenabbildung $f \otimes g\colon K \otimes L \to K' \otimes L'$. Wenn $f_0 \sim f_1$ und $g_0 \sim g_1$ ist, ist $f_0 \otimes g_0 \sim f_1 \otimes g_1$. – Wenn $0 \longrightarrow K' \xrightarrow{i} K \xrightarrow{p} K'' \longrightarrow 0$ eine exakte Sequenz von Kettenkomplexen ist und K'' oder L frei ist, ist $0 \longrightarrow K' \otimes L \xrightarrow{i \otimes \mathrm{id}} K \otimes L \xrightarrow{p \otimes \mathrm{id}} K'' \otimes L \longrightarrow 0$ exakt. Beweise bei MacLane [2], V. 9.

3.2 Die *Tauschabbildung*

(3.2) $$T\colon K\otimes L \xrightarrow{\cong} L\otimes K,\quad a\otimes b\mapsto(-1)^{\operatorname{gr}a\operatorname{gr}b}\,b\otimes a$$

ist eine bijektive, natürliche Kettenabbildung. Dasselbe gilt von

$$(K\otimes L)\otimes M \xrightarrow{\cong} K\otimes(L\otimes M),\quad (a\otimes b)\otimes c\mapsto a\otimes(b\otimes c).$$

Man identifiziert gewöhnlich $(K\otimes L)\otimes M$ mit $K\otimes(L\otimes M)$ vermöge dieser Abbildung und schreibt $K\otimes L\otimes M$.

3.3 Als *äußeres Homologieprodukt* bezeichnet man

(3.3) $$\mathrm{H}_n(K)\otimes\mathrm{H}_q(L)\to\mathrm{H}_{n+q}(K\otimes L),\quad \mathrm{kl}\,a\otimes\mathrm{kl}\,b\mapsto\mathrm{kl}(a\otimes b)=\mathrm{kl}\,a\times\mathrm{kl}\,b.$$

Es hat folgende Eigenschaften:

a) Natürlichkeit: Wenn $f\colon K\to K'$ und $g\colon L\to L'$ Kettenabbildungen sind, ist

(3.4) $$\mathrm{H}_{n+q}(f\otimes g)(a\times b)=\mathrm{H}_n(f)(a)\times\mathrm{H}_q(g)(b)\quad\text{für } a\in\mathrm{H}_n(K),\ b\in\mathrm{H}_q(L).$$

b) Assoziativität:

(3.5) $$(a\times b)\times c=a\times(b\times c)\quad\text{für } a\in\mathrm{H}_n(K),\ b\in\mathrm{H}_q(L),\ c\in\mathrm{H}_r(M).$$

c) Kommutativität: Wenn T die Tauschabbildung wie in 3.2 ist, ist

(3.6) $$\mathrm{H}_{n+q}(T)(a\times b)=(-1)^{\operatorname{gr}a\cdot\operatorname{gr}b}\,b\times a\quad\text{für } a\in\mathrm{H}_n(K),\ b\in\mathrm{H}_q(L).$$

d) Verbindender Homomorphismus: Wenn L ein Kettenkomplex ist und die Sequenzen von Kettenkomplexen

$$E\colon 0\longrightarrow K'\xrightarrow{i}K\xrightarrow{p}K''\longrightarrow 0,$$
$$E\otimes L\colon 0\longrightarrow K'\otimes L\xrightarrow{i\otimes\mathrm{id}}K\otimes L\xrightarrow{p\otimes\mathrm{id}}K''\otimes L\longrightarrow 0$$

exakt sind, siehe dazu 3.1, gilt für die verbindenden Homomorphismen

(3.7) $$\partial_{E\otimes L}(a\times b)=(\partial_E a)\times b\quad\text{für}\quad a\in\mathrm{H}_n(K''),\quad b\in\mathrm{H}_q(L).$$

Einzelheiten findet man bei MacLane [2], VIII 1.

3.4 Satz (Künneth): *Für zwei positive Kettenkomplexe K und L über einen Hauptidealring sei* $\operatorname{Tor}(K_k,L_l)=0$ *für alle k und l. Dann ist die Sequenz*

(3.8) $$0\to\coprod_{k+l=n}\mathrm{H}_k(K)\otimes\mathrm{H}_l(L)\xrightarrow{\times}\mathrm{H}_n(K\otimes L)\xrightarrow{\tau}\coprod_{k+l=n-1}\operatorname{Tor}(\mathrm{H}_k(K),\mathrm{H}_l(L))\to 0$$

exakt. Dabei ist $\times$ das Produkt (3.3) *und τ ein weiterer natürlicher Homomorphismus. Die Sequenz spaltet, jedoch nicht in natürlicher Weise.*

Beweis: Der Satz wird zwar bei MacLane [2] nicht in dieser Form bewiesen. Aber man kann den Beweis aus den Ergebnissen dort zusammenstellen. Die Zitate beziehen sich darauf: Der Satz gilt, wenn K und L frei sind (V 10.1–4. Man kann die abelschen Gruppen, auf die sich MacLane teilweise beschränkt, durch Moduln über einem Hauptidealring ersetzen.). – Es gibt freie Kettenkomplexe K', L' und Kettenabbildungen $f: K' \to K$, $g: L' \to L$, die Isomorphismen aller Homologiemoduln induzieren (V 10.5). – Unter den hier genannten Voraussetzungen existiert die Sequenz (3.8) und ist natürlich (XII 12.1. Man muß dort benutzen, daß für einen Hauptidealring $\mathrm{Tor}_p = 0$ für $p \geq 2$ ist.). – Aus diesen drei Ergebnissen folgt die Behauptung.

Bemerkung: Man beachte den Spezialfall, daß

$$\coprod_{k+l=n} \mathrm{H}_k(K) \otimes \mathrm{H}_l(L) \xrightarrow{\times} \mathrm{H}_n(K \otimes L) \tag{3.9}$$

ein Isomorphismus ist, wenn der Hauptidealring ein Körper ist.

3.5 Für zwei Kettenkomplexe K, L und zwei Moduln A, B ist

$$\begin{aligned} \varphi: (K \otimes A) \otimes (L \otimes B) &\xrightarrow{\cong} (K \otimes L) \otimes (A \otimes B), \\ (k \otimes a) \otimes (l \otimes b) &\longmapsto (k \otimes l) \otimes (a \otimes b) \end{aligned} \tag{3.10}$$

ein natürlicher Isomorphismus. Man setzt in (3.3) $K \otimes A$ für K und $L \otimes B$ für L ein, schaltet $\mathrm{H}_{n+q}(\varphi)$ dahinter

$$\begin{aligned} \mathrm{H}_n(K \otimes A) \otimes \mathrm{H}_q(L \otimes B) &\xrightarrow{(3.3)} \mathrm{H}_{n+q}((K \otimes A) \otimes (L \otimes B)) \\ &\xrightarrow{\mathrm{H}_{n+q}(\varphi)} \mathrm{H}_{n+q}((K \otimes L) \otimes (A \otimes B)) \end{aligned} \tag{3.11}$$

und bezeichnet dies auch als äußeres Homologieprodukt. Für dieses Produkt gilt 3.3+4 auch, wenn man dort K durch $K \otimes A$, L durch $L \otimes B$, $K \otimes L$ durch $K \otimes L \otimes A \otimes B$ und K', K'' wie K ersetzt. Insbesondere interessiert:

Satz: *Es seien K und L zwei torsionsfreie, positive Kettenkomplexe über einem Hauptidealring. Wenn* $\mathrm{Tor}(A,B) = 0$ *ist, ist die Sequenz*

$$\begin{aligned} 0 \longrightarrow \coprod_{k+l=n} \mathrm{H}_k(K \otimes A) \otimes \mathrm{H}_l(L \otimes B) &\xrightarrow{\times} \mathrm{H}_n(K \otimes L \otimes A \otimes B) \\ \xrightarrow{\tau} \coprod_{k+l=n-1} \mathrm{Tor}(\mathrm{H}_k(K \otimes A), \mathrm{H}_l(L \otimes B)) &\longrightarrow 0 \end{aligned} \tag{3.12}$$

exakt. Dabei ist $\times$ das Produkt (3.11) *und τ ein weiterer natürlicher Homomorphismus. Die Sequenz spaltet, jedoch nicht in natürlicher Weise.*

Dieser Satz folgt aus 3.4 und Teil a) des folgenden Lemmas. Sein Teil b) wird in 5.3 gebraucht:

3.6 In diesem Abschnitt liegt ein Hauptidealring R zugrunde. Ein Modul A heißt torsionsfrei, wenn $\mathrm{Tor}(A,X)=0$ für alle X ist.

Lemma: *Für Moduln K, L, A und B über R gilt:*
a) Wenn K und L torsionsfrei sind und $\mathrm{Tor}(A,B)=0$ *ist, ist auch* $\mathrm{Tor}(K\otimes A, L\otimes B)=0$.
b) Wenn K und L frei sind, $\mathrm{Tor}(A,B)=0$ *ist, K endlich erzeugt ist und L oder A endlich erzeugt ist, ist*

$$\begin{aligned}&\psi\colon \mathrm{Hom}(K,A)\otimes\mathrm{Hom}(L,B)\to\mathrm{Hom}(K\otimes L, A\otimes B),\\ &\langle\psi(u\otimes v), x\otimes y\rangle=\langle u,x\rangle\otimes\langle v,y\rangle\\ &\text{für } u\in\mathrm{Hom}(K,A),\ v\in\mathrm{Hom}(L,B),\ x\in K \text{ und } y\in L\end{aligned}\tag{3.13}$$

ein Isomorphismus und $\mathrm{Tor}(\mathrm{Hom}(K,A),\mathrm{Hom}(L,B))=0$.

Beweis: Wenn nichts anderes gesagt wird, beruhen im folgenden alle Exaktheitsargumente auf der exakten Sequenz bei MacLane [2], V(6.6). Der Ring **Z**, der dort zugrunde liegt, kann durch R ersetzt werden. Man bildet eine freie Auflösung von A. Das ist eine exakte Sequenz

$$0\to A''\to A'\to A\to 0,\tag{3.14}$$

in der A' und A'' frei sind. Weil $\mathrm{Tor}(A,B)=0$ ist, bleibt (3.14) exakt, wenn man mit B tensoriert:

$$0\to A''\otimes B\to A'\otimes B\to A\otimes B\to 0.\tag{3.15}$$

Zu a): Da K torsionsfrei ist, bleibt (3.14) exakt, wenn man mit K tensoriert:

$$0\to K\otimes A''\to K\otimes A'\to K\otimes A\to 0.$$

Wenn man dies mit $L\otimes B$ tensoriert, ergibt sich die exakte Sequenz

$$\begin{aligned}&0\to\mathrm{Tor}(K\otimes A, L\otimes B)\to K\otimes A''\otimes L\otimes B\xrightarrow{f} K\otimes A'\otimes L\otimes B\\ &\to K\otimes A\otimes L\otimes B\to 0.\end{aligned}\tag{3.16}$$

Denn $K\otimes A'$ ist torsionsfrei, weil K und A' es sind. – Weil $K\otimes L$ torsionsfrei ist, bleibt (3.15) exakt, wenn man mit $K\otimes L$ tensoriert:

$$0\to K\otimes L\otimes A''\otimes B\to K\otimes L\otimes A'\otimes B\to K\otimes L\otimes A\otimes B\to 0.$$

Dies bleibt exakt, wenn man die Mittelglieder vertauscht. Dabei findet man f wieder:

$$0\longrightarrow K\otimes A''\otimes L\otimes B\xrightarrow{f} K\otimes A'\otimes L\otimes B\longrightarrow K\otimes A\otimes L\otimes B\longrightarrow 0.\tag{3.17}$$

Daher ist $\mathrm{Tor}(K\otimes A, L\otimes B)=\mathrm{Kern}\, f$ nach (3.16), $=0$ nach (3.17).

Zu b): Es genügt, den Fall $K=R$ zu betrachten, weil K frei und endlich erzeugt ist. Wenn L ebenfalls endlich erzeugt ist, kann man auch noch $L=R$ annehmen. Dann ist die Behauptung trivial. – Wenn A statt L endlich erzeugt ist, bildet man das Diagramm 3.1. Seine obere Zeile entsteht, wenn man (3.14) mit $\mathrm{Hom}(L,B)$ tensoriert. Sie ist exakt, weil A' frei ist. Die untere Zeile entsteht, wenn man $\mathrm{Hom}(L,\ldots)$ auf (3.15) anwendet. Weil L frei ist, ist sie exakt, MacLane [2], I 6.3. Man definiert ψ, ψ_1 und ψ_2 wie in (3.13) durch $\langle\psi(a\otimes u),y\rangle = a\otimes\langle u,y\rangle$.

$$\begin{array}{l} 0\to \mathrm{Tor}(A,\mathrm{Hom}(L,B)) \\ \quad\to A''\otimes \mathrm{Hom}(L,B)\to A'\otimes \mathrm{Hom}(L,B)\to A\otimes \mathrm{Hom}(L,B)\to 0 \\ \qquad\qquad \downarrow \psi_2 \qquad\qquad\qquad \downarrow \psi_1 \qquad\qquad\qquad \downarrow \psi \\ 0\to \mathrm{Hom}(L,A''\otimes B)\to \mathrm{Hom}(L,A'\otimes B)\to \mathrm{Hom}(L,A\otimes B)\to 0 \end{array} \qquad \text{Dia. 3.1}$$

Dann ist das Diagramm kommutativ. Ferner sind ψ_1 und ψ_2 Isomorphismen, weil A, folglich A' und A'' endlich erzeugt sind. (Da sie außerdem frei sind, genügt es, die Isomorphie für $A'=A''=R$ zu zeigen, in welchem Falle sie trivial ist.) – Die Behauptung liest man dann aus dem Diagramm ab.

4. Kokettenkomplexe und Kohomologiemoduln

4.1 In dieser Nummer braucht der Ring R nicht kommutativ zu sein. Entsprechend zu 2.1 kann man einen *Kokettenkomplex* über R als eine Folge

$$K:\cdots \longrightarrow K^{n-1} \xrightarrow{\delta} K^n \xrightarrow{\delta} K^{n+1} \longrightarrow \cdots$$

von Linksmoduln K^n über R und Homomorphismen δ mit $\delta\circ\delta=0$ beschreiben. Man nennt K^n den n-ten Kokettenmodul von K.

Man kann einen Kettenkomplex

$$K:\ \cdots \longleftarrow K_n \xleftarrow{\partial} K_{n+1} \longleftarrow \cdots$$

formal als Kokettenkomplex auffassen, indem man als n-ten Kokettenmodul $K^n=K_{-n}$ und als Differential $\delta=\partial$ definiert. Entsprechend kann man einen Kokettenkomplex

$$K:\ \cdots \longrightarrow K^n \xrightarrow{\delta} K^{n+1} \longrightarrow \cdots$$

formal als Kettenkomplex auffassen, indem man $K_n=K^{-n}$ und $\partial=\delta$ definiert. Alle Definitionen und Sätze des 2. und 3. Abschnitts lassen sich so auf Kokettenkomplexe übertragen. Man ändert einige Bezeichnungen:

In 2.3: Der Untermodul der Kozykel ist $Z^n(K)=\{x|x\in K^n, \delta x=0\}$. Der Untermodul der Koränder ist $B^n(K)=\{\delta x|x\in K^{n-1}\}$. Der Quotientenmodul

$$H^n(K)=Z^n(K)/B^n(K)$$

heißt n-ter *Kohomologiemodul* von K.
In 2.4: Der verbindende Homomorphismus ist $\delta_E\colon H^n(M)\to H^{n+1}(K)$.

In den folgenden Nummern mögen die Voraussetzungen vom Beginn des dritten Abschnittes gelten.

4.2 Wenn K ein Kettenkomplex und A ein Modul ist, definiert man den dualen Kokettenkomplex $\mathrm{Hom}(K,A)$ durch

(4.1) $$\cdots\to \mathrm{Hom}(K_n,A)\xrightarrow{\delta=(-1)^{n+1}\mathrm{Hom}(\partial,\mathrm{id})} \mathrm{Hom}(K_{n+1},A)\to\cdots$$

Die Kohomologiemoduln $H^n(\mathrm{Hom}(K,A))$ dieses Kokettenkomplexes heißen Kohomologiemoduln von K mit Koeffizienten in A.

Wenn $u\in \mathrm{Hom}(K_n,A)$ und $x\in K_n$ ist, bezeichnet $\langle u,x\rangle\in A$ den Wert von u auf x. Für $y\in K_q$ mit $q\neq n$ setzt man $\langle u,y\rangle=0$. Der Zusammenhang zwischen ∂ und δ ist nach (4.1) also:

(4.2) $$\langle \delta u,x\rangle=(-1)^{\mathrm{gr}x}\langle u,\partial x\rangle$$

Eine Kettenabbildung $f\colon K\to L$ und ein Homomorphismus $m\colon B\to A$ bestimmen die Kokettenabbildung $\mathrm{Hom}(f,m)\colon \mathrm{Hom}(L,B)\to \mathrm{Hom}(K,A)$; für $u\in\mathrm{Hom}(L_n,B)$ und $x\in K_n$ ist $\langle \mathrm{Hom}(f,m)(u),x\rangle=m\langle u,f(x)\rangle$. Die Zuordnung $K,A\mapsto \mathrm{Hom}(K,A)$ ist in K ein kontravarianter und in A ein kovarianter Funktor.

Die induzierten Homomorphismen bezeichnet man kurz mit

(4.3) $$H^*(f)=H^n(f)=H^n(\mathrm{Hom}(f,\mathrm{id})) \quad\text{und}\quad m_*=H^n(\mathrm{Hom}(\mathrm{id},m))$$

und nennt m_* *Koeffizientenhomomorphismus*. Offenbar ist

$$H^n(f)m_*=m_*H^n(f)=H^n(\mathrm{Hom}(f,m)).$$

4.3 Für $u\in\mathrm{Hom}(K_n,A)$ und $x\otimes b\in K_q\otimes B$ definiert man

(4.4) $$\langle u,x\otimes b\rangle=\langle u,x\rangle\otimes b\in A\otimes B.$$

Wenn u ein Kozykel und $y\in K_q\otimes B$ ein Zykel ist, hängt $\langle u,y\rangle$ nur von der Kohomologieklasse von u und der Homologieklasse von y ab. Daher hat man einen wohlbestimmten Homomorphismus

(4.5) $$H^n(\mathrm{Hom}(K,A))\otimes H_q(K\otimes B)\to A\otimes B,$$
$$\mathrm{kl}\,u\otimes \mathrm{kl}\,y\mapsto\langle u,y\rangle=\langle \mathrm{kl}\,u,\mathrm{kl}\,y\rangle.$$

Er heißt *Kronecker-Produkt*. Für eine Kettenabbildung $f\colon K\to L$ gilt

(4.6) $\langle u, \mathrm{H}_q(f)(x)\rangle = \langle \mathrm{H}^n(f)(u), x\rangle, \quad u \in \mathrm{H}^n(\mathrm{Hom}(L,A)), \quad x \in \mathrm{H}_q(K \otimes B).$

Wenn $l\colon A \to A'$ und $m\colon B \to B'$ Homomorphismen sind, ist

$$(l \otimes m)\langle u, x\rangle = \langle l_* u, m_* x\rangle, \quad u \in \mathrm{H}^n(\mathrm{Hom}(K,A)), \quad x \in \mathrm{H}_q(K \otimes B).$$

4.4 Universelles Koeffiziententheorem für die Kohomologie: *Es sei K ein freier Kettenkomplex über einem Hauptidealring R und A ein Modul über R. Dann ist folgende Sequenz exakt:*

$$0 \to \mathrm{Ext}(\mathrm{H}_{n-1}(K), A) \xrightarrow{\ i\ } \mathrm{H}^n(\mathrm{Hom}(K,A)) \xrightarrow{\ p\ } \mathrm{Hom}(\mathrm{H}_n(K), A) \longrightarrow 0. \tag{4.7}$$

Dabei ist p durch das Kroneckerprodukt bestimmt: $p(u)(x) = \langle u, x\rangle$ für $u \in \mathrm{H}^n(\mathrm{Hom}(K,A))$ und $x \in \mathrm{H}_n(K)$. Die Abbildung i ist auch in K und in A natürlich. Die Sequenz spaltet natürlich in A, aber nicht natürlich in K. Man beachte den Spezialfall, daß R ein Körper ist: Dann ist $\mathrm{Ext} = 0$, *somit p ein Isomorphismus.*

Den Beweis findet man bei MacLane [2], III 4.1.

4.5 Unter den Voraussetzungen von 4.4 definiert man den Homomorphismus

$$\iota\colon \mathrm{H}^n(\mathrm{Hom}(K,R)) \otimes A \to \mathrm{H}^n(\mathrm{Hom}(K,A)) \tag{4.8}$$

folgendermaßen: Es sei $u \in \mathrm{Hom}(K_n, R)$ ein Kozykel und $a \in A$. Die Abbildung $x \mapsto \langle u, x\rangle a$ ist ein Kozykel $v \in \mathrm{Hom}(K_n, A)$. Man setzt $\iota(\mathrm{kl}\, u) = \mathrm{kl}\, v$.

Lemma: *In folgenden Fällen a) oder b) ist ι ein Isomorphismus:*

a) A ist frei und endlich erzeugt.

b) $\mathrm{H}_{n-1}(K)$ und $\mathrm{H}_n(K)$ sind frei, und $\mathrm{H}_n(K)$ ist außerdem endlich erzeugt.

Beweis: Zu a): Es genügt $A = R$ zu betrachten. Dann ist die Behauptung trivial.

Zu b): Das Diagramm 4.1 ist kommutativ:

$$\begin{array}{ccc} \mathrm{H}^n(\mathrm{Hom}(K,R)) \otimes A & \xrightarrow[p \otimes \mathrm{id}]{\cong} & \mathrm{Hom}(\mathrm{H}_n(K), R) \otimes A \\ \downarrow{\scriptstyle \iota} & & \downarrow{\scriptstyle \iota'} \\ \mathrm{H}^n(\mathrm{Hom}(K,A)) & \xrightarrow[p]{\cong} & \mathrm{Hom}(\mathrm{H}_n(K), A) \end{array}$$

Dia. 4.1

wobei die beiden p nach (4.7) Isomorphismen sind und ι' durch $\langle \iota'(u \otimes a), x\rangle = \langle u, x\rangle a$ definiert wird, $u \in \mathrm{Hom}(\mathrm{H}_n(K), R)$, $a \in A$, $x \in \mathrm{H}_n(K)$. Weil $\mathrm{H}_n(K)$ frei und endlich erzeugt ist, ist ι' ein Isomorphismus. Denn es genügt wieder, $\mathrm{H}_n(K) = R$ zu betrachten.

4.6 Wenn die Kettenabbildungen $f_0, f_1: K \to L$ homotop sind, sind für jedes Modul A die Kokettenabbildungen $\mathrm{Hom}(f_0, \mathrm{id})$, $\mathrm{Hom}(f_1, \mathrm{id})$: $\mathrm{Hom}(L,A) \to \mathrm{Hom}(K,A)$ homotop. Denn wenn h eine Homotopie von f_0 nach f_1 ist ($h\partial + \partial h = f_0 - f_1$), ist

$$(-1)^n \mathrm{Hom}(h, \mathrm{id}): \ \mathrm{Hom}(L_n, A) \to \mathrm{Hom}(K_{n-1}, A)$$

die Homotopie von $\mathrm{Hom}(f_0, \mathrm{id})$ nach $\mathrm{Hom}(f_1, \mathrm{id})$. Nach 2.4 sind dann die induzierten Abbildungen $\mathrm{H}^n(f_0) = \mathrm{H}^n(f_1)$: $\mathrm{H}^n(\mathrm{Hom}(L,A)) \to \mathrm{H}^n(\mathrm{Hom}(K,A))$ einander gleich. Insbesondere haben homotopieäquivalente Kettenkomplexe isomorphe Kohomologiemoduln.

4.7 Wenn E: $0 \longrightarrow K \xrightarrow{i} L \xrightarrow{p} M \longrightarrow 0$ eine exakte Sequenz von Kettenkomplexen ist und M frei ist, ist für jeden Modul A die Sequenz

$$(4.9) \qquad 0 \leftarrow \mathrm{Hom}(K,A) \xleftarrow{\mathrm{Hom}(i,\mathrm{id})} \mathrm{Hom}(L,A) \xleftarrow{\mathrm{Hom}(p,\mathrm{id})} \mathrm{Hom}(M,A) \leftarrow 0$$

von Kokettenkomplexen exakt, siehe MacLane [2], I 6. Nach 2.5 und 2.6 gehört zu (4.9) ein *verbindender Homomorphismus* δ_E, der in E und A natürlich ist. Die lange Kohomologiesequenz

$$(4.10) \qquad \cdots \xleftarrow{\delta_E} \mathrm{H}^n(\mathrm{Hom}(K,A)) \xleftarrow{\mathrm{H}^n(i)} \mathrm{H}^n(\mathrm{Hom}(L,A)) \xleftarrow{\mathrm{H}^n(p)} \mathrm{H}^n(\mathrm{Hom}(M,A)) \xleftarrow{\delta_E} \mathrm{H}^{n-1}(\mathrm{Hom}(K,A)) \longleftarrow \cdots$$

ist exakt.

4.8 Wenn $0 \longrightarrow A \xrightarrow{\alpha} B \xrightarrow{\tau} C \longrightarrow 0$ eine exakte Sequenz von Moduln ist und K ein freier Kettenkomplex ist, ist die Sequenz

$$(4.11) \qquad 0 \to \mathrm{Hom}(K,A) \xrightarrow{\mathrm{Hom}(\mathrm{id},\alpha)} \mathrm{Hom}(K,B) \xrightarrow{\mathrm{Hom}(\mathrm{id},\tau)} \mathrm{Hom}(K,C) \to 0$$

von Kokettenkomplexen exakt, siehe MacLane [2], I 6.3. Nach 2.5 und 2.6 gehört zu (4.11) ein verbindender Homomorphismus β, der bezüglich der Modulsequenz und bezüglich K natürlich ist. Die lange Kohomologiesequenz

$$(4.12) \qquad \cdots \xrightarrow{\beta} \mathrm{H}^n(\mathrm{Hom}(K,A)) \xrightarrow{\alpha_*} \mathrm{H}^n(\mathrm{Hom}(K,B)) \xrightarrow{\tau_*} \mathrm{H}^n(\mathrm{Hom}(K,C)) \xrightarrow{\beta} \mathrm{H}^{n+1}(\mathrm{Hom}(K,A)) \xrightarrow{\alpha_*} \cdots$$

ist exakt. Man nennt β *Bockstein-Homomorphismus* zur Koeffizientensequenz $0 \to A \to B \to C \to 0$.

4.9 In der algebraischen Topologie wird der Bockstein-Homomorphismus β zur Sequenz

$$0 \longrightarrow \mathbf{Z}_n \xrightarrow{\cdot n} \mathbf{Z}_{n^2} \longrightarrow \mathbf{Z}_n \longrightarrow 0$$

am meisten benutzt.

Für einen Kettenkomplex K abelscher Gruppen kann man ihn folgendermaßen direkt beschreiben: Zu jedem $\alpha \in \mathrm{H}^q(\mathrm{Hom}(K, \mathbf{Z}_n))$ gibt es eine Kokette $u \in \mathrm{Hom}(K_q, \mathbf{Z})$, die modulo n ein Kozykel ist und als solcher α repräsentiert, d.h.: Wenn $p\colon \mathbf{Z} \to \mathbf{Z}_n$ die kanonische Projektion ist, ist $\mathrm{kl}(p \circ u) = \alpha$. Da $p \circ u$ ein Kozykel ist, gibt es ein $u' \in \mathrm{Hom}(K_{q+1}, \mathbf{Z})$ mit $\delta u = n u'$. Dann ist u' ein Kozykel, also auch $p \circ u' \in \mathrm{Hom}(K_{q+1}, \mathbf{Z}_n)$ ein Kozykel. Es ist $\beta\alpha = \mathrm{kl}(p \circ u')$.

Satz: *Für den Bockstein-Homomorphismus β zur exakten Sequenz $0 \to \mathbf{Z}_n \to \mathbf{Z}_{n^2} \to \mathbf{Z}_n \to 0$ gilt $\beta\beta = 0$.*

Beweis: Man betrachtet das kommutative Diagramm 4.2 mit exakten Zeilen. Der Bockstein-Homomorphismus der oberen Zeile heiße β'.

$$\begin{array}{ccccccccc} 0 & \longrightarrow & \mathbf{Z} & \xrightarrow{\cdot n} & \mathbf{Z} & \xrightarrow{p} & \mathbf{Z}_n & \longrightarrow & 0 \\ & & \downarrow{\scriptstyle p} & & \downarrow{\scriptstyle q} & & \downarrow{\scriptstyle \mathrm{id}} & & \\ 0 & \longrightarrow & \mathbf{Z}_n & \xrightarrow{\cdot n} & \mathbf{Z}_{n^2} & \longrightarrow & \mathbf{Z}_n & \longrightarrow & 0 \end{array}$$

Dia. 4.2

Dann ist wegen der Natürlichkeit $p_* \beta' = \beta$. Daraus folgt $\beta\beta = p_* \beta' p_* \beta' = 0$, weil $\beta' p_* = 0$ nach (4.12) ist.

4.10 In IX 2.3 c) wird folgende Beschreibung des Bockstein-Homomorphismus benötigt: Es sei R ein Hauptidealring und

(4.13) $$0 \longrightarrow A \xrightarrow{\alpha} B \xrightarrow{\tau} C \longrightarrow 0$$

eine exakte Sequenz von Moduln. Nach MacLane [2], III. 3.4 gehört zu jedem Modul Y ein verbindender Homomorphismus

(4.14) $$\delta\colon \mathrm{Hom}(Y, C) \to \mathrm{Ext}(Y, A).$$

Satz: *Der Bockstein-Homomorphismus β zur exakten Sequenz* (4.13) *lautet für jeden freien Kettenkomplex K*

(4.15) $$\begin{aligned} \beta\colon \mathrm{H}^{n-1}(\mathrm{Hom}(K, C)) &\xrightarrow{p} \mathrm{Hom}(\mathrm{H}_{n-1}(K), C) \\ &\xrightarrow{\delta} \mathrm{Ext}(\mathrm{H}_{n-1}(K), A) \xrightarrow{i} \mathrm{H}^n(\mathrm{Hom}(K, A)). \end{aligned}$$

Dabei haben p und i dieselbe Bedeutung wie im universellen Koeffiziententheorem 4.4, und δ ist der verbindende Homomorphismus (4.14).

Beweis: Bei H_q, Z_q, B_q wird das Argument K weggelassen. 1. Nach MacLane [2], III 1.2 + 3.4 wird δ folgendermaßen beschrieben: Es sei $u\colon \mathrm{H}_{n-1} \to C$ gegeben. Es gibt eine exakte Sequenz e und einen Homomorphismus γ, so daß das Diagramm 4.3 kommutativ wird. Das Element $\delta u \in \operatorname{Ext}(\mathrm{H}_{n-1}, A)$

$$\begin{array}{ccccccccc} e\colon & 0 & \longrightarrow & A & \longrightarrow & X & \longrightarrow & \mathrm{H}_{n-1} & \longrightarrow & 0 \\ & & & \Big\downarrow{\scriptstyle =} & & \Big\downarrow{\scriptstyle \gamma} & & \Big\downarrow{\scriptstyle u} & & \\ & 0 & \longrightarrow & A & \longrightarrow & B & \longrightarrow & C & \longrightarrow & 0 \end{array}$$

Dia. 4.3

wird durch e repräsentiert.

2. Nach MacLane [2], III 4.1, wird i folgendermaßen beschrieben: Es sei

$$0 \to \mathrm{B}_{n-1} \to \mathrm{Z}_{n-1} \to \mathrm{H}_{n-1} \to 0$$

die exakte Sequenz gemäß 2.3. Es gibt Homomorphismen ζ und η, so daß das Diagramm 4.4 kommutativ wird. Dann ist $i(e) = (-1)^n \mathrm{kl}(\zeta \circ \partial)$.

$$\begin{array}{ccccccccc} & & & K_n & & & & & & \\ & & & \Big\downarrow{\scriptstyle (-1)^n \partial} & & & & & & \\ & 0 & \longrightarrow & \mathrm{B}_{n-1} & \longrightarrow & \mathrm{Z}_{n-1} & \longrightarrow & \mathrm{H}_{n-1} & \longrightarrow & 0 \\ & & & \Big\downarrow{\scriptstyle \zeta} & & \Big\downarrow{\scriptstyle \eta} & & \Big\downarrow{\scriptstyle =} & & \\ e\colon & 0 & \longrightarrow & A & \longrightarrow & X & \longrightarrow & \mathrm{H}_{n-1} & \longrightarrow & 0 \end{array}$$

Dia. 4.4

3. Zusammengefaßt: Der Homomorphismus $i\delta$ wird folgendermaßen beschrieben: Zu $u\colon \mathrm{H}_{n-1} \to C$ gibt es Homomorphismen ζ und ϑ, die das Diagramm 4.5 kommutativ machen. Dann ist $i\delta(u) = (-1)^n \mathrm{kl}(\zeta \circ \vartheta)$.

$$\begin{array}{cccccccc} & & K_n & & & & & \\ & & \Big\downarrow{\scriptstyle (-1)^n \partial} & & & & & \\ 0 & \longrightarrow & \mathrm{B}_{n-1} & \longrightarrow & \mathrm{Z}_{n-1} & \longrightarrow & \mathrm{H}_{n-1} & \longrightarrow & 0 \\ & & \Big\downarrow{\scriptstyle \zeta} & & \Big\downarrow{\scriptstyle \vartheta} & & \Big\downarrow{\scriptstyle u} & & \\ 0 & \longrightarrow & A & \longrightarrow & B & \longrightarrow & C & \longrightarrow & 0 \end{array}$$

Dia. 4.5

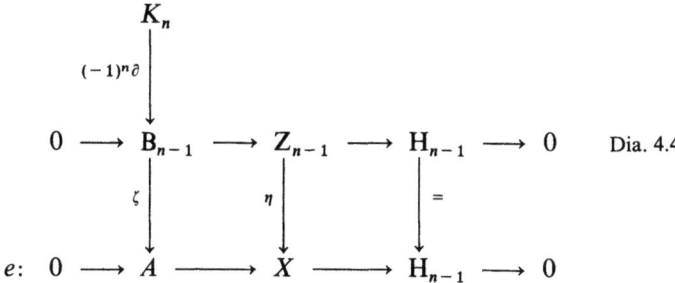

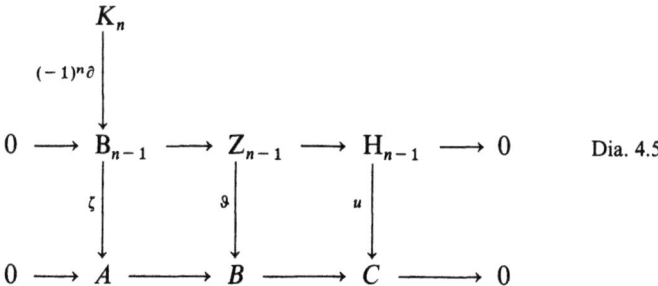

4. Zu einem Kozykel $\omega\colon K_{n-1}\to C$ kann man Homomorphismen ζ und κ finden, so daß das Diagramm 4.6 kommutativ wird. Nach der Definition des Bockstein-Homomorphismus ist $\beta(\mathrm{kl}\,\omega)=(-1)^n\mathrm{kl}(\zeta\circ\partial)$. Andererseits ist nach 3. $i\delta(\mathrm{kl}\,\omega)=(-1)^n\mathrm{kl}(\zeta\circ\partial)$.

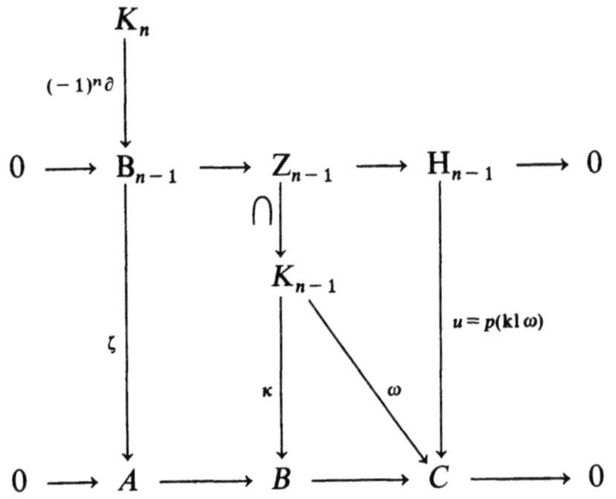

Dia. 4.6

5. Kohomologie von Tensorprodukten

Es mögen die Vereinbarungen gelten, die am Beginn des dritten Abschnittes getroffen wurden.

5.1 Es seien K, L Kettenkomplexe und A, B Moduln. Man definiert die Kokettenabbildung

$$\psi\colon \mathrm{Hom}(K,A)\otimes\mathrm{Hom}(L,B)\to\mathrm{Hom}(K\otimes L, A\otimes B)$$

durch

$$\langle\psi(u\otimes v), x\otimes y\rangle=(-1)^{\mathrm{gr}\,v\cdot\mathrm{gr}\,x}\langle u,x\rangle\otimes\langle v,y\rangle \tag{5.1}$$

für $u\in\mathrm{Hom}(K_n,A)$, $v\in\mathrm{Hom}(K_q,B)$, $x\in K_r$, $y\in K_s$. Man nennt $\psi(u\otimes v)$ das *Kreuzprodukt* der Koketten u und v und bezeichnet es auch mit $u\times v=\psi(u\otimes v)$. Zusammen mit dem äußeren Produkt von 3.3 (gemäß 4.1 formal für Kokettenkomplexe umgeschrieben und mit $\dot{\times}$ bezeichnet) erhält man das *äußere Kohomologieprodukt*

$$\begin{aligned}\mathrm{H}^n(\mathrm{Hom}(K,A))\otimes\mathrm{H}^q(\mathrm{Hom}(L,B)) &\xrightarrow{\dot{\times}} \mathrm{H}^{n+q}(\mathrm{Hom}(K,A)\otimes\mathrm{Hom}(L,B))\\ &\xrightarrow{\mathrm{H}^{n+q}(\psi)} \mathrm{H}^{n+q}(\mathrm{Hom}(K\otimes L, A\otimes B)),\end{aligned} \tag{5.2}$$

das mit $\times$ bezeichnet wird. Für zwei Kozykel $u \in \operatorname{Hom}(K_n, A)$ und $v \in \operatorname{Hom}(L_q, B)$ ist also

$$\text{(5.3)} \qquad \operatorname{kl} u \times \operatorname{kl} v = \operatorname{kl} \psi(u \otimes v).$$

5.2 Folgende Eigenschaften des äußeren Kohomologieproduktes ergeben sich aus den Definitionen und 3.3:
a) Natürlichkeit: Für zwei Kettenabbildungen $f\colon K \to K'$, $g\colon L \to L'$ und zwei Homomorphismen $\mu\colon A' \to A$, $\nu\colon B' \to B$ gilt

$$\text{(5.4)} \qquad (\mu \otimes \nu)_* \mathrm{H}^{n+q}(f \otimes g)(u \times v) = \mu_* \mathrm{H}^n(f)(u) \times \nu_* \mathrm{H}^q(g)(v),$$

wenn $u \in \mathrm{H}^n(\operatorname{Hom}(K', A'))$ und $v \in \mathrm{H}^q(\operatorname{Hom}(L', B'))$ ist.
b) Assoziativität: Es ist

$$\text{(5.5)} \qquad (u \times v) \times w = u \times (v \times w).$$

c) Kommutativität: Für die Tauschabbildung $T\colon K \otimes L \to L \otimes K$ (3.2) und den Tauschhomomorphismus $\tau\colon B \otimes A \to A \otimes B$, $b \otimes a \mapsto a \otimes b$, gilt

$$\text{(5.6)} \qquad u \times v = (-1)^{nq} \tau_* \mathrm{H}^{n+q}(T)(v \times u),$$

wenn $u \in \mathrm{H}^n(\operatorname{Hom}(K, A))$ und $v \in \mathrm{H}^q(\operatorname{Hom}(L, B))$ ist.
d) Verbindender Homomorphismus: Es sei

$$E\colon 0 \to K' \to K \to K'' \to 0$$

eine exakte Sequenz von Kettenkomplexen, K'' frei. Ferner sei L ein freier Kettenkomplex. Dann ist auch

$$E \otimes L\colon 0 \to K' \otimes L \to K \otimes L \to K'' \otimes L \to 0$$

eine exakte Sequenz von Kettenkomplexen, und $K'' \otimes L$ ist frei. Für die verbindenden Homomorphismen gilt

$$\text{(5.7)} \qquad \delta_{E \otimes L}(u' \times v) = (\delta_E u') \times v,$$

wenn $u' \in \operatorname{Hom}(K', A)$ und $v \in \operatorname{Hom}(L, B)$ ist.
e) Für $u \in \mathrm{H}^n(K, A)$, $v \in \mathrm{H}^q(L, B)$, $a \in \mathrm{H}_r(K)$ und $b \in \mathrm{H}_s(L)$ gilt

$$\text{(5.8)} \qquad \langle u \times v, a \times b \rangle = (-1)^{\operatorname{gr} v \cdot \operatorname{gr} a} \langle u, a \rangle \otimes \langle v, b \rangle.$$

Dabei bezeichnet $\times$ sowohl das äußere Homologie- als auch das äußere Kohomologieprodukt und $\langle , \rangle$ das Kronecker-Produkt.

5.3 Satz (Künneth): *Es sei R ein Hauptidealring, K und L zwei positive, freie Kettenkomplexe über R, A und B zwei R-Moduln mit* $\operatorname{Tor}(A, B) = 0$. *Alle Homologiemoduln* $\mathrm{H}_k(K)$ *seien endlich erzeugt. Ferner seien alle Homologiemoduln* $\mathrm{H}_l(L)$ *oder A endlich erzeugt. Dann ist die Sequenz*

$$(5.9)\quad \begin{aligned} 0 \to \coprod_{k+l=n} \mathrm{H}^k(\mathrm{Hom}(K,A)) \otimes \mathrm{H}^l(\mathrm{Hom}(L,B)) &\xrightarrow{\times} \mathrm{H}^n(\mathrm{Hom}(K\otimes L, A\otimes B)) \\ &\xrightarrow{\tau} \coprod_{k+l=n-1} \mathrm{Tor}(\mathrm{H}^k(\mathrm{Hom}(K,A)), \mathrm{H}^l(\mathrm{Hom}(L,B))) \to 0 \end{aligned}$$

exakt und spaltet. Dabei ist $\times$ *das äußere Kohomologieprodukt* (5.2) *und* τ *ein weiterer natürlicher Homomorphismus.*

Beweis: Nach 5.4, siehe unten, kann man sich auf den Fall beschränken, wo die Voraussetzungen, daß alle $\mathrm{H}_k(K)$ bzw. $\mathrm{H}_l(L)$ endlich erzeugt sind, verschärft sind zu: Alle K_k bzw. L_l sind endlich erzeugt. Dann ist $\mathrm{Tor}(\mathrm{Hom} K_k, A), \mathrm{Hom}(L_l, B)) = 0$ für alle k und l nach 3.6b), und man hat daher gemäß (3.8) – formal für die Kohomologie umgeschrieben – die exakte Sequenz

$$\begin{aligned} 0 \to \coprod_{k+l=n} \mathrm{H}^k(\mathrm{Hom}(K,A)) \otimes \mathrm{H}^l(\mathrm{Hom}(L,B)) &\to \mathrm{H}^n(\mathrm{Hom}(K,A) \otimes \mathrm{Hom}(L,B)) \\ &\to \coprod_{k+l=n-1} \mathrm{Tor}(\mathrm{H}^k(\mathrm{Hom}(K,A)), \mathrm{H}^l(\mathrm{Hom}(L,B))) \to 0. \end{aligned}$$

Nach 3.6b) kann man ihr mittleres Glied durch $\mathrm{H}^n(\mathrm{Hom}(K\otimes L, A\otimes B))$ ersetzen.

5.4 Lemma: *Jeder positive freie Kettenkomplex* K, *dessen Homologiemoduln* $\mathrm{H}_k(K)$ *alle endlich erzeugt sind, ist zu einem freien Kettenkomplex* K' *homotopieäquivalent, dessen Kettenmoduln* K'_k *alle endlich erzeugt sind.*

Beweis: Man wählt für jedes k einen endlich erzeugten Untermodul Z'_k der Zyklen $Z_k(K)$, so daß Z'_k ganz $\mathrm{H}_k(K)$ erzeugt; es sei $Z''_k = Z'_k \cap \partial K_{k+1}$. Man definiert $K'_k = Z'_k \amalg Z''_{k-1}$ und

$$\partial' : K'_k = Z'_k \amalg Z''_{k-1} \to Z'_{k-1} \amalg Z''_{k-2} = K'_{k-1}, \qquad (a,b) \mapsto (b,0).$$

Dann ist K' offenbar ein freier Kettenkomplex mit endlich erzeugten Kettenmoduln. Da ∂K_{k+1} als Untermodul des freien Moduls K_k ebenfalls frei ist, gibt es einen Homomorphismus $\varphi: \partial K_{k+1} \to K_{k+1}$ mit $\partial\varphi = \mathrm{id}$. Man definiert die Kettenabbildung

$$f\colon K' \to K, \qquad (a,b) \mapsto a + \varphi(b) \qquad \text{für} \qquad a \in Z'_k, \qquad b \in Z''_{k-1}.$$

Sie induziert Isomorphismen $\mathrm{H}_k(f)$ für alle k und ist daher nach EILENBERG-STEENROD, V 13.3, eine Homotopieäquivalenz, da K und K' frei sind.

6. Der Kohomologiering einer Gruppe

6.1 Es sei R ein nicht notwendig kommutativer Ring mit 1 und A ein Linksmodul über R. Ein Komplex (W, ε) von A über R ist eine Sequenz

(6.1) $0 \longleftarrow A \xleftarrow{\varepsilon} W_0 \xleftarrow{\partial} W_1 \xleftarrow{\partial} \cdots \xleftarrow{\partial} W_n \xleftarrow{\partial} W_{n+1} \xleftarrow{\partial} \cdots$

von Linksmoduln über R und Homomorphismen, so daß $\varepsilon\partial=0$ und $\partial\partial=0$ ist. Mit anderen Worten: W ist ein positiver Linkskettenkomplex über R und $\varepsilon\colon W\to k(A,0)$ eine Kettenabbildung in dem Kettenkomplex $k(A,0)$, dessen nullter Kettenmodul $=A$ und dessen übrige Kettenmoduln $=0$ sind. Wenn (6.1) exakt ist, heißt (W,ε) Auflösung von A über R. Wenn jedes W_i frei ist, heißt (W,ε) freier Komplex von A.

Vergleichsatz der homologischen Algebra: *Es sei $g\colon A\to A'$ ein Homomorphismus zwischen zwei Linksmoduln über R. Es sei (W,ε) ein freier Komplex von A und (W',ε') eine Auflösung von A'. Dann gibt es eine Kettenabbildung $f\colon W\to W'$ mit $\varepsilon' f=g\varepsilon$, und irgendzwei solche Kettenabbildungen sind homotop.*

6.2 Existenz einer freien Auflösung: *Jeder Linksmodul A besitzt eine freie Auflösung (W,ε). Wegen des Vergleichssatzes gibt es zwischen zwei freien Auflösungen (W,ε) und (W',ε') desselben Moduls A eine Kettenabbildung*

(6.2) $$f\colon W\to W' \quad \text{mit} \quad \varepsilon=\varepsilon' f,$$

die bis auf Homotopie eindeutig bestimmt ist. Sie ist eine Homotopieäquivalenz.

Zu 6.1+2 siehe MacLane [2] III, 6.

In den folgenden Nummern sei R ein kommutativer Ring mit 1.

6.3 Es sei π eine multiplikative Gruppe und R ein kommutativer Ring mit 1. Der von der Menge π erzeugte freie R-Modul $R(\pi)$ besteht aus allen endlichen Summen $\sum_i r_i g_i$ mit $r_i\in R$ und $g_i\in\pi$. Das Produkt in π bestimmt das Produkt

$$\sum_i r_i g_i \cdot \sum_j r'_j g'_j = \sum_{i,j} r_i r'_j g_i g'_j$$

zweier Elemente von $R(\pi)$ und macht $R(\pi)$ zu einer assoziativen Algebra mit 1 über R, die genau dann kommutativ ist, wenn π abelsch ist. Man nennt $R(\pi)$ die *Gruppenalgebra* von π über R und insbesondere $\mathbf{Z}(\pi)$ den *Gruppenring*.

6.4 Man sagt: Die Gruppe π *operiert* von links auf dem R-Modul A, wenn jedem $g\in\pi$ ein Endomorphismus $A\to A$, $a\mapsto g\cdot a$, zugeordnet ist, wobei $1\cdot a=a$ und $(g_1 g_2)a=g_1(g_2 a)$ ist. Diese Endomorphismen sind dann sogar Automorphismen. Die Operation von π auf A ist gleichbedeutend mit

a) einem Homomorphismus $\pi \to \mathrm{Aut}\, A$ von π in die Automorphismengruppe von A, oder
b) einer Struktur als Linksmodul über $R(\pi)$ auf A, die sich mit der gegebenen R-Modul-Struktur verträgt.

Wenn allen $g \in \pi$ der identische Endomorphismus von A zugeordnet ist, sagt man: π operiert *trivial* auf A oder: A ist ein π-trivialer $R(\pi)$-Modul.

6.5 Man läßt die Gruppe π auf dem Ring R selbst trivial operieren und bildet gemäß 6.2 eine freie Auflösung (W, ε) von R über $R(\pi)$. Die Gruppe π operiere auf dem R-Modul A von links. Mit $\mathrm{Hom}_\pi(W_q, A)$ bezeichnet man den R-Modul der $R(\pi)$-linearen Abbildungen $W_q \to A$. Dann ist $\mathrm{Hom}_\pi(W, A) = \{\mathrm{Hom}_\pi(W_q, A), \delta\}_{q \in \mathbf{Z}}$ mit

$$\delta = (-1)^{q+1}\,\mathrm{Hom}(\partial, \mathrm{id})\colon \mathrm{Hom}_\pi(W_q, A) \to \mathrm{Hom}_\pi(W_{q+1}, A) \tag{6.3}$$

ein Kokettenkomplex über R. Er ist im allgemeinen nicht mehr exakt, obwohl W exakt war. Da (W, ε) bis auf Homotopie eindeutig bestimmt ist, induziert für eine andere freie Auflösung W' die $R(\pi)$-lineare Kettenabbildung (6.2) die R-lineare Kokettenabbildung

$$\mathrm{Hom}(f, \mathrm{id})\colon \mathrm{Hom}(W', A) \to \mathrm{Hom}(W, A),$$

die bis auf Homotopie eindeutig bestimmt und eine Homotopieäquivalenz ist. Daher hängen die Kohomologiemoduln von $\mathrm{Hom}(W, A)$ bis auf einen kanonischen Isomorphismus nur von π, A und der Operation von π auf A ab. Man bezeichnet sie mit

$$\mathrm{H}^n(\pi, A) = \mathrm{H}^n(\mathrm{Hom}_\pi(W, A)) \tag{6.4}$$

und nennt sie *Kohomologiemoduln von* π mit Koeffizienten in A. Näheres siehe bei MACLANE [2], IV.

6.6 Um das funktorielle Verhalten der Kohomologie der Gruppen zu beschreiben, führt man folgende Kategorie ein: Die Objekte (π, A) bestehen aus einer Gruppe π und einem R-Modul A, auf dem π von links operiert. Die Morphismen

$$(h, m)\colon (\pi, A) \to (\pi', A')$$

setzen sich aus zwei Homomorphismen $h\colon \pi \to \pi'$ und $m\colon A' \to A$ (beachte die Pfeilrichtung!) zusammen, so daß

$$m(h(g)a') = g\,m(a') \quad \text{für alle} \quad g \in \pi, \quad a' \in A' \tag{6.5}$$

gilt.

Es sei (W', ε') eine freie Auflösung von R über $R(\pi')$. Vermöge

$$g w' = h(g) w' \quad \text{für} \quad g \in \pi \quad \text{und} \quad w' \in W'$$

läßt man π auf W' operieren und bezeichnet W' als Kettenkomplex über $R(\pi)$ mit ${}_hW'$. Dann ist (W',ε') eine Auflösung von R über $R(\pi)$, die allerdings im allgemeinen nicht mehr frei ist. Nach dem Vergleichssatz in 6.1 gibt es eine $R(\pi)$-lineare Kettenabbildung

$$f: W \to {}_hW' \quad \text{mit} \quad \varepsilon = \varepsilon' f,$$

die bis auf Homotopie eindeutig bestimmt ist. Dann ist

$$\mathrm{Hom}_h(f,m): \mathrm{Hom}_{\pi'}(W',A') \to \mathrm{Hom}_\pi(W,A),$$
$$\langle \mathrm{Hom}_h(f,m)u', w\rangle = m\langle u', f(w)\rangle$$

eine Kokettenabbildung, die den Homomorphismus

$$\begin{array}{cccc} \mathrm{H}^n(h,m): & \mathrm{H}^n(\pi',A') & \longrightarrow & \mathrm{H}^n(\pi,A) \\ \| & \| & & \| \\ \mathrm{H}^n(\mathrm{Hom}_h(f,m)): & \mathrm{H}^n(\mathrm{Hom}_{\pi'}(W',A')) & \to & \mathrm{H}^n(\mathrm{Hom}_\pi(W,A)) \end{array} \qquad \text{Dia. 6.1}$$

der Kohomologiemoduln induziert. Da f bis auf Homotopie nur von h abhängt, hängt $\mathrm{H}^n(h,m)$ in der Tat nur von h und m ab.

6.7 Für die Kohomologie einer Gruppe π soll ein *inneres Produkt*

(6.6) $$\mathrm{H}^n(\pi,A)\otimes \mathrm{H}^q(\pi,B) \to \mathrm{H}^{n+q}(\pi, A\otimes B)$$

definiert werden: Wenn die Gruppe π von links auf den beiden R-Moduln A und B operiert, operiert sie auf dem über R gebildeten Tensorprodukt $A\otimes B$ diagonal:

(6.7) $$g(a\otimes b) = ga\otimes gb \quad \text{für} \quad g\in\pi, \quad a\in A, \quad b\in B.$$

So wird $A\otimes B$ zu einem Linksmodul über $R(\pi)$. Nun sei (W,ε) eine freie Auflösung von R über $R(\pi)$, wobei π auf R trivial operiere. Durch die Diagonaloperation wird das über R gebildete Tensorprodukt $W\otimes W$ zu einem Kettenkomplex über $R(\pi)$ und $(W\otimes W, \varepsilon\otimes\varepsilon)$ bleibt eine (allerdings im allgemeinen nicht mehr freie) Auflösung von R über $R(\pi)$. Nach dem Vergleichssatz in 6.1 gibt es also eine $R(\pi)$-lineare Kettenabbildung, die sogenannte *Diagonale*,

(6.8) $$d: W\to W\otimes W \quad \text{mit} \quad \varepsilon = (\varepsilon\otimes\varepsilon)d,$$

die bis auf Homotopie eindeutig bestimmt ist. Wie in 5.1 definiert man die Kokettenabbildung

$$\psi: \mathrm{Hom}_\pi(W,A)\otimes \mathrm{Hom}_\pi(W,B) \to \mathrm{Hom}_\pi(W\otimes W, A\otimes B),$$

(6.9) $$\langle \psi(u\otimes v), x\otimes y\rangle = (-1)^{\mathrm{gr}v\cdot \mathrm{gr}x}\langle u,x\rangle \otimes \langle v,y\rangle$$

$$\text{für} \quad u\in \mathrm{Hom}_\pi(W_n,A), v\in \mathrm{Hom}_\pi(W_q,B), \quad x\in W_r \quad \text{und} \quad y\in W_s.$$

Das Produkt (6.6) wird nun folgendermaßen definiert: Wenn u und v zwei Kozykel sind, ist $\psi(u \otimes v) \circ d \in \mathrm{Hom}_\pi(W_{n+q}, A \otimes B)$ ein Kozykel, dessen Kohomologieklasse nur von den Kohomologieklassen von u und v abhängt. Daher ist

$$\mathrm{kl}\, u \cdot \mathrm{kl}\, v = \mathrm{kl}(\psi(u \otimes v) \circ d) \tag{6.10}$$

eine sinnvolle Definition. Aufgrund der Definition bestehen folgende

6.8 Eigenschaften des Kohomologieproduktes

a) Natürlichkeit: Für zwei Morphismen $(h,m):(\pi,A) \to (\pi',A')$ und $(h,m_1):(\pi,B) \to (\pi',B')$ mit demselben Homomorphismus h ist

$$\mathrm{H}^{n+q}(h, m \otimes m_1)(u \cdot v) = \mathrm{H}^n(h,m)(u) \cdot \mathrm{H}^q(h,m')(v)$$

für $u \in \mathrm{H}^n(\pi',A')$ und $v \in \mathrm{H}^q(\pi',B')$.

b) Assoziativität: Es ist $(u \cdot v) \cdot w = u \cdot (v \cdot w)$.

c) Kommutativität: Die Tauschabbildung (id, τ): $(\pi, B \otimes A) \to (\pi, A \otimes B)$ mit $\tau(a \otimes b) = b \otimes a$ ist ein Morphismus. Es gilt

$$\mathrm{H}^*(\mathrm{id},\tau)(u \cdot v) = (-1)^{\mathrm{gr}u \cdot \mathrm{gr}v}\, v \cdot u .$$

d) Einselement: Bei einer freien Auflösung (W, ε) von R über $R(\pi)$ kann man die Ergänzung ε als Kozykel in $\mathrm{Hom}_\pi(W_0, R)$ auffassen. Für seine Kohomologieklasse $e = \mathrm{kl}\,\varepsilon$ und jedes $u \in \mathrm{H}^n(\pi, A)$ ist

$$e \cdot u = u \cdot e = u .$$

Die Eigenschaften b–d) bedeuten, daß für $A = R$ die Kohomologie

$$\mathrm{H}^*(\pi, R) = \{\mathrm{H}^n(\pi, R)\}$$

eine assoziative, unter Vorzeichenbeachtung kommutative R-Algebra mit 1 ist. Nach a) induziert jeder Homomorphismus $h: \pi \to \pi'$ einen Algebrenhomomorphismus $\mathrm{H}^*(h,\mathrm{id})$: $\mathrm{H}^*(\pi', R) \to \mathrm{H}^*(\pi, R)$.

6.9 Wenn die Gruppe π auf dem R-Modul A trivial operiert, kann man die Berechnung von $\mathrm{H}^*(\pi, A)$ vereinfachen, indem man von der freien Auflösung (W, ε) von R über $R(\pi)$ zu dem Kettenkomplex

$$\bar{W} = R \otimes_{R(\pi)} W$$

übergeht, wobei R als π-trivialer Rechtsmodul über $R(\pi)$ aufgefaßt ist. Dann ist $\bar{W}$ ein Kettenkomplex über R, und da

$$\mathrm{Hom}_\pi(W, A) \cong \mathrm{Hom}_R(\bar{W}, A) \tag{6.11}$$

in natürlicher Weise ist, ist die Kohomologie $\mathrm{H}^*(\pi, A)$ die übliche Kohomologie des Kettenkomplexes $\bar{W}$ mit Koeffizienten in A, siehe 4.2.

Bei der Berechnung des Produktes (6.6) benutzt man die durch d (6.8) induzierte Diagonale

(6.12) $$\bar{d}\colon \bar{W} \to \bar{W} \otimes \bar{W}, \ \bar{d}(1 \otimes_{R(\pi)} w) = 1 \otimes_{R(\pi)} dw \quad \text{für} \quad w \in W.$$

6.10 Ähnlich wie die Kohomologie definiert man die *Homologie einer Gruppe* π. Man nimmt wieder eine freie Auflösung (W, ε) von R über $R(\pi)$ und bildet mit einem Rechtsmodul A über $R(\pi)$ den Kettenkomplex $A \otimes_{R(\pi)} W$ über R. Definitionsgemäß sind seine Homologiemoduln die Homologiemoduln von π mit Koeffizienten in A:

(6.13) $$\mathrm{H}_n(\pi, A) = \mathrm{H}_n(A \otimes_{R(\pi)} W).$$

7. Der Kohomologiering der zyklischen Gruppen

7.1 Es sei π die zyklische Gruppe der endlichen Ordnung n. Ihr Gruppenring $\Gamma = \mathbf{Z}(\pi)$ ist der Ring aller Polynome $\sum_{i=0}^{n-1} a_i t^i$ in einer Unbestimmten t mit ganzzahligen Koeffizienten a_i, wobei modulo $t^n = 1$ gerechnet wird.

(7.1) $$N = 1 + t + t^2 + \cdots + t^{n-1} \quad \text{und} \quad D = t - 1$$

sind zwei Elemente aus Γ. Die Multiplikation mit N bzw. D werde mit N_* bzw. $D_*\colon \Gamma \to \Gamma$ bezeichnet. Man definiert

(7.2) $$W\colon \Gamma \xleftarrow{D_*} \Gamma \xleftarrow{N_*} \Gamma \xleftarrow{D_*} \Gamma \longleftarrow \cdots$$

und für $\mathbf{Z}$ als π-trivialen Modul über Γ

(7.3) $$\varepsilon\colon \Gamma \to \mathbf{Z}, \quad \sum_i a_i t^i \mapsto \sum_i a_i.$$

Dann ist (W, ε) eine freie Auflösung von $\mathbf{Z}$ über π. Gemäß 6.5 kann somit W zur Berechnung der Kohomologiegruppen von π benutzt werden.

7.2 Um das innere Kohomologieprodukt zu berechnen, muß man eine Diagonale $d\colon W \to W \otimes W$ angeben. Das Tensorprodukt $\Gamma \otimes \Gamma$ über $\mathbf{Z}$ kann man als Ring der Polynome $\sum_{i=0}^{n-1} \sum_{j=0}^{n-1} a_{ij} t^i \tau^j$ in zwei Unbestimmten mit ganzzahligen Koeffizienten a_{ij} beschreiben, wobei modulo $t^n = 1$ und $\tau^n = 1$ gerechnet wird. Für die Diagonale und die Differentiale benötigt man folgende Elemente von $\Gamma \otimes \Gamma$:

(7.4) $$\begin{aligned} N &= 1 + t + t^2 + \cdots + t^{n-1}, & \Lambda &= 1 + \tau + \tau^2 + \cdots + \tau^{n-1}, \\ D &= t - 1, & \Delta &= \tau - 1, \\ Q &= \sum_{0 \le j \le k < n} t^j \tau^k. \end{aligned}$$

Wenn man Γ gemäß (7.2) als q-ten Kettenmodul W_q von W auffaßt, wird für die Unbestimmte t_q statt t geschrieben. Außerdem sei $t_q=0$ für $q<0$. Das Tensorprodukt $W\otimes W$ ist ein Kettenkomplex über $\Gamma\otimes\Gamma$ vermöge $(\gamma_1\otimes\gamma_2)(w_1\otimes w_2)=\gamma_1 w_1\otimes\gamma_2 w_2$. Man definiert

$$\begin{aligned} dt_{2q} &= \sum_{i+j=q} (t_{2i}\otimes t_{2j}+Q(t_{2i+1}\otimes t_{2j-1})), \\ dt_{2q+1} &= \sum_{i+j=q} (t(t_{2i}\otimes t_{2j+1})+t_{2i+1}\otimes t_{2j}). \end{aligned} \tag{7.5}$$

Nun betrachte man $W\otimes W$ gemäß 6.7 als Kettenkomplex über Γ, indem man Γ diagonal operieren läßt, und erweitere d (7.5) zu der Γ-linearen Abbildung

$$d\colon\ W\to W\otimes W.$$

Lemma: *Die durch* (7.5) *definierte Abbildung* $d\colon W\to W\otimes W$ *ist eine Diagonale wie in* (6.8).

Beweis: Nach Konstruktion ist d Γ-linear. Man prüft leicht nach, daß $(\varepsilon\otimes\varepsilon)d=\varepsilon$ ist. Schließlich rechnet man nach, daß d eine Kettenabbildung ist. Dabei benutzt man, daß zwischen den Ringelementen (7.4) folgende Relationen bestehen:

$$\begin{aligned} &tN=N, \quad t\tau-1=t\Delta+D, \quad (t\tau-1)Q=N-\Lambda, \\ &t\sum_{i=0}^{n-1} t^i\tau^i=\Lambda+QD, \quad \sum_{i=0}^{n-1} t^i\tau^i=N-Q\Delta. \end{aligned}$$

7.3 Um die Kohomologie von π mit Koeffizienten in einem π-trivialen Modul zu berechnen, tensoriert man (7.2) von links mit $\mathbf{Z}$ über Γ und erhält den Kettenkomplex abelscher Gruppen

$$\bar{W}=Z\otimes_\Gamma W\colon\ \mathbf{Z} \xleftarrow{0} \mathbf{Z} \xleftarrow{n} \mathbf{Z} \xleftarrow{0} \mathbf{Z} \xleftarrow{n} \cdots, \tag{7.6}$$

dessen Differentiale abwechselnd Null bzw. gleich der Multiplikation mit n sind. Das erzeugende Element $t_q\otimes_\Gamma 1$ des q-ten Kettenmoduls $\mathbf{Z}=\mathbf{Z}\otimes_\Gamma W_q$ werde mit e_q bezeichnet. Durch $d\colon W\to W\otimes W$ wird die Diagonale $\bar{d}\colon \bar{W}\to\bar{W}\otimes\bar{W}$ induziert, für die nach (7.5) gilt:

$$\begin{aligned} \bar{d}e_{2q} &= \sum_{i+j=q}\left(e_{2i}\otimes e_{2j}+\frac{n(n-1)}{2}e_{2i+1}\otimes e_{2j-1}\right), \\ \bar{d}e_{2q+1} &= \sum_{i+j=q}(e_{2i}\otimes e_{2j+1}+e_{2j+1}\otimes e_{2j}). \end{aligned} \tag{7.7}$$

7.4 Satz: *Es sei n eine Primzahl ≥ 2, π die zyklische Gruppe der Ordnung n. Auf $\mathbf{Z}_n$ möge π trivial operieren.*
a) In jedem Kohomologiemodul $\mathrm{H}^q(\pi,\mathbf{Z}_n)$, $q\geq 0$, *ist ein Element w_q ausgezeichnet, so daß* $\mathrm{H}^q(\pi,\mathbf{Z}_n)=\mathbf{Z}_n\cdot w_q$ *ist.*

b) Für $n=2$ ist $w_q=w_1^q$ die q-te Potenz im Sinne des Produktes (6.6). *Für $n\geq 3$ ist $w_1^2=0$, $w_{2q}=w_2^q$ und $w_{2q+1}=w_2^q\cdot w_1$.*
c) Es sei β der Bockstein-Homomorphismus zur exakten Sequenz $0 \longrightarrow \mathbf{Z}_n \xrightarrow{\cdot n} \mathbf{Z}_{n^2} \longrightarrow \mathbf{Z}_n \longrightarrow 0$. Für $n=2$ ist $\beta w_q=w_{q+1}$. Für $n\geq 3$ ist $\beta w_{2q}=0$ und $\beta w_{2q+1}=-w_{2q+2}$.
d) Es sei $t\in\pi$ das erzeugende Element und $0<k<n$ eine ganze Zahl. Dann ist $h_k:\pi\to\pi$, $t\mapsto t^k$, ein Automorphismus. Er induziert, siehe 6.6, *einen Automorphismus $h_k^*=\mathrm{H}^q(h_k,\mathrm{id}):\mathrm{H}^q(\pi,\mathbf{Z}_n)\xrightarrow{\cong}\mathrm{H}^q(\pi,\mathbf{Z}_n)$. Dieser lautet*

$$h_k^*(w_{2q})=k^q w_{2q},\qquad h_k^*(w_{2q+1})=k^{q+1}w_{2q+1}.$$

Beweis: Zu a): Nach 6.9 ist $\mathrm{H}^q(\pi,\mathbf{Z}_n)$ der q-te Kohomologiemodul des Kokettenkomplexes

(7.8) $$\mathrm{Hom}(\bar{W},\mathbf{Z}_n):\mathbf{Z}_n \xrightarrow{0} \mathbf{Z}_n \xrightarrow{0} \mathbf{Z}_n \xrightarrow{0} \cdots,$$

wobei $\bar{W}$ der Kettenkomplex (7.6) war: Daher ist $\mathrm{H}^q(\pi,\mathbf{Z}_n)\cong\mathbf{Z}_n$, genauer: Der Kozykel

(7.9) $$v_q\in\mathrm{Hom}(W_q,\mathbf{Z}_n),\quad \text{der durch}\quad \langle v_q,e_q\rangle=1$$

bestimmt ist, repräsentiert die Kohomologieklasse w_q. Dann ist $\mathrm{H}^q(\pi,\mathbf{Z}_n)=\mathbf{Z}_n\cdot w_q$.
Zu b): Man rechnet aufgrund der Definitionen von ψ (6.9), v_q (7.9) und $\bar{d}$ (7.7) nach, daß

$$\begin{aligned}
&\psi(v_q\otimes v_1)\circ\bar{d}=v_{q+1} && \text{für}\quad n=2,\\
&\left.\begin{aligned}
&\psi(v_1\otimes v_1)\circ\bar{d}=0\\
&\psi(v_{2q}\otimes v_1)\circ\bar{d}=v_{2q+1}\\
&\psi(v_{2q}\otimes v_2)\circ\bar{d}=v_{2q+2}
\end{aligned}\right\} && \text{für}\quad n\geq 3
\end{aligned}$$

ist. Wegen $w_q\cdot w_r=\mathrm{kl}(\psi(v_q\otimes v_r)\circ\bar{d})$, siehe (6.10) und 6.9, folgt daraus die Behauptung.
c) rechnet man aufgrund der direkten Beschreibung von β 4.9, auf den Kettenkomplex $\bar{W}$ angewandt, nach.
Zu d): Gemäß 6.6 muß man zunächst eine Γ-lineare Kettenabbildung $f: W\to {}_{h_k}W$ mit $\varepsilon=\varepsilon f$ angeben. Man definiert

$$f(t_{2q})=k^q t_{2q}\quad\text{und}\quad f(t_{2q+1})=k^q\cdot\sum_{j=0}^{k-1} t^j t_{2q+1}$$

und setzt f zu einer Γ-linearen Abbildung $f: W\to {}_{h_k}W$ fort. Man rechnet nach, daß dann $\varepsilon=\varepsilon f$ ist und f eine Kettenabbildung ist. – Durch f wird die Kettenabbildung $\bar{f}: \bar{W}\to\bar{W}$ induziert, für die gilt:

$$\bar{f}(e_{2q})=k^q e_{2q}\quad\text{und}\quad \bar{f}(e_{2q+1})=k^{q+1}\cdot e_{2q+1}.$$

Daraus folgt $\mathrm{Hom}(\bar{f},\mathrm{id})v_{2q}=v_{2q}\circ\bar{f}=k^q v_{2q}$ und $\mathrm{Hom}(\bar{f},\mathrm{id})v_{2q+1}=v_{2q+1}\circ\bar{f}=k^{q+1}v_{2q+1}$. Die Behauptung ergibt sich dann wegen $h_k^* w_r=\mathrm{kl}(\mathrm{Hom}(\bar{f},\mathrm{id})v_r)$, siehe 6.6+9.

V. Homologie semisimplizialer Mengen

Die Entwicklung der algebraischen Topologie auf ss. Mengen, die wir im dritten Kapitel mit der Fundamentalgruppe begannen, setzen wir in diesem Kapitel mit der Homologie und Kohomologie fort. Wie in der Einleitung zum ersten Kapitel erwähnt wurde, trat der Begriff der ss. Mengen zum ersten Mal auf, als man die Konstruktion der singulären Homologie analysierte:

(1) topologischer Raum X $\to$ singuläre ss. Menge $\mathrm{S}X$,
(2) ss. Menge Y $\to$ Kettenkomplex $\mathrm{C}(Y)$,
(3) Kettenkomplex K $\to$ Homologiemoduln $\mathrm{H}_n(K,A)$,
$\to$ Kohomologiemoduln $\mathrm{H}^n(K,A)$.

Der erste Schritt wurde bereits in I 3.5 getan. Dem dritten Schritt war das vierte Kapitel gewidmet. Der fehlende zweite Schritt wird im ersten Abschnitt dieses Kapitel beschrieben. Im zweiten Abschnitt wird das gemeinsame Ergebnis des zweiten und dritten Schrittes, die Homologie einer ss. Menge, betrachtet und in 8.1–3 entsprechend das gemeinsame Ergebnis aller drei Schritte, die singuläre Homologie eines topologischen Raumes. Am Schluß des Kapitels, 8.4–9, wird Milnors [3] Resultat bewiesen: Die Homologie einer ss. Menge K stimmt mit der singulären Homologie ihrer geometrischen Realisierung $|K|$ überein.

Im fünften Abschnitt wird mit der Methode der azyklischen Modelle, die von Eilenberg-MacLane [2] stammt, gezeigt, daß die Kettenkomplexe $\mathrm{C}(X \times Y)$ und $\mathrm{C}(X) \otimes \mathrm{C}(Y)$ für zwei ss. Mengen X und Y homotopieäquivalent sind. Folglich kann man mittels der Künnethschen Formeln IV (3.12+5.9) die (Ko-)Homologie eines kartesischen Produktes durch die der Faktoren ausdrücken (sechster Abschnitt).

Wenn auf der ss. Menge X und dem Modul A eine Gruppe π operiert, definieren wir im siebten Abschnitt die sogenannte äquivariante Kohomologie ${}_\pi\mathrm{H}^*(X,A)$, die dieses Operieren berücksichtigt. Wir brauchen die äquivariante Kohomologie in VI 5.5. Außerdem ermöglicht sie, die Kohomologie einer Gruppe, siehe IV 6, semisimplizial zu formulieren: $\mathrm{H}^*(\pi,A) = {}_\pi\mathrm{H}^*(L(\pi),A)$, wobei $L(\pi)$ die ss. Auflösung von π ist.

Man kann die Kohomologie $\mathrm{H}^*(X)$ eines Raumes X als algebraisches Bild des Raumes X ansehen. Dieses Bild ist nicht treu: Verschiedene Räume können dieselbe Kohomologie haben. Eine feinere Unterscheidung wird möglich, wenn man die Kohomologie zu mehr als bloß einem graduierten Modul macht: Im dritten Abschnitt definieren wir zusätzlich das innere Produkt von zwei Kohomologieklassen, welches die Kohomologie $H^*(X)$ zu einer graduierten Algebra macht. Im vierten Abschnitt verknüpfen wir die Homologie und Kohomologie durch das Capprodukt miteinander. Auf die Bedeutung dieser Produkte, z.B. für die Mannigfaltigkeiten, kann in diesem Buch nicht eingegangen werden. Es sei etwa auf SPANIER verwiesen. – Übrigens werden wir die Kohomologie im letzten Kapitel durch weitere zusätzliche Strukturen, die sogenannten Kohomologieoperationen, bereichern.

In diesem fünften Kapitel werden eine Reihe von Eigenschaften der singulären Homologie hergeleitet, unter denen sich die Axiome einer Homologietheorie von EILENBERG-STEENROD befinden. Diese Eigenschaften ermöglichen in vielen Fällen, die Homologie von bestimmten Räumen explizit zu berechnen. (Aufgrund der Definition durch die drei oben beschriebenen Schritte ist es ja nicht möglich, weil die singuläre ss. Menge SX unübersehbar ist.) Aber diese Berechnungen führen aus dem Rahmen dieses Buches hinaus. Beispiele dafür findet man etwa bei HILTON-WYLIE.

1. Der Kettenkomplex

1.1 Zu einer ss. Menge X bildet man folgenden positiven Kettenkomplex $C'(X)$ abelscher Gruppen: Die n-te Kettengruppe ist die von der Menge X_n frei erzeugte abelsche Gruppe. Das Differential wird durch

$$(1.1)\qquad \partial\colon C'_n(X)\to C'_{n-1}(X),\qquad x\mapsto\sum_{i=0}^{n}(-1)^i d_i x\quad \text{für alle}\quad x\in X_n$$

definiert. Aus $d_i d_j = d_{j-1} d_i$ für $i<j$ folgt, daß $\partial\partial=0$ ist. Eine ss. Abbildung $f\colon X\to Y$ bestimmt die Kettenabbildung

$$(1.2)\qquad C'(f)\colon C'(X)\to C'(Y),\qquad x\mapsto f(x)\quad\text{für}\quad x\in X.$$

Wegen $d_i f = f d_i$ ist $\partial C'(f) = C'(f)\partial$.

1.2 Es erweist sich an verschiedenen Stellen als vorteilhaft, die Homologie der ss. Menge X nicht als Homologie von $C'(X)$ zu definieren, sondern den Komplex $C'(X)$ zuerst zu „normalisieren“: Die entarteten n-Simplexe erzeugen eine Untergruppe ${}^eC_n(X)$ von $C'_n(X)$. Aus den Vertauschungsrelationen zwischen den d_i und s_j folgt, daß $\partial({}^eC_n(X))\subset {}^eC_{n-1}(X)$ ist, mit anderen Worten, daß die ${}^eC_n(X)$ für alle n einen Unterkomplex ${}^eC(X)$ von $C'(X)$ bilden. Der Quotientenkomplex

$$(1.3)\qquad C(X)=C'(X)/{}^eC(X)$$

heißt *normalisierter* Kettenkomplex von X oder einfach Kettenkomplex von X.

Da eine ss. Abbildung $f: X \to Y$ entartete Simplexe in entartete überführt, ist $C'(f)({}^eC(X)) \subset {}^eC(Y)$, und $C'(f)$ induziert die Kettenabbildung $C(f): C(X) \to C(Y)$ der normalisierten Komplexe.

1.3 Für eine ss. Einbettung $i: X' \to X$ ist $C(i): C(X') \to C(X)$ injektiv, d.h., $C(X')$ ist ein Unterkomplex von $C(X)$. Der Quotientenkomplex

$$C(X, X') = C(X)/C(X')$$

heißt Kettenkomplex des Paares (X, X'). Wenn $X' = \emptyset$ ist, ist $C(X, \emptyset) = C(X)$. Für eine ss. Abbildung $f: (X, X') \to (Y, Y')$ ist $C(f)(C(X')) \subset C(Y')$. Daher induziert f die Kettenabbildung $C(f): C(X, X') \to C(Y, Y')$. Man kann $C(X, X')$ auch so beschreiben: Die n-te Kettengruppe $C_n(X, X')$ ist die von allen n-Simplexen $x \in X$, $x \notin X'$ und x nicht entartet, frei erzeugte abelsche Gruppe. Sie ist ein direkter Summand von $C'_n(X)$. Es sei π die Projektion auf diesen Summanden. Das Differential ist $C_{n+1}(X, X') \xrightarrow{\partial|\cdots} C'_n(X) \xrightarrow{\pi} C_n(X, X')$. Es wird auch mit ∂ bezeichnet. Es sei Y' eine ss. Untermenge von Y. Für eine ss. Abbildung $f: (X, X') \to (Y, Y')$ wird die Kettenabbildung $C(f): C(X, X') \to C(Y, Y')$ durch $C(f)(x) = \pi f(x)$ für $x \in X$, $x \notin X'$ und x nicht entartet beschrieben. Die Zuordnung $(X, X') \mapsto C(X, X')$ und $f \mapsto C(f)$ ist ein kovarianter Funktor von der Kategorie der Paare von ss. Mengen in die Kategorie der positiven, freien Kettenkomplexe abelscher Gruppen.

1.4 Homotopie: *Wenn die ss. Abbildungen* $f_0, f_1: (X, X') \to (Y, Y')$ *relativ* X' *und* Y' *homotop sind, sind die Kettenabbildungen* $C(f_0), C(f_1): C(X, X') \to C(Y, Y')$ *homotop.*

Beweis: Wenn $H: (X \times I, X' \times I) \to (Y, Y')$ die Homotopie von f_0 nach f_1 ist, definiert man

(1.4) $$h': C'_n(X) \to C'_{n+1}(Y) \quad \text{durch}$$

$$h'(x) = \sum_{i=0}^{n} (-1)^i H(s_i x, (0 \ldots 0\overset{i}{1} \ldots 1)).$$

Man rechnet nach, daß dann $\partial h' + h' \partial = C'(f_1) - C'(f_0)$, $h'({}^eC_n(X)) \subset {}^eC_{n+1}(Y)$ und $h'(C'_n(X')) \subset C'_{n+1}(Y')$ ist. Daher induziert h' die Kettenhomotopie $h: C(X, X') \to C(Y, Y')$ mit $\partial h + h\partial = C(f_1) - C(f_0)$.

1.5 Exakte Sequenzen: Für ein Paar von ss. Mengen $L \subset K$ ist die Sequenz

(1.5) $$0 \longrightarrow C(L) \xrightarrow{i} C(K) \xrightarrow{j} C(K, L) \longrightarrow 0$$

exakt, wobei i und j durch die Einbettungen $L \subset K$ und $(K, \emptyset) \subset (K, L)$ induziert sind. Das folgt aus der expliziten Beschreibung der Kettengruppen in 1.3. Daraus ergibt sich ferner: Wenn X und Y ss. Untermengen derselben ss. Mengen sind, ist die Sequenz

$$(1.6)\quad 0 \longrightarrow C(X \cap Y) \xrightarrow{i} C(X) \amalg C(Y) \xrightarrow{j} C(X \cup Y) \longrightarrow 0$$

exakt, wobei

$$(1.7)\qquad i(z) = (z, -z) \quad \text{und} \quad j(x, y) = x + y$$

ist. – Die Sequenz (1.6) läßt sich relativieren: Es seien $X' \subset X$ und $Y' \subset Y$ ss. Untermengen. Dann ist nach IV 2.6c) die Sequenz

$$(1.8)\qquad 0 \longrightarrow C(X \cap Y, X' \cap Y') \xrightarrow{i} C(X, X') \amalg C(Y, Y') \xrightarrow{j} C(X \cup Y, X' \cup Y') \longrightarrow 0$$

exakt, wobei i und j durch (1.7) definiert sind. Diese Sequenz enthält (1.5) als den Spezialfall $\emptyset = X' \subset Y' = Y = L \subset K = X$.

1.6 Der natürliche Homomorphismus

$$(1.9)\qquad \varepsilon\colon C_0(X) \to \mathbf{Z}, \quad \text{der durch} \quad \varepsilon(x) = 1 \quad \text{für alle} \quad x \in X_0$$

definiert wird, heißt *Ergänzung*. Es sei $k(\mathbf{Z}, 0)$ der Kettenkomplex, dessen nullter Kettenmodul $= \mathbf{Z}$ ist und dessen übrige Kettenmoduln verschwinden. Dann kann man ε als Kettenabbildung $\varepsilon\colon C(X) \to k(\mathbf{Z}, 0)$ auffassen. Denn es gilt: Für jede ss. Menge $X \neq \emptyset$ ist ε epimorph und $\varepsilon\partial = 0$.

Satz: *Genau dann, wenn $X \neq \emptyset$ zusammenhängend ist, ist die kurze Sequenz*

$$(1.10)\qquad 0 \longleftarrow \mathbf{Z} \xleftarrow{\varepsilon} C_0(X) \xleftarrow{\partial} C_1(X)$$

exakt.

Beweis: 1. Die erste Behauptung (ε epimorph und $\varepsilon\partial = 0$) ist trivial. Ferner gilt: Genau dann, wenn zwei Punkte $p, q \in X_0$ in derselben Zusammenhangskomponente liegen, gibt es eine 1-Kette $u \in C_1(X)$ mit $\partial u = p - q$. Man beweist dies, wie folgt: Wenn p und q in derselben Zusammenhangskomponente liegen, gibt es einen Streckenzug $x_1^{\varepsilon_1} \dots x_n^{\varepsilon_n}$ von p nach q. Aus der Definition des Streckenzuges folgt $\partial \sum_{i=1}^{n} \varepsilon_i x_i = p - q$. Alle 1-Ketten kann man als $u = \sum_{i=1}^{n} \varepsilon_i x_i$ schreiben, wobei $\varepsilon_i = \pm 1$ und $x_i \in X_1$ ist. Durch Induktion über n beweist man: Wenn $\partial u = p - q$ ist, liegen p und q in derselben Zusammenhangskomponente: Das stimmt für

$n=1$. Schluß von n auf $n+1$: Es sei $\partial \sum_{i=1}^{n+1} \varepsilon_i x_i = p-q$. Man kann ohne Beschränkung der Allgemeinheit annehmen, daß $d_0 x_{n+1}=q$ und $\varepsilon_{n+1}=-1$ oder $d_1 x_{n+1}=q$ und $\varepsilon_{n+1}=+1$ ist. Im ersten Fall ist $\partial \sum_{i=1}^{n} \varepsilon_i x_i = p - d_1 x_{n+1}$. Nach der Induktionsannahme liegen dann p und $d_1 x_{n+1}$ in derselben Zusammenhangskomponente. Weil $q=d_0 x_{n+1}$ ist, liegt es in der Zusammenhangskomponente von $d_1 x_{n+1}$ und daher in der von p. Im zweiten Fall schließt man genauso.

2. Es sei X zusammenhängend. Man muß zu jeder 0-Kette $v=\sum_i n_i p_i$ mit $\varepsilon(v)=\sum n_i = 0$ eine 1-Kette u mit $\partial u = v$ finden. Dazu wählt man ein $q \in X_0$. Nach 1. gibt es zu jedem i eine 1-Kette u_i mit $\partial u_i = p_i - q$. Dann ist $u=\sum n_i u_i$ die gesuchte 1-Kette.

3. Es sei (1.10) exakt. Für irgendzwei Punkte $p,q \in X_0$ ist $\varepsilon(p-q)=0$. Daher gibt es ein $u \in C_1(X)$ mit $\partial u = p-q$. Daraus folgt nach 1., daß p und q in derselben Zusammenhangskomponente liegen.

2. Homologie- und Kohomologiemoduln

In diesem Abschnitt sei R ein kommutativer Ring mit 1.

2.1 Anstatt des Kettenkomplexes abelscher Gruppen $C(X,X')$ kann man für ein Paar $X' \subset X$ von ss. Mengen allgemeiner einen Kettenkomplex $C(X,X';R)$ über dem Ring R definieren, indem man in 1.1 die von X_n erzeugte freie abelsche Gruppe $C'_n(X)$ durch den von X_n erzeugten freien R-Modul $C'_n(X;R)$ ersetzt und im übrigen wie in 1.1–3 vorgeht. Man kann den Kettenkomplex $C(X,X';R)$, den man dann definiert, aber auch nachträglich als

$$C(X,X';R) = R \otimes_{\mathbf{Z}} C(X,X') \tag{2.1}$$

gewinnen. Dieser Beschreibung entnimmt man, daß 1.4–6 entsprechend für $C(X,X';R)$ statt $C(X,X')$ gelten.

2.2 Als (Ko-)Homologie des Paares $X' \subset X$ von ss. Mengen mit Koeffizienten in dem R-Modul A bezeichnet man die (Ko-)Homologie des Kettenkomplexes $C(X,X';R)$, wie sie in IV 2.+4. beschrieben wurde:

$$\begin{aligned} H_n(X,X';A) &= H_n(C(X,X';R)\otimes A),\\ H^n(X,X';A) &= H^n(\mathrm{Hom}(C(X,X';R),A)). \end{aligned} \tag{2.2}$$

Eine ss. Abbildung $f:(X,X')\to(Y,Y')$ bestimmt die Homomorphismen

$$\text{(2.3)}\qquad \begin{aligned} &\mathrm{H}_n(f)=\mathrm{H}_n(\mathrm{C}(f)\otimes \mathrm{id})\colon \mathrm{H}_n(X,X';A)\to \mathrm{H}_n(Y,Y';A),\\ &\mathrm{H}^n(f)=\mathrm{H}^n(\mathrm{Hom}(\mathrm{C}(f),\mathrm{id}))\colon \mathrm{H}^n(Y,Y';A)\to \mathrm{H}^n(X,X';A). \end{aligned}$$

Aus dieser Definition folgt: Für festes A ist H_n ein kovarianter und H^n ein kontravarianter Funktor von der Kategorie der Paare $X'\subset X$ von ss. Mengen in die Kategorie der Moduln. Ferner ist

$$\mathrm{H}_n(X,X';A)=\mathrm{H}^n(X,X';A)=0 \quad \text{für} \quad n<0 \quad \text{und für} \quad n>\dim X,$$

denn dann ist bereits $\mathrm{C}_n(X,X')=0$.

In den restlichen Nummern dieses zweiten Abschnittes werden die Eigenschaften der (Ko-)Homologiemoduln von ss. Mengen zusammengestellt, die sich direkt aus den Eigenschaften von $\mathrm{C}(X,X')$ 1.4–6 und denen der (Ko-)Homologie von Kettenkomplexen IV 2.+4. ergeben. Aus 1.4 und IV 2.4 bzw. IV 4.6 folgt:

2.3 Homotopie: *Wenn die ss. Abbildungen* $f_0, f_1\colon (X,X')\to(Y,Y')$ *relativ* X' *und* Y' *homotop sind, ist* $\mathrm{H}_n(f_0)=\mathrm{H}_n(f_1)$ *und* $\mathrm{H}^n(f_0)=\mathrm{H}^n(f_1)$ *für alle* n.

2.4 Exakte (Ko-)Homologiesequenz: In dieser Nummer seien die Koeffizienten aller auftretenden (Ko-)Homologiemoduln in einem festen Modul A gewählt. Er wird im folgenden nicht ausdrücklich angegeben. In einer ss. Menge Z mögen zwei ss. Untermengen X und Y liegen und in ihnen wiederum ss. Untermengen $X'\subset X$ und $Y'\subset Y$. Die Einbettungen seien mit i_1, i_2, j_1, j_2 gemäß dem Dia. 2.1 bezeichnet:

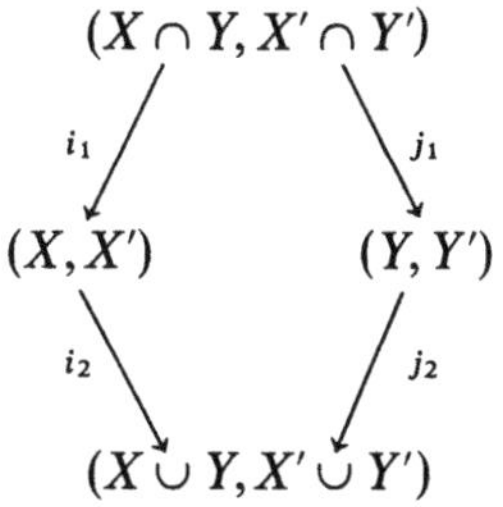

Dia. 2.1

In dieser Situation ist die Sequenz (1.8) exakt. Nach IV 2.6 + 2.8 + 4.7 gehören zu ihr natürliche, verbindende Homomorphismen

$$\text{(2.4)}\qquad \partial_*\colon \mathrm{H}_n(X\cup Y, X'\cup Y')\to \mathrm{H}_{n-1}(X\cap Y, X'\cap Y'),$$

$$\text{(2.5)}\qquad \delta^*\colon \mathrm{H}^{n-1}(X\cap Y, X'\cap Y')\to \mathrm{H}^n(X\cup Y, X'\cup Y')$$

für alle $n\in\mathbf{Z}$, so daß die langen Sequenzen

$$\text{(2.6)}\qquad \begin{aligned} &\cdots \xrightarrow{\beta} \mathrm{H}_{n+1}(X\cup Y, X'\cup Y') \xrightarrow{\partial_*} \mathrm{H}_n(X\cap Y, X'\cap Y')\\ &\xrightarrow{\alpha} \mathrm{H}_n(X,X')\amalg \mathrm{H}_n(Y,Y') \xrightarrow{\beta} \mathrm{H}_n(X\cup Y, X'\cup Y') \xrightarrow{\partial_*} \cdots \end{aligned}$$

$$\cdots \xrightarrow{\delta^*} \mathrm{H}^n(X\cup Y, X'\cup Y') \xrightarrow{\beta'} \mathrm{H}^n(X,X') \amalg \mathrm{H}^n(Y,Y')$$

(2.7)
$$\xrightarrow{\alpha'} \mathrm{H}^n(X\cap Y, X'\cap Y') \xrightarrow{\delta^*} \mathrm{H}^{n+1}(X\cup Y, X'\cup Y') \xrightarrow{\beta'} \cdots$$

exakt sind. Dabei ist

(2.8)
$$\alpha(c) = (\mathrm{H}_n(i_1)(c), \quad -\mathrm{H}_n(j_1)(c)),$$
$$\beta(a,b) = \mathrm{H}_n(i_2)(a) + \mathrm{H}_n(j_2)(b);$$

(2.9)
$$\alpha'(u,v) = \mathrm{H}^n(i_1)(u) - \mathrm{H}^n(j_1)(v),$$
$$\beta'(w) = (\mathrm{H}^n(i_2)(w),\ \mathrm{H}^n(j_2)(w)).$$

Die beiden Sequenzen (2.6+7) haben mehrere interessante Spezialfälle:
a) $X' = Y' = \emptyset$: *Mayer-Vietoris*-Sequenz. Sie ist ein wichtiges Hilfsmittel, um die (Ko-)Homologie von $X\cup Y$ aus der von X, Y und $X\cap Y$ zu berechnen.
b) $Y' = Y \subset X$: Sequenz der *Triade* $(X; Y, X')$.
c) $X' \subset Y' = Y \subset X$: Sequenz des *Tripels* (X, Y, X').
d) $\emptyset = X' \subset Y' = Y \subset X$: Sequenz des *Paares* (X, Y).
e) $Y' = Y$ und $X = Y\cup X'$: Die Sequenzen zerfallen in die Isomorphismen

(2.10)
$$\mathrm{H}_n(Y, Y\cap X') \xrightarrow{\cong} \mathrm{H}_n(Y\cup X', X'),$$
$$\mathrm{H}^n(Y\cup X', X') \xrightarrow{\cong} \mathrm{H}^n(Y, Y\cap X'),$$

die durch die Einbettung $(Y, Y\cap X') \to (Y\cup X', X')$ induziert sind. Diese Einbettung heißt Ausschneidung und (2.10) entsprechend Ausschneidungsisomorphismus.

2.5 Verbindende Homomorphismen: Es sollen einige Beziehungen zwischen den verbindenden Homomorphismen von Triade, Tripel, Paar und nach MAYER-VIETORIS hergestellt werden. Bezüglich der Koeffizienten gelte die Vereinbarung in 2.4.
a) Es sei (X, Y, Z) ein Tripel, Δ_* bzw. Δ^* sein verbindender Homomorphismus in der Homologie bzw. Kohomologie und ∂_* bzw. δ^* der des Paares (X, Y). Wenn $j\colon (Y,\emptyset) \to (Y, Z)$ die Einbettung bedeutet, ist

(2.11)
$$\Delta_* = \mathrm{H}_*(j)\,\partial_*, \qquad \Delta^* = \delta^*\,\mathrm{H}^*(j).$$

b) Es sei $(Z; X, Y)$ eine Triade, Δ_* bzw. Δ^* ihr verbindender Homomorphismus und ∂_* bzw. δ^* der des Tripels $(Z, X\cup Y, Y)$. Wenn $i\colon (X, X\cap Y) \to (X\cup Y, Y)$ die Ausschneidung bedeutet, ist

(2.12)
$$\Delta_* = \mathrm{H}_*(i)^{-1}\,\partial_*, \qquad \Delta^* = \delta^*\,\mathrm{H}^*(i)^{-1}.$$

c) Es sei Δ_* bzw. Δ^* der verbindende Homomorphismus der Mayer-Vietoris-Sequenz von X und Y. Für ihn, die Einbettungen i_1, i_2, j_1, j_2

gemäß dem Dia. 2.2 (j_1 und j_2 sind Ausschneidungen) und die verbindenden Homomorphismen

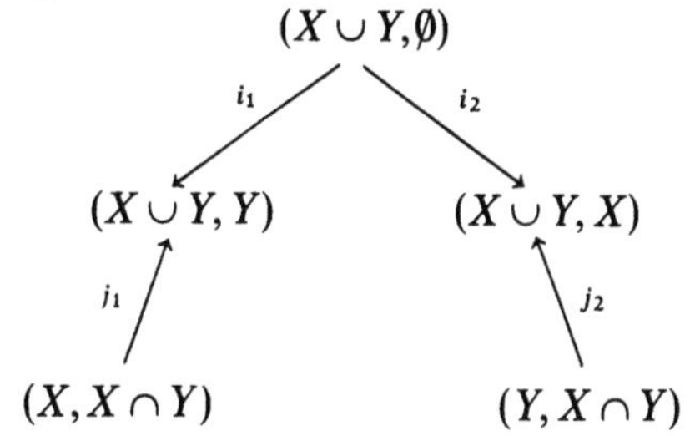

Dia. 2.2

∂_1 bzw. δ^1 des Paares $(X, X \cap Y)$, ∂_2 bzw. δ^2 des Paares $(Y, X \cap Y)$ gilt:

$$\begin{aligned} \Delta_* &= \partial_1 \mathrm{H}_*(j_1)^{-1} \mathrm{H}_*(i_1) = -\partial_2 \mathrm{H}_*(j_2)^{-1} \mathrm{H}_*(i_2), \\ \Delta^* &= \mathrm{H}^*(i_1) \mathrm{H}^*(j_1)^{-1} \delta^1 = -\mathrm{H}^*(i_2) \mathrm{H}^*(j_2)^{-1} \delta^2. \end{aligned} \tag{2.13}$$

d) Es sei $(Z; X, Y)$ eine Triade, ∂_* bzw. δ_* ihr verbindender Homomorphismus, Δ_* bzw. Δ^* der der Mayer-Vietoris-Sequenz von X und Y, ∂_1 bzw. δ^1 der des Paares $(Z, X \cup Y)$ und ∂_2 bzw. δ^2 der des Paares $(X, X \cap Y)$. Für sie ist

$$\partial_2 \partial_* = \Delta_* \partial_1, \qquad \delta^* \delta^2 = \delta^1 \Delta^*. \tag{2.14}$$

Beweis: a–c) folgt, wenn man auf die Definition des verbindenden Homomorphismus gemäß IV 2.5 zurückgeht, und d) ist eine Folgerung von a–c).

Bemerkung: a–c) zeigt, daß man die verbindenden Homomorphismen von Tripel, Triade und nach Mayer-Vietoris durch die eines Paares ausdrücken kann, wenn man die von ss. Abbildungen induzierten Homomorphismen hinzunimmt. In der folgenden Nummer wird gezeigt, daß man den verbindenden Homomorphismus eines Paares durch einen noch spezielleren, die sogenannte Einhängung, definieren kann.

2.6 Die Einhängung: a) Zu einer beliebigen ss. Menge X bildet man das kartesische Produkt $X \times I$ und identifiziert X mit $X \times 0 \subset X \times I$. In der exakten (Ko-)Homologiesequenz der Triade $(X \times I; X, X \times 1)$ tritt die (Ko-)Homologie von $(X \times I, X \times 1)$ auf. Sie verschwindet aber, da die Einbettung $(X, X) \to (X \times I, X \times 1)$, $x \mapsto (x, 1)$, aus Homotopiegründen einen Isomorphismus der (Ko-)Homologie induziert. Somit sind die verbindenden Homomorphismen

$$\begin{aligned} E_* &= \partial_*: \mathrm{H}_n(X \times I, X \times \dot{I}) \xrightarrow{\cong} \mathrm{H}_{n-1}(X), \\ E^* &= \delta^* = \mathrm{H}^{n-1}(X) \xrightarrow{\cong} \mathrm{H}^n(X \times I, X \times \dot{I}) \end{aligned} \tag{2.15}$$

der Triade $(X \times I; X, X \times 1)$ für alle $n \in \mathbf{Z}$ Isomorphismen. Man nennt sie die *Einhängungsisomorphismen* von X. In der Kohomologie kann man sie auch durch das äußere Produkt beschreiben, wie in 6.7 gezeigt wird.
b) Zu einem beliebigen Paar $X' \subset X$ von ss. Mengen betrachtet man die Einbettungen i und j (j ist eine Ausschneidung) und die Projektion pr_1 auf den ersten Faktor gemäß

$$(2.16)\qquad \begin{aligned} &(X,X') \xleftarrow{\mathrm{pr}_1} (X\times 0 \cup X'\times I, X'\times 1)\\ &\xrightarrow{i} (X\times 0\cup X'\times I, X\times 0\cup X'\times 1) \xleftarrow{j} (X'\times I, X'\times \dot I).\end{aligned}$$

Aus Homotopiegründen induziert pr_1 einen Isomorphismus der (Ko-)Homologie. Folgendermaßen kann man den verbindenden Homomorphismus ∂_* bzw. δ^* des Paares (X,X') durch die Einhängung E_* bzw. E^* von X' ausdrücken:

$$(2.17)\quad \partial_* = E_* \mathrm{H}_*(j)^{-1}\mathrm{H}_*(i)\mathrm{H}_*(\mathrm{pr}_1)^{-1},\quad \delta^* = \mathrm{H}^*(\mathrm{pr}_1)^{-1}\mathrm{H}^*(i)\mathrm{H}^*(j)^{-1}E^*.$$

Der Beweis von (2.17) folgt aus dem kommutativen Diagramm 2.3, in dem $\delta^1, \delta^2, \delta^3$ verbindende Homomorphismen von Triaden sind. Das analoge Diagramm hat man für die Homologie.

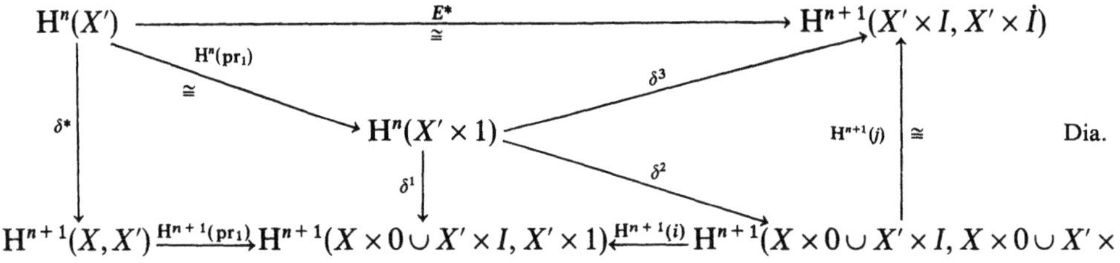
H^n(X')
E*
≅
H^{n+1}(X' × I, X' × İ)
H^n(pr_1)
≅
δ^3
δ*
H^n(X' × 1)
H^{n+1}(j)
≅
δ^1
δ^2
H^{n+1}(X, X')
H^{n+1}(pr_1)
H^{n+1}(X × 0 ∪ X' × I, X' × 1)
H^{n+1}(i)
H^{n+1}(X × 0 ∪ X' × I, X × 0 ∪ X' ×
Dia.

2.7 Wenn man die Funktoren $\ldots \otimes_{\mathbf{Z}} A$ bzw. $\mathrm{Hom}_{\mathbf{Z}}(\ldots, A)$ auf (1.10) anwendet, ergibt sich: Die Ergänzung ε (1.9) induziert einen natürlichen Epimorphismus ε_* und einen natürlichen Monomorphismus ε^*

$$(2.18)\qquad \varepsilon_*: \mathrm{H}_0(X;A) \twoheadrightarrow A,\qquad \varepsilon^*: A \rightarrowtail \mathrm{H}^0(X;A).$$

Genau dann wenn $X \neq \emptyset$ zusammenhängend ist, sind ε_* und ε^* Isomorphismen. In Übereinstimmung mit der Deutung von ε als Kettenabbildung definiert man $\varepsilon_*: \mathrm{H}_q(X;A) \to 0$ und $\varepsilon^*: 0 \to \mathrm{H}^q(X;A)$ für $q > 0$.

2.8 Nach IV 4.3 sind Kohomologie und Homologie eines Paares $X' \subset X$ von ss. Mengen durch das Kronecker-Produkt verbunden:

$$(2.19)\qquad \mathrm{H}^n(X,X';A) \otimes \mathrm{H}_q(X,X';B) \to A \otimes B,\qquad \alpha \otimes b \mapsto \langle \alpha, b\rangle.$$

Dabei sind A und B R-Moduln und $\otimes$ ist über R gebildet. Wie in IV 4.3 erläutert wurde, ist (2.19) natürlich. Ferner ist $\langle\alpha, b\rangle = 0$, falls $\operatorname{gr}\alpha \neq \operatorname{gr} b$ ist.

2.9 Universelle Koeffiziententheoreme: *Es sei R ein Hauptidealring, A ein R-Modul, und die Operatoren $\otimes$,* Tor, Hom, Ext *seien über R gebildet. Dann sind für jedes Paar $X' \subset X$ von* ss. *Mengen die beiden Sequenzen*

$$(2.20) \qquad 0 \to \mathrm{H}_n(X, X'; R) \otimes A \to \mathrm{H}_n(X, X'; A) \to \operatorname{Tor}(\mathrm{H}_{n-1}(X, X'; R), A) \to 0,$$

$$(2.21) \quad 0 \to \operatorname{Ext}(\mathrm{H}_{n-1}(X, X'; R), A) \to \mathrm{H}^n(X, X'; A) \to \operatorname{Hom}(\mathrm{H}_n(X, X'; R), A) \to 0$$

exakt und spalten. – Weil der Kettenkomplex $C(X, X'; R)$ frei ist, folgt dies aus IV 2.9 + 4.4. *Dort findet man auch weitere Erläuterungen.*

2.10 Für alle Paare $X' \subset X$ von ss. Mengen und alle $n \in \mathbf{Z}$ gilt: Zu jedem Homomorphismus $\alpha\colon A \to B$ von R-Moduln gehört der *Koeffizientenhomomorphismus*

$$\alpha_*\colon \mathrm{H}^n(X, X'; A) \to \mathrm{H}^n(X, X'; B),$$

und zu jeder exakten Sequenz $E\colon 0 \longrightarrow A \xrightarrow{\alpha} B \xrightarrow{\tau} C \longrightarrow 0$ gehört der Bockstein-Homomorphismus

$$\beta_E\colon \mathrm{H}^n(X, X'; C) \to \mathrm{H}^{n+1}(X, X'; A).$$

Satz: *a) Der Koeffizientenhomomorphismus und der Bockstein-Homomorphismus sind natürlich:*

$$\mathrm{H}^*(f)\alpha_* = \alpha_* \mathrm{H}^*(f) \quad \text{und} \quad \mathrm{H}^*(f)\beta_E = \beta_E \mathrm{H}^*(f)$$

für jede ss. *Abbildung $f\colon (X, X') \to (Y, Y')$.*
b) Folgende Sequenz ist exakt:

$$\cdots \xrightarrow{\beta} \mathrm{H}^n(X, X'; A) \xrightarrow{\alpha_*} \mathrm{H}^n(X, X'; B) \xrightarrow{\tau_*} \mathrm{H}^n(X, X'; C) \xrightarrow{\beta} \mathrm{H}^{n+1}(X, X'; A) \longrightarrow \cdots$$

c) Für den verbindenden Homomorphismus δ^* (2.5) *gilt*

$$\alpha_* \delta^* = \delta^* \alpha_* \quad \text{und} \quad \beta\delta^* = -\delta^* \beta$$

für jeden Koeffizientenhomomorphismus α_* und jeden Bockstein-Homomorphismus β.
d) Für den Bockstein-Homomorphismus β_n zur exakten Sequenz $0 \to \mathbf{Z}_n \to \mathbf{Z}_{n^2} \to \mathbf{Z}_n \to 0$ gilt

$$\beta_n \beta_n = 0.$$

Dieser Satz folgt aus IV 4.8 + 9 und IV 2.6.

2.11 Beispiel: Die Homologiegruppen von $\dot{\Delta}(n+1)$ mit ganzzahligen Koeffizienten lauten ($n \geq 1$):

(2.22) $$\mathrm{H}_0(\dot{\Delta}(1)) = \mathbf{Z} \amalg \mathbf{Z}, \quad \mathrm{H}_q(\dot{\Delta}(1)) = 0 \quad \text{für} \quad q \neq 0,$$

(2.23) $$\mathrm{H}_0(\dot{\Delta}(n+1)) = \mathrm{H}_n(\dot{\Delta}(n+1)) = \mathbf{Z}, \quad \mathrm{H}_q(\dot{\Delta}(n+1)) = 0 \quad \text{für} \quad 0 \neq q \neq n.$$

3. Der Kohomologiering

Für die Kohomologieklassen soll ein Produkt definiert werden, welches die Kohomologiemoduln $\mathrm{H}^q(X)$ zu einer graduierten Algebra $\mathrm{H}^*(X) = \{\mathrm{H}^q(X)\}$ zusammenfaßt. Es sei R ein Ring mit 1. Alle Moduln seien solche über R, ferner sei $\otimes$, Hom usw. über R gebildet. Bei den Kettenkomplexen wird statt $\mathrm{C}(X, X'; R)$ kurz $\mathrm{C}(X, X')$ geschrieben.

3.1 Es bedeute

(3.1) $$\mathrm{C}^*(X, X'; A) = \mathrm{Hom}(\mathrm{C}(X, X'), A)$$

den Kokettenkomplex des Paares $X' \subset X$ von ss. Mengen mit Koeffizienten in A. Wenn man seine Definition zurückverfolgt, ergibt sich folgende direkte Beschreibung: Der n-te Kokettenmodul $\mathrm{C}^n(X, X'; A)$ ist der Modul aller Funktionen

(3.2) $$u\colon X_n \to A \quad \text{mit} \quad \langle u, x \rangle = 0 \quad \text{für} \quad x \in X' \quad \text{oder} \quad x \text{ entartet.}$$

(Der Wert von u in x wird mit $\langle u, x \rangle \in A$ bezeichnet.) Das Differential ist durch

(3.3) $$\langle \delta u, x \rangle = \sum_{i=0}^{\mathrm{gr}\, x} (-1)^{i + \mathrm{gr}\, x} \langle u, d_i x \rangle$$

gegeben.

3.2 Das *Cupprodukt* zweier Koketten $u\colon X_n \to A$ und $v\colon X_q \to B$ ist die Kokette $u \cup v\colon X_{n+q} \to A \otimes B$, die durch

(3.4) $$\langle u \cup v, x \rangle = (-1)^{\mathrm{gr}\, u \cdot \mathrm{gr}\, v} \langle u, x(0 \ldots n) \rangle \otimes \langle v, x(n \ldots n+q) \rangle$$

definiert wird.

Das Cupprodukt hat folgende Eigenschaften:

a) *Natürlichkeit:* 1. Wenn $f\colon X \to Y$ eine ss. Abbildung ist, gilt für $u\colon Y_n \to A$ und $v\colon Y_q \to B$

$$(u \cup v) \circ f = u \circ f \cup v \circ f.$$

2. Wenn $l\colon A \to A'$ und $m\colon B \to B'$ zwei Homomorphismen sind, gilt für $u\colon X_n \to A$ und $v\colon Y_q \to B$

$$(l \otimes m) \circ (u \cup v) = l \circ u \cup m \circ v.$$

b) *Assoziativität:* Für $u: X_n \to A$, $v: X_q \to B$ und $w: X_r \to C$ ist

$$(u \cup v) \cup w = u \cup (v \cup w): X_{n+q+r} \to A \otimes B \otimes C.$$

c) *Einselement:* Die Ergänzung, siehe 1.6, $\varepsilon: X_0 \to R$, $x \mapsto 1$, ist ein Kozykel. Für jede Kokette u ist

$$\varepsilon \cup u = u \cup \varepsilon = u.$$

d) *Differential:* Es ist

$$\delta(u \cup v) = \delta u \cup v + (-1)^{\operatorname{gr} u} u \cup \delta v.$$

e) Wenn $u \in C^n(X, X'; A)$ und $v \in C^q(X, X''; B)$ ist, ist

$$u \cup v \in C^{n+q}(X, X' \cup X''; A \otimes B)$$

Alle Eigenschaften folgen aus der Definition (3.4).

3.3 Man definiert das *innere Kohomologieprodukt* oder Cupprodukt als den Homomorphismus

$$\begin{gathered} \mathrm{H}^n(X, X'; A) \otimes \mathrm{H}^q(X, X''; B) \to \mathrm{H}^{n+q}(X, X' \cup X''; A \otimes B), \\ \mathrm{kl}\, u \otimes \mathrm{kl}\, v \mapsto \mathrm{kl}(u \cup v) = \mathrm{kl}\, u \cdot \mathrm{kl}\, v. \end{gathered}$$

Aus d)+e) folgt, daß diese Definition sinnvoll ist. – Eine andere Definition des inneren Produktes findet man in 6.3.

Satz: *Das innere Kohomologieprodukt hat folgende Eigenschaften:*
a) Natürlichkeit: 1. *Wenn $f: (X; X', X'') \to (Y; Y', Y'')$ eine Triadenabbildung ist, gilt für $u \in \mathrm{H}^n(Y, Y'; A)$ und $v \in \mathrm{H}^q(Y, Y'', B)$*

$$\mathrm{H}^{n+q}(f)(u \cdot v) = \mathrm{H}^n(f)(u) \cdot \mathrm{H}^q(f)(v) \in \mathrm{H}^{n+q}(X, X' \cup X''; A \otimes B).$$

2. *Wenn $l: A \to A'$ und $m: B \to B'$ Homomorphismen sind, gilt für $u \in \mathrm{H}^n(X, X'; A)$ und $v \in \mathrm{H}^q(X, X''; B)$*

$$(l \otimes m)_*(u \cdot v) = l_*(u) \cdot m_*(v) \in \mathrm{H}^{n+q}(X, X' \cup X''; A' \otimes B').$$

b) Assoziativität: Für $u \in \mathrm{H}^n(X, X'; A)$, $v \in \mathrm{H}^q(X, X''; B)$ und $w \in \mathrm{H}^r(X, X'''; C)$ gilt

$$u \cdot (v \cdot w) = (u \cdot v) \cdot w \in \mathrm{H}^{n+q+r}(X, X' \cup X'' \cup X'''; A \otimes B \otimes C).$$

c) Einselement: Für die Kohomologieklasse der Ergänzung $e = \mathrm{kl}\, \varepsilon \in \mathrm{H}^0(X, R)$ und $u \in \mathrm{H}^n(X, X'; A)$ gilt:

$$e \cdot u = u \cdot e = u.$$

d) Verbindende Homomorphismen: Es seien $i: (X', X' \cap X'') \to (X, X'')$ und $j: (X, X'') \to (X, X' \cup X'')$ die Einbettungen und δ^* der verbindende

Homomorphismus der Triade $(X;X',X'')$. *Für* $u \in \mathrm{H}^n(X',X'\cap X'';A)$ *und* $v \in \mathrm{H}^q(X,X'',B)$ *gilt*

(3.5) $\delta^*(u\cdot \mathrm{H}^q(i)(v)) = \delta^* u\cdot v \in \mathrm{H}^{n+q+1}(X,X'\cup X'';A\otimes B)$,

(3.6) $\delta^*(\mathrm{H}^q(i)(v)\cdot u) = (-1)^{\mathrm{gr}\, v} v\cdot \delta^* u \in \mathrm{H}^{n+q+1}(X,X'\cup X'';B\otimes A)$.

e) Es sei $\tau\colon A\otimes B \to B\otimes A$ *die Tauschabbildung. Für* $u\in \mathrm{H}^n(X,X';A)$ *und* $v\in \mathrm{H}^q(X,X'';B)$ *gilt:*

(3.7) $\tau_*(u\cdot v) = (-1)^{\mathrm{gr}\, u\cdot \mathrm{gr}\, v} v\cdot u \in \mathrm{H}^{n+q}(X,X'\cup X'';B\otimes A)$.

f) Im Falle $R=\mathbf{Z}$ *gilt für den Bockstein-Homomorphismus* β *zur exakten Sequenz* $0 \longrightarrow \mathbf{Z}_n \xrightarrow{\cdot n} \mathbf{Z}_{n^2} \longrightarrow \mathbf{Z}_n \longrightarrow 0$, *für* $u\in \mathrm{H}^r(X,X';\mathbf{Z}_n)$ *und* $v\in \mathrm{H}^q(X,X'';\mathbf{Z}_n)$

(3.8) $\beta(u\cdot v) = \beta u\cdot v + (-1)^{\mathrm{gr}\, u} u\cdot \beta v \in \mathrm{H}^{r+q+1}(X,X'\cup X'';\mathbf{Z}_n)$.

Beweis: Die Eigenschaften a)−c) folgen aus den entsprechenden Eigenschaften des Cupproduktes der Koketten, siehe 3.2 a)−c).
Zu d): Da man gemäß 2.5a+b) den verbindenden Homomorphismus einer Triade durch den verbindenden Homomorphismus δ^* eines Paares (X,X') ausdrücken kann, genügt es, d) in diesem Spezialfall zu beweisen. – Man kann δ^* folgendermaßen beschreiben: Es sei $w\in \mathrm{C}^n(X';A)$ ein Kozykel. Das bedeutet: Für die Funktion $w\colon X'_n \to A$ gilt $\langle w,x'\rangle = 0$ für alle entarteten $x'\in X'_n$ und $\delta w = 0$. Man setzt w zu $w'\colon X_n \to A$ fort, indem man für alle $x\in X_n, \notin X'_n$ definiert $\langle w',x\rangle = 0$. Dann gilt $\langle \delta w',x\rangle = 0$ für alle entarteten $x\in X_{n+1}$ und alle $x\in X'_{n+1}$. Somit ist $\delta w'$ ein Kozykel in $\mathrm{C}^{n+1}(X,X';A)$. Er repräsentiert $\delta^*\mathrm{kl}\, w$. Aus dieser Beschreibung und 3.2d) folgt die Behauptung durch Nachrechnen.

Der Beweis zu e) wird bis 6.3 Folgerung zurückgestellt. f) rechnet man aufgrund der expliziten Beschreibung von β, siehe IV 4.9, und 3.2d) nach.

3.4 Bemerkungen: a) Man definiert $\mathrm{H}^*(X,X';A)$ als den graduierten R-Modul $\{\mathrm{H}^n(X,X';A)\}$. Aus den Eigenschaften 3.3b), c) und e) folgt: Das innere Kohomologieprodukt macht für jede ss. Menge X die Kohomologie $\mathrm{H}^*(X;R)$ zu einer R-Algebra, die assoziativ und unter Vorzeichenbeachtung kommutativ ist und ein Einselement besitzt. Wenn $R=\mathbf{Z}$ ist, nennt man $\mathrm{H}^*(X,\mathbf{Z})$ *Kohomologiering* von X.
b) Man kann ferner $\mathrm{H}^*(X,X';R)$ als Rechtsalgebra über dem Ring $\mathrm{H}^*(X;R)$ auffassen. Sie ist ebenfalls assoziativ und unter Vorzeichenbeachtung kommutativ, besitzt im allgemeinen jedoch kein Einselement.
c) Schließlich kann man $\mathrm{H}^*(X';R)$ als Rechtsalgebra über $\mathrm{H}^*(X;R)$ auffassen, indem man mittels der Einbettung $i\colon X'\to X$ das Skalarprodukt von $u\in \mathrm{H}^*(X',R)$ mit $v\in \mathrm{H}^*(X,R)$ durch $u\cdot \mathrm{H}^*(i)(v)$ definiert. Die Eigenschaft 3.3d) läßt sich dann so aussprechen: Der verbindende Homomor-

phismus δ^* des Paares (X,X') ist eine $H^*(X,R)$-lineare Abbildung vom Grade $+1$.
d) Die Natürlichkeit 3.3 a) bedeutet: Eine ss. Abbildung $f: (X,X')\to(Y,Y')$ induziert einen Homomorphismus der graduierten Ringe $H^*(f): H^*(Y;R) \to H^*(X;R)$. Dadurch bekommt die Rechtsalgebra $H^*(X,X';A)$ über $H^*(X;R)$ die Struktur einer Rechtsalgebra über $H^*(Y;R)$. Sie sei mit ${}_fH^*(X,X';A)$ bezeichnet. Dann induziert f einen Homomorphismus $H^*(f): H^*(Y,Y';A)\to {}_fH^*(X,X';A)$ der $H^*(Y;R)$-Algebren.

3.5 Es sei $A=\{A^q\}$ eine positive graduierte Algebra. Man macht $H^*(X;A)=\{H^p(X;A^q)\}$ zu einer bigraduierten Algebra, indem man das Produkt durch

$$(3.9)\qquad H^p(X,A^q)\otimes H^{p'}(X,A^{q'}) \xrightarrow{(-1)^{qp'}m} H^{p+p'}(X,A^q\otimes A^{q'}) \xrightarrow{\mu_*} H^{p+p'}(X,A^{q+q'})$$

definiert, wobei m das innere Produkt von 3.3 ist und $\mu: A^q\otimes A^{q'}\to A^{q+q'}$ das Produkt in A bedeutet.

Lemma: *a) Wenn A assoziativ ist, ist es auch $H^*(X,A)$. Wenn A ein Einselement besitzt, dann auch $H^*(X,A)$. Wenn A kommutativ ist, ist auch $H^*(X,A)$ kommutativ.*
b) Die Modulhomomorphismen $\iota: H^p(X;R)\otimes A^q\to H^p(X;A^q)$, IV (4.8), ergeben für alle p und q zusammen einen Algebrenhomomorphismus

$$(3.10)\qquad \iota:\ H^*(X;R)\otimes A\to H^*(X,A).$$

Dabei wird links das Tensorprodukt der beiden graduierten Algebren in üblicher Weise als bigraduierte Algebra aufgefaßt, siehe MacLane [2], IV 2+4.
c) Wenn entweder alle A^q oder alle $H_p(X,R)$ frei und endlich erzeugt sind, ist i ein Isomorphismus.

Beweis: a) folgt aus 3.3.b) rechnet man nach. c) folgt aus IV 4.5.

4. Das Capprodukt

Es mögen dieselben Vereinbarungen wie zu Beginn des 3. Abschnittes gelten.

4.1 Es sei $u: X_q\to A$ eine Kokette und $c\in C'_n(X)\otimes B$ eine Kette. Man definiert ihr *Capprodukt* $u\frown c\in C'_{n-q}(X)\otimes A\otimes B$ durch

$$u\frown(x\otimes b)=(-1)^{\operatorname{gr} u(\operatorname{gr} x+1)}x(0\dots,n-q)\otimes\langle u,x(n-q\dots n)\rangle\otimes b$$
$$\text{für}\quad x\in X_n\quad\text{und}\quad b\in B.$$

Es hat folgende Eigenschaften, die sich aufgrund der Definition nachrechnen lassen:

a) *Natürlichkeit:* 1. Wenn $f: X \to Y$ eine ss. Abbildung ist, gilt für $u: Y_q \to A$ und $c \in \mathrm{C}'_n(X) \otimes B$

$$\mathrm{C}'(f) \otimes \mathrm{id}_A \otimes \mathrm{id}_B(u \circ \mathrm{C}'(f) \cap c) = u \cap (\mathrm{C}'(f) \otimes \mathrm{id}_B)(c).$$

2. Wenn $l: A \to A'$ und $m: B \to B'$ Homomorphismen sind, gilt für $u: X_q \to A$ und $c \in \mathrm{C}'_n(X) \otimes B$

$$(\mathrm{id} \otimes l \otimes m)(u \cap c) = l \circ u \cap (\mathrm{id} \otimes m)(c).$$

b) *Assoziativität:* Für $u: X_q \to A$, $v: X_r \to B$ und $c \in \mathrm{C}'_n(X) \otimes C$ ist

$$(u \cup v) \cap c = u \cap (v \cap c).$$

c) *Einselement:* Für die Ergänzung $\varepsilon: X_0 \to R$, $x \mapsto 1$, und $c \in \mathrm{C}'_n(X) \otimes B$ ist

$$\varepsilon \cap c = c.$$

d) *Kroneckerprodukt:* Für die Ergänzung ε, $u: X_q \to A$ und $c \in \mathrm{C}'_n(X) \otimes B$ ist

$$\langle \varepsilon, u \cap c \rangle = \langle u, c \rangle.$$

e) *Differential:*

$$\partial(u \cap c) = \delta u \cap c + (-1)^{\mathrm{gr}\, u} u \cap \partial c.$$

f) Es sei $u \in \mathrm{C}^q(X, X'; A)$. Wenn $c \in {}^e\mathrm{C}_n(X) \otimes B$ ist, ist $u \cap c \in {}^e\mathrm{C}_{n-q}(X) \otimes A \otimes B$. Wenn $c \in \mathrm{C}'_n(X') \otimes B$ ist, ist $u \cap c = 0$. Wenn $c \in \mathrm{C}'_n(X'') \otimes B$ ist, ist $u \cap c \in \mathrm{C}'_{n-q}(X'') \otimes A \otimes B$. Insgesamt: Es wird ein Capprodukt $u \cap c \in \mathrm{C}_{n-q}(X, X'') \otimes A \otimes B$ für $u \in \mathrm{C}^q(X, X'; A)$ und $c \in \mathrm{C}_n(X, X' \cup X''; B)$ induziert.

4.2 Man definiert das Capprodukt von Kohomologieklassen und Homologieklassen als den Homomorphismus

$$\mathrm{H}^q(X, X'; A) \otimes \mathrm{H}_n(X, X' \cup X''; B) \to \mathrm{H}_{n-q}(X, X'', A \otimes B),$$

$$\mathrm{kl}\, u \otimes \mathrm{kl}\, c \mapsto \mathrm{kl}(u \cap c) = \mathrm{kl}\, u \cap \mathrm{kl}\, c.$$

Aus 4.1 e) und f) folgt, daß diese Definition sinnvoll ist. – Man beachte, daß – außer für $X' = \emptyset$ – X'' nicht durch X' und $X' \cup X''$ bestimmt ist. Man muß daher beim Capprodukt angeben, in welchem Kohomologiemodul es liegt.

Satz: *Das Capprodukt hat folgende Eigenschaften:*

a) Natürlichkeit: 1. *Wenn $f: (X; X', X'') \to (Y; Y', Y'')$ eine Triadenabbildung ist, gilt für $u \in \mathrm{H}^q(Y, Y'; A)$ und $x \in \mathrm{H}_n(X, X' \cup X'', B)$*

$$\mathrm{H}_{n-q}(f)(\mathrm{H}^q(f)(u) \cap x) = u \cap \mathrm{H}_n(f)(x) \in \mathrm{H}_{n-q}(Y, Y''; A \otimes B).$$

2. *Wenn* $l: A \to A'$ *und* $m: B \to B'$ *Homomorphismen sind, gilt für* $u \in \mathrm{H}^q(X, X'; A)$ *und* $x \in \mathrm{H}_n(X, X' \cup X''; B)$

$$(l \otimes m)_*(u \cap x) = l_*(u) \cap m_*(x).$$

b) Assoziativität: Für $u \in \mathrm{H}^q(X, X'; A)$, $v \in \mathrm{H}^r(X, X''; B)$ *und* $x \in \mathrm{H}_n(X, X' \cup X'' \cup X'''; C)$

ist

$$u \cap (v \cap a) = (u \cdot v) \cap a \in \mathrm{H}_{n-q-r}(X, X'''; A \otimes B \otimes C).$$

c) Einselement: Für die Kohomologieklasse der Ergänzung $e = \mathrm{kl}\,\varepsilon \in \mathrm{H}^0(X, R)$ *und* $x \in \mathrm{H}_n(X, X'; A)$

gilt

$$e \cap x = x.$$

d) Kronecker-Produkt: Für $u \in \mathrm{H}^q(X, X''; A)$, $v \in \mathrm{H}^r(X, X'; B)$ *und* $x \in \mathrm{H}_n(X, X' \cup X''; C)$

ist

$$\langle u, v \cap x \rangle = \langle u \cdot v, x \rangle \in A \otimes B \otimes C$$

e) Verbindender Homomorphismus: Es seien $i: (X', X' \cap X'') \to (X, X'')$ *und* $j: (X, X'') \to (X, X' \cup X'')$ *die Einbettungen der Triade* $(X; X', X'')$ *und* ∂_* *ihr verbindender Homomorphismus. Für* $u \in \mathrm{H}^q(X, X''; A)$ *und* $x \in \mathrm{H}_n(X, X' \cup X'', B)$ *ist* $u \cap x \in \mathrm{H}_{n-q}(X, X' \cup X''; A \otimes B)$ *und*

$$\partial_*(u \cap x) = (-1)^{\mathrm{gr}\,u}\, \mathrm{H}^q(i)(u) \cap \partial_* x \in \mathrm{H}_{n-q-1}(X', X' \cap X''; A \otimes B).$$

Beweis: Die Eigenschaften a–c) folgen aus den entsprechenden Eigenschaften 4.1a–c) des Capproduktes der Koketten und Ketten. Zu d): Aus 4.1d) folgt für $e = \mathrm{kl}\,\varepsilon$: $\langle e, (u \cdot v) \cap x \rangle = \langle u \cdot v, x \rangle$ und $\langle e, u \cap (v \cap x) \rangle = \langle u, v \cap x \rangle$. Nach b) ist $(u \cdot v) \cap x = u \cap (v \cap x)$. e) folgt aus 4.1e), indem man analog zum Beweise zu 3.3d) vorgeht.

4.3 Bemerkungen: Man definiert $\mathrm{H}_*(X, X'; A)$ als den graduierten Modul $\{\mathrm{H}_n(X, X'; A)\}$. Aus den Eigenschaften 4.2b) und c) folgt:

a) Das Capprodukt macht für jedes Paar $X' \subset X$ von ss. Mengen die Homologie $\mathrm{H}_*(X, X'; R)$ zu einem graduierten Linksmodul über dem Kohomologiering $\mathrm{H}^*(X, R)$.

b) Die Homologie $\mathrm{H}_*(X'; R)$ wird ebenfalls zu einem Linksmodul über $\mathrm{H}^*(X; R)$, wenn man das Skalarprodukt von $c \in \mathrm{H}_*(X'; R)$ mit $u \in \mathrm{H}^*(X; R)$ durch $\mathrm{H}^*(i)(u) \cap c$ definiert.

c) Aus 4.2e) folgt, daß der verbindende Homomorphismus ∂_*: $\mathrm{H}_*(X, X'; R) \to \mathrm{H}_*(X', R)$ bis aufs Vorzeichen eine $\mathrm{H}^*(X; R)$-lineare Abbildung vom Grade $+1$ ist.

d) Schließlich bedeutet 4.2a): Wenn $f:(X,X')\to(Y,Y')$ eine ss. Abbildung ist, bekommt vermöge des Ringhomomorphismus $\mathrm{H}^*(f):\mathrm{H}^*(Y;R)\to\mathrm{H}^*(X,R)$ der $\mathrm{H}^*(X;R)$-Modul $\mathrm{H}_*(X,X';R)$ die Struktur eines $\mathrm{H}^*(Y;R)$-Moduls. Sie sei mit ${}_f\mathrm{H}_*(X,X';R)$ bezeichnet. Durch f wird ein Homomorphismus $\mathrm{H}_*(f):{}_f\mathrm{H}_*(X,X';R)\to\mathrm{H}_*(Y,Y';R)$ der $\mathrm{H}^*(Y;R)$-Moduln induziert.

5. Azyklische Modelle

Mit der Methode der azyklischen Modelle wird untersucht, wann natürliche Kettenabbildungen der Art

$$\mathrm{C}(X)\to\mathrm{C}(X)\otimes\mathrm{C}(X),\qquad \mathrm{C}(X\times Y)\to\mathrm{C}(X)\otimes\mathrm{C}(Y),\qquad \text{usw.}$$

homotop sind. Der Name „azyklische Modelle“ wurde gewählt, weil folgende Tatsache wesentlich ist: Wenn man die ss. Mengen X, Y usw. als ss. Modelle $\Delta(n)$, $\Delta(q)$ usw. wählt, haben die betrachteten Kettenkomplexe keine echten Zykel, d.h., alle Zykel haben den Grad 0 oder sind Ränder. – Es sollen dieselben Voraussetzungen wie im dritten Abschnitt gelten.

5.1 Es seien $0<r_1<r_2\cdots<r_N$ natürliche Zahlen und

$$(v_1,v_2,\ldots,v_{r_1},v_{r_1+1},\ldots,v_{r_2},v_{r_2+1},\ldots,v_{r_{N-1}},v_{r_{N-1}+1},\ldots v_{r_N})$$

eine Folge von natürlichen Zahlen v_ρ mit $1\le v_\rho\le n$. Zu n ss. Mengen $X_{(1)},\ldots,X_{(n)}$ bildet man den Kettenkomplex

$$(5.1)\qquad \mathscr{C}(X_{(1)},\ldots,X_{(n)})=$$
$$\mathrm{C}(X_{v_1}\times\cdots\times X_{v_{r_1}})\otimes\mathrm{C}(X_{v_{r_1+1}}\times\cdots\times X_{v_{r_2}})\otimes\cdots\otimes\mathrm{C}(X_{v_{r_{N-1}+1}}\times\cdots\times X_{v_{r_N}})$$

Er ist ein kovarianter Funktor bezüglich $X_{(1)},\ldots,X_{(n)}$. Durch n ss. Abbildungen $f_{(i)}:X_{(i)}\to Y_{(i)}$, $i=1,\ldots n$, wird also eine Kettenabbildung

$$(5.2)\qquad \mathscr{C}(f_{(1)},\ldots,f_{(n)}):\mathscr{C}(X_{(1)},\ldots,X_{(n)})\to\mathscr{C}(Y_{(1)},\ldots,Y_{(n)})$$

induziert.

5.2 Eine q-Kette $c\in\mathscr{C}_q(\Delta(p),\ldots,\Delta(p))$ heißt *normal*, wenn $\mathscr{C}(\eta,\ldots,\eta)(c)=0$ für jede surjektive ss. Abbildung $\eta:\Delta(p)\to\Delta(p')$, $\eta\neq\mathrm{id}$, ist. Die natürlichen Homomorphismen

$$(5.3)\qquad \varphi:\mathrm{C}_p(X_{(1)}\times\cdots\times X_{(n)})\to\mathscr{C}_q(X_{(1)},\ldots,X_{(n)})$$

und die normalen Ketten $c\in\mathscr{C}_q(\Delta(p),\ldots,\Delta(p))$ entsprechen einander umkehrbar eindeutig: Man wählt $X_{(1)}=\cdots=X_{(n)}=\Delta(p)$ und ordnet φ folgende normale Kette zu:

$$(5.4)\qquad \hat{\varphi}=\varphi([p],\ldots,[p]),$$

wobei $([p], \ldots, [p])$ als Kette in $C_p(\Delta(p) \times \cdots \times \Delta(p))$ aufgefaßt wird. Umgekehrt gehört zur normalen Kette $c \in \mathscr{C}_q(\Delta(p), \ldots, \Delta(p))$ der natürliche Homomorphismus $\check{c}\colon C_p(X_{(1)} \times \cdots \times X_{(n)}) \to \mathscr{C}_q(X_{(1)}, \ldots, X_{(n)})$, der durch

$$(5.5) \qquad \check{c}(x_1, \ldots, x_n) = \mathscr{C}(\bar{x}_1, \ldots, \bar{x}_n)(c)$$

bestimmt ist, wobei $x_i \in X_{(i)p}$ und $\bar{x}_i\colon \Delta(p) \to X_{(i)}$ die zugehörige ss. Abbildung ist. Da c normal ist, ist $\check{c}(x_1, \ldots, x_n) = 0$, wenn $(x_1, \ldots, x_n)$ entartet ist. (Hätte man den Kettenkomplex $C'(X)$ nicht normalisiert, siehe 1.2, könnte man statt der normalen alle Ketten in $\mathscr{C}_q(\Delta(p), \ldots, \Delta(p))$ betrachten.) Man rechnet nach:

$$(5.6) \qquad \check{\hat{\varphi}} = \varphi \quad \text{und} \quad \hat{\check{c}} = c$$

$$(5.7) \qquad (\partial \circ \varphi)^{\wedge} = \partial \hat{\varphi}.$$

Aus (5.6+7) folgt:

$$(5.8) \qquad (\partial c)^{\vee} = \partial \circ \check{c}.$$

5.3 Es sei $k\colon \Delta(p) \to \Delta(p)$, $k([p]) = (0 \ldots 0)$, die konstante Abbildung. Statt $\mathscr{C}(k, \ldots, k)$ werde auch kurz k geschrieben. Dieses k ist in den Dimensionen >0 die Nullabbildung.

Lemma: *Für jedes p und q gibt es Homomorphismen*

$$D\colon \mathscr{C}_q(\Delta(p), \ldots, \Delta(p)) \to \mathscr{C}_{q+1}(\Delta(p), \ldots, \Delta(p)),$$

für die gilt:

$$(5.9) \qquad \partial D + D\partial = \mathrm{id} - k$$

$$(5.10) \qquad D\mathscr{C}(\eta, \ldots, \eta) = \mathscr{C}(\eta, \ldots, \eta) D$$

für alle ss. Abbildungen $\eta\colon \Delta(p) \to \Delta(p')$ mit $\eta(0) = 0$, insbesondere für alle surjektiven η.

Bemerkungen: a) Aus (5.9) folgt, daß $\mathscr{C}$ auf Modellen azyklisch ist.
b) Aus (5.10) folgt, daß Dc normal ist, wenn c normal ist.

Beweis: Man definiert

$$(5.11) \qquad D\colon \Delta(p)_q \to \Delta(p)_{q+1}, \qquad (a_0, \ldots, a_q) \mapsto (0, a_0, \ldots, a_q).$$

Dadurch wird für jedes n der Homomorphismus

$$D\colon\ C_q(\Delta(p) \times \cdots \times \Delta(p)) \to C_{q+1}(\Delta(p) \times \cdots \times \Delta(p)),$$

$(x_1, \ldots, x_n) \mapsto (Dx_1, \ldots, Dx_n)$, bestimmt. Für ihn gilt (5.9), wie man nachrechnet. Nun ist $\mathscr{C}(\Delta(p), \ldots, \Delta(p))$ ein Tensorprodukt von Kettenkomplexen $C(\Delta(p) \times \cdots \times \Delta(p))$. Darum genügt es anzugeben, wie man D für ein Tensorprodukt $K \otimes L$ zweier Kettenkomplexe definiert, wenn für K und L je ein D gegeben ist, für das (5.9) gilt:

(5.12) $$D(a \otimes b) = Da \otimes b + (-1)^{\operatorname{gr} a} k(a) \otimes Db.$$

Man rechnet nach, daß dann $\partial D + D\partial = \mathrm{id} - k \otimes k$ ist. – Die Gleichung (5.10) folgt, weil für das D von (5.11) gilt: $D\eta = \eta D$.

5.4 Satz: *Es sei* $f: \mathrm{C}(X_{(1)} \times \cdots \times X_{(n)}) \to \mathscr{C}(X_{(1)}, \ldots, X_{(n)})$ *eine natürliche Kettenabbildung, deren nullte Komponente* $f_0 = 0$ *ist. Dann ist* f *in natürlicher Weise nullhomotop.*

Beweis: Einem natürlichen Homomorphismus φ (5.3) ordnet man den natürlichen Homomorphismus

$$\varphi^+ = (D\hat{\varphi})^\vee : \mathrm{C}_p(X_{(1)} \times \cdots \times X_{(n)}) \to \mathscr{C}_{q+1}(X_{(1)}, \ldots, X_{(n)})$$

zu. Aus (5.6–9) folgt

(5.13) $$\partial\varphi^+ + (\partial\varphi)^+ = \varphi \quad \text{in den Dimensionen} > 0.$$

Man definiert nun $h_q: \mathrm{C}_q(X_{(1)} \times \cdots \times X_{(n)}) \to \mathscr{C}_{q+1}(X_{(1)}, \ldots, X_{(n)})$ induktiv durch

(5.14) $$h_0 = 0, \quad h_{q+1} = -(h_q \partial)^+ + f_{q+1}^+.$$

Dann folgt $\partial h_{q+1} + h_q \partial = f_{q+1}$. Denn für $q = 0$ ist $\partial h_1 + h_0 \partial = \partial f_1^+ = f_1 - (\partial f_1)^+ = f_1 - (f_0 \partial)^+ = f_1$. Schluß von q auf $q+1$: Aus der Induktionsannahme $\partial h_q + h_{q-1} \partial = f_q$ folgt $\partial h_q \partial = \partial f_{q+1}$. Daher ist $\partial h_{q+1} = -\partial(h_q \partial)^+ + \partial f_{q+1}^+ = (\partial h_q \partial)^+ - h_q \partial + f_{q+1} - (\partial f_{q+1})^+ = -h_q \partial + f_{q+1} + (\partial h_q \partial - \partial f_{q+1})^+ = -h_q \partial + f_{q+1}$.

5.5 Diese Nummer wird nur im IX. Kapitel benötigt. Sie enthält eine Verallgemeinerung des vorangehenden Satzes: Die in 5.1 eingeführten Funktoren

$$(X_{(1)}, \ldots, X_{(n)}) \mapsto \mathrm{C}(X_{(1)} \times \cdots \times X_{(n)}) \quad \text{bzw.} \quad \mapsto \mathscr{C}(X_{(1)}, \ldots, X_{(n)})$$

seien mit C bzw. $\mathscr{C}$ bezeichnet. Unter einem natürlichen Homomorphismus $u: \mathrm{C} \to \mathscr{C}$ vom Grade r versteht man eine Folge natürlicher Homomorphismen $u_q: \mathrm{C}_q \to \mathscr{C}_{q+r}$, $q = 0, 1, \ldots$ Man nennt u_q die q-te Komponente von u. Die natürlichen Homomorphismen u vom Grade r bilden einen Modul $\mathrm{Hom}_r(\mathrm{C}, \mathscr{C})$. Für jedes r definiert man den Homomorphismus

(5.15) $$\partial: \mathrm{Hom}_r(\mathrm{C}, \mathscr{C}) \to \mathrm{Hom}_{r-1}(\mathrm{C}, \mathscr{C}), \quad (\partial u)_q = \partial_{\mathscr{C}} \circ u_q + (-1)^{r+1} u_{q-1} \circ \partial_{\mathrm{C}},$$

wobei $\partial_{\mathscr{C}}$ bzw. ∂_{C} das Differential in $\mathscr{C}$ bzw. C ist. Der Kern von ∂ heiße $Z_r(\mathrm{C}, \mathscr{C})$. Seine Elemente werden r-Zykeln genannt. Die Nullzykel sind die natürlichen Kettenabbildungen $u: \mathrm{C} \to \mathscr{C}$. Genau dann wenn es ein

$h \in \mathrm{Hom}_1(\mathrm{C},\mathscr{C})$ mit $\partial h = u$ gibt, ist u in natürlicher Weise nullhomotop. In $\mathscr{C}_0(\Delta(0),\ldots,\Delta(0))$ gibt es ein ausgezeichnetes Element

$$\tilde{c} = ((0),\ldots,(0)) \otimes ((0),\ldots,(0)) \otimes \ldots \otimes ((0),\ldots,(0)).$$

Jedes andere Element $c \in \mathscr{C}_0(\Delta(0),\ldots,\Delta(0))$ ist ein eindeutig bestimmtes Vielfaches von $\tilde{c}$: $c = \varepsilon(c)\,\tilde{c}$ mit $\varepsilon(c) \in R$. Die Zuordnung $\varepsilon\colon \mathscr{C}_0(\Delta(0),\ldots,\Delta(0)) \to R$ ist ein Epimorphismus. Man definiert den Epimorphismus $\mathrm{Hom}_0(\mathrm{C},\mathscr{C}) \to R$ durch $u \mapsto \varepsilon(\hat{u}_0)$ und bezeichnet ihn auch mit ε.

Satz (Dold [3]): *Folgende Sequenz ist exakt:*

$$0 \longleftarrow R \xleftarrow{\varepsilon} Z_0(\mathrm{C},\mathscr{C}) \xleftarrow{\partial} \mathrm{Hom}_1(\mathrm{C},\mathscr{C}) \xleftarrow{\partial} \mathrm{Hom}_2(\mathrm{C},\mathscr{C}) \xleftarrow{\partial} \cdots$$
(5.16)

Beweis: 1. Man rechnet nach, daß $\partial\partial = 0$ ist. Daraus folgt auch, daß $\partial(\mathrm{Hom}_1) \subset Z_0$ und die Sequenz also sinnvoll ist. 2. $\varepsilon\partial = 0$: Es sei $u \in \mathrm{Hom}_1(\mathrm{C},\mathscr{C})$. Dann ist $\varepsilon\partial u = \varepsilon((\partial u)\hat{}_0) = \varepsilon((\partial u_0)\hat{}\,) = \varepsilon \circ \partial \hat{u}_0 = 0$. Dabei wurde der Reihe nach benutzt: Die Definition von ε; (5.15); (5.7); $\hat{u}_0 \in \mathscr{C}_1(\Delta(0),\ldots,\Delta(0)) = 0$. 3. ε ist surjektiv: Es genügt zu beweisen, daß es eine natürliche Kettenabbildung $f\colon \mathrm{C} \to \mathscr{C}$ gibt, für die $\hat{f}_0 = \tilde{c}$ ist. Man definiert induktiv: $f_0 = \check{\tilde{c}}$, $f_{q+1} = (f_q \partial)^+$. Dann ist $\hat{f}_0 = \tilde{c}$, und ähnlich wie im Beweise zu 5.4 prüft man induktiv $\partial f_{q+1} = f_q \partial$ nach. 4. Nach 5.4 ist $\mathrm{Kern}\,\varepsilon \subset \mathrm{Bild}\,\partial$. 5. $\mathrm{Kern}(\partial\colon \mathrm{Hom}_r \to \mathrm{Hom}_{r-1}) \subset \mathrm{Bild}(\partial\colon \mathrm{Hom}_{r+1} \to \mathrm{Hom}_r)$ für $r > 0$: Es sei $u \in \mathrm{Hom}_r(\mathrm{C},\mathscr{C})$ und $\partial u = 0$. Es ist $\hat{u}_0 \in \mathscr{C}_r(\Delta(0),\ldots,\Delta(0)) = 0$, also $u_0 = 0$. Man definiert $v \in \mathrm{Hom}_{r+1}(\mathrm{C},\mathscr{C})$ induktiv durch $v_0 = 0$, $v_{q+1} = (-1)^{q+1}(v_q \circ \partial)^+ + u_{q+1}$ und rechnet wie im Beweise zu 5.4 nach, daß $(\partial v)_{q+1} = \partial \circ v_{q+1} + (-1)^r v_q \circ \partial = u_{q+1}$ ist. Dabei benutzt man $0 = (\partial u)_q = \partial \circ u_q + (-1)^{r+1} u_{q-1} \circ \partial$.

5.6 Da die Homologie nicht nur für ss. Mengen sondern allgemeiner für Paare von ss. Mengen definiert wurde, ist es nützlich, die *Kategorie der Paare von ss. Mengen* einzuführen: Ihre Objekte $\mathscr{X} = (X, X')$ bestehen aus Paaren $X' \subset X$ von ss. Mengen. Die Morphismen $f\colon \mathscr{X} \to \mathscr{Y} = (Y, Y')$ sind die ss. Abbildungen $f\colon X \to Y$ mit $f(X') \subset Y'$. Statt $(X, \emptyset)$ schreibt man einfach X. Auch in dieser Kategorie ist das kartesische Produkt erklärt:

$$(X, X') \times (Y, Y') = (X \times Y, X \times Y' \cup X' \times Y).$$

Die Projektionen lassen sich aber nur in den Fällen

$$p\colon \mathscr{X} \times Y \to \mathscr{X}, \quad (x,y) \mapsto x \quad \text{und}$$

$$p\colon X \times \mathscr{Y} \to \mathscr{Y}, \quad (x,y) \mapsto y$$

definieren und nicht, wenn man Y durch (Y, Y') mit $Y' \neq \emptyset$ bzw. X durch (X, X') mit $X' \neq \emptyset$ ersetzt.

Es besteht dieselbe umkehrbar eindeutige Beziehung wie in 6.2 zwischen den natürlichen Homomorphismen $C_p(\mathscr{X}_{(1)} \times \cdots \times \mathscr{X}_{(n)}) \to \mathscr{C}_q(\mathscr{X}_{(1)}, \ldots, \mathscr{X}_{(n)})$ und den normalen Ketten $c \in \mathscr{C}_q(\Delta(p), \ldots, \Delta(p))$. Insbesondere entsprechen sich also die natürlichen Homomorphismen im relativen und absoluten Fall umkehrbar eindeutig.

Die Sätze 5.4 und 5.5 gelten also auch für Paare von ss. Mengen.

5.7 Die Alexander-Whitney-Abbildung: Für zwei Paare $\mathscr{X}$ und $\mathscr{Y}$ von ss. Mengen ist

$$\varphi: C(\mathscr{X} \times \mathscr{Y}) \to C(\mathscr{X}) \otimes C(\mathscr{Y}), \tag{5.17}$$

$$(x, y) \mapsto \sum_{i=0}^{n} x(0 \ldots i) \otimes y(i \ldots n) \quad \text{für} \quad x \in X_n,\ y \in Y_n$$

eine wohldefinierte, natürliche Kettenabbildung, die Alexander-Whitney-Abbildung, kurz *AW-Abbildung*, genannt wird. Sie ist wohldefiniert und natürlich, weil $c_n = \sum_{i=0}^{n} (0 \ldots i) \otimes (i \ldots n)$ eine normale Kette in $(C(\Delta(n)) \otimes C(\Delta(n)))_n$ ist und $\varphi_n = \check{c}_n$ ist, siehe 5.2. Daß $\varphi \partial = \partial \varphi$ gilt, muß man nachrechnen. Wegen 5.4 ist φ durch $\varphi(x, y) = x \otimes y$ für $x \in X_0$, $y \in Y_0$ bis auf eine natürliche Homotopie eindeutig bestimmt. Für diese AW-Abbildung φ sind die vier Diagramme 5.1–4 kommutativ, 5.4 jedoch nur bis auf eine natürliche Homotopie.

$$\begin{array}{ccc} C(\mathscr{X} \times Y) & \xrightarrow{\varphi} & C(\mathscr{X}) \otimes C(Y) \\ {\scriptstyle C(p_{\mathscr{X}})} \downarrow & \swarrow {\scriptstyle \mathrm{id} \otimes \varepsilon} & \\ C(\mathscr{X}) & & \end{array}$$

Dia. 5.1

$$\begin{array}{ccc} C(X \times \mathscr{Y}) & \xrightarrow{\varphi} & C(X) \otimes C(\mathscr{Y}) \\ {\scriptstyle C(p_{\mathscr{Y}})} \downarrow & \swarrow {\scriptstyle \varepsilon \otimes \mathrm{id}} & \\ C(\mathscr{Y}) & & \end{array}$$

Dia. 5.2

$$\begin{array}{ccc} C(\mathscr{X} \times \mathscr{Y} \times \mathscr{Z}) & \xrightarrow{\varphi} & C(\mathscr{X} \times \mathscr{Y}) \otimes C(\mathscr{Z}) \\ {\scriptstyle \varphi} \downarrow & & \downarrow {\scriptstyle \varphi \otimes \mathrm{id}} \\ C(\mathscr{X}) \otimes C(\mathscr{Y} \times \mathscr{Z}) & \xrightarrow{\mathrm{id} \otimes \varphi} & C(\mathscr{X}) \otimes C(\mathscr{Y}) \otimes C(\mathscr{Z}) \end{array}$$

Dia. 5.3

$$\begin{array}{ccc} C(\mathscr{X} \times \mathscr{Y}) & \xrightarrow{\varphi} & C(\mathscr{X}) \otimes C(\mathscr{Y}) \\ {\scriptstyle C(t)} \downarrow & & \downarrow {\scriptstyle T} \\ C(\mathscr{Y} \times \mathscr{X}) & \xrightarrow{\varphi} & C(\mathscr{Y}) \otimes C(\mathscr{X}) \end{array}$$

Dia. 5.4

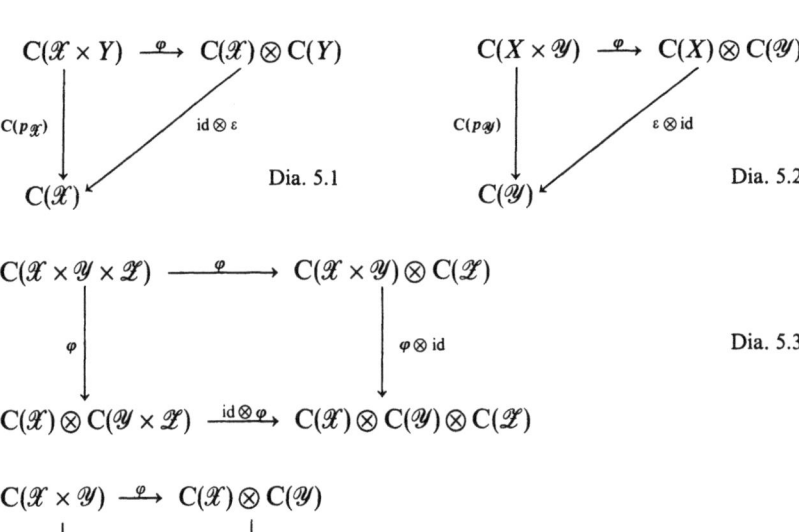

Dabei bedeuten $p_{\mathscr{X}}$ und $p_{\mathscr{Y}}$ die Projektionen von 5.6, ε die Ergänzung von 1.6, $t: \mathscr{X} \times \mathscr{Y} \to \mathscr{Y} \times \mathscr{X}$, $(x,y) \mapsto (y,x)$ die ss. Tauschabbildung und T die Tauschabbildung der Kettenkomplexe gemäß IV (3.2). Die Kommutativität von 5.1–3 rechnet man aufgrund der Definition nach. Bei 5.4 haben die natürlichen Kettenabbildungen $T\varphi$ und $\varphi\,\mathrm{C}(t)$ dieselbe nullte Komponente, nämlich $(x,y) \mapsto y \otimes x$ für $x \in X_0, y \in Y_0$. Daher sind sie nach 5.4 in natürlicher Weise homotop.

5.8 Die MacLane-Abbildung (Eilenberg-MacLane [3]): Unter einer (p,q)-Zerlegung (μ,ν) versteht man zwei Zahlenfolgen $\mu=(\mu_1,\dots,\mu_p)$ und $\nu=(\nu_1,\dots,\nu_q)$ mit $\mu_1<\mu_2<\dots<\mu_p$ und $\nu_1<\nu_2<\dots<\nu_q$, so daß $(\mu_1,\dots,\mu_p,\nu_1,\dots,\nu_q)$ eine Permutation von $(0,1,\dots,p+q-1)$ ist. Man definiert $\varepsilon(\mu,\nu)$ als Vorzeichen dieser Permutation. Es ist $\varepsilon(\mu,\nu)=(-1)^\eta$ mit $\eta = \sum_{i=1}^{p} \mu_i - i + 1$. Wenn (μ,ν) die Menge aller (p,q)-Zerlegungen durchläuft, durchläuft $(s_{\nu_q}\dots s_{\nu_1}[p], s_{\mu_p}\dots s_{\mu_1}[q])$ die Menge aller nicht entarteten $(p+q)$-Simplexe von $\Delta(p)\times\Delta(q)$.

Als MacLane-Abbildung, kurz *ML-Abbildung*, bezeichnet man die natürliche Kettenabbildung

$$\nabla: \mathrm{C}(\mathscr{X}) \otimes \mathrm{C}(\mathscr{Y}) \to \mathrm{C}(\mathscr{X} \times \mathscr{Y}), \tag{5.18}$$

$$x \otimes y \mapsto \sum_{(\mu,\nu)} \varepsilon(\mu,\nu)\left(s_{\nu_q}\dots s_{\nu_1}x, s_{\mu_p}\dots s_{\mu_1}y\right) \quad \text{für} \quad x \in X_p, \quad y \in Y_q.$$

Dabei wird über alle (p,q)-Zerlegungen (μ,ν) summiert. Dem Leser sei überlassen nachzuprüfen, daß ∇ wohldefiniert, natürlich und eine Kettenabbildung ist.

Satz (Eilenberg-Zilber [2]): *Für die AW-Abbildung φ und die ML-Abbildung ∇ gilt*

$$\varphi\nabla = \mathrm{id}. \tag{5.19}$$

Ferner gibt es eine natürliche Homotopie Φ: $\mathrm{C}(\mathscr{X}\times\mathscr{Y}) \to \mathrm{C}(\mathscr{X}) \otimes \mathrm{C}(\mathscr{Y})$ mit

$$\nabla\varphi = \mathrm{id} + \partial\Phi + \Phi\partial. \tag{5.20}$$

Beweis: (5.19) rechnet man nach. Dabei wird wesentlich benutzt, daß die Kettenkomplexe normalisiert sind. Zu (5.20): Man prüft nach, daß die nullte Komponente $(\nabla\varphi)_0 = \nabla_0\varphi_0 = \mathrm{id}$ ist. Aus 5.4 folgt dann, daß es ein natürliches Φ gibt, so daß (5.20) gilt.

Korollar: *Die Kettenkomplexe $\mathrm{C}(\mathscr{X}\times\mathscr{Y})$ und $\mathrm{C}(\mathscr{X})\otimes\mathrm{C}(\mathscr{Y})$ sind in natürlicher Weise homotopieäquivalent und haben folglich in natürlicher Weise isomorphe Homologie- und Kohomologiemoduln.*

6. Kartesisches Produkt

Aufgrund des letzten Korollars kann man die (Ko-)Homologie des kartesischen Produktes $X \times Y$ mit der des Tensorproduktes $\mathrm{C}(X)\otimes\mathrm{C}(Y)$

identifizieren und so die Ergebnisse von IV 3.+5. auf ss. Mengen übertragen.

Weiterhin mögen die Vereinbarungen vom Beginn des 3. Abschnitts gelten. Für Paare von ss. Mengen werden Bezeichnungen benutzt, die in 5.6 eingeführt wurden. Außerdem werden die äußeren Produkte IV (3.3)+(5.2) für Kettenkomplexe im folgenden mit $\dot{\times}$ statt $\times$ bezeichnet.

6.1 Nach (5.19+20) induzieren die AW-Abbildung φ und die ML-Abbildung ∇ zueinander inverse Isomorphismen für die Homologie und Kohomologie

(6.1) $$\mathrm{H}_n(\mathrm{C}(\mathscr{X})\otimes\mathrm{C}(\mathscr{Y});A) \xrightarrow{\mathrm{H}_n(\nabla)} \mathrm{H}_n(\mathscr{X}\times\mathscr{Y};A) \xrightarrow{\mathrm{H}_n(\varphi)} \mathrm{H}_n(\mathrm{C}(\mathscr{X})\otimes\mathrm{C}(\mathscr{Y});A),$$

(6.2) $$\mathrm{H}^n(\mathrm{C}(\mathscr{X})\otimes\mathrm{C}(\mathscr{Y});A) \xrightarrow{\mathrm{H}^n(\varphi)} \mathrm{H}^n(\mathscr{X}\times\mathscr{Y};A) \xrightarrow{\mathrm{H}^n(\nabla)} \mathrm{H}^n(\mathrm{C}(\mathscr{X})\otimes\mathrm{C}(\mathscr{Y});A).$$

Mit ihrer Hilfe überträgt man die beiden äußeren Produkte IV (3.3)+(5.2) für Kettenkomplexe auf ss. Mengen:

(6.3) $$\mathrm{H}_n(\mathscr{X};A)\otimes\mathrm{H}_q(\mathscr{Y};B) \xrightarrow{\dot{\times}} \mathrm{H}_{n+q}(\mathrm{C}(\mathscr{X})\otimes\mathrm{C}(\mathscr{Y});A\otimes B) \xrightarrow{\mathrm{H}_n(\nabla)} \mathrm{H}_{n+q}(\mathscr{X}\times\mathscr{Y};A\otimes B),$$

(6.4) $$\mathrm{H}^n(\mathscr{X};A)\otimes\mathrm{H}^q(\mathscr{Y};B) \xrightarrow{\dot{\times}} \mathrm{H}^{n+q}(\mathrm{C}(\mathscr{X})\otimes\mathrm{C}(\mathscr{Y});A\otimes B) \xrightarrow{\mathrm{H}^n(\varphi)} \mathrm{H}^{n+q}(\mathscr{X}\times\mathscr{Y};A\otimes B)$$

Man nennt (6.3) *äußeres Homologieprodukt* und bezeichnet es mit

(6.5) $$a\times b=\mathrm{H}_n(\nabla)(a\,\dot{\times}\,b).$$

Entsprechend heißt (6.4) *äußeres Kohomologieprodukt*. Es wird mit

(6.6) $$u\times v=\mathrm{H}^n(\varphi)(u\,\dot{\times}\,v)$$

bezeichnet. Wenn man diese Definition zurückverfolgt, sieht man: Wenn $\bar{u}\in\mathrm{C}^n(\mathscr{X};A)$ und $\bar{v}\in\mathrm{C}^q(\mathscr{Y};B)$ repräsentierende Kozykel für u und v sind, ist $\bar{w}\in\mathrm{C}^{n+q}(\mathscr{X}\times\mathscr{Y};A\otimes B)$ mit

$$\langle w,(x,y)\rangle=(-1)^{qn}\langle u,x(0\ldots n)\rangle\otimes\langle v,y(n\ldots q)\rangle \quad \text{für} \quad (x,y)\in(X\times Y)_{n+q} \tag{6.7}$$

ein repräsentierender Kozykel für $u\times v$.

6.2 Eigenschaften der äußeren Produkte: *a) Natürlichkeit: Für zwei ss. Abbildungen $f\colon\mathscr{X}\to\mathscr{X}'$ und $g\colon\mathscr{Y}\to\mathscr{Y}'$ ist*

$$\mathrm{H}_{n+q}(f\times g)(a\times b)=\mathrm{H}_n(f)(a)\times\mathrm{H}_n(g)(b),\quad a\in\mathrm{H}_n(\mathscr{X};A) \text{ und } b\in\mathrm{H}_q(\mathscr{Y};B),$$

$$\mathrm{H}^{n+q}(f\times g)(u\times v)=\mathrm{H}^n(f)(u)\times\mathrm{H}^n(g)(v),\quad u\in\mathrm{H}^n(\mathscr{X}';A) \text{ und } v\in\mathrm{H}^q(\mathscr{Y}';B)$$

b) Für zwei Homomorphismen $l: A \to A'$ und $m: B \to B'$ gilt

$$(l \otimes m)_*(a \times b) = l_*(a) \times m_*(b), \quad a \in \mathrm{H}_n(\mathscr{X}; A) \quad \text{und} \quad b \in \mathrm{H}_q(\mathscr{Y}; B),$$

$$(l \otimes m)_*(u \times v) = l_*(u) \times m_*(v), \quad u \in \mathrm{H}^n(\mathscr{X}; A) \quad \text{und} \quad v \in \mathrm{H}^q(\mathscr{Y}; B).$$

c) Assoziativität: Es ist

$$(a \times b) \times c = a \times (b \times c), \quad a \in \mathrm{H}_n(\mathscr{X}; A), b \in \mathrm{H}_q(\mathscr{Y}; B) \quad \text{und} \quad c \in \mathrm{H}_r(\mathscr{Z}; C),$$

$$(u \times v) \times w = u \times (v \times w), \quad u \in \mathrm{H}^n(\mathscr{X}; A), v \in \mathrm{H}^q(\mathscr{Y}; B) \quad \text{und} \quad w \in \mathrm{H}^r(\mathscr{Z}; C).$$

d) Kommutativität: Für die Tauschabbildungen $t\colon \mathscr{X} \times \mathscr{Y} \to \mathscr{Y} \times \mathscr{X}$, $(x,y) \mapsto (y,x)$, und $\tau\colon A \otimes B \to B \otimes A, \alpha \otimes \beta \mapsto \beta \otimes \alpha$, gilt

$$\tau_* \mathrm{H}_{n+q}(t)(a \times b) = (-1)^{\mathrm{gr}a \cdot \mathrm{gr}b} b \times a, \quad a \in \mathrm{H}_n(\mathscr{X}; A) \quad \text{und} \quad b \in \mathrm{H}_q(\mathscr{Y}; B),$$

$$\tau_*(u \times v) = (-1)^{\mathrm{gr}u \cdot \mathrm{gr}v} \mathrm{H}^{n+q}(t)(v \times u), \quad u \in \mathrm{H}^n(\mathscr{X}; A) \quad \text{und} \quad v \in \mathrm{H}^q(\mathscr{Y}; B).$$

e) Für die Projektionen $p_{\mathscr{X}}: \mathscr{X} \times Y \to \mathscr{X}$, $p_{\mathscr{Y}}: X \times \mathscr{Y} \to \mathscr{Y}$ von 5.6, die Ergänzung ε_* (2.18) und das Einselement 1 der Kohomologie gilt:

$$\mathrm{H}_{n+q}(p_{\mathscr{X}})(a \times b) = \mu(a \otimes \varepsilon_*(b)), \mathrm{H}_{n+q}(p_{\mathscr{Y}})(a \times b) = \mu(\varepsilon_*(a) \otimes b),$$

$$a \in \mathrm{H}_n(\mathscr{X}; A), \quad b \in \mathrm{H}_q(\mathscr{Y}; B).$$

Dabei bedeutet μ den natürlichen Homomorphismus

$$\mu\colon \mathrm{H}_n(\mathscr{X}; A) \otimes B \to \mathrm{H}_n(\mathscr{X}; A \otimes B), \quad \mathrm{kl}(x \otimes \alpha) \otimes \beta \mapsto \mathrm{kl}(x \otimes \alpha \otimes \beta) \ \text{bzw.}$$

$$\mu\colon A \otimes \mathrm{H}_q(\mathscr{X}, B) \to \mathrm{H}_q(\mathscr{X}; A \otimes B), \quad \alpha \otimes \mathrm{kl}(y \otimes \beta) \mapsto \mathrm{kl}(y \otimes \alpha \otimes \beta).$$

In der Kohomologie ist

$$\mathrm{H}^n(p_{\mathscr{X}})(u) = u \times 1, \quad \mathrm{H}^q(p_{\mathscr{Y}})(v) = 1 \times v, \quad u \in \mathrm{H}^n(\mathscr{X}; A), \quad v \in \mathrm{H}^q(\mathscr{Y}; B).$$

f) Es seien X, Y ss. Untermengen einer ss. Menge, $\mathscr{X} = (X, X')$, $\mathscr{Y} = (Y, Y')$ und $\mathscr{Z} = (Z, Z')$ ein weiteres Paar von ss. Mengen. Für die verbindenden Homomorphismen von $\mathscr{X} \times \mathscr{Z}$ und $\mathscr{Y} \times \mathscr{Z}$ auf der linken Seite und von $\mathscr{X}$ und $\mathscr{Y}$ auf der rechten Seite, siehe (2.4+5), gilt:

$$\partial_*(a \times b) = \partial_* a \times b, \quad a \in \mathrm{H}_n(X \cup Y, X' \cup Y'; A), \quad b \in \mathrm{H}_q(Z, Z'; B),$$

$$\delta^*(u \times v) = \delta^* u \times v, \quad u \in \mathrm{H}^{n-1}(X \cap Y, X' \cap Y'; A), \quad v \in \mathrm{H}^q(Z, Z'; B).$$

g) Kronecker-Produkt:

$$\langle u \times v, a \times b \rangle = (-1)^{\mathrm{gr}v \cdot \mathrm{gr}a} \langle u, a \rangle \otimes \langle v, b \rangle$$

für $u \in \mathrm{H}^n(\mathscr{X}; A)$, $v \in \mathrm{H}^q(\mathscr{Y}; B)$, $a \in \mathrm{H}_r(\mathscr{X}; A')$, $b \in \mathrm{H}_s(\mathscr{Y}, B')$.

h) Für den Bockstein-Homomorphismus β zur Sequenz $0 \to \mathbf{Z}_n \to \mathbf{Z}_{n^2} \to \mathbf{Z}_n \to 0$ gilt

$$\beta(u \times v) = \beta u \times v + (-1)^{\mathrm{gr}u} u \times \beta v, \quad u \in \mathrm{H}^n(\mathscr{X}; \mathbf{Z}_n), \quad v \in \mathrm{H}^q(\mathscr{Y}; \mathbf{Z}_n).$$

Beweis: Zu a):

$$\begin{aligned}\mathrm{H}_{n+q}(f\times g)(a\times b) &= \mathrm{H}_{n+q}(f\times g)\,\mathrm{H}_{n+q}(\nabla)(a\dot{\times} b) \quad \text{nach (6.5)},\\ &= \mathrm{H}_{n+q}(\nabla)\,\mathrm{H}_{n+q}(\mathrm{C}(f)\otimes \mathrm{C}(g))(a\dot{\times} b), \quad \text{weil } \nabla \text{ nach 5.8 natürlich ist},\\ &= \mathrm{H}_{n+q}(\nabla)(\mathrm{H}_n(f)(a)\dot{\times}\mathrm{H}_q(g)(b)) \quad \text{nach IV (3.4)},\\ &= \mathrm{H}_n(f)(a)\times \mathrm{H}_q(g)(b) \quad \text{nach (6.5)}.\end{aligned}$$

Ebenso beweist man die Natürlichkeit für die Kohomologie (und in ähnlicher Weise b)). – Zu c):

$$\begin{aligned}(a\times b)\times c &= \mathrm{H}_*(\nabla)(\mathrm{H}_*(\nabla)\otimes \mathrm{id})((a\dot{\times} b)\dot{\times} c) \quad \text{nach (6.5)},\\ &= \mathrm{H}_*(\nabla)(\mathrm{id}\otimes \mathrm{H}_*(\nabla))(a\dot{\times}(b\dot{\times} c));\end{aligned}$$

denn das $\dot{\times}$-Produkt ist assoziativ, IV (3.5). Ferner ist $\mathrm{H}_*(\nabla)(\mathrm{H}_*(\nabla)\otimes\mathrm{id})=\mathrm{H}_*(\nabla)(\mathrm{id}\otimes \mathrm{H}_*(\nabla))$, weil $\mathrm{H}_*(\nabla)=\mathrm{H}_*(\varphi)^{-1}$ ist (6.1) und für φ das Dia. 5.3 kommutativ ist,

$$= a\times(b\times c) \quad \text{nach (6.5)}.$$

Ebenso beweist man die Assoziativität für die Kohomologie und die Kommutativität d). – Zu e): Es soll $u\times 1=\mathrm{H}^n(p_{\mathfrak{X}})(u)$ bewiesen werden: Es sei $\varepsilon\colon \mathrm{C}(Y)\to k(R,0)$ die Ergänzung. Dann ist $\mathrm{H}^0(\varepsilon)(1)=1$, also

$$(6.8)\qquad u\times 1=\mathrm{H}^n((\mathrm{id}\otimes\varepsilon)\varphi)(u\dot{\times}1) \quad \text{nach (6.6)}.$$

Nun ist $\mathrm{C}(\mathfrak{X})\otimes k(R,0)\cong \mathrm{C}(\mathfrak{X})$ in natürlicher Weise. Wenn man vermöge dieses Isomorphismus identifiziert, ist $(\mathrm{id}\otimes\varepsilon)\varphi=\mathrm{C}(p_{\mathfrak{X}})$, Dia. 5.1, und $u\dot{\times}1$ entspricht u. Aus (6.8) folgt dann die Behauptung. – Genauso wird $1\times v=\mathrm{H}^q(p_{\mathfrak{Y}})(v)$ bewiesen und in ähnlicher Weise die entsprechende Aussage für die Homologie. – f+g) folgen sofort aus den entsprechenden Eigenschaften der beiden $\dot{\times}$-Produkte IV (3.7)+(5.7). – Der Beweis zu h) folgt wegen (6.11), siehe unten, aus (3.8) und der Natürlichkeit von β.

6.3 Inneres Produkt: Es sei X eine ss. Menge mit den ss. Untermengen X' und X''. Man nennt

$$(6.9)\qquad d\colon (X,X'\cup X'')\to (X\times X, X'\times X\cup X\times X''),\qquad x\mapsto (x,x)$$

ss. Diagonale. Mit ihrer Hilfe kann man das innere Kohomologieprodukt folgendermaßen durch das äußere beschreiben:

$$(6.10)\qquad u\cdot v=\mathrm{H}^{n+q}(d)(u\times v),\qquad u\in \mathrm{H}^n(X,X';A) \text{ und } v\in \mathrm{H}^q(X,X'';B)$$

Beweis: Nach (6.5) ist $\mathrm{H}^{n+q}(d)(u\times v)=\mathrm{H}^{n+q}(\varphi\, C(d))(u\dot{\times} v)$. Wenn $\bar{u}$ und $\bar{v}$ repräsentierende Kozykel für u und v sind, ist daher $\psi(\bar{u}\otimes\bar{v})\varphi d$ ein repräsentierender Kozykel für $H^{n+q}(d)(u \times v)$, wobei ψ durch IV (5.1) definiert ist. Man rechnet aufgrund der Definitionen von ψ, φ und d nach, daß $\bar{\psi}(\bar{u} \otimes \bar{v})\varphi d = \bar{u} \cup \bar{v}$, dem Cupprodukt (3.4), ist, also nach 3.3 $u \cdot v$ repräsentiert.

Alle Eigenschaften des inneren Produktes kann man wegen (6.10) aus denen des äußeren Produktes herleiten, insbesondere die Kommutativität, deren Beweis noch fehlte: Es ist

$$\tau_*(u \cdot v) = \tau_* H^{n+q}(d)(u \times v) = H^{n+q}(d)\tau_*(u \times v) \quad \text{nach (6.10)},$$

$$= (-1)^{\operatorname{gr} u \cdot \operatorname{gr} v} H^{n+q}(t\,d)(v \times u) \quad \text{nach 6.2d)},$$

$$= (-1)^{\operatorname{gr} u \cdot \operatorname{gr} v} H^{n+q}(d')(v \times u), \quad \text{weil}$$

$t\,d = d' : (X, X' \cup X'') \to (X \times X, X'' \times X \cup X \times X')$, $x \mapsto (x,x)$, ebenfalls die ss. Diagonale ist,

$$= (-1)^{\operatorname{gr} u \cdot \operatorname{gr} v}\, v \cdot u \quad \text{nach (6.10)}.$$

6.4 Diagonalenapproximation: Wieviel Freiheit man bei der Definition des inneren Kohomologieproduktes hat, zeigt folgende Überlegung: Es sei X eine ss. Menge mit den ss. Untermengen $X^{(1)}, X^{(2)}, \ldots, X^{(n)}$. Eine natürliche Kettenabbildung

$$\nu: C(X, X^{(1)} \cup \cdots \cup X^{(n)}) \to C(X, X^{(1)}) \otimes \cdots \otimes C(X, X^{(n)}) \quad \text{mit} \quad \nu(x) = x \otimes \cdots \otimes x$$

für $x \in X_0$ heißt Diagonalenapproximation. Nach 5.4 sind irgend zwei Diagonalenapproximationen in natürlicher Weise homotop. Eine solche kann man sofort angeben:

$$\nu:\ C(X, X^{(1)} \cup \cdots \cup X^{(n)}) \xrightarrow{\varphi C(d)} C(X, X^{(1)}) \otimes C(X, X^{(2)} \cup \cdots \cup X^{(n)})$$

$$\xrightarrow{\mathrm{id} \otimes \varphi C(d)} C(X, X^{(1)}) \otimes C(X, X^{(2)}) \otimes C(X, X^{(3)} \cup \cdots \cup X^{(n)}) \longrightarrow \cdots$$

$$\xrightarrow{\mathrm{id} \otimes \cdots \otimes \mathrm{id} \otimes \varphi C(d)} C(X, X^{(1)}) \otimes \cdots \otimes C(X, X^{(n)}),$$

wobei φ die AW-Abbildung und d die ss. Diagonale ist. Sie zeigt: Wenn man zu n Kozykeln $u_i \in C^{q_i}(X, X^{(i)}; A_i)$ das Kreuzprodukt im Sinne von IV 5.1 bildet, repräsentiert für jede Diagonalenapproximation ν der Kozykel

$$(u_1 \times \cdots \times u_n) \circ \nu \in C^{q_1 + \cdots + q_n}(X, X^{(1)} \cup \cdots \cup X^{(n)}; A_1 \otimes \cdots \otimes A_n)$$

das n-fache innere Produkt $\mathrm{kl}\,u_1 \cdot \mathrm{kl}\,u_2 \ldots \mathrm{kl}\,u_n$.

6.5 Aus (6.10) folgt, daß man auch umgekehrt das äußere Kohomologieprodukt durch das innere mit Hilfe der Projektionen, siehe 5.6, ausdrücken kann:

(6.11) $\quad u \times v = H^n(p_{\mathscr{X}})(u) \cdot H^q(p_{\mathscr{Y}})(v), \quad u \in H^n(\mathscr{X}; A) \quad \text{und} \quad v \in H^q(\mathscr{Y}; B).$

Aus (6.10) folgt wegen der Assoziativität und Kommutativität des äußeren Produktes: Für den Tauschhomomorphismus $\tau\colon A\otimes B\otimes A'\otimes B' \to A\otimes A'\otimes B\otimes B'$, $a\otimes b\otimes a'\otimes b'\mapsto a\otimes a'\otimes b\otimes b'$ gilt

$$\tau_*((u\times v)\cdot(u'\times v'))=(-1)^{\operatorname{gr} v\cdot\operatorname{gr} u'}\,u\cdot u'\times v\cdot v', \tag{6.12}$$

$u\in \mathrm{H}^n(X,X';A)$, $u'\in \mathrm{H}^{n'}(X,X'';A')$, $v\in \mathrm{H}^q(Y,Y';B)$, $v'\in \mathrm{H}^{q'}(Y,Y'';B)$.

Aufgrund dieser Formel kann man das innere Produkt von $\mathscr{X}\times\mathscr{Y}$ berechnen, wenn man es für die Faktoren $\mathscr{X}$ und $\mathscr{Y}$ kennt.

6.6 Satz (Künneth): *Über einem Hauptidealring R gilt für zwei Moduln A und B mit* $\operatorname{Tor}(A,B)=0$*:*
a) Die Sequenz

$$\begin{aligned}0 \longrightarrow \coprod_{k+l=n} \mathrm{H}_k(\mathscr{X};A)\otimes \mathrm{H}_l(\mathscr{Y};B) &\xrightarrow{\times} \mathrm{H}_n(\mathscr{X}\times\mathscr{Y};A\otimes B)\\ \xrightarrow{\tau} \coprod_{k+l=n-1} \operatorname{Tor}(\mathrm{H}_k(\mathscr{X};A),\mathrm{H}_l(\mathscr{Y};B)) &\longrightarrow 0\end{aligned} \tag{6.13}$$

ist exakt. Dabei bedeutet $\times$ *das äußere Homologieprodukt* (6.5) *und* τ *einen weiteren natürlichen Homomorphismus. Die Sequenz spaltet, aber nicht in natürlicher Weise.*
b) Es sei $\mathrm{H}_k(\mathscr{X};R)$ *für alle k endlich erzeugt. Ferner seien alle* $\mathrm{H}_l(\mathscr{Y};R)$ *oder A endlich erzeugt. Dann ist die Sequenz*

$$\begin{aligned}0 \longrightarrow \coprod_{k+l=n} \mathrm{H}^k(\mathscr{X};A)\otimes \mathrm{H}^l(\mathscr{Y};B) &\xrightarrow{\times} \mathrm{H}^n(\mathscr{X}\times\mathscr{Y};A\otimes B)\\ \xrightarrow{\tau} \coprod_{k+l=n-1} \operatorname{Tor}(\mathrm{H}^k(\mathscr{X};A),\mathrm{H}^l(\mathscr{Y};B)) &\longrightarrow 0\end{aligned} \tag{6.14}$$

exakt. Dabei bedeutet $\times$ *das äußere Kohomologieprodukt und* τ *einen weiteren natürlichen Homomorphismus. Die Sequenz spaltet, aber nicht in natürlicher Weise.*

Der Beweis folgt aus IV 3.5+5.3, da man nach (6.1+2) die Homologie und Kohomologie von $\mathscr{X}\times\mathscr{Y}$ mit der von $\mathrm{C}(\mathscr{X})\otimes\mathrm{C}(\mathscr{Y})$ identifizieren kann.

Bemerkungen: Nach (6.12+14) gilt: Bei Koeffizienten in einem Körper R ist die Kohomologiealgebra von $\mathscr{X}\times\mathscr{Y}$ in natürlicher Weise zum Tensorprodukt der graduierten Kohomologiealgebren von $\mathscr{X}$ und $\mathscr{Y}$ isomorph, wenn die Homologie von $\mathscr{X}$ mit Koeffizienten in R in jeder Dimension endlich erzeugt ist.

6.7 Die Einhängung: *a) Die Kohomologieklasse*

(6.15) $\eta\in \mathrm{H}^1(I,\dot I;R)$ *werde durch den Kozykel* $\bar\eta$ *mit* $\langle\bar\eta,(0,1)\rangle=1$

repräsentiert. Für den Einhängungsisomorphismus (2.15) $E^*\colon \mathrm{H}^{n-1}(X;A) \xrightarrow{\cong} \mathrm{H}^n(X\times I, X\times \dot{I}; A)$ *gilt*

(6.16) $$E^*(u)=(-1)^{\mathrm{gr}\,u} u\times\eta, \qquad u\in \mathrm{H}^{n-1}(X;A).$$

b) Für jede ss. Menge X verschwinden in $(X\times I, X\times\dot{I})$ alle inneren Produkte.

Beweis: Zu a): Für den verbindenden Homomorphismus δ^* der Triade $(I;0,1)$ und das Einselement $1\in \mathrm{H}_0(0;R)$ gilt $\delta^*1=\eta$. Für den verbindenden Homomorphismus δ^* der Triade $X\times(I;0,1) =(X\times I; X\times 0, X\times 1)$ ist

$$\begin{aligned} E^*(u) &= \delta^*(u\times 1) && \text{nach (2.15)},\\ &=(-1)^{\mathrm{gr}\,u} u\times\delta^*1 && \text{nach 6.2d+f)},\\ &=(-1)^{\mathrm{gr}\,u} u\times\eta. \end{aligned}$$

Zu b): Da E^* ein Isomorphismus ist, kann man nach (6.16) alle Elemente in $\mathrm{H}^q(X\times I, X\times\dot{I}; A)$ als $u\times\eta$ mit $u\in \mathrm{H}^{q-1}(X;A)$ schreiben. Dann ist

$$\begin{aligned} (u_1\times\eta)\cdot(u_2\times\eta) &= (-1)^{\mathrm{gr}\,u_2} u_1\cdot u_2\times\eta^2 && \text{nach (6.12)},\\ &=0, \quad \text{weil} \quad \eta^2\in \mathrm{H}^2(I,\dot{I};R)=0 && \text{ist.} \end{aligned}$$

7. Äquivariante Homologietheorie

7.1 Die Gruppe π möge auf der ss. Menge X von links operieren, wie es in III 4.1 beschrieben wurde. Man nennt dann eine ss. Untermenge X' von X π-abgeschlossen, wenn $gx'\in X'$ für alle $g\in\pi$ und $x'\in X'$ ist. Zu einem Modul A, auf dem dieselbe Gruppe π von links operiert, bildet man den Untermodul ${}_\pi C^n(X,X';A)$, der aus den n-Koketten $u\colon X_n\to A$ besteht, für die gilt:

(7.1) $$\langle u,x\rangle=0, \quad \text{falls } x \text{ entartet oder in } X' \text{ ist.}$$

(7.2) $$g\langle u,x\rangle=\langle u,gx\rangle \quad \text{für alle} \quad g\in\pi \quad \text{und} \quad x\in X_n.$$

Man nennt diese Koketten *π-äquivariant*. Folgende Eigenschaften lassen sich leicht nachprüfen:

7.2 a) Auf R möge π trivial operieren ($g\lambda=\lambda$ für alle $g\in\pi$ und $\lambda\in R$). Dann ist die Ergänzung $\varepsilon\colon X_0\to R$, $x\mapsto 1$, eine Kokette in ${}_\pi C^0(X,R)$ b) Wenn $u\in{}_\pi C^n(X,X';A)$ ist, ist $\delta u\in{}_\pi C^{n+1}(X,X';A)$. c) Es sei X'' eine weitere π-abgeschlossene ss. Untermenge von X. Dann ist auch $X'\cup X''$ π-abgeschlossen. Es sei B ein weiterer Modul, auf dem π von links operiert. Auf dem Tensorprodukt $A\otimes B$ läßt man π diagonal operieren: $g(a\otimes b)=ga\otimes gb$. Dann liegt für zwei Koketten $u\in{}_\pi C^p(X,X';A)$ und $v\in{}_\pi C^q(X,X'';B)$ ihr Cupprodukt $u\cup v$ (3.4) in ${}_\pi C^{p+q}(X,X'\cup X'';A\otimes B)$.

7.3 Aus 7.2b) folgt, daß die ${}_{\pi}\mathrm{C}^n(X,X';A)$, $n=0,1,2\ldots$ einen Unterkomplex des Kokettenkomplexes $\mathrm{C}^*(X;A)$ bilden. Er wird mit ${}_{\pi}\mathrm{C}^*(X,X';A)$ bezeichnet. Seine Kohomologiemoduln heißen π-äquivariante Kohomologiemoduln von (X,X') mit Koeffizienten in A. Man bezeichnet sie mit ${}_{\pi}\mathrm{H}^n(X,X';A)$.

Aus 7.2c) folgt, daß das Cupprodukt das innere Produkt

$$
\begin{gathered}
{}_{\pi}\mathrm{H}^p(X,X';A)\otimes{}_{\pi}\mathrm{H}^q(X,X'';B)\to{}_{\pi}\mathrm{H}^{p+q}(X,X'\cup X'';A\otimes B),\\
\mathrm{kl}\,u\otimes\mathrm{kl}\,v\mapsto\mathrm{kl}(u\cup v)=\mathrm{kl}\,u\cdot\mathrm{kl}\,v
\end{gathered}
\tag{7.3}
$$

der π-äquivarianten Kohomologieklassen bestimmt. Es ist assoziativ, kommutativ und hat $\mathrm{kl}\,\varepsilon$ (ε ist die Ergänzung) als Einselement. Dies wird wie bei dem üblichen inneren Produkt, siehe 3.3, bewiesen. Beim Einselement muß man natürlich berücksichtigen, daß ε nach 7.2a) π-äquivariant ist. Beim Beweis der Kommutativität, siehe 6.3, wird benutzt, daß die Homotopie Φ von 5.8 π-äquivariant ist. Das folgt, weil sie natürlich ist.

7.4 Die Gruppe π operiere von links auf der ss. Menge X und dem Modul A und entsprechend die Gruppe ρ auf Y und B. Ferner seien $X'\subset X$ und $Y'\subset Y$ π- bzw. ρ-abgeschlossene ss. Untermengen. Es sei ein Homomorphismus $h:\pi\to\rho$ gegeben. Die ss. Abbildung $f:(X,X')\to(Y,Y')$ und die lineare Abbildung $m:B\to A$ mögen sich in folgendem Sinne mit h vertragen:

$$
\begin{gathered}
h(g)f(x)=f(gx),\qquad g\,m(b)=m(h(g)b)\\
\text{für alle}\quad g\in\pi,\quad x\in X,\quad b\in B.
\end{gathered}
\tag{7.4}
$$

Dann bestimmt (h,f,m) die Kokettenabbildung

$$
\begin{gathered}
{}_{h}\mathrm{C}^*(f,m):{}_{\rho}\mathrm{C}^*(Y,Y';B)\to{}_{\pi}\mathrm{C}^*(X,X';A),\\
\langle{}_{h}\mathrm{C}^*(f,m)(v),x\rangle=m\langle v,f(x)\rangle\quad\text{für}\quad v\in{}_{\rho}\mathrm{C}^n(Y,Y',B),\qquad x\in X_n.
\end{gathered}
\tag{7.5}
$$

Durch (7.5) wird für jeden Kohomologiemodul der Homomorphismus ${}_{h}\mathrm{H}^n(f,m):{}_{\rho}\mathrm{H}^n(Y,Y';B)\to{}_{\pi}\mathrm{H}^n(X,X';A)$ induziert. Er verträgt sich mit dem inneren Produkt, weil sich (7.5), wie man nachprüft, mit dem Cupprodukt der Koketten verträgt.

7.5 Wenn π auf X von links operiert, kann man nach III 4.6 die ss. Quotientenmenge $\pi\backslash X$ bilden. Falls $X'\subset X$ π-abgeschlossen ist, ist $\pi\backslash X'$ eine ss. Untermenge von $\pi\backslash X$. Auf A möge π trivial operieren. Dann ist die Zuordnung

$$
\begin{gathered}
\varphi:\mathrm{C}^*(\pi\backslash X,\pi\backslash X';A)\to{}_{\pi}\mathrm{C}^*(X,X';A),\qquad\langle\varphi(u),x\rangle=\langle u,\mathrm{kl}\,x\rangle\\
\text{für}\quad u\in C^n(\pi\backslash X,\pi\backslash X';A),\qquad x\in X_n\quad\text{und}\quad\mathrm{kl}\,x\in(\pi\backslash X)_n\\
\text{das von } x \text{ repräsentierte Element}
\end{gathered}
\tag{7.6}
$$

ein Isomorphismus zwischen dem üblichen Kokettenkomplex des Quotientenpaares und dem π-äquivarianten Kokettenkomplex. Der Beweis ist offensichtlich. Durch φ wird also ein natürlicher Isomorphismus

(7.7) $$\mathrm{H}^n(\pi\backslash X,\pi\backslash X';A)\cong{}_\pi\mathrm{H}^n(X,X';A)$$

induziert. Er verträgt sich mit dem inneren Produkt, weil sich φ, wie man nachrechnet, mit dem Cupprodukt der Koketten verträgt.

7.6 Man kann die π-äquivariante Kohomologie auch folgendermaßen beschreiben: Wenn π auf X von links operiert, wird der Kettenkomplex $\mathrm{C}(X)$ zu einem Linkskettenkomplex über der Gruppenalgebra $R(\pi)$: Für $\sum_i \lambda_i g_i \in R(\pi)$ und $\sum_j \mu_j x_j \in \mathrm{C}(X)$ definiert man

(7.8) $$\sum_i \lambda_i g_i \cdot \sum_j \mu_j x_j = \sum_{i,j} \lambda_i \mu_j g_i x_j .$$

Wenn $X' \subset X$ π-abgeschlossen ist, ist $\mathrm{C}(X')$ ein $R(\pi)$-linearer Unterkomplex von $\mathrm{C}(X)$. Folglich ist der Quotientenkomplex $\mathrm{C}(X,X') = \mathrm{C}(X)/\mathrm{C}(X')$ ein Linkskettenkomplex über $R(\pi)$. – Daß die Gruppe π auf dem Modul A von links operiert, ist gleichbedeutend damit, daß A ein Linksmodul über $R(\pi)$ ist. Man prüft anhand der Definitionen nach, daß

(7.9) $${}_\pi\mathrm{C}^*(X,X';A) = \mathrm{Hom}_{R(\pi)}(\mathrm{C}(X,X'),A)$$

ist.

Bemerkung: Bei dieser Beschreibung der äquivarianten Kohomologie sieht man, wie man die *äquivariante Homologie* analog zu definieren hat: Man nimmt als Koeffizienten eine Modul A, auf dem π von rechts operiert und bildet den Kettenkomplex

(7.10) $${}^\pi\mathrm{C}_*(X,X';A) = A \otimes_{R(\pi)} \mathrm{C}(X,X') .$$

Seine Homologiemoduln nennt man π-äquivariante Homologiemoduln von (X,X') mit Koeffizienten in A und bezeichnet sie mit ${}^\pi\mathrm{H}_n(X,X';A)$.

7.7 Lemma: *Wenn π auf X frei operiert, siehe* III 4.6, *und $X' \subset X$ π-abgeschlossen ist, ist* $\mathrm{C}(X,X')$ *ein freier Kettenkomplex über* $R(\pi)$.

Beweis: Nach 1.3 ist $\mathrm{C}_n(X,X')$ der freie R-Modul, der von der Menge aller nicht entarteten n-Simplexe in $X - X'$ erzeugt wird. Da π auf dieser Menge frei operiert, ist $\mathrm{C}_n(X,X')$ ein freier Modul über $R(\pi)$.

7.8 Semisimpliziale Beschreibung der Kohomologie einer Gruppe: a) Für jede Gruppe π ist der Kettenkomplex ihrer ss. Auflösung III 5.1 zusammen mit der Ergänzung ε eine freie Auflösung von R über $R(\pi)$

$$(7.11) \qquad 0 \longleftarrow R \xleftarrow{\varepsilon} \mathrm{C}_0(L(\pi)) \xleftarrow{\partial} \mathrm{C}_1(L(\pi)) \xleftarrow{\partial} \cdots$$

Denn weil sich $L(\pi)$ zusammenziehen läßt, III 5.3 a), ist die Sequenz (7.11) exakt. Da π auf $L(\pi)$ frei von links operiert, sind alle $\mathrm{C}_q(L(\pi))$ freie $R(\pi)$-Moduln und alle Differentiale ∂ $R(\pi)$-linear. Schließlich ist ε nach 7.2 a) $R(\pi)$-linear. Nach der Definition der (Ko-)Homologie einer Gruppe IV 6.5 + 10 ist die (Ko-)Homologie von π also die des Kettenkomplexes $\mathrm{C}(L(\pi))$ über $R(\pi)$, mit anderen Worten, die äquivariante (Ko-)Homologie von $L(\pi)$:

$$(7.12) \qquad \mathrm{H}_q(\pi, A) = {}^{\pi}\mathrm{H}_q(L(\pi); A), \qquad \mathrm{H}^q(\pi, B) = {}_{\pi}\mathrm{H}^q(L(\pi); B)$$

für jeden Modul A, auf dem π von rechts, und jeden Modul B, auf dem π von links operiert.

b) Bei (7.12) stimmen die inneren Kohomologieprodukte gemäß IV (6.10) und (7.3) überein. Denn die Diagonalenapproximation $\nu: \mathrm{C}(L(\pi)) \to \mathrm{C}(L(\pi)) \otimes \mathrm{C}(L(\pi))$, $x \mapsto \sum_{i=0}^{n} x(0\ldots i) \otimes x(i \ldots n)$, die zur Berechnung des inneren Produktes (7.3) dient, ist natürlich, folglich $R(\pi)$-linear und somit eine Diagonale im Sinne von IV (6.8), die zur Berechnung des inneren Produktes IV (6.10) dient.

c) Wenn die Gruppe π auf dem Modul A bzw. B trivial operiert, folgt aus (7.7 + 12), daß

$$(7.13) \qquad \mathrm{H}_q(\pi, A) \cong \mathrm{H}_q(K(\pi); A), \qquad \mathrm{H}^q(\pi, B) \cong \mathrm{H}^q(K(\pi); B)$$

in natürlicher Weise ist, wobei rechts die üblichen (Ko-)Homologiemoduln der ss. Menge $K(\pi) = \pi \backslash L(\pi)$ mit Koeffizienten in A bzw. B stehen. Auch diese Isomorphismen vertragen sich mit den inneren Produkten.

d) Insbesondere ist durch IV 7.4 also auch die übliche Kohomologie $\mathrm{H}^*(K(\pi); \mathbf{Z}_n)$ für die zyklische Gruppe π der Ordnung n berechnet worden.

8. Topologische Räume

8.1 Für einen topologischen Raum X, Unterraum $X' \subset X$ und einen Modul A definiert man die singulären (Ko-)Homologiemoduln durch

$$(8.1) \quad \mathrm{H}_n(X, X'; A) = \mathrm{H}_n(\mathrm{S}X, \mathrm{S}X'; A) \quad \text{und} \quad \mathrm{H}^n(X, X'; A) = \mathrm{H}^n(\mathrm{S}X, \mathrm{S}X'; A).$$

Diese Definition ist sinnvoll, da nach I 3.6a) SX' eine ss. Untermenge von SX ist. Entsprechend ordnet man einer stetigen Abbildung $f:(X,X')\to(Y,Y')$ die Homomorphismen

$$(8.2)\qquad \begin{aligned} \mathrm{H}_n(f)=\mathrm{H}_n(\mathrm{S}f)\colon\ \mathrm{H}_n(X,X';A) &\to \mathrm{H}_n(Y,Y';A),\\ \mathrm{H}^n(f)=\mathrm{H}^n(\mathrm{S}f)\colon\ \mathrm{H}^n(Y,Y';A) &\to \mathrm{H}^n(X,X';A)\end{aligned}$$

zu. So wird die singuläre Homologie H_n zu einem kovarianten und die singuläre Kohomologie H^n zu einem kontravarianten Funktor. Es ist

$$(8.3)\qquad \mathrm{H}_n=\mathrm{H}^n=0 \quad \text{für} \quad n<0.$$

8.2 Die Ergebnisse 2.3–5, 2.7–10, 3.3–5, 4.2+3, 6.1–3, 6.5+6 über die (Ko-)Homologie von ss. Mengen kann man auf topologische Räume übertragen, wenn man die auftretenden Begriffe in folgender Weise übersetzt:

Kategorie der ss. Mengen	*Kategorie der topologischen Räume*
a) ss. Menge	topologischer Raum
b) ss. Untermenge	Unterraum
c) ss. Abbildung	stetige Abbildung
d) Homotopie	Homotopie
e) zusammenhängend	zusammenhängend
f) kartesisches Produkt	kartesisches Produkt
g) Durchschnitt	Durchschnitt
h) Vereinigung $X\cup Y$	Vereinigung $X\cup Y$, wobei jeder Punkt in $X\cup Y$ eine Umgebung U in $X\cup Y$ besitzt, so daß $U\subset X$ oder $U\subset Y$ ist.

Beweis: a–c), f+g) folgen aus I 3.5+6, d) aus I 5.3, e) aus III 1.2. Den Beweis zu h) findet man in der folgenden Nummer.

8.3 Es sei X ein topologischer Raum, Φ eine Überdeckung von X und $\mathrm{S}_\Phi X$ die zugehörige ss. Untermenge der singulären ss. Menge SX, siehe III 6.3. Zu dem dort bewiesenen Satz über die Fundamentalgruppen gilt die entsprechende Aussage für die Homologie:

Satz: *Wenn die Überdeckung $\Phi=\{U_\iota\}$ des Raumes X die Eigenschaft hat, daß jeder Punkt von X eine Umgebung besitzt, die ganz in wenigstens einem U_ι enthalten ist, induziert die Einbettung $\mathrm{S}_\Phi X\subset SX$ einen Isomorphismus*

$$(8.4)\qquad \mathrm{H}_n(\mathrm{S}_\Phi X;\mathbf{Z})\to\mathrm{H}_n(SX;\mathbf{Z}),\qquad n=0,1,\ldots$$

Der Beweis steht bei Eilenberg und Steenrod, VII Theorem 8.2.

Folgerungen: *a) Unter den Voraussetzungen des Satzes induziert die Einbettung* $\mathrm{S}_\Phi X \subset \mathrm{S}X$ *einen Isomorphismus für alle Homologie- und Kohomologiemoduln mit beliebigen Koeffizienten.*
b) Wenn in der Situation von Dia. 2.1 für topologische Räume gilt: Jeder Punkt in $X \cup Y$ *besitzt eine Umgebung* U *in* $X \cup Y$ *mit* $U \subset Y$ *und jeder Punkt in* $X' \cup Y'$ *besitzt eine Umgebung* U' *in* $X' \cup Y'$ *mit* $U' \subset X'$ *oder* $U' \subset Y'$, *dann induziert die Einbettung*

$$(\mathrm{S}X \cup \mathrm{S}Y, \mathrm{S}X' \cup \mathrm{S}Y') \to (\mathrm{S}(X \cup Y), \mathrm{S}(X' \cup Y'))$$

Isomorphismen aller Homologie- und Kohomologiemoduln mit beliebigen Koeffizienten.

Beweis: a) folgt aus (8.4) und den universellen Koeffiziententheoremen 2.9.
b) beweist man zunächst für $X' = Y' = \emptyset$, indem man die Überdeckung $\Phi = \{X, Y\}$ von $X \cup Y$ wählt. Denn für sie gilt $\mathrm{S}X \cup \mathrm{S}Y = \mathrm{S}_\Phi(X \cup Y)$. – Der allgemeine Fall ergibt sich dann aus dem Vergleich der exakten Homologiesequenzen der Paare $(\mathrm{S}X \cup \mathrm{S}Y, \mathrm{S}X' \cup \mathrm{S}Y')$ und $(\mathrm{S}(X \cup Y), \mathrm{S}(X' \cup Y'))$.
Durch b) ist 8.2h) bewiesen.

8.4 Satz (MILNOR [3]): *Für jede ss. Menge K induziert die natürliche Einbettung*

$$i\colon K \to \mathrm{S}|K|,$$

die in II (5.6) *definiert wurde, Isomorphismen aller Homologie- und Kohomologiemoduln.*

Dem Beweis dieses Satzes dienen die folgenden Nummern 8.5–9.

8.5 Es werde $\Delta(n-1)$ mit $\delta^0(\Delta(n-1)) \subset \Delta(n)$ identifiziert, so daß also $\Delta(n-1) \cap \Lambda^0(n) = \dot{\Delta}(n-1)$ und $\Delta(n-1) \cup \Lambda^0(n) = \dot{\Delta}(n)$ ist.

Lemma: *Die Einbettung*

$$\mathrm{S}V^0(n) \cup \mathrm{S}\nabla(n-1) \to \mathrm{S}\dot{\nabla}(n)$$

induziert einen Isomorphismus der ganzzahligen Homologie. (Es ist $V^0(n) \cup \nabla(n-1) = \dot{\nabla}(n)$).

Beweis: Man kann in $\dot{\nabla}(n)$ eine offene Umgebung U von $V^0(n)$ finden, so daß $V^0(n)$ Deformationsretrakt von U und $\dot{\nabla}(n-1)$ solcher von $U \cap \nabla(n-1)$ ist. Nach 8.3 Satz induziert die Einbettung $\mathrm{S}_\Phi \dot{\nabla}(n) \to \mathrm{S}\dot{\nabla}(n)$ Isomorphismen der Homologie, wenn man $\Phi = \{U, \nabla(n-1)\}$ wählt. Es ist $\mathrm{S}U \cup \mathrm{S}\nabla(n-1) = \mathrm{S}_\Phi \dot{\nabla}(n)$. Aus der exakten Homologiesequenz des Paares $(\mathrm{S}\dot{\nabla}(n), \mathrm{S}U \cup \mathrm{S}\nabla(n-1))$ folgt daher, daß die Homologie dieses

Paares verschwindet. Nun erscheint dieses Paar auch in der exakten Homologiesequenz der Triade $(S\dot{\nabla}(n);\, SU, S\nabla(n-1))$, und somit induziert die Einbettung $(SU, S(U\cap\nabla(n-1))\to(S\dot{\nabla}(n), S\nabla(n-1))$ Isomorphismen der Homologie. Weil $V^0(n)$ Deformationsretrakt von U und $\dot{\nabla}(n-1)$ solcher von $U\cap\nabla(n-1)$ ist, gilt dasselbe für die Einbettung $(SV^0(n), S\dot{\nabla}(n-1))\to(S\dot{\nabla}(n), S\nabla(n-1))$. Wegen der exakten Homologiesequenz der Triade $(S\dot{\nabla}(n);\, SV^0(n), S\nabla(n-1))$ verschwindet daher die Homologie von $(S\dot{\nabla}(n), SV^0(n)\cup S\nabla(n-1))$, was aufgrund der exakten Homologiesequenz dieses Paares mit der Behauptung gleichbedeutend ist.

8.6 Lemma: *Die Einbettung gemäß* II (5.6)

$$i\colon (\Delta(n), \dot{\Delta}(n))\to(S\nabla(n), S\dot{\nabla}(n))$$

induziert für alle $n=0,1,\ldots$ *einen Isomorphismus der ganzzahligen Homologie.*

Beweis durch Induktion über n: Die Behauptung stimmt für $n=0$, da dann $i\colon \Delta(0)\to S\nabla(0)$ selbst ein Isomorphismus ist. – Schluß von $n-1$ auf n: Die verbindenden Homomorphismen der Triaden $(\Delta(n); \Delta(n-1), \Lambda^0(n))$ und $(S\nabla(n); S\nabla(n-1), SV^0(n))$ sind Isomorphismen. Denn in den exakten Sequenzen dieser beiden Triaden tritt die Homologie von $(\Delta(n), \Lambda^0(n))$ bzw. $(S\nabla(n), SV^0(n))$ auf, welche verschwindet, weil sich diese ss. Mengen bzw. Räume zusammenziehen lassen. Wegen der Natürlichkeit des verbindenden Homomorphismus ist folgendes Diagramm 8.1 kommutativ. Aufgrund der Induktionsannahme ist $H_q(i')$ somit ein Isomorphismus. Wenn man hinter ihn den Isomorphismus schaltet, den die Einbettung

$$\begin{array}{ccc}
H_q(\Delta(n), \dot{\Delta}(n)) & \xrightarrow[\cong]{\partial} & H_{q-1}(\Delta(n-1), \dot{\Delta}(n-1)) \\
\Big\downarrow {\scriptstyle H_q(i')} & & \Big\downarrow {\scriptstyle H_{q-1}(i)} \\
H_q(S\nabla(n), S\nabla(n-1)\cup SV^0(n)) & \xrightarrow[\cong]{\partial} & H_{q-1}(S\nabla(n-1), S\dot{\nabla}(n-1))
\end{array}$$

Dia. 8.1

$(S\nabla(n), S\nabla(n-1)\cup SV^0(n))\to(S\nabla(n), S\dot{\nabla}(n))$ wegen 8.5 induziert, folgt die Induktionsbehauptung.

8.7 Es sei K eine n-dim. ss. Menge, $x\in X$ ein nicht entartetes Simplex der maximalen Dimension n und L die von allen Simplexen $\neq x$ erzeugte ss. Untermenge. Das Simplex x bestimmt die stetige Abbildung

$$\chi=|x|\colon (\nabla(n), \dot{\nabla}(n))\to(|K|, |L|).$$

Lemma: *Durch* χ *wird ein Isomorphismus der ganzzahligen singulären Homologie induziert.*

Beweis: Es sei M der Schwerpunkt von $\nabla(n)$, der also die baryzentrischen Koordinaten $(1/n, \ldots, 1/n)$ hat. Man setzt $U = \nabla(n) - M$ und $W = |K| - \chi(M)$. Man definiert $\tau \colon \nabla(n) \to \nabla(n)$, $\xi \mapsto \frac{1}{2}\xi$, wobei ξ als Vektor mit dem Fußpunkt in M aufgefaßt ist. Die Abbildungen χ_1 und χ_2 seien durch $\chi \colon \nabla(n) \to |K|$ bestimmt, siehe Dia. 8.2. Die Teildiagramme I und II sind daher kommutativ, ferner ist III bis auf Homotopie kommutativ, also

(8.5) $\qquad j_2 \chi \quad \text{homotop} \quad \chi_2 \tau j_1$.

Nun induzieren j_1 und j_2 Isomorphismen in der Homologie, weil $\mathring{\nabla}(n)$ Deformationsretrakt von U und $|L|$ solcher von W ist. Die Abbildung τ ist selbst ein Isomorphismus, und χ_2 induziert Isomorphismen in der Homologie, weil sie eine Ausschneidung ist: $|K| = \tau(\nabla(n)) \cup W$, $\tau(U) = \tau(\nabla(n)) \cap W$; $\tau(\mathring{\nabla}(n))$ und W sind offen in $|K|$. – Aus (8.5) folgt daher die Behauptung.

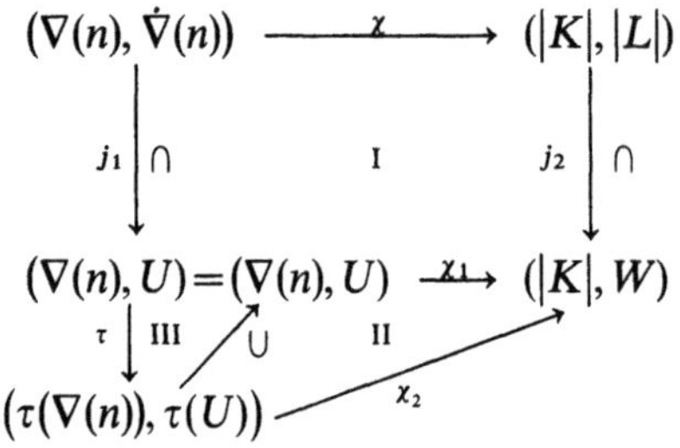

Dia. 8.2

Korollar: *Die Einbettung gemäß II (5.6)*

$$i \colon (K, L) \to (S|K|, S|L|)$$

induziert einen Isomorphismus der ganzzahligen Homologie.

Beweis: Aufgrund der Definition von i ist das Diagramm 8.3 kommutativ. Man prüft leicht nach, daß x einen Isomorphismen in der Homologie induziert. Dasselbe wurde für $i_{(\Delta(n), \dot\Delta(n))}$ in 8.6 und für χ in dem vorstehenden Lemma bewiesen. Daher induziert auch i einen Isomorphismus:

$$\begin{array}{ccc}
(\Delta(n), \dot\Delta(n)) & \xrightarrow{\;x\;} & (K, L) \\
{\scriptstyle i_{(\Delta(n), \dot\Delta(n))}} \downarrow & & \downarrow {\scriptstyle i} \\
(S\nabla(n), S\mathring{\nabla}(n)) & \xrightarrow{\;x\;} & (S|K|, S|L|)
\end{array}$$

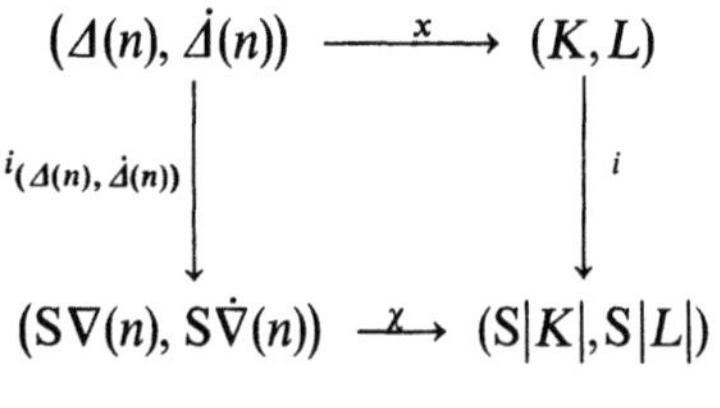

Dia. 8.3

8.8 Eine ss. Menge heißt *endlich*, wenn sie höchstens endlich viele nicht entartete Simplexe enthält.

Lemma: *Für jede endliche ss. Menge K induziert*

$$i: K \to \mathrm{S}|K|,$$

II (5.6), *einen Isomorphismus der ganzzahligen Homologie.*

Beweis durch Induktion über die Zahl m der nicht entarteten Simplexe: Falls $m=0$ ist, ist $K=\Delta(0)$ und i selbst ein Isomorphismus. Schluß von $m-1$ auf m: Es sei $x \in K$ ein nicht entartetes Simplex der maximalen Dimension. Die ss. Untermenge L werde von allen Simplexen $\neq x$ erzeugt. Durch i wird ein Homomorphismus von der exakten Homologiesequenz des Paares (K, L) in die des Paares $(\mathrm{S}|K|, \mathrm{S}|L|)$ induziert:

$$\begin{array}{ccccccccc}
\mathrm{H}_{q+1}(K,L) & \longrightarrow & \mathrm{H}_q(L) & \rightarrow & \mathrm{H}_q(K) & \longrightarrow & \mathrm{H}_q(K,L) & \longrightarrow & \mathrm{H}_{q-1}(L) \\
\downarrow i_1 & & \downarrow i_2 & & \downarrow i_3 & & \downarrow i_4 & & \downarrow i_5 \\
\mathrm{H}_{q+1}(\mathrm{S}|K|, \mathrm{S}|L|) & \rightarrow & \mathrm{H}_q(\mathrm{S}|L|) & \rightarrow & \mathrm{H}_q(\mathrm{S}|K|) & \rightarrow & \mathrm{H}_q(\mathrm{S}|K|, \mathrm{S}|L|) & \rightarrow & \mathrm{H}_{q-1}(\mathrm{S}|L|)
\end{array}$$

Nach der Induktionsannahme sind i_2 und i_5 Isomorphismen, weil L nur $m-1$ nicht entartete Simplexe enthält. Nach dem Korollar in 8.7 sind auch i_1 und i_4 Isomorphismen. Folglich ist i_3 ein Isomorphismus.

8.9 Bei einer nicht notwendig endlichen ss. Menge K betrachtet man das System $\{X\}$ der endlichen ss. Untermengen $X \subset K$. Ihm entspricht ein System $\{\mathrm{C}(X)\}$ von Unterkomplexen des Kettenkomplexes $\mathrm{C}(K)$ und $\{\mathrm{C}(\mathrm{S}|X|)\}$ von Unterkomplexen des Kettenkomplexes $\mathrm{C}(\mathrm{S}|K|)$. Weil jede Kette in $\mathrm{C}(K)$ eine endliche Linearkombination von Simplexen aus K ist, gilt:
1. Jede Kette von $\mathrm{C}(K)$ liegt bereits in einem $\mathrm{C}(X)$. Wenn man zusätzlich berücksichtigt, daß jedes singuläre Simplex $T: \nabla(n) \to |K|$ in $T: \nabla(n) \xrightarrow{T'} |X| \xrightarrow{\subset} |K|$ zerlegt werden kann, weil $T(\nabla(n))$ kompakt ist, also in einem $|X|$ enthalten ist, ergibt sich entsprechend:
2. Jede Kette von $\mathrm{C}(\mathrm{S}|K|)$ liegt bereits in einem $\mathrm{C}(\mathrm{S}|X|)$. Aus 1.+2. folgt für die Homologie:

Lemma: *a) Zu jeder Homologieklasse* $a \in \mathrm{H}_q(K)$ $[\in \mathrm{H}_q(\mathrm{S}|K|)]$ *gibt es ein* X *und eine Homologieklasse* $x \in \mathrm{H}_q(X)$ $[\in \mathrm{H}_q(\mathrm{S}|X|)]$, *so daß* $a = \mathrm{H}_q(j)(x)$ $[= \mathrm{H}_q(\mathrm{S}|j|)(x)]$ *ist, wobei* $j: X \to K$ *die Einbettung ist.*
b) Wenn für $x \in \mathrm{H}_q(X)$ $[\in \mathrm{H}_q(\mathrm{S}|X|)]$ *gilt* $\mathrm{H}_q(j)(x) = 0 \in \mathrm{H}_q(K)$ $[\in \mathrm{H}_q(\mathrm{S}|K|)]$, *gibt es eine endliche ss. Untermenge* X' *mit* $X \subset X' \subset K$, *so daß bereits für die Einbettung* $j': X \to X'$ *gilt:* $\mathrm{H}_q(j')(x) = 0 \in \mathrm{H}_q(X')$ $[\in \mathrm{H}_q(\mathrm{S}|X'|)]$.

Aus diesem Lemma und 8.8 folgt, daß $i\colon K \to S|K|$ für eine beliebige ss. Menge einen Isomorphismus der ganzzahligen Homologie induziert. Die Behauptung in 8.4 folgt daraus für beliebige Homologie- und Kohomologiemoduln aufgrund der universellen Koeffiziententheoreme 2.9.

Bemerkung: Für ein Paar $L \subset K$ von ss. Mengen induziert

$$i\colon (K, L) \to (S|K|, S|L|)$$

ebenfalls einen Isomorphismus aller Homologie- und Kohomologiemoduln. Das folgt aus dem absoluten Fall, indem man mittels i die Homologiesequenz von (K, L) in die von $(S|K|, S|L|)$ abbildet.

VI. Die Spektralsequenz einer Faserung

Bei einer ss. Faserung (X, π, B) mit der Faser Y über einem Punkt $* \in B_0$ kann man die (Ko-)Homologie der Totalmenge X sukzessiv durch die (Ko-)Homologie der Basis B und der Faser Y approximieren. Die Folge dieser Approximation wird in dem Begriff der Spektralsequenz präzisiert. Die Spektralsequenzen wurden von LERAY für stetige Abbildungen erfunden und insbesondere bei Faserbündeln untersucht. Er benutzte die Čechsche Kohomologietheorie. SERRE [1] übertrug Lerays Methoden in die singuläre (Ko-)Homologietheorie, die er jedoch aus technischen Gründen mittels Kuben statt der üblichen Simplexe definieren mußte. Dieser Schönheitsfehler wird in der vorliegenden Darstellung, die semisimpliziale Methoden gebraucht, vermieden.

Im ersten Abschnitt dieses Kapitels wird die Spektralsequenz als eine Folge $E_1, E_2, \ldots$ bigraduierter Moduln definiert, und ihre algebraischen Eigenschaften werden ohne Beweis zusammengestellt. Eine ausführliche Darstellung findet man beispielsweise bei MACLANE [2], Chap. XI. Jedem ss. Tripel (X, π, B) wird im dritten Abschnitt eine Spektralsequenz zugeordnet, die die (Ko-)Homologie von X approximiert. – Bei einer Faserung ξ läßt sich der zweite Term $\mathrm{E}_2(\xi)$ der Spektralsequenz durch die Kohomologie der Basis und der Fasern beschreiben: Dazu führt man im 4. Abschnitt den Begriff des lokalen Koeffizientensystems $\mathscr{A}$ über einer ss. Menge X ein. Für $\mathscr{A}$ lassen sich Kohomologiemoduln $\mathrm{H}^p(X, \mathscr{A})$ definieren, die man als äquivariante Kohomologiemoduln der universellen Überlagerung von X beschreiben kann. 5. Abschnitt: Bei einer Faserung $\xi = (X, \pi, B)$ bilden die q-ten Kohomologiemoduln der verschiedenen Fasern ein lokales Koeffizientensystem $\mathscr{H}^q(\xi)$ über B. 6. Abschnitt: Für die Kohomologie dieses Systems gilt $\mathrm{E}_2^{p,q}(\xi) \cong \mathrm{H}^p(B, \mathscr{H}^q(\xi))$. Im achten Abschnitt werden verschiedene Anwendungen der Spektralsequenz einer Faserung gemacht, und zwar meistens in Fällen, wo viele (Ko-)Homologiegruppen der Basis oder der Faser verschwinden. Diese Anwendungen findet man im wesentlichen bei SERRE [1]. Sie gehen zum großen Teil auf LERAY [2] zurück.

Schließlich wird im letzten Abschnitt gezeigt, wie man alle Ergebnisse der vorhergehenden Abschnitte von ss. Faserungen auf Serresche Faserungen übertragen kann. GUGENHEIM-MOORE und ZISMAN untersuchen ebenfalls die Spektralsequenz einer ss. Faserung. Sie benutzen eine komplizierte Methode der azyklischen Modelle.

In diesem Kapitel sind alle Moduln, Algebren, (Ko-)Kettenkomplexe oder (Ko-)Homologiemoduln solche über einem festen kommutativen Ring Λ mit Einselement. Wenn bei (Ko-)Kettenkomplexen oder (Ko-) Homologiemoduln von ss. Mengen keine Koeffizienten angegeben werden, sind sie immer in Λ selbst gemeint.

1. Spektralsequenzen

1.1 Es sei A ein bigraduierter Differentialmodul mit oberen Graduierungsindexen, dessen Differential d den Grad $(r, 1-r)$ hat, $r \in \mathbf{Z}$, siehe IV 1.4. Als Kohomologie von A definiert man $\mathrm{H}(A) = \{\mathrm{H}^{p,q}(A)\}$, wobei

(1.1) $$\mathrm{H}^{p,q}(A) = \text{Kern}\,(d\colon A^{p,q} \to A^{p+r,q-r+1})/\text{Bild}\,(d\colon A^{p-r,q+r-1} \to A^{p,q})$$

ist. Ein Homomorphismus $f\colon A \to B$ zwischen bigraduierten Differentialmoduln induziert in offensichtlicher Weise einen Homomorphismus $\mathrm{H}(f)\colon \mathrm{H}(A) \to \mathrm{H}(B)$ der Kohomologie. Wenn A eine bigraduierte Differentialalgebra ist, bestimmt das Produkt in A ein Produkt in $\mathrm{H}(A)$, das $\mathrm{H}(A)$ zu einer bigraduierten Algebra macht. Wenn sich der Homomorphismus f mit dem Produkt verträgt, tut es auch $\mathrm{H}(f)$.

1.2 Eine *Kohomologiespektralsequenz* $E = \{E_r, i_r\}$ ist eine Folge von bigraduierten Differentialmoduln $E_0, E_1, E_2, \ldots$ mit oberen Graduierungsindexen, wobei das Differential in E_r den Grad $(r, 1-r)$ hat, und von Isomorphismen

(1.2) $$i_r\colon \mathrm{H}(E_r) \to E_{r+1},$$

die homogen vom Grade $(0,0)$ sind. Unter einem Homomorphismus $f\colon E \to E'$ zwischen zwei Spektralsequenzen versteht man eine Folge $f_r\colon E_r \to E'_r$, $r = 0, 1, 2, \ldots$, von Homomorphismen, die homogen vom Grade $(0,0)$ sind, sich mit den Differentialen vertragen und für die

$$i'_r \mathrm{H}(f_r) = f_{r+1} i_r \quad \text{für alle} \quad r = 0, 1, 2, \ldots$$

gilt. Man nennt $E = \{E_r, i_r\}$ eine Spektralsequenz von Algebren, wenn jeder Term E_r eine bigraduierte Differentialalgebra ist und die i_r Algebrenhomomorphismen sind.

1.3 Von nun an werde $\mathrm{H}(E_r)$ vermöge i_r mit E_{r+1} identifiziert. Für alle $r > \text{Max}(p, q+1)$ ist $q - r + 1 < 0$ und $p - r < 0$. Daher ist

$$0 = E_r^{p-r,q+r-1} \xrightarrow{d_r} E_r^{p,q} \xrightarrow{d_r} E_r^{p+r,q-r+1} = 0$$

und somit

(1.3) $$E_r^{p,q} = \mathrm{H}^{p,q}(E_r) = E_{r+1}^{p,q} \quad \text{für alle} \quad r > \text{Max}(p, q+1).$$

Man bezeichnet diesen Modul mit $E_\infty^{p,q}$ und setzt $E_\infty = \{E_\infty^{p,q}\}$. Ein Homomorphismus $f\colon E \to E'$ zwischen zwei Spektralsequenzen induziert einen Homomorphismus $f_\infty\colon E_\infty \to E'_\infty$ vom Grade $(0,0)$. Die Zuordnung $E \mapsto E_\infty$ wird so zu einem kovarianten Funktor. Wenn E eine Spektralsequenz von Algebren ist, induzieren die Produkte in den E_r ein Produkt in E_∞, das E_∞ zu einer bigraduierten Algebra macht. Wenn E_{r_0} kommutativ ist, sind offenbar alle E_r mit $r_0 \leq r \leq \infty$ kommutativ.

1.4 Da $E_r^{p,0} \xrightarrow{d_r} E_r^{p+r,-r+1} = 0$ für $r \geq 2$ ist, ist $E_{r+1}^{p,0} = \mathrm{H}^{p,0}(E_r)$ ein Quotient von $E_r^{p,0}$. Man erhält so eine Folge natürlicher Epimorphismen

$$E_2^{p,0} \twoheadrightarrow \cdots \twoheadrightarrow E_p^{p,0} \twoheadrightarrow E_{p+1}^{p,0} = E_\infty^{p,0} \tag{1.4}$$

für alle p, die sogenannten *Epimorphismen der Basis*. Da

$$0 = E_r^{-r,q+r-1} \xrightarrow{d_r} E_r^{0,q}$$

für $r \geq 1$ ist, ist $E_{r+1}^{0,q} = \mathrm{H}^{0,q}(E_r) \subset E_r^{0,q}$. Man erhält so eine Folge natürlicher Monomorphismen

$$E_\infty^{0,q} = E_{q+2}^{0,q} \rightarrowtail \cdots \rightarrowtail E_1^{0,q} \quad \text{für alle } q, \tag{1.5}$$

die sogenannten *Monomorphismen der Faser*. Die Bezeichnung nach der Basis und der Faser stammt aus der Anwendung auf die Faserungen, siehe 6.5 Bemerkung a). Wenn E eine Spektralsequenz von Algebren ist, sind die Epi- und Monomorphismen (1.4 + 5) Algebrenmonomorphismen.

1.5 Satz: *Wenn für einen Homomorphismus $f\colon E \to E'$ zwischen zwei Spektralsequenzen $f_{r_0}\colon E_{r_0} \longrightarrow E'_{r_0}$ ein Isomorphismus ist, ist $f_r\colon E_r \longrightarrow E'_r$ für alle $r_0 \leq r \leq \infty$ ein Isomorphismus.*

Der Beweis ist trivial.

1.6 Bei einem bigraduierten Differentialmodul A mit unteren Graduierungsindexen und dem Differential d vom Grade $(-r, r-1)$ definiert man die Homologie $\mathrm{H}(A) = \{\mathrm{H}_{p,q}(A)\}$ analog zu (1.1) durch

$$\mathrm{H}_{p,q}(A) = \mathrm{Kern}\,(d\colon A_{p,q} \to A_{p-r,q+r-1}) / \mathrm{Bild}\,(d\colon A_{p+r,q-r+1} \to A_{p,q}). \tag{1.1'}$$

Entsprechend zur Kohomologiespektralsequenz definiert man die *Homologiespektralsequenz* $E = \{E^r, i^r\}$ als eine Folge von bigraduierten Differentialmoduln $E^0, E^1, E^2, \ldots$ mit unteren Graduierungsindexen, wobei das Differential d^r in E^r den Grad $(-r, r-1)$ hat, und von Isomorphismen i^r wie in (1.2). Man identifiziert $\mathrm{H}(E^r)$ vermöge i^r mit E^{r+1}. Dann ist

$$E_{p,q}^r = \mathrm{H}_{p,q}(E^r) = E_{p,q}^{r+1} \quad \text{für alle } r > \mathrm{Max}(p, q+1). \tag{1.3'}$$

Man bezeichnet diesen Modul mit $E_{p,q}^\infty$ und setzt $E^\infty = \{E_{p,q}^\infty\}$. Entsprechend zu (1.4 + 5) hat man die Folgen der natürlichen *Monomorphismen der Basis*

(1.4′) $$E^{\infty}_{p,0} = E^{p+1}_{p,0} \rightarrowtail \cdots \rightarrowtail E^2_{p,0} \quad \text{für alle } p$$

und der natürlichen *Epimorphismen der Faser*

(1.5′) $$E^1_{0,q} \twoheadrightarrow E^2_{0,q} \twoheadrightarrow \cdots \twoheadrightarrow E^{q+2}_{0,q} = E^{\infty}_{0,q} \quad \text{für alle } q.$$

1.5 gilt auch für die Homologie.

2. Gefilterte Kettenkomplexe

Es gibt verschiedene algebraische Situationen, die das Auftreten einer Spektralsequenz verursachen: „gefilterte Kettenkomplexe", „exact couples" bei MASSEY, die $H^{p,q}$ bei CARTAN-EILENBERG, XV 7, und „Differentialrelationen" bei PUPPE [3]. Sie sind alle geeignet, für ein ss. Tripel (X, π, B) eine Spektralsequenz einzuführen. Hier wird der gefilterte Kokettenkomplex gewählt, damit für die Beweise auf MACLANE [2], XI 3ff., verwiesen werden kann.

2.1 Eine aufsteigende *Filterung* F eines Moduls A ist eine Folge von Untermoduln

(2.1) $$0 = F_{-1} A \subset F_0 A \subset \cdots \subset F_p A \subset F_{p+1} A \subset \cdots \subset A,$$

entsprechend eine absteigende Filterung eine Folge von Untermoduln

(2.2) $$\ldots F^{p+1} A \subset F^p A \subset \cdots \subset F^1 A \subset F^0 A = A.$$

Ein Homomorphismus $f\colon A \to A'$ zwischen zwei Moduln mit aufsteigenden (absteigenden) Filterungen F heißt von der Ordnung $\leq r (\geq r)$, wenn

$$f(F_p A) \subset F_{p+r} A' \; (f(F^p A) \subset F^{p+r} A') \quad \text{für alle } p \text{ ist.}$$

Statt „von der Ordnung $\leq 0 (\geq 0)$" sagt man „*filtertreu*".

2.2 Es seien A und B zwei Moduln. Eine aufsteigende Filterung F auf A bestimmt folgende *duale* absteigende Filterung F auf $\mathrm{Hom}(A, B)$: Man setzt

(2.3) $$F^p \mathrm{Hom}(A, B) = \{u \mid u \in \mathrm{Hom}(A, B) \quad \text{und} \quad \langle u, F_{p-1} A \rangle = 0\}.$$

Wenn $f\colon A \to A'$ die Ordnung $\leq r$ hat, hat

$$\mathrm{Hom}(f, \mathrm{id})\colon \mathrm{Hom}(A', B) \to \mathrm{Hom}(A, B)$$

die Ordnung $\geq -r$.

2.3 Unter einem *gefilterten graduierten Modul* $A = \{A_p\}$ $(= \{A^p\})$ versteht man einen graduierten Modul, bei dem jedes A_p aufsteigend (A^p absteigend) gefiltert ist und

(2.4) $$F_n A_n = A_n \quad \text{bzw.} \quad F^{n+1} A^n = 0$$

gilt. – Man nennt $A = \{A^p\}$ eine gefilterte graduierte Algebra, wenn A gleichzeitig ein gefilterter graduierter Modul und eine graduierte Algebra ist, so daß sich Filterung und Produkt gemäß

$$(F^p A^q) \cdot (F^{p'} A^{q'}) \subset F^{p+p'} A^{q+q'} \tag{2.5}$$

vertragen. – Man nennt A einen *gefilterten (Ko-)Kettenkomplex*, wenn A gleichzeitig ein gefilterter graduierter Modul und ein (Ko-)Kettenkomplex ist, dessen Differentiale filtertreu sind. – Schließlich heißt A gefilterter multiplikativer Kokettenkomplex, wenn sich alle Strukturen von A, Filterung, Graduierung, Differential und Multiplikation, gemäß IV 1.2 + 3 und wie oben geschildert, miteinander vertragen.

2.4 Jedem aufsteigend (absteigend) gefilterten graduierten Modul A ist der bigraduierte Modul $\mathrm{G}^F A = \{\mathrm{G}^F_{p,q} A\}$ $(\mathrm{G}_F A = \{\mathrm{G}_F^{p,q}\})$ zugeordnet, wobei

$$\mathrm{G}^F_{p,q} A = F_p A_{p+q} / F_{p-1} A_{p+q} \qquad (\mathrm{G}_F^{p,q} A = F^p A^{p+q} / F^{p+1} A^{p+q}) \tag{2.6}$$

ist. Diese Zuordnung ist ein kovarianter Funktor. Wenn A eine gefilterte, graduierte Algebra ist, bestimmt das Produkt in A ein Produkt in $\mathrm{G}_F A$, das $\mathrm{G}_F A$ zu einer bigraduierten Algebra macht.

2.5 In einem gefilterten multiplikativen Kokettenkomplex K induziert die Filterung F von K folgende Filterung F der Kohomologie $\mathrm{H}(K)$: Man definiert $F^p \mathrm{H}(K) \subset \mathrm{H}(K)$ als den Untermodul derjenigen Kohomologieklassen, die repräsentierende Kozykel in $F^p K$ besitzen. So wird $\mathrm{H}(K)$ zu einer gefilterten graduierten Algebra. Eine filtertreue Kokettenabbildung $f\colon K \to L$ induziert einen filtertreuen Homomorphismus vom Grade 0 der Kohomologie $\mathrm{H}(f)\colon \mathrm{H}(K) \to \mathrm{H}(L)$.

2.6 Dem gefilterten multiplikativen Kokettenkomplex (K, δ) soll eine Spektralsequenz von Algebren zugeordnet werden. Dazu definiert man für alle $p, q \in \mathbf{Z}$ und alle $r = 0, 1, 2, \ldots$:

$$Z_r^{p,q} = \{x \mid x \in F^p K^{p+q}, \delta x \in F^{p+r} K^{p+q+1}\}, \tag{2.7}$$

$$E_r^{p,q} = (Z_r^{p,q} \cup F^{p+1} K^{p+q}) / (\delta Z_{r-1}^{p-r+1, q+r-2} \cup F^{p+1} K^{p+q}). \tag{2.8}$$

Es sei $E_r = \{E_r^{p,q}\}$ der bigraduierten Modul. Das Produkt in K induziert ein Produkt in E_r, das E_r zu einer bigraduierten Algebra macht. Das Differential δ bestimmt auf E_r das Differential d_r, welches homogen vom Grade $(r, 1-r)$ ist. Daher ist E_r eine bigraduierte Differentialalgebra. Schließlich induziert die identische Abbildung von K einen multiplikativen Isomorphismus $i_r\colon \mathrm{H}(E_r) \longrightarrow E_{r+1}$ vom Grade $(0,0)$. Daher ist $E = \{E_r, i_r\}$ eine Spektralsequenz von Algebren. Sie ist offensichtlich ein kovarianter Funktor auf der Kategorie der gefilterten multiplikativen Kokettenkomplexe.

2.7 Satz: *Für die Spektralsequenz E eines gefilterten multiplikativen Kokettenkomplexes K bestehen natürliche Isomorphismen bigraduierter Algebren*

$$(2.9)\qquad E_1 \cong \mathrm{H}(\mathrm{G}_F K), \quad d.h. \quad E_1^{p,q} \cong \mathrm{H}^{p+q}(F^p K/F^{p+1} K),$$

$$(2.10)\qquad E_\infty \cong \mathrm{G}_F \mathrm{H}(K), \quad d.h. \quad E_\infty^{p,q} \cong F^p \mathrm{H}^{p+q}(K)/F^{p+1}\mathrm{H}^{p+q}(K),$$

die durch die identische Abbildung von K induziert sind. Das Differential d_1 entspricht bei (2.9) dem verbindenden Homomorphismus

$$(2.11)\qquad \delta^*: \mathrm{H}^{p+q}(F^p K/F^{p+1} K) \to \mathrm{H}^{p+q+1}(F^{p+1} K/F^{p+2} K)$$

zur exakten Sequenz

$$0 \to F^{p+1} K/F^{p+2} K \to F^p K/F^{p+2} K \to F^p K/F^{p+1} K \to 0.$$

Aus 1.5 und (2.10) folgt:

Korollar: *Wenn eine filtertreue Kokettenabbildung $f: K \to L$ einen Isomorphismus $E_r(f)$ für ein $r \geq 1$ induziert, ist auch $\mathrm{H}(f): \mathrm{H}(K) \longrightarrow \mathrm{H}(L)$ ein Isomorphismus.*

2.8 Satz: *Es seien $f_0, f_1: K \to K'$ zwei filtertreue Kokettenabbildungen zwischen zwei gefilterten Kokettenkomplexen und $h: K \to K'$ eine Homotopie f_0 nach f_1 von der Ordnung $\geq -s$. Dann gilt für die induzierten Abbildungen der Spektralsequenzen*

$$E_r(f_0) = E_r(f_1): E_r(K) \to E_r(K') \quad \textit{für alle} \quad s < r \leq \infty$$

und für die induzierten Abbildungen der Kohomologie

$$\mathrm{H}(f_0) = \mathrm{H}(f_1): \mathrm{H}(K) \to \mathrm{H}(K').$$

2.9 Die Definitionen und Ergebnisse von 2.5–8 lassen sich, abgesehen von der Algebrenstruktur, auf die *Homologie* übertragen: Bei einem gefilterten Kettenkomplex K wird eine Filterung F der Homologie $\mathrm{H}(K)$ induziert, indem man $F_p\mathrm{H}(K) \subset \mathrm{H}(K)$ als den Untermodul der Homologieklassen definiert, die repräsentierende Zykel in $F_p K$ besitzen.

Um K eine Spektralsequenz zuzuordnen, definiert man

$$(2.7')\qquad Z_{p,q}^r = \{x \mid x \in F_p K_{p+q}, \partial x \in F_{p-r} K_{p+q-1}\},$$

$$(2.8')\qquad E_{p,q}^r = (Z_{p,q}^r \cup F_{p-1} K_{p+q})/(\partial Z_{p+r-1,q-r+2}^{r-1} \cup F_{p-1} K_{p+q})$$

und setzt $E^r = \{E_{p,q}^r\}$. Entsprechend zu 2.6 bilden die $\{E^r, i^r\}$ eine Homologiespektralsequenz, für die 2.7 gilt, wenn man dort Algebren durch Moduln und (2.9–11) ersetzt durch

(2.9′) $E^1 \cong \mathrm{H}(\mathrm{G}^F K)$, d.h. $E^1_{p,q} \cong \mathrm{H}_{p+q}(F_p K/F_{p-1} K)$,

(2.10′) $E^\infty \cong \mathrm{G}^F \mathrm{H}(K)$, d.h. $E^\infty_{p,q} \cong F_p \mathrm{H}_{p+q}(K)/F_{p-1} \mathrm{H}_{p+q}(K)$.

(2.11′) $\partial_*: \mathrm{H}_{p+q}(F_p K/F_{p-1} K) \to \mathrm{H}_{p+q-1}(F_{p-1} K/F_{p-2} K)$,

den verbindenden Homomorphismus zur exakten Sequenz

$$0 \to F_{p-1} K/F_{p-2} K \to F_p K/F_{p-2} K \to F_p K/F_{p-1} K \to 0.$$

Auch 2.8 gilt, wenn man von der Homotopie h voraussetzt, daß sie die Ordnung $\leq s$ hat.

3. Die Spektralsequenz eines ss. Tripels

Man geht von der Kategorie der ss. Tripel aus, deren Objekte $\xi = (X, \pi, B)$ aus einer ss. Abbildung $\pi: X \to B$ bestehen und deren Morphismen Φ: $\xi \to \xi' = (X', \pi', B')$ die kommutativen Diagramme 3.1 sind, vergleiche I 7.2:

$$\begin{array}{ccc} X & \xrightarrow{\Phi} & X' \\ {\scriptstyle \pi}\downarrow & & \downarrow{\scriptstyle \pi'} \\ B & \xrightarrow[f]{} & B' \end{array}$$

Dia. 3.1

3.1 Satz: *Jedem ss. Tripel $\xi = (X, \pi, B)$ ist eine Kohomologiespektralsequenz $\mathrm{E}(\xi)$ von Algebren zugeordnet, die ein kontravarianter Funktor ist. Für ihren ersten Term besteht ein natürlicher Isomorphismus*

(3.1) $\mathrm{E}_1^{p,q}(\xi) \cong \mathrm{H}^{p+q}(\pi^{-1}(B^p), \pi^{-1}(B^{p-1}))$ *für alle p und q.*

Dabei entspricht das Differential $d_1: \mathrm{E}_1^{p,q} \to \mathrm{E}_1^{p+1,q}$ dem verbindenden Homomorphismus des Tripels $(\pi^{-1}(B^p), \pi^{-1}(B^{p-1}), \pi^{-1}(B^{p-2}))$. Die Kohomologie $\mathrm{H}^*(X)$ ist eine in natürlicher Weise gefilterte graduierte Algebra

(3.2) $0 = \mathrm{F}^{n+1}\mathrm{H}^n(X) \subset \mathrm{F}^n \mathrm{H}^n(X) \subset \cdots \subset \mathrm{F}^0 \mathrm{H}^n(X) = \mathrm{H}^n(X)$,

und es besteht ein natürlicher multiplikativer Isomorphismus

(3.3) $\mathrm{E}_\infty(\xi) \cong \mathrm{G}_\mathrm{F} \mathrm{H}^*(X)$, *d.h.* $\mathrm{E}_\infty^{p,q}(\xi) \cong \mathrm{F}^p \mathrm{H}^{p+q}(X)/\mathrm{F}^{p+1} \mathrm{H}^{p+q}(X)$.

3.2 Erläuterungen zur Natürlichkeit: Die Tatsache, daß die Spektralsequenz E ein kontravarianter Funktor ist, bedeutet u.a., daß jeder Tripelabbildung Φ: $\xi \to \xi'$ ein Homomorphismus $\mathrm{E}(\Phi)$: $\mathrm{E}(\xi') \to \mathrm{E}(\xi)$ der Spektralsequenzen zugeordnet ist. Weil Dia. 3.1 kommutativ ist, induziert Φ: $X \to X'$ einen Homomorphismus
$\mathrm{H}^{p+q}(\Phi)$: $\mathrm{H}^{p+q}(\pi'^{-1}(B'^p), \pi'^{-1}(B'^{p-1})) \to \mathrm{H}^{p+q}(\pi^{-1}(B^p), \pi^{-1}(B^{p-1}))$. Dic Natürlichkeit von (3.1) bedeutet, daß das Diagramm 3.2 kommutativ ist:

$$\begin{array}{ccc} E_1^{p,q}(\xi') \cong H^{p+q}(\pi'^{-1}(B'^p), & \pi'^{-1}(B'^{p-1})) \\ \downarrow E_1^{p,q}(\Phi) & \downarrow H^{p+q}(\Phi) \\ E_1^{p,q}(\xi) \cong H^{p+q}(\pi^{-1}(B^p), & \pi^{-1}(B^{p-1})) \end{array} \qquad \text{Dia. 3.2}$$

„Die Filterung von $H^*(X)$ ist natürlich" soll heißen: Bei einer Tripelabbildung $\Phi\colon \xi \to \xi'$ induziert $\Phi\colon X \to X'$ einen filtertreuen Homomorphismus $H^*(\Phi)\colon H^*(X') \to H^*(X)$ der Kohomologie. – Daher induziert $H^*(\Phi)$ einen Homomorphismus $G_F H^*(\Phi)\colon G_F H^*(X') \to G_F H^*(X)$. Die Natürlichkeit von (3.3) bedeutet, daß das Diagramm 3.3 kommutativ ist:

$$\begin{array}{ccc} E_\infty(\xi') & \cong & G_F H^*(X') \\ \downarrow E_\infty(\Phi) & & \downarrow G_F H^*(\Phi) \\ E_\infty(\xi) & \cong & G_F H^*(X) \end{array} \qquad \text{Dia. 3.3}$$

3.3 Beweis zu 3.1: Einem Simplex $x \in X$ wird das Gewicht $w(x) = p$ zugeordnet, wenn in der kanonischen Darstellung $\pi(x) = \beta^* b$, siehe I 3.9, $\dim b = p$ ist. Man macht den multiplikativen Kokettenkomplex $C^*(X)$ zu einem gefilterten multiplikativen Kokettenkomplex, indem man

(3.4) $\quad F^p C^*(X) = \{u \mid u \in C^*(X) \text{ und } \langle u, x\rangle = 0, \text{ wenn } w(x) < p\}$

definiert. Diese Filterung verträgt sich mit der Graduierung wegen $0 \le w(x) \le \dim x$, mit dem Differential, weil $w(d_i x) \le w(x)$ für alle i ist, und mit dem Cupprodukt V (3.4), weil $w(x(0\dots r)) + w(x(r\dots n)) \le w(x)$ für alle $x \in X_n$ und alle $0 \le r \le n$ ist. Man definiert die Spektralsequenz $E(\xi)$ als die Spektralsequenz dieses gefilterten Kokettenkomplexes $C^*(X)$, siehe 2.6. – Die Kokettenkomplexe $F^p C^*(X)/F^{p+1} C^*(X)$ und $C^*(\pi^{-1}(B^p), \pi^{-1}(B^{p-1}))$ sind in natürlicher Weise isomorph. Daher folgt (3.1) aus (2.9). – Die Kohomologie $H^*(X)$ wird so gefiltert, wie es in 2.5 beschrieben wurde. Das ergibt (3.2). Schließlich ist (3.3) eine Folge von (2.10).

Bemerkung: Aus der kanonischen Isomorphie zwischen $F^p C^*(X)/F^{p+1} C^*(X)$ und $C^*(\pi^{-1}(B^p), \pi^{-1}(B^{p-1}))$ und den Definitionen (2.7 + 8) folgt übrigens, daß man $E_0^{p,q}(\xi)$ mit $C^{p+q}(\pi^{-1}(B^p), \pi^{-1}(B^{p-1}))$ identifizieren kann und das Differential d_0 mit den Differentialen δ der Kokettenkomplexe $C^*(\pi^{-1}(B^p), \pi^{-1}(B^{p-1}))$ für alle p übereinstimmt.

3.4 Satz: *Wenn zwei Tripelabbildungen $F_0, F_1\colon \xi \to \xi'$ streng homotop sind, stimmen die induzierten Homomorphismen der Spektralsequenzen vom ersten Term an überein:*

(3.5) $\quad E_r(F_0) = E_r(F_1)\colon E_r(\xi') \to E_r(\xi), \quad r = 1, 2, \dots$

und die induzierten Homomorphismen der Kohomologie der Totalmengen sind ebenfalls einander gleich:

$$\text{(3.6)} \qquad H^*(F_0) = H^*(F_1)\colon\ H^*(X') \to H^*(X).$$

Beweis: Es sei $H: X \times I \to X'$ die strenge Homotopie von F_0 nach F_1. Dann ist $H(x,e) = F_e(x)$ und $\pi' H(x,t) = \pi(x)$ für alle $x \in X$, $t \in I$ und $e = 0, 1$. Durch H wird die Kettenhomotopie

$$\text{(3.7)} \quad C_*(H)\colon\ C_n(X) \to C_{n+1}(X'), \quad x \mapsto \sum_{i=0}^{n} (-1)^i H(s_i x, (0 \ldots 0\overset{i}{1} \ldots 1))$$

von $C_*(F_0)$ nach $C_*(F_1)$ bestimmt, siehe V (1.4). Man sieht aus (3.7), daß $C_*(H)$ filtertreu ist. Der zu $C_*(H)$ duale Homomorphismus $\operatorname{Hom}(C_*(H), \mathrm{id})$ ist bis auf das Vorzeichen die Kokettenhomotopie von $C^*(F_0)$ nach $C^*(F_1)$, siehe IV 4.6. Sie ist also nach 2.2 ebenfalls filtertreu. Die Behauptung folgt dann aus 2.8.

Bemerkung: Wenn die Tripelabbildungen F_0 und F_1 nur homotop sind, siehe I 7.7, ist im allgemeinen $E_r(F_0) = E_r(F_1)$ erst ab $r = 2$. Denn die Kettenhomotopie (3.7) hat dann die Ordnung ≤ 1.

3.5 Statt der Kategorie der ss. Tripel kann man eine allgemeinere Kategorie betrachten, deren Objekte $(\xi, \bar{X})$ aus einem ss. Tripel $\xi = (X, \pi, B)$ und einer ss. Untermenge $\bar{X} \subset X$ bestehen und deren Morphismen $\Phi\colon (\xi, \bar{X}) \to (\xi', \bar{X}')$ Tripelabbildungen wie Diagramm 3.1 sind, für die außerdem $\Phi(\bar{X}) \subset \bar{X}'$ ist. Es sei M ein Modul. Indem man in 3.3 den Kokettenkomplex $C^*(X)$ durch den relativen Kokettenkomplex $C^*(X, \bar{X}; M)$ mit Koeffizienten in M ersetzt, beweist man eine allgemeinere Fassung von 3.1: Jedem Paar $(\xi, \bar{X})$ und jedem Modul M ist eine Kohomologiespektralsequenz $E(\xi, \bar{X}; M)$ zugeordnet, für die die Aussagen von 3.1 mit folgenden Änderungen gelten: Man ersetze ξ durch $\xi, \bar{X}; \mathrm{M}$, X durch $X, \bar{X}; M$ und $\pi^{-1}(B^s)$ durch $\pi^{-1}(B^s) \cup \bar{X}$ für $s = p, p-1, p-2$. Mit denselben Änderungen gilt auch 3.4, wenn man von der Homotopie H zwischen F_0 und F_1 voraussetzt, daß sie relativ $\bar{X}$ und $\bar{X}'$ ist, d.h. $H(\bar{X} \times I) \subset \bar{X}'$.

3.6 Zu 3.1–5 gelten entsprechende Ergebnisse für die Homologie: Jedem ss. Tripel $\xi = (X, \pi, B)$, $\bar{X} \subset X$ und Modul M ist eine Homologiespektralsequenz $E(\xi; \bar{X}, M)$ zugeordnet, die ein kovarianter Funktor ist. Für den ersten Term besteht ein natürlicher Isomorphismus

$$\text{(3.8)} \qquad E^1_{p,q}(\xi, \bar{X}; M) \cong H_{p+q}(\pi^{-1}(B^p) \cup \bar{X}, \pi^{-1}(B^{p-1}) \cup \bar{X}; M).$$

Dabei entspricht das Differential d_1 dem verbindenden Homomorphismus des Tripels $(\pi^{-1}(B^p) \cup \bar{X},\ \pi^{-1}(B^{p-1}) \cup \bar{X},\ \pi^{-1}(B^{p-2}) \cup \bar{X})$. Die

Homologie $\mathrm{H}_*(\bar{X},X;M)$ ist ein in natürlicher Weise gefilterter Modul

$$(3.9) \qquad \begin{aligned} 0=\mathrm{F}_{-1}\mathrm{H}_n(X,\bar{X};M)\subset \mathrm{F}_0\mathrm{H}_n(X,\bar{X};M)\subset\cdots \\ \cdots\subset \mathrm{F}_n\mathrm{H}_n(X,\bar{X};M)=\mathrm{H}_n(X,\bar{X};M), \end{aligned}$$

und es besteht ein natürlicher Isomorphismus

$$(3.10) \qquad \begin{aligned} \mathrm{E}^\infty(\xi,\bar{X};M)\cong \mathrm{G}^\mathrm{F}\mathrm{H}_*(X,\bar{X};M), \quad \text{d.h.} \\ \mathrm{E}^\infty_{p,q}\cong \mathrm{F}_p\mathrm{H}_{p+q}(X,\bar{X};M)/\,\mathrm{F}_{p-1}\mathrm{H}_{p+q}(X,\bar{X};M). \end{aligned}$$

3.4 gilt entsprechend.

4. Lokale Koeffizientensysteme

4.1 Ein *lokales Koeffizientensystem*, genauer: ein lokales System kontravarianter Koeffizienten $\mathscr{A}=(X,A,o)$ über X besteht aus einer ss. Menge X, aus Moduln $A(x)$ für alle $x\in X$ und aus Isomorphismen

$$(4.1) \qquad o(x,\alpha)\colon A(\alpha^* x) \xrightarrow{\cong} A(x)$$

für alle n, alle $x\in X_n$ und alle monotonen $\alpha\colon[\cdots]\to[n]$, so daß

$$(4.2) \qquad o(x,\mathrm{id})=\mathrm{id} \quad \text{und} \quad o(x,\beta)o(\beta^* x,\alpha)=o(x,\beta\alpha)$$

ist, sobald die Ausdrücke definiert sind.

4.2 Zu $\mathscr{A}$ bildet man folgenden Kokettenkomplex $\mathrm{C}^*(\mathscr{A})$: Der n-te Kokettenmodul ist das direkte Produkt

$$\mathrm{C}^n(\mathscr{A})=\prod_{x\in X_n} A(x).$$

Für ein Element u daraus bezeichnet man mit $\langle u,x\rangle$ seine Komponente in $A(x)$. Das Differential lautet

$$(4.3) \qquad \delta\colon \mathrm{C}^n(\mathscr{A})\to\mathrm{C}^{n+1}(\mathscr{A}), \quad \langle\delta u,x\rangle=\sum_{i=0}^{n+1}(-1)^i o(x,\delta^i)\langle u,d_i x\rangle$$

für $u\in\mathrm{C}^n(\mathscr{A})$ und $x\in X_{n+1}$. Aus (4.2) folgt, daß $\delta\delta=0$ ist.

Nun sei $X'\subset X$ eine möglicherweise leere ss. Untermenge. Der Kokettenkomplex $\mathrm{C}^*(X,X';\mathscr{A})$ wird als der Unterkomplex aller Koketten $u\in\mathrm{C}^*(\mathscr{A})$ definiert, für die

$$(4.4) \qquad \langle u,x\rangle=0, \quad \text{falls } x \text{ entartet oder } \quad x\in X'$$

ist. Seine Kohomologiemoduln heißen Kohomologiemoduln von (X,X') mit lokalen Koeffizienten in $\mathscr{A}$. Sie werden mit $\mathrm{H}^n(X,X';\mathscr{A})$ bezeichnet.

Beispiel: Zu einem festen Modul A gehört das triviale lokale Koeffizientensystem $\mathscr{A}=(X,A,o)$, bei dem allen x derselbe Modul A zugeordnet ist und alle $o(x,\alpha)=\mathrm{id}$ sind. Dann ist $\mathrm{C}^*(X,X';\mathscr{A})$ der übliche Kokettenkomplex $\mathrm{C}^*(X,X';A)$ mit Koeffizienten in dem festen Modul A.

4.3 Jedem $x\in X_1$ ordnet man den Isomorphismus

(4.5) $$\mathrm{O}(x)=o(x,(0))^{-1}\,o(x,(1))\colon\ A(x(1))\to A(x(0))$$

zu und definiert für einen Streckenzug $\sigma=x_1^{\varepsilon_1}\dots x_n^{\varepsilon_n}$ von b_0 nach b_1

$$\mathrm{O}(\sigma)=\mathrm{O}(x_1)^{\varepsilon_1}\cdots\mathrm{O}(x_n)^{\varepsilon_n}\colon\ A(b_1)\to A(b_0).$$

Lemma: *Der Isomorphismus $\mathrm{O}(\sigma)$ hängt nur von der Homotopieklasse des durch σ repräsentierten Weges w ab. Für zwei Wege v und w ist $\mathrm{O}(v\cdot w)=\mathrm{O}(v)\circ\mathrm{O}(w)$, wenn $v\cdot w$ definiert ist.*

Beweis: Wegen (4.2+5) gilt für jedes 2-Simplex $y\in X$, daß $\mathrm{O}(d_2y)\mathrm{O}(d_0y)=\mathrm{O}(d_1y)$ ist. Daraus folgt, daß $\mathrm{O}(\sigma)$ nur von der Homotopieklasse des Weges w abhängt. Die übrigen Behauptungen folgen trivial.

Die ss. Menge X sei nun zusammenhängend, und in ihr sei ein fester Basispunkt $*\in X_0$ ausgezeichnet. Folgendermaßen operiert die Fundamentalgruppe $\pi=\pi_1(X,*)$ von links auf $A(*)$: Zu $a\in A(*)$ und $g\in\pi$ wählt man einen Weg w, der g repräsentiert, und setzt

$$g\cdot a=\mathrm{O}(w)(a).$$

4.4 Man bildet die universelle Überlagerung $p\colon\tilde{X}\to X$ und wählt in $\tilde{X}$ einen Basispunkt $\tilde{*}$ über $*$. Nach III 4.5 operiert π als Gruppe der Deckbewegungen frei von links auf $\tilde{X}$. Für jede ss. Untermenge $X'\subset X$ ist das Urbild $p^{-1}(X')$ in $\tilde{X}$ π-abgeschlossen. Nach V 7.1 bildet man den äquivarianten Kokettenkomplex ${}_\pi\mathrm{C}^*(\tilde{X},p^{-1}(X');A(*))$ und vergleicht ihn mit dem Kokettenkomplex $\mathrm{C}^*(X,X';\mathscr{A})$, der in 4.2 eingeführt wurde:

Lemma: *Die Kokettenkomplexe $\mathrm{C}^*(X,X';\mathscr{A})$ und ${}_\pi\mathrm{C}^*(\tilde{X},p^{-1}(X');A(*))$ sind isomorph.*

Korollar: *Es besteht ein Isomorphismus zwischen der Kohomologie mit lokalen Koeffizienten und der äquivarianten Kohomologie der universellen Überlagerung:*

(4.6) $$\mathrm{H}^n(X,X';\mathscr{A})\cong{}_\pi\mathrm{H}^n(\tilde{X},p^{-1}(X');\,A(*)).$$

Beweis: Es soll eine Kokettenabbildung

(4.7) $$\eta\colon\ \mathrm{C}^*(X,X';\mathscr{A})\to{}_\pi\mathrm{C}^*(\tilde{X},p^{-1}(X');A(*))$$

definiert werden. Dazu muß man für jedes $u \in C^n(X, X'; \mathscr{A})$ und jedes $x \in \tilde{X}_n$ angeben, was $\langle \eta(u), x \rangle \in A(*)$ ist: Man wählt einen Weg w von $\tilde{*}$ nach $x(0)$ und setzt

$$(4.8) \qquad \langle \eta(u), x \rangle = \mathrm{O}(p(w))\, o(p(x), (0))^{-1} \langle u, p(x) \rangle .$$

Diese Definition ist von der Wahl von w unabhängig, da ein anderer Weg $\bar{w}$ von $\tilde{*}$ nach $x(0)$ zu w homotop ist, weil $\tilde{X}$ einfach zusammenhängend ist. Trivialerweise ist $\langle \eta(u), x \rangle = 0$, wenn x entartet oder $x \in p^{-1}(X')$ ist. Ferner ist $\eta(u)$ π-äquivariant, d.h., für jedes $g \in \pi$ gilt $\langle \eta(u), gx \rangle = g \langle \eta(u), x \rangle$: Denn es werde g durch den Weg v in X repräsentiert. Man hebt den Weg $v\, p(w)$ zu w' in $\tilde{X}$ hoch, so daß w' in $\tilde{*}$ beginnt. Dann endet w' in $g\, x(0)$. Daher ist

$$\begin{aligned} \langle \eta(u), g x \rangle &= \mathrm{O}(v)\, \mathrm{O}(p(w))\, o(p(g x), (0))^{-1} \langle u, p(g x) \rangle \\ &= \mathrm{O}(v)\, \mathrm{O}(p(w)) \cdot o(p(x), (0))^{-1} \langle u, p(x) \rangle \\ &= g \langle \eta(u), x \rangle . \end{aligned}$$

Es sei dem Leser überlassen nachzurechnen, daß $\eta \delta = \delta \eta$ ist.

Um nachzuweisen, daß η ein Isomorphismus ist, gibt man zu η eine Umkehrabbildung

$$\vartheta\colon\ {}_{\pi}C^*(\tilde{X}, p^{-1}(X'); A(*)) \to C^*(X, X'; \mathscr{A})$$

an. Zu jedem $u \in {}_{\pi}C^n(\tilde{X}, p^{-1}(X'); A(*))$ und $x \in X_n$ muß $\langle \vartheta(u), x \rangle \in A(x)$ definiert werden: Man wählt ein $x' \in \tilde{X}_n$ über x, einen Weg w von $\tilde{*}$ nach $x'(0)$ *und setzt*

$$(4.9) \qquad \langle \vartheta(u), x \rangle = o(x, (0))\, \mathrm{O}((p(w))^{-1} \langle u, x' \rangle .$$

Wie bei η ergibt sich, daß diese Definition von der Wahl von w unabhängig ist. Um die Unabhängigkeit von der Wahl von x' zu beweisen, betrachtet man ein anderes $x'' \in \tilde{X}_n$ über x. Es gibt ein $g \in \pi$ mit $x'' = g x'$. Man wählt einen repräsentierenden Weg v für g und definiert wie bei η den Weg w' in $\tilde{X}$ so, daß er in $\tilde{*}$ beginnt und $v\, p(w)$ überlagert. Er endet dann in $x''(0) = g\, x'(0)$. Die Unabhängigkeit von der Wahl von x' folgt dann aus $o(x, (0))\ \mathrm{O}(p(w'))^{-1} \langle u, x'' \rangle = o(x, (0))\ \mathrm{O}(p(w))^{-1}\ \mathrm{O}(v)^{-1} \langle u, g x' \rangle = o(x, (0))\ \mathrm{O}(p(w))^{-1}\ \mathrm{O}(v)^{-1}\ \mathrm{O}(v) \langle u, x' \rangle$. Offensichtlich ist $\langle \vartheta u, x \rangle = 0$, wenn x entartet oder in X' ist. Somit ist ϑ wohldefiniert. – Man rechnet nun anhand der Definitionen (4.8 + 9) nach, daß $\vartheta \eta = \mathrm{id}$ und $\eta \vartheta = \mathrm{id}$ ist.

Die folgenden Nummern 4.5–8 enthalten verschiedene Ergänzungen zu den lokalen Koeffizientensystemen.

4.5 Abbildungen: Die lokalen Koeffizientensysteme $\mathscr{A} = (X, A, o)$ sind die Objekte einer Kategorie, deren Morphismen folgendermaßen definiert werden:

$$(f, m)\colon\ (X, A, o) \to (Y, B, o)$$

besteht aus einer ss. Abbildung $f\colon X\to Y$ und linearen Abbildungen $m(x)\colon B(f(x))\to A(x)$ für alle $x\in X$, so daß

$$m(x)\,o(f(x),\alpha)=o(x,\alpha)\,m(\alpha^* x) \tag{4.10}$$

gilt, sobald eine Seite der Gleichung definiert ist.

In X und Y sei je ein Basispunkt $*$ ausgezeichnet, so daß $f(*)=*$ ist. Dann bestimmt f den Homomorphismus $\pi_1(f)\colon \pi_1(X,*)\to\pi_1(Y,*)$ der Fundamentalgruppen. – Man bildet die universellen Überlagerungen $p\colon \tilde{X}\to X$, $p\colon \tilde{Y}\to Y$ und zeichnet in ihnen je einen Basispunkt $\tilde{*}$ aus, der über $*$ liegt. Nach III 3.5 gibt es genau eine ss. Abbildung $\tilde{f}\colon \tilde{X}\to\tilde{Y}$ mit $p\tilde{f}=fp$ und $f(\tilde{*})=\tilde{*}$. Diese Abbildung verträgt sich im Sinne von V (7.4) mit $\pi_1(f)$, wenn man die Fundamentalgruppe gemäß III (4.3) mit der Gruppe der Deckbewegungen identifiziert. – Ferner verträgt sich der Homomorphismus $m(*)\colon B(*)\to A(*)$ mit $\pi_1(f)$, weil $m(b_0)\mathrm{O}(f(\sigma))=\mathrm{O}(\sigma)m(b_1)$ für jeden Streckenzug σ von b_0 nach b_1 in X gilt. Das folgt aus der Definition von O und (4.10). Nun seien noch ss. Untermengen $X'\subset X$ und $Y'\subset Y$ gewählt, so daß $*\in X'$, $*\in Y'$ und $f(X')\subset Y'$ ist. Nach V (7.5) bestimmt $(\pi_1(f),\tilde{f},m(*))$ die Kokettenabbildung

$$_{\pi_1(f)}\mathrm{C}^*(\tilde{f},m(*))\colon {}_{\pi_1(Y)}\mathrm{C}^*(\tilde{Y},p^{-1}(Y');B(*))\to {}_{\pi_1(X)}\mathrm{C}^*(\tilde{X},p^{-1}(X');A(*)).$$

Andererseits bestimmt (f,m) die Kokettenabbildung

$$\begin{aligned}&\mathrm{C}^*(f,m)\colon \mathrm{C}^*(Y,Y';\mathscr{B})\to\mathrm{C}^*(X,X';\mathscr{A}),\\ &\langle \mathrm{C}^*(f,m)(v),x\rangle = m(x)\langle v,f(x)\rangle.\end{aligned} \tag{4.11}$$

Aufgrund der Definitionen rechnet man für den Isomorphismus η (4.7+8) nach, daß $_{\pi_1(f)}\mathrm{C}^*(\tilde{f},m(*))\eta=\eta\,\mathrm{C}^*(f,m)$ ist. Daraus folgt die entsprechende Gleichung für die Kohomologie, mit anderen Worten:

Satz: *Der Isomorphismus* (4.6) *ist natürlich.*

4.6 Inneres Produkt: Für zwei lokale Koeffizientensysteme $\mathscr{A}=(X,A,o)$ und $\mathscr{B}=(X,B,o')$ über derselben ss. Menge X bildet man das Tensorprodukt $\mathscr{A}\otimes\mathscr{B}=(X,A\otimes B,o\otimes o')$ durch

$$(A\otimes B)(x)=A(x)\otimes B(x) \quad \text{und} \quad (o\otimes o')(x,\alpha)=o(x,\alpha)\otimes o'(x,\alpha),$$

wobei rechts das übliche Tensorprodukt von Moduln bzw. Homomorphismen steht. Man definiert dann für zwei Koketten $u\in\mathrm{C}^p(X,X';\mathscr{A})$ und $v\in\mathrm{C}^q(X,X'';\mathscr{B})$ das Cupprodukt $u\cup v\in\mathrm{C}^{p+q}(X,X'\cup X'';\mathscr{A}\otimes\mathscr{B})$ durch

$$\begin{aligned}\langle u\cup v,x\rangle &= (-1)^{pq}o(x,(0\dots p))\langle u,x(0\dots p)\rangle\\ &\otimes o'(x,(p\dots p+q))\langle v,x(p\dots p+q)\rangle,\quad x\in X_{p+q}.\end{aligned} \tag{4.12}$$

Dafür gilt $\delta(u \cup v) = \delta u \cup v + (-1)^p u \cup \delta v$. Darum ist es sinnvoll, das innere Produkt

$$\text{(4.13)} \quad \mathrm{H}^p(X, X'; \mathscr{A}) \otimes \mathrm{H}^q(X, X''; \mathscr{B}) \to \mathrm{H}^{p+q}(X, X' \cup X''; \mathscr{A} \otimes \mathscr{B}),$$
$$\mathrm{kl}\, u \otimes \mathrm{kl}\, v \mapsto \mathrm{kl}(u \cup v)$$

zu bilden. Es ist offensichtlich natürlich.

Satz: *Beim Isomorphismus* (4.6) *entspricht das soeben definierte innere Produkt* (4.13) *dem inneren Produkt* V (7.3) *für die äquivariante Kohomologie.*

Beweis: Es sei $u \in \mathrm{C}^n(X, X'; \mathscr{A})$ und $v \in \mathrm{C}^q(X, X''; \mathscr{B})$. Man zeigt, daß für η (4.7+8) gilt: $\eta(u \cup v) = \eta(u) \cup \eta(v)$: Es sei $x \in \tilde{X}_{n+q}$. Wenn $p\colon \tilde{X} \to X$ die kanonische Projektion bedeutet, setzt man der Kürze halber $\bar{x} = p(x)$. Dann ist nach den Definitionen

$$\text{(4.14)} \quad \langle \eta(u \cup v), x \rangle = (-1)^{nq} \mathrm{O}(p(w)) o(\bar{x}(0))^{-1} \cdot$$
$$(o(\bar{x}, 0 \ldots n)) \langle u, \bar{x}(0 \ldots n) \rangle \otimes o(\bar{x}, (n \ldots n+q)) \langle v, \bar{x}(n \ldots n+q) \rangle).$$

Weil $w x(0n)$ ein Weg von $\tilde{*}$ nach $x(n)$ ist, gilt andererseits

$$\text{(4.15)} \quad \langle \eta(u) \cup \eta(v), x \rangle = (-1)^{nq} \mathrm{O}(p(w)) \cdot$$
$$(o(\bar{x}(0 \ldots n), (0))^{-1} \langle u, \bar{x}(0 \ldots n) \rangle \otimes \mathrm{O}(\bar{x}(0n)) o(\bar{x}(n \ldots n+q), (0))^{-1} \cdot$$
$$\langle v, \bar{x}(n \ldots n+q) \rangle).$$

Nach (4.2) ist $o(\bar{x}, (0))^{-1} o(\bar{x}, (0 \ldots n)) = o(\bar{x}(0 \ldots n), (0))^{-1}$. Daher stimmen in (4.14+15) die ersten Faktoren überein. Nach (4.5) ist $\mathrm{O}(\bar{x}(0n)) = o(\bar{x}(0n), (0))^{-1} o(\bar{x}(0n), (1))$. Wenn man dies benutzt und (4.2) zweimal anwendet, folgt $\mathrm{O}(\bar{x}(0n)) o(\bar{x}(n \ldots n+q), (0))^{-1} = o(\bar{x}(0))^{-1} o(\bar{x}, (n \ldots n+q))$. Daher sind die zweiten Faktoren in (4.14+15) ebenfalls gleich.

Korollar: *Das innere Produkt* (4.13) *ist assoziativ, kommutativ und hat das Einselement des üblichen Kohomologieringes* $\mathrm{H}^*(B; \Lambda)$ *als Einselement, wenn man* Λ *als triviales Koeffizientensystem über* B *auffaßt.*

Beweis: Man kann sich auf zusammenhängendes B beschränken. Dann entspricht (4.13) dem äquivarianten inneren Produkt, und dieses hat die genannten Eigenschaften, siehe V 7.3.

4.7 Für die *Homologie mit lokalen Koeffizienten* führt man lokale Systeme *kovarianter* Koeffizienten $\mathscr{A} = (X, A, o)$ ein, indem man die Definition in 4.1 folgendermaßen abändert: Die Richtung von $o(x, \alpha)$ (4.1) ist umgekehrt:

$$\text{(4.1')} \quad o(x, \alpha)\colon A(x) \xrightarrow{\cong} A(\alpha^* x).$$

Daher muß (4.2) durch

(4.2′) $$o(x,\mathrm{id})=\mathrm{id} \quad \text{und} \quad o(x,\beta\alpha)=o(\beta^* x,\alpha)o(x,\beta)$$

ersetzt werden. Bei den Morphismen 4.5 ist die Richtung von $m(x)$ umgekehrt:

$$m(x)\colon A(x)\to B(f(x)).$$

Dementsprechend muß (4.10) durch

(4.10′) $$m(\alpha^* x)o(x,\alpha)=o(f(x),\alpha)m(x)$$

ersetzt werden.

Der Kokettenkomplex, der in 4.2 definiert wurde, wird im kovarianten Fall durch folgenden Kettenkomplex $C_*(X,X';\mathscr{A})$ ersetzt: Der n-te Kettenmodul ist der Quotient

$$C_n(X,X';\mathscr{A})=\coprod_{x\in X_n} A(x)/\coprod_{y} A(y),$$

wobei y die n-Simplexe durchläuft, die entartet sind oder in X' liegen.

Das Differential $\partial\colon C_n(X,X';\mathscr{A})\to C_{n-1}(X,X';\mathscr{A})$ wird durch

$$\partial a=\sum_{i=0}^{n}(-1)^i o(x,\delta^i)(a) \quad \text{für } a\in A(x) \text{ und } x\in X_n$$

definiert. Die Homologiemoduln dieses Kettenkomplexes heißen Homologiemoduln des Paares (X,X') mit lokalen Koeffizienten in $\mathscr{A}$. Sie werden mit $H_n(X,X';\mathscr{A})$ bezeichnet.

Entsprechend zu 4.3 definiert man mittels o eine Rechtsoperation der Fundamentalgruppe $\pi=\pi_1(X,*)$ auf dem Modul $A(*)$. Wie in 4.4 gilt, daß die Kettenkomplexe $C_*(X,X';\mathscr{A})$ und ${}^{\pi}C_*(\tilde{X},p^{-1}(X');A(*))$ – letzterer wurde in V 7.6 Bemerkung definiert – in natürlicher Weise isomorph sind. Es sei dem Leser überlassen, die Einzelheiten auszuführen. Entsprechend (4.6) besteht der natürliche Isomorphismus

(4.6′) $$H_n(X,X';\mathscr{A})\cong {}^{\pi}H_n(\tilde{X},p^{-1}(X');A(*)).$$

5. Das lokale Koeffizientensystem einer Faserung

Zu jeder Faserung $\xi=(X,\pi,B)$ und jedem q wird das lokale Koeffizientensystem $\mathscr{H}^q(\xi)$ eingeführt, bei dem jedem $b\in B_p$ der q-te Kohomologiemodul $H^q(b^* X)$ zugeordnet wird. Dabei bedeutet $b^*\xi=(b^* X,\pi,\Delta(p))$ die Faserung, die durch $b\colon\Delta(p)\to B$ induziert wird.

5.1 Die Begriffe und Bezeichnungen seien wie in I 7.2–4 gewählt. Es seien eine Faserung $\xi=(X,\pi,B)$, ein Simplex $b\in B_p$ und eine monotone Funktion $\alpha\colon[n]\to[p]$ gegeben. Dann sind die induzierten Faserungen $(\alpha^* b)^* \xi$ und $\alpha^*(b^* \xi)$ in kanonischer Weise isomorph. Sie mögen identifiziert werden. Man definiert

$$\alpha_b = \tilde{\alpha}: (\alpha^* b)^* X \to b^* X, \tag{5.1}$$

wobei $\tilde{}$ dieselbe Bedeutung wie im universellen Diagramm I 7.6 hat.

Lemma: *a) Es ist*

$$(\beta\alpha)_b = \beta_b \alpha_{\beta^* b} \quad \textit{und} \quad (\alpha^* b)^{\tilde{}} = \tilde{b}\,\alpha_b. \tag{5.2}$$

b) Durch α_b werden Isomorphismen aller Homologie- und Kohomologiemoduln induziert.

Beweis: a) folgt aus der Universalität. b) folgt aus dem

Hilfssatz: Für jede Faserung $\eta = (Y, \pi, \Delta(p))$ und jede monotone Funktion $\alpha: [n] \to [p]$ induziert $\tilde{\alpha}: \alpha^* Y \to Y$ Isomorphismen aller Homologie- und Kohomologiemoduln.

Dies stimmt für ein kartesisches Produkt $(Y \times \Delta(p), \mathrm{pr}_2, \Delta(p))$ und damit für alle minimalen Faserungen η, weil sie nach I 8.10 zu einem kartesischen Produkt streng isomorph sind. Bei einer beliebigen Faserung η geht man zunächst zu einem minimalen Deformationsretrakt $\eta' = (Y', \pi', \Delta(p))$ über, siehe I 8.12. Dann ist $\alpha^* \eta'$ ein minimaler Deformationsretrakt von $\alpha^* \eta$. Da die Einbettungen $Y' \subset Y$ und $\alpha^* Y' \subset \alpha^* Y$ Isomorphismen induzieren und $\tilde{\alpha}: \alpha^* Y' \to Y'$ ebenfalls, folgt die Behauptung für beliebige η.

5.2 Zu der Faserung $\xi = (X, \pi, B)$, der Zahl q und dem Modul M bildet man folgendes lokale System kontravarianter Koeffizienten $\mathscr{H}^q(\xi; M)$: Jedem $b \in B_p$ ist der Kohomologiemodul $\mathrm{H}^q(b^* X; M)$ zugeordnet. Zu $b \in B_p$ und $\alpha: [n] \to [p]$ definiert man

$$o(b, \alpha) = \mathrm{H}^q(\alpha_b)^{-1}: \mathrm{H}^q((\alpha^* b)^* X; M) \xrightarrow{\cong} \mathrm{H}^q(b^* X; M). \tag{5.3}$$

Nach dem Lemma b) in 5.1 ist $o(b, \alpha)$ ein wohldefinierter Isomorphismus, für den wegen (5.2) die Gleichung (4.2) erfüllt ist.

$$\begin{array}{ccc} X & \xrightarrow{F} & X' \\ {\scriptstyle\pi}\downarrow & & \downarrow{\scriptstyle\pi'} \\ B & \xrightarrow[f]{} & B' \end{array}$$

Dia. 5.1

Es sei $F: \xi \to \xi'$ eine Tripelabbildung zwischen zwei Faserungen ξ und ξ', siehe Diagramm 5.1. Wegen der Universalität bestimmt F für jedes $b \in B_p$ genau eine ss. Abbildung

$$F_b: b^* X \to f(b)^* X' \tag{5.4}$$

mit $\pi' F_b = \pi$, so daß

$$(f(b))^{\tilde{}}\, F_b = F \tilde{b} \tag{5.5}$$

ist. Wegen der Universalität gilt ferner

(5.6) $$F_b \alpha_b = \alpha_{f(b)} F_{\alpha * b}.$$

Durch F wird folgender Morphismus

$$\mathscr{H}^q(F) = (f, \mathrm{H}^q(F\ldots)) \colon \mathscr{H}^q(\xi; M) \to \mathscr{H}^q(\xi'; M)$$

der lokalen Koeffizientensysteme bestimmt, der aus der ss. Abbildung $f \colon B \to B'$ der Basen und den linearen Abbildungen

$$\mathrm{H}^q(F_b) \colon \mathrm{H}^q(f(b)^* X'; M) \to \mathrm{H}^q(b^* X; M) \quad \text{für alle } b \in B$$

besteht. Aus (5.6) folgt, daß (4.10) erfüllt ist.

Auf diese Weise wird $\mathscr{H}^q(\cdots)$ zu einem kovarianten Funktor von der Kategorie der Faserungen in die Kategorie der lokalen Systeme. Die Funktoreigenschaften folgen aus $F_b = \mathrm{id}$ für $F = \mathrm{id}$ und $(GF)_b = G_{f(b)} F_b$ für zwei Faserungsabbildungen $\xi \xrightarrow{F} \xi' \xrightarrow{G} \xi''$, letzteres wiederum wegen der Universalität.

5.3 Nach (4.5) gehört zu jedem q und jedem $w \in B_1$ ein Isomorphismus

(5.7) $$\mathrm{O}(w) \colon \mathrm{H}^q(Y_{(1)}; M) \xrightarrow{\cong} \mathrm{H}^q(Y_{(0)}; M),$$

wobei $Y_{(e)}$ die Faser über $w(e)$ ist, $e = 0$ und 1. Man kann $\mathrm{O}(w)$ folgendermaßen direkt beschreiben: Es sei $w(e)^{\sim} \colon Y_{(e)} \to X$ die Einbettung der Faser. Nach der HHE I 6.4 läßt sich das kommutative Diagramm 5.2 (ausgezogene Linien) durch eine ss. Abbildung h (gestrichelt) so ergänzen, daß es kommutativ bleibt. Wegen der Universalität von (∗) gibt es genau eine

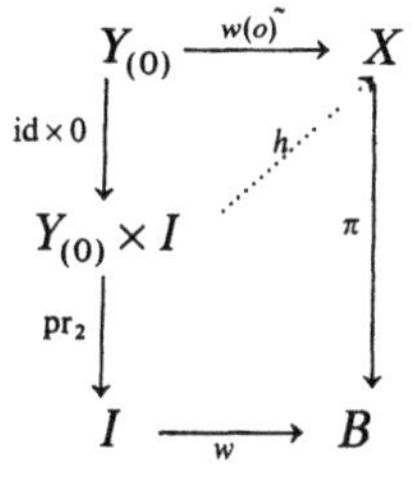

Dia. 5.2

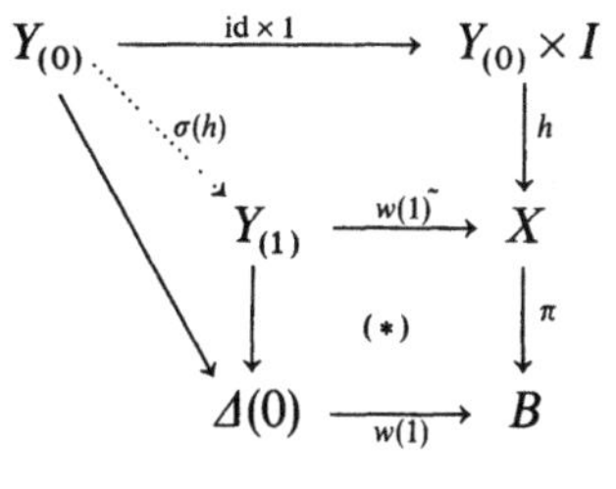

Dia. 5.3

ss. Abbildung $\sigma(h)$ (gestrichelt), so daß das Diagramm 5.3 kommutativ wird. Es ist

(5.8) $$\mathrm{O}(w) = \mathrm{H}^q(\sigma(h)).$$

Beweis: Man muß zeigen, daß die Beschreibung von $\mathrm{O}(w)$ durch (5.8) bei lokal trivialen Faserungen mit der Definition durch die Gleichungen (5.3)+(4.5) übereinstimmt. Es sei also (X, π, B) eine lokal triviale Fase-

$$\begin{array}{ccc} Y\times\Delta(p) & \xrightarrow{\tilde b} & X \\ {\scriptstyle \mathrm{pr}_2}\downarrow & & \downarrow{\scriptstyle \pi} \\ \Delta(p) & \xrightarrow[b]{} & B \end{array}$$ Dia. 5.4

rung mit der Faser Y. Zu jedem Simplex $b\in B_p$ wählt man eine ss. Abbildung $\tilde b$, so daß das Diagramm 5.4 universell ist. Im allgemeinen ist $(\alpha^* b)^{\sim}\neq\tilde b(\mathrm{id}\times\alpha)$ für $\alpha\colon \Delta(n)\to\Delta(p)$. Sonst wäre $(X,\pi,B)=(Y\times B,\mathrm{pr}_2,B)$. Man muß einen Isomorphismus $\tau(b,\alpha)\colon\ Y\times\Delta(n)\longrightarrow Y\times\Delta(n)$ mit $\mathrm{pr}_2\,\tau(b,\alpha)=\mathrm{pr}_2$ vorschalten, wie aus der Universität folgt:

(5.9) $$(\alpha^* b)^{\sim}=\tilde b(\mathrm{id}\times\alpha)\,\tau(b,\alpha).$$

Man setzt

(5.10) $$\sigma(w)=\tau(w,1)^{-1}\,\tau(w,0).$$

Nach (5.3)+(4.5) ist

(5.11) $$\mathrm{O}(w)=\mathrm{H}^q((0)_w)\,\mathrm{H}^q((1)_w)^{-1}.$$

Nach der Definition von $(e)_w$, siehe (5.1), und nach (5.9) ist

$$(e)_w=(\mathrm{id}\times e)\,\tau(w,e).$$

Weil $\mathrm{id}\times 0$ und $\mathrm{id}\times 1$ homotop sind, folgt aus (5.11), daß

(5.12) $$\mathrm{O}(w)=\mathrm{H}^q(\sigma(w))$$

ist. – Bei einer lokal trivialen Faserung wird das Diagramm 5.2 kommutativ, wenn man $h=\tilde w(\tau(w,0)\times\mathrm{id})$ setzt. Daher ist in diesem Falle $\sigma(h)=\sigma(w)$, und (5.8) ist somit eine Folge von (5.12).

Im 6. Abschnitt wird gezeigt, daß der Term $\mathrm{E}_2^{p,q}(\xi)$ der Spektralsequenz der Faserung $\xi=(X,\pi,B)$ gleich dem Kohomologiemodul $\mathrm{H}^p(B,\mathscr{H}^q(\xi))$ der Basis B mit lokalen Koeffizienten in $\mathscr{H}^q(\xi)$ ist. Daher ist man interessiert, Zusammenhänge zwischen diesem Modul und der gewöhnlichen Kohomologie der Basis und der Faser kennenzulernen. Zunächst wird der Fall $q=0$ betrachtet:

5.4 Satz: *Es sei $\xi=(X,\pi,B)$ eine Faserung, $B'\subset B$ eine ss. Untermenge und M ein Modul. Für alle p besteht ein natürlicher Homomorphismus*

(5.13) $$\varepsilon^*\colon \mathrm{H}^p(B,B';M)\to\mathrm{H}^p(B,B';\mathscr{H}^0(\xi,M)),$$

der ein Isomorphismus ist, wenn B und eine Faser von ξ zusammenhängend sind.

Beweis: Zu jedem $b \in B$ definiert man $\varepsilon(b)\colon M \to \mathrm{H}^0(b^* X; M)$ als Ergänzungshomomorphismus, siehe V 2.7. Da er natürlich ist, ist $(\mathrm{id}, \varepsilon)$: $\mathscr{H}^0(\xi; M) \to M$ ein natürlicher Morphismus von $\mathscr{H}^0(\xi; M)$ nach dem durch M bestimmten trivialen lokalen System, das wie im Beispiel in 4.2 definiert ist. Dieser Morphismus induziert in der Kohomologie ε^*. Wenn B und eine Faser zusammenhängend sind, sind alle $b^* X$ zusammenhängend. Dann ist nach V 2.7 jedes $\varepsilon(b)$ ein Isomorphismus, also auch $(\mathrm{id}, \varepsilon)$ und somit ε^*.

5.5 Um weitere Zusammenhänge zwischen $\mathrm{H}^p(B, \mathscr{H}^q(\xi))$ einerseits und der Kohomologie von Basis und Faser andererseits zu erhalten, deutet man die Kohomologie mit lokalen Koeffizienten gemäß (4.6) als äquivariante Kohomologie. Die Bezeichnungen seien die von 5.4. Man benötigt zusätzliche geringfügige Voraussetzungen: Die Basis B sei zusammenhängend. In ihr sei ein Basispunkt $* \in B'_0$ ausgezeichnet. Es sei Y die Faser von ξ über $*$. Natürlichkeit bezieht sich im folgenden immer auf Tripelabbildungen F, siehe Dia. 5.1, für die $f(*) = *$ ist.

Die Fundamentalgruppe $\pi(B) = \pi_1(B, *)$ operiert nach 4.3 von links auf $\mathrm{H}^q(Y; M)$. Man bildet die universelle Überlagerung $P\colon \tilde{B} \to B$, auf der $\pi(B)$ von links als Gruppe der Deckbewegungen operiert. Nach (4.6) ist

$$\mathrm{H}^p(B, B'; \mathscr{H}^q(\xi, M)) \cong {}_{\pi(B)}\mathrm{H}^p(\tilde{B}, P^{-1}(B'); \mathrm{H}^q(Y; M)). \tag{5.14}$$

Dieser Isomorphismus ist nach dem Satz in 4.5 natürlich. Für $p = 0$ ist insbesondere

$$\mathrm{H}^0(B; \mathscr{H}^q(\xi, M)) \cong \mathrm{Hom}_{\Lambda(\pi(B))}(\Lambda, \mathrm{H}^q(Y; M)) \tag{5.15}$$

in natürlicher Weise. Dies folgt aus V (7.9), weil $\pi(B)$ auf $\tilde{B}$ frei operiert und daher $\mathrm{C}_*(\tilde{B})$ eine freie Auflösung von Λ über $\Lambda(\pi(B))$ ist. Rechts steht der Untermodul der Elemente von $\mathrm{H}^q(Y; M)$, die unter $\pi(B)$ invariant sind, d.h., für die $ga = a$ für alle $g \in \pi(B)$ ist. Seine Einbettung in $\mathrm{H}^q(Y; M)$ ergibt also den natürlichen Monomorphismus

$$\eta\colon \mathrm{H}^0(B; \mathscr{H}^q(\xi; M)) \rightarrowtail \mathrm{H}^q(Y; M), \tag{5.16}$$

der genau dann ein Isomorphismus ist, wenn $\pi(B)$ auf $\mathrm{H}^q(Y; M)$ trivial operiert. Dies ist für die Anwendungen der wichtigste Fall. Denn dann braucht man nur die gewöhnliche Kohomologie zu kennen, weil für das triviale Operieren von $\pi(B)$ auf $\mathrm{H}^q(Y; M)$ ein natürlicher Isomorphismus

$$\mathrm{H}^p(B, B'; \mathscr{H}^q(\xi; M)) \cong \mathrm{H}^p(B, B'; \mathrm{H}^q(Y; M)) \quad \text{für alle } p \tag{5.17}$$

besteht, wie aus V (7.7) folgt. Insbesondere gilt also (5.17), wenn B einfach zusammenhängend ist. Bei einem Steenrodschen Faserbündel operiert $\pi_1(B,*)$ auf allen $\mathrm{H}^q(Y;M)$ trivial, wenn die Strukturgruppe des Bündels zusammenhängend ist; näheres siehe 9.2. Schließlich gilt, wie in 6.5 Bemerkung c) bewiesen wird:

5.6 Satz: *Die Bezeichnungen und Voraussetzungen seien wie in* 5.4 *gewählt. Wenn die Einbettung* $i: Y \to X$ *einen Epimorphismus*

$$\mathrm{H}^q(i): \mathrm{H}^q(X;M) \twoheadrightarrow \mathrm{H}^q(Y;M)$$

induziert, operiert $\pi_1(B,*)$ *trivial auf* $\mathrm{H}^q(Y;M)$.

Die folgenden Nummern 5.7–9 enthalten verschiedene Ergänzungen: Multiplikation, lokal triviale Paare und Homologie statt Kohomologie.

5.7 Es sei $\xi=(X,\pi,B)$ eine beliebige Faserung, B' und B'' zwei ss. Untermengen von B. Die Koeffizienten der Kohomologiemoduln seien im Ring Λ selbst gewählt, wenn nichts anderes angegeben ist.

Für jedes $b \in B$ bedeute $m(b)$: $\mathrm{H}^q(b^*X) \otimes \mathrm{H}^{q'}(b^*X) \to \mathrm{H}^{q+q'}(b^*X)$ das gewöhnliche innere Kohomologieprodukt. Da es natürlich ist, ist

$$(\mathrm{id},m): \mathscr{H}^{q+q'}(\xi) \to \mathscr{H}^q(\xi) \otimes \mathscr{H}^{q'}(\xi) \tag{5.18}$$

ein natürlicher Morphismus. (Wegen des Tensorproduktes siehe 4.6). Man bildet nun das Produkt (4.13), schaltet den durch (id,m) induzierten Homomorphismus dahinter und nimmt noch einen Vorzeichenfaktor hinzu. So erhält man das innere Produkt

$$\begin{aligned} &\mathrm{H}^p(B,B',\mathscr{H}^q(\xi)) \otimes \mathrm{H}^{p'}(B,B'',\mathscr{H}^{q'}(\xi)) \\ &\xrightarrow{(4.13)} \mathrm{H}^{p+p'}(B,B' \cup B''; \mathscr{H}^q(\xi) \otimes \mathscr{H}^{q'}(\xi)) \\ &\xrightarrow{(-1)^{qp'}\mathrm{H}^{p+p'}(\mathrm{id},m)} \mathrm{H}^{p+p'}(B,B' \cup B''; \mathscr{H}^{q+q'}(\xi)). \end{aligned} \tag{5.19}$$

Es ist natürlich, assoziativ, kommutativ (wenn man das für bigraduierte Algebren übliche Vorzeichen beachtet, siehe IV 1.2) und hat ein Einselement in $\mathrm{H}^0(B,\mathscr{H}^0(\xi))$. Diese Eigenschaften folgen aus den entsprechenden Eigenschaften des gewöhnlichen inneren Produktes $m(b)$ und denen des Produktes (4.13). – Falls $\pi(B)$ auf allen $\mathrm{H}^q(Y)$ trivial operiert, also der Isomorphismus (5.17) gilt, entspricht dabei dem soeben definierten Produkt (5.19) das in V (3.9) beschriebene Produkt.

5.8 Es seien $\xi=(X,\pi,B)$ und $\xi'=(X',\pi',B)$ zwei ss. Tripel, so daß (ξ,ξ') ein Bündelpaar ist, siehe I 7.9. Wie in 5.1 definiert man

$$\alpha_b: ((\alpha^*\mathrm{b})^*X,\ (\alpha^*b)^*X') \to (b^*X, b^*X').$$

Da das Lemma in 5.1 auch in diesem Falle gilt, kann man wie in 5.2 das lokale Koeffizientensystem $\mathscr{H}^q(\xi,\xi';M)$ einführen: Jedem $b \in B_p$ ist der Modul $\mathrm{H}^q(b^*X, b^*X'; M)$ zugeordnet und $o(b,\alpha)$ wird wie in (5.3) definiert. Die Ausführungen in 5.3–5 lassen sich auf ss. Bündelpaare übertragen: Man ersetze überall ξ durch (ξ,ξ'), Y durch (Y,Y') und X durch (X,X'), wobei Y die Faser von ξ und Y' die von ξ' ist.

Beim inneren Produkt 5.7 betrachtet man zwei ss. Bündelpaare (ξ,ξ') und (ξ,ξ''), aus denen man das dritte ss. Bündelpaar $(\xi,\xi'\cup\xi'')$ bildet, wobei $\xi'\cup\xi''=(E'\cup E'',\pi|E'\cup E'',B)$ ist. Das gewöhnliche innere Produkt bestimmt den Morphismus

$$(\mathrm{id},m)\colon\ \mathscr{H}^{q+q'}(\xi,\xi'\cup\xi'')\to\mathscr{H}^{q}(\xi,\xi')\otimes\mathscr{H}^{q'}(\xi,\xi'').$$

Wie in (5.19) definiert man mit seiner Hilfe das innere Produkt

$$\begin{aligned}&\mathrm{H}^p(B,B';\mathscr{H}^q(\xi,\xi'))\otimes\mathrm{H}^{p'}(B,B'';\mathscr{H}^{q'}(\xi,\xi'')\\ &\quad\to\mathrm{H}^{p+p'}(B,B'\cup B'';\mathscr{H}^{q+q'}(\xi,\xi'\cup\xi'')),\end{aligned}$$

welches die entsprechenden Eigenschaften wie das Produkt (5.19) hat.

5.9 Die Ausführungen in 5.2–6 und 5.8 lassen sich auf die *Homologie* übertragen:
Zu 5.2: Zu der Faserung ξ, der Zahl q und dem Modul M bildet man das lokale System kovarianter Koeffizienten: Jedem $b\in B_p$ ist der Homologiemodul $\mathrm{H}_q(b^*X;M)$ zugeordnet. Zu $b\in B_p$ und $\alpha\colon[n]\to[p]$ definiert man

$$(5.3')\qquad o(b,\alpha)=\mathrm{H}_q(\alpha_b)^{-1}\colon\ \mathrm{H}_q(b^*X;M)\ \xrightarrow{\cong}\ \mathrm{H}_q((\alpha^*b)^*X;M).$$

Statt (5.8) gilt $\mathrm{O}(w)=\mathrm{H}_q(\sigma(h))$. In 5.4+5 muß man immer die Kohomologiemoduln durch die entsprechenden Homologiemoduln ersetzen, insbesondere die Beziehungen (5.13–17) durch

$$(5.13')\qquad \varepsilon_*\colon\ \mathrm{H}_p(B,B';\mathscr{H}_0(\xi;M))\to\mathrm{H}_p(B,B';M),$$

$$(5.14')\qquad \mathrm{H}_p(B,B';\mathscr{H}_q(\xi,M))\cong^{\pi(B)}\mathrm{H}_p(\tilde{B},P^{-1}(B');\ \mathrm{H}_q(Y;M)),$$

$$(5.15')\qquad \mathrm{H}_0(B,\mathscr{H}_q(\xi;M))\cong\Lambda\otimes_{\Lambda(\pi(B))}\mathrm{H}_q(Y;M),$$

$$(5.16')\qquad \eta\colon\ \mathrm{H}_q(Y;M)\twoheadrightarrow\mathrm{H}_0(B;\mathrm{H}_q(\xi;M)),$$

$$(5.17')\qquad \mathrm{H}_p(B,B';\mathscr{H}_q(\xi,M))\cong\mathrm{H}_p(B,B';\mathrm{H}_q(Y;M)).$$

Zu 5.6: Wenn $\mathrm{H}_q(i)\colon\ \mathrm{H}_q(Y;M)\to\mathrm{H}_q(X;M)$ ein Monomorphismus ist, operiert $\pi_1(B,*)$ trivial auf $\mathrm{H}_q(Y;M)$. Schließlich kann man alles für ss. Bündelpaare „relativieren", wie es in 5.8 für die Kohomologie erläutert wurde.

6. Der zweite Term in der Spektralsequenz einer Faserung

6.1 Es sei $\xi=(X,\pi,B)$ eine ss. Faserung, $B'\subset B$ eine ss. Untermenge der Basis und M ein Modul. Dann kann man die Kohomologiespektralsequenz $\mathrm{E}(\xi,\xi|B';M)$ von ξ relativ $\pi^{-1}(B')$ mit Koeffizienten in M betrachten. Andererseits bestimmen ξ und M zu jeder Zahl q das lokale System kontravarianter Koeffizienten $\mathscr{H}^q(\xi;M)$, und man kann die Kohomologiemoduln $\mathrm{H}^p(B,B';\mathscr{H}^q(\xi;M))$ des Paares (B,B') mit lokalen Koeffizienten in $\mathscr{H}^q(\xi;M)$ bilden. Sowohl die Spektralsequenz als auch diese Kohomologiemoduln sind kontravariante Funktoren auf der Kategorie, deren Objekte alle Faserungen $\xi=(X,\pi,B)$ sind, bei denen eine ss. Untermenge $B'\subset B$ ausgezeichnet ist, und deren Morphismen alle Tripelabbildungen $F\colon \xi\to\eta$ zwischen zwei Faserungen ξ und $\eta=(Y,\rho,C)$, d. h., alle kommutativen Diagramme 6.1 sind, für die $f(B')\subset C'$ gilt:

$$\begin{array}{ccc} X & \xrightarrow{F} & Y \\ {\scriptstyle\pi}\downarrow & & \downarrow{\scriptstyle\rho} \\ B & \xrightarrow[f]{} & C \end{array} \qquad \text{Dia. 6.1}$$

Das Hauptergebnis über die Spektralsequenz einer Faserung lautet:

Satz (LERAY, SERRE): *Es besteht ein natürlicher, multiplikativer Isomorphismus*

(6.1) $\qquad \mathrm{E}_2^{p,q}(\xi,\xi|B';M)\cong\mathrm{H}^p(B,B';\mathscr{H}^q(\xi;M)),\quad$ *alle p und q.*

„Multiplikativ" ist so zu verstehen: Man wählt $M=\Lambda$. Bei dem Isomorphismus (6.1) entspricht das Produkt in E_2, siehe 3.1, dem Produkt (5.19).

6.2 Beweis: 1. Für festes q bildet der erste Term der Spektralsequenz einen Kokettenkomplex $\mathrm{E}_1^{*,q}(\xi,\xi|B';M)$ mit dem Differential d_1. Andererseits hat man den Kokettenkomplex $\mathrm{C}^*(B,B';\mathscr{H}^q(\xi;M))$. Es wird gezeigt, daß diese beiden Kokettenkomplexe in natürlicher Weise isomorph sind und bei dem Isomorphismus das Produkt in E_1 folgendem Cupprodukt entspricht ((id, m) siehe (5.18)):

$$\begin{aligned} &\mathrm{C}^p(B,B';\mathscr{H}^q(\xi))\otimes\mathrm{C}^{p'}(B,B'';\mathscr{H}^{q'}(\xi)) \xrightarrow{(4.12)} \mathrm{C}^{p+p'}(B,B'\cup B'';\mathscr{H}^q(\xi)\otimes\mathscr{H}^{q'}(\xi)) \\ (6.2)\qquad &\xrightarrow{(-1)^{p'q}\mathrm{C}^{p+p'}(\mathrm{id},m)} \mathrm{C}^{p+p'}(B,B'\cup B'';\mathscr{H}^{q+q'}(\xi)). \end{aligned}$$

Indem man zur Kohomologie übergeht, folgt daraus die Behauptung des Satzes in 6.1.

2. Die Faserung ξ besitzt nach I 8.12 einen minimalen Deformationsretrakt ξ'. Nach 3.4 induziert die Einbettung $\xi'\subset\xi$ einen Isomorphismus der Spektralsequenz vom ersten Term an und wie man direkt nachprüft, ebenfalls einen Isomorphismus $\mathscr{H}^q(\xi;M)\xrightarrow{\cong}\mathscr{H}^q(\xi';M)$ der lokalen Koeffizientensysteme für alle q, also auch einen Isomorphismus der Kokettenkomplexe $\mathrm{C}^*(B,B';\mathscr{H}^q(\xi;M))\xrightarrow{\cong}\mathrm{C}^*(B,B';\mathscr{H}^q(\xi';M))$. Minimale Faserungen sind nach I 8.11 lokal trivial. Daher kann man

zum Beweis der Behauptung in 1. gleich annehmen, daß ξ selbst lokal trivial ist.

3. Es wird ein Ergebnis über Faserungen $\zeta=(Z,\pi,\Delta(p))$ benötigt, die zu einem kartesischen Produkt isomorph sind. Der Beweis folgt im 7. Abschnitt: Für alle q gibt es einen Isomorphismus ψ': $\mathrm{E}_1^{p,q}(\zeta;M) \xrightarrow{\cong} \mathrm{H}^q(Z;M)$ mit folgenden Eigenschaften:

a) *Natürlichkeit:* Es sei $\zeta'=(Z',\pi',\Delta(p))$ eine weitere Faserung mit derselben Basis, die auch zu einem kartesischen Produkt isomorph ist, und $F: Z \to Z'$ eine Abbildung mit $\pi' F=\pi$. Dann ist

$$\psi' \mathrm{E}_1^{p,q}(F)=\mathrm{H}^q(F)\psi'. \tag{6.3}$$

b) *Differential:* Es sei

$$\delta': \prod_{i=0}^{p} \mathrm{H}^q(\delta^{i*}Z;M) \to \mathrm{H}^q(Z,M), \qquad \gamma \mapsto \sum_{i=0}^{p} (-1)^i o([p],\delta^i)\langle\gamma,i\rangle.$$

Dabei bezeichnet $\langle\gamma,i\rangle \in \mathrm{H}^q(\delta^{i*}Z;M)$ die i-te Komponente von $\gamma \in \Pi \mathrm{H}^q(\delta^{i*}Z;M)$. Dann stimmen die beiden Abbildungen (6.4+5) überein. (Alle Produkte sind über $i=0$ bis p gebildet.)

$$\begin{aligned} \mathrm{E}_1^{p-1,q}(\zeta;M) &\xrightarrow{\Pi \mathrm{E}_1^{p-1,q}((\delta^i)^{\sim})} \Pi\, \mathrm{E}_1^{p-1,q}(\delta^{i*}\zeta;M) \\ &\xrightarrow{\Pi\psi'} \Pi \mathrm{H}^q(\delta^{i*}Z;M) \xrightarrow{\delta'} \mathrm{H}^q(Z;M), \end{aligned} \tag{6.4}$$

$$\mathrm{E}_1^{p-1,q}(\zeta;M) \xrightarrow{d_1} \mathrm{E}_1^{p,q}(\zeta;M) \xrightarrow{\psi'} \mathrm{H}^q(Z;M). \tag{6.5}$$

c) *Produkt:* Es sei $\zeta=(Z,\pi,\Delta(p+p'))$, $\alpha=(0\ldots p)$ und $\beta=(p\ldots p+p')$. Man definiert das Produkt

$$\begin{aligned} \cup': \mathrm{H}^q(\alpha^* Z) \otimes \mathrm{H}^{q'}(\beta^* Z) &\xrightarrow{o([p+p'],\alpha)\otimes o([p+p'],\beta)} \mathrm{H}^q(Z) \otimes \mathrm{H}^{q'}(Z) \\ &\xrightarrow{(-1)^{p'q}\mu} \mathrm{H}^{q+q'}(Z), \end{aligned}$$

wobei μ das innere Kohomologieprodukt ist. Dann stimmen die beiden Abbildungen (6.6+7) überein (m bedeutet das Produkt in E_1):

$$\begin{aligned} \mathrm{E}_1^{p,q}(\zeta) \otimes \mathrm{E}_1^{p',q'}(\zeta) &\xrightarrow{\mathrm{E}_1^{p,q}(\alpha)\otimes \mathrm{E}_1^{p',q'}(\beta)} \mathrm{E}_1^{p,q}(\alpha^*\zeta) \otimes \mathrm{E}_1^{p'q'}(\beta^*\zeta) \\ &\xrightarrow{\psi'\otimes\psi'} \mathrm{H}^q(\alpha^* Z) \otimes \mathrm{H}^{q'}(\beta^* Z) \xrightarrow{\cup'} \mathrm{H}^{q+q'}(Z), \end{aligned} \tag{6.6}$$

$$\mathrm{E}_1^{p,q}(\zeta) \otimes \mathrm{E}_1^{p',q'}(\zeta) \xrightarrow{m} \mathrm{E}_1^{p+p',q+q'}(\zeta) \xrightarrow{\psi'} \mathrm{H}^{q+q'}(Z). \tag{6.7}$$

4. Für eine lokal triviale Faserung $\xi=(X,\pi,B)$ mit einer ss. Untermenge $B' \subset B$ definiert man für alle p und q

$$\begin{aligned} \psi: \mathrm{E}_1^{p,q}(\xi,\xi|B';M) &\xrightarrow{\Pi \mathrm{E}_1^{p,q}(\tilde{b})} \Pi \mathrm{E}_1^{p,q}(b^*\xi;M) \\ &\xrightarrow[\cong]{\Pi\psi_b} \Pi \mathrm{H}^q(b^* X;M)=\mathrm{C}^p(\mathscr{H}^q(\xi;M)). \end{aligned} \tag{6.8}$$

Dabei werden die Produkte über $b \in B_p$ gebildet. Der in 3. eingeführte Isomorphismus ψ' ist hier für $\zeta = b^* \xi$ mit ψ_b bezeichnet. Wegen $C^p(\mathscr{H}^q(\xi; M))$ siehe 4.2.

Lemma: *Der Homomorphismus* ψ (6.8) *ist für festes* q *eine natürliche Kokettenabbildung. Das Produkt in* E_1 *entspricht unter* ψ *dem Produkt* (6.2).

Beweis: *Natürlichkeit:* Es sei F eine Tripelabbildung wie im Diagramm 5.1. Jedes $b \in B_p$ bestimmt die Abbildung F_b (5.4). Es ist

$$\begin{aligned}\psi_b E_1^{p,q}(\tilde{b}) E_1^{p,q}(F) &= \psi_b E_1^{p,q}(F_b) E_1^{p,q}(\widetilde{f(b)}) \quad \text{nach (5.5)},\\ &= \mathrm{H}^q(F_b)\psi_{f(b)} E_1^{p,q}(\widetilde{f(b)}) \quad \text{nach (6.3)}.\end{aligned}$$

Aufgrund der Definition von $C^p(\mathscr{H}^q(F))$ siehe (4.11) bedeutet dies, daß $\psi E_1^{p,q}(F) = C^p(\mathscr{H}^q(F))\psi$ ist.
Differential: Für ein festes $b \in B_p$ ist (Produkte über $i=0$ bis p)

$$\begin{aligned}\psi_b E_1^{p,q}(\tilde{b}) d_1 &= \psi_b d_1 E_1^{p-1,q}(\tilde{b}), && \text{weil } d_1 \text{ natürlich ist},\\ &= \delta' \Pi\, \psi_{d_i b} \Pi\, E_1^{p-1,q}(\delta_b^i) E_1^{p-1,q}(\tilde{b}) && \text{nach (6.4+5)},\\ &= \delta' \Pi\, \psi_{d_i b} \Pi\, E_1^{p-1,q}(\widetilde{(d_i b)}) && \text{nach (5.2)}.\end{aligned}$$

Nach der Definition von δ, siehe (4.3), bedeutet dies

$$\psi d_1 = \delta \psi \colon \mathrm{E}_1^{p-1,q}(\xi, \xi | B'; M) \to \mathrm{C}^p(\mathscr{H}^q(\xi; M)).$$

Multiplikation: Es sei m das Produkt in E_1. Für ein festes $b \in B_{p+p'}$ ist:

$$\begin{aligned}&\psi_b \mathrm{E}_1^{p+p',q+q'}(\tilde{b}) m = \psi_b m \mathrm{E}_1^{p,q}(\tilde{b}) \otimes \mathrm{E}_1^{p',q'}(\tilde{b})), \text{ weil } m \text{ natürlich ist},\\ &= \cup'(\psi_{b(0\ldots p)} \otimes \psi_{b(p\ldots p+p')})(\mathrm{E}_1^{p,q}(\alpha_b) \otimes \mathrm{E}_1^{p',q'}(\beta_b) \mathrm{E}_1^{p,q}(\tilde{b}) \otimes \mathrm{E}_1^{p',q'}(\tilde{b}))\\ &\hspace{20em} \text{nach (6.6+7)},\\ &= \cup'[\psi_{b(o\ldots p)} \mathrm{E}_1^{p,q}(\widetilde{b(0\ldots p)}) \otimes \psi_{b(p\ldots p+p')} \mathrm{E}_1^{p',q'}(\widetilde{b(p\ldots p+p')})].\end{aligned}$$

Daraus folgt für das Produkt $\cup$ (6.2):

$$\psi m = \cup \psi \colon \mathrm{E}_1^{p,q}(\xi, \xi | B'; M) \otimes \mathrm{E}_1^{p',q'}(\xi, \xi | B''; M) \to \mathrm{C}^{p+p'}(\mathscr{H}^{q+q'}(\xi)).$$

5. Durch das Lemma in 4. und folgende Aussage ist der Satz in 6.1 bewiesen:

Lemma: *Der Homomorphismus* ψ (6.8) *ist ein Isomorphismus auf den Untermodul* $\mathrm{C}^p(B, B'; \mathscr{H}^q(\xi; M))$ *von* $\mathrm{C}^p(\mathscr{H}^q(\xi; M))$.

Beweis: Es ist $\psi(\mathrm{E}_1^{p,q}(\xi, \xi | B'; M)) \subset \mathrm{C}^p(B, B'; \mathscr{H}^q(\xi; M))$. Denn: Wenn $b \in B_p$ entartet oder in B'_p ist, ist $\tilde{b}(b^* X) \subset \pi^{-1}(B^{p-1} \cup B')$. Wegen (3.1) folgt daraus, daß $\mathrm{E}_1^{p,q}(\tilde{b}) = 0$ ist. Für jedes $u \in \mathrm{E}_1^{p,q}(\xi, \xi | B'; M)$ gilt daher $\langle \psi(u), b \rangle = \psi_b \mathrm{E}_1^{p,q}(\tilde{b})(u) = 0$.

Da jedes ψ_b ein Isomorphismus ist, muß nur noch bewiesen werden, daß

$$(6.9)\qquad \Pi \mathrm{E}_1^{p,q}(\tilde{b})\colon\ \mathrm{E}_1^{p,q}(\xi,\xi|B';M) \xrightarrow{\ \cong\ } \Pi \mathrm{E}_1^{p,q}(b^*\xi;M)$$

ein Isomorphismus ist. Hier und im folgenden sind die direkten Summen und Produkte über alle $p\in B_p$ gebildet, die weder entartet sind noch in B'_p liegen. Mit Hilfe des Gewichtes w, siehe 3.3, bildet man die beiden Mengen

$$A=\{x\,|\,x\in X_{p+q},\ \pi(x)\notin B' \ \text{ und } \ w(x)=p\},$$
$$A(b)=\{z\,|\,z\in(b^*X)_{p+q} \ \text{ und } \ w(z)=p\},$$

letztere für alle $b\in B_p$. Für diejenigen b, die weder entartet sind noch in B' liegen, bestimmt die ss. Abbildung $\tilde{b}\colon b^*X\to X$ eine Abbildung $\tilde{b}\colon A(b)\to A$, und die Vereinigung $\varphi=\amalg\,\tilde{b}\colon\amalg A(b) \xrightarrow{\ \cong\ } A$ ist bijektiv. Nach der Bemerkung in 3.3 und der Definition der Koketten ist das Diagramm 6.2 kommutativ:

$$\begin{array}{ccccc}
\mathrm{E}_0^{p,q}(\xi,\xi|B';M) & = & \mathrm{C}^{p+q}(\pi^{-1}(B^p)\cup B',\pi^{-1}(B^{p-1})\cup B');M) & = & \mathrm{Hom}(A,M)\\
\Big\downarrow{\scriptstyle \Pi \mathrm{E}_0^{p,q}(\tilde{b})} & & \Big\downarrow{\scriptstyle \Pi \mathrm{C}^{p+q}(\tilde{b})} & & \Big\searrow{\scriptstyle \mathrm{Hom}(\varphi,\mathrm{id})}\\
\Pi \mathrm{E}_0^{p,q}(b^*\xi;M) & = & \Pi \mathrm{C}^{p+q}(b^*X,b^*X|\dot{A}(p);M) & = & \Pi\,\mathrm{Hom}(A(b),M)=\mathrm{Hom}(\amalg A(b),M)
\end{array}$$

Dia. 6.2

Weil φ bijektiv ist, ist $\mathrm{Hom}(\varphi,\mathrm{id})$ ein Isomorphismus und damit auch $\Pi \mathrm{E}_0^{p,q}(\tilde{b})$. Wenn man zur Kohomologie $\mathrm{H}(\mathrm{E}_0)\cong \mathrm{E}_1$ übergeht, folgt, daß (6.9) ein Isomorphismus ist.

Die folgenden Nummern 6.3–5 enthalten Ergänzungen zu dem Hauptsatz in 6.1.

6.3 Zusätzlich zu den Voraussetzungen, die zu Beginn von 6.1 gemacht wurden, werde verlangt: Die Basis B ist zusammenhängend. In ihr ist ein Punkt $*\in B_0$ ausgezeichnet. Die Faser über $*$ heiße Y. Es sei δ der verbindende Homomorphismus der Kohomologiesequenz des Paares (X,Y). Die Abbildung $\pi\colon(X,Y)\to(B,*)$ induziert für alle $p\geq 1$ den Homomorphismus $\mathrm{H}^p(\pi)\colon\ \mathrm{H}^p(B;M)=\mathrm{H}^p(B,*;M)\to\mathrm{H}^p(X,Y;M)$. Die additive Beziehung, siehe MacLane [2] II 6,

$$(6.10)\qquad \tau\colon\ \mathrm{H}^{p-1}(Y;M) \xrightarrow{\ \delta\ } \mathrm{H}^p(X,Y;M) \xleftarrow{\ \mathrm{H}^p(\pi)\ } \mathrm{H}^p(B;M),\quad p\geq 1,$$

heißt *Transgression*. Im folgenden Satz sollen τ und die durch π und die Einbettung $i\colon Y\to X$ induzierten Homomorphismen der Kohomologiemoduln durch die Spektralsequenz ausgedrückt werden.

6.4 Satz: *Die Bezeichnungen seien wie am Beginn von 6.1 gewählt. Ferner seien* $e_B\colon \mathrm{E}_2^{p,0} \twoheadrightarrow \mathrm{E}_r^{p,0}$ *ein Stück des Epimorphismus der Basis und* $e_F\colon \mathrm{E}_r^{0,q} \rightarrowtail \mathrm{E}_2^{0,q}$ *ein Stück des Monomorphismus der Faser,* $2 \leq r \leq \infty$, *siehe* (1.4+5). *Es bedeute* Φ *den Isomorphismus* (3.3), Ψ *den Isomorphismus* (6.1), ε^* *den Homomorphismus* (5.13) *und* η *den Monomorphismus* (5.16).
a) Folgender Homomorphismus wird durch $\pi\colon (X,\pi^{-1}(B')) \to (B,B')$ *induziert:*

$$\text{(6.11)}\quad \begin{gathered} \mathrm{H}^p(B,B';M) \xrightarrow{\varepsilon^*} \mathrm{H}^p(B,B';\mathscr{H}^0(\xi,M)) \overset{\Psi}{\cong} \mathrm{E}_2^{p,0}(\xi,\xi|B';M) \\ \xrightarrow{e_B} \mathrm{E}_\infty^{p,0}(\xi,\xi|B';M) \overset{\Phi}{\cong} \mathrm{F}^p\mathrm{H}^p(X,\pi^{-1}(B');M) \xrightarrow{\subset} \mathrm{H}^p(X,\pi^{-1}(B');M), \\ p=0,1\ldots \end{gathered}$$

Bei b) und c) wird zusätzlich vorausgesetzt, daß B zusammenhängend ist, in B_0 *ein Basispunkt* $*$ *gewählt ist, die Faser über* $*$ *mit Y bezeichnet wird und* $i\colon Y \to X$ *die Einbettung ist.*
b) Folgender Homomorphismus wird durch $i\colon Y \to X$ *induziert:*

$$\begin{gathered} \mathrm{H}^q(X;M) \twoheadrightarrow \mathrm{H}^q(X;M)/\mathrm{F}^1\mathrm{H}^q(X;M) \overset{\Phi}{\cong} \mathrm{E}_\infty^{0,q}(\xi;M) \xrightarrow{e_F} \mathrm{E}_2^{0,q}(\xi;M) \\ \text{(6.12)}\qquad \overset{\Psi}{\cong} \mathrm{H}^0(B;\mathscr{H}^q(\xi,M)) \xrightarrow{\eta} \mathrm{H}^q(Y;M), \quad q=0,1,2,\ldots \end{gathered}$$

c) Für $p \geq 2$ *stimmt die Transgression* τ (6.10) *mit folgender additiven Beziehung überein:*

$$\text{(6.13)}\quad \begin{gathered} \mathrm{H}^{p-1}(Y;M) \xleftarrow{\eta} \mathrm{H}^0(B;\mathscr{H}^{p-1}(\xi,M)) \overset{\Psi}{\cong} \mathrm{E}_2^{0,p-1}(\xi;M) \\ \xleftarrow{e_F} \mathrm{E}_p^{0,p-1}(\xi;M) \xrightarrow{d_p} \mathrm{E}_p^{p,0}(\xi;M) \xleftarrow{e_B} \mathrm{E}_2^{p,0}(\xi;M) \\ \overset{\Psi}{\cong} \mathrm{H}^p(B,\mathscr{H}^0(\xi;M)) \xleftarrow{\varepsilon^*} \mathrm{H}^p(B;M). \end{gathered}$$

Beweis: Zu a): Indem man auf die Definitionen aller auftretenden Abbildungen zurückgeht, beweist man, daß a) für die Faserung $\beta=(B,\mathrm{id},B)$ gilt, d. h., daß (6.11) in diesem Falle der identische Homomorphismus ist. Als Hintereinanderschaltung natürlicher Homomorphismen ist (6.11) natürlich. Die Behauptung folgt dann sofort, wenn man diese Natürlichkeit für die Tripelabbildung Dia. 6.3 ausnutzt:

$$\begin{array}{ccc} X & \xrightarrow{\pi} & B \\ {\scriptstyle\pi}\downarrow & & \downarrow{\scriptstyle\mathrm{id}} \\ B & \xrightarrow[\mathrm{id}]{} & B \end{array}$$

Dia. 6.3

Zu b): Indem man auf die Definition zurückgeht, beweist man, daß b) für die Faserung $\zeta=(Y,\pi,\Delta(0))$ gilt, d. h., daß (6.12) in diesem Falle der identische Homomorphismus ist. Auch (6.12) ist natürlich. Die Behauptung folgt dann sofort, wenn man die Natürlichkeit für die Tripelabbildung Diagramm 6.4 ausnutzt:

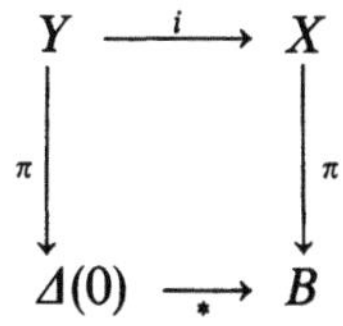

Dia. 6.4

Zu c): Es seien $i\colon Y\to\pi^{-1}(B^0)$ und $j\colon (X,Y)\to(X,\pi^{-1}(B^0))$ die Einbettungen. Man betrachtet das Diagramm 6.5. Darin ist für die Terme der Kohomologiespektralsequenz $\mathrm{E}(\xi;M)$ kurz $\mathrm{E}_r^{n,q}$ geschrieben. Alle Kohomologiemoduln sind ferner mit Koeffizienten in M gebildet. Wie bei a+b) beweist man, daß die beiden Teildiagramme rechts und links kommutativ

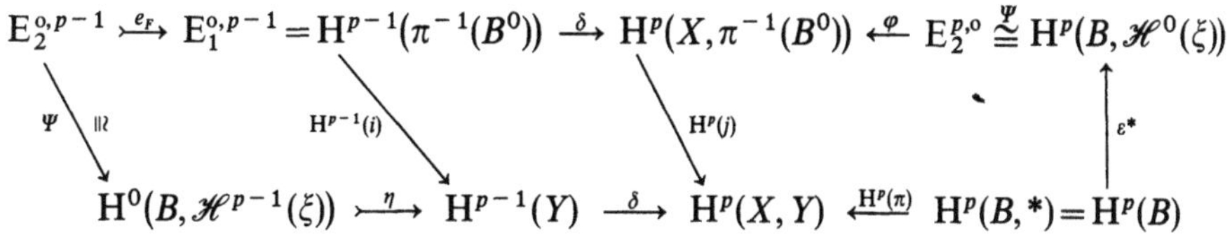

Dia. 6.5

sind. Der Homomorphismus φ ist durch die identische Abbildung des gefilterten Kokettenkomplex $C^*(X)$ induziert. Das mittlere Teildiagramm ist wegen der Natürlichkeit von δ kommutativ. Wenn man Theorem XI 4.4 in MacLane [2] in die Kohomologie überträgt, folgt, daß die obere Zeile des Diagramms die additive Beziehung

$$\mathrm{E}_2^{o,p-1} \xleftarrow{e_F} \mathrm{E}_p^{o,p-1} \xrightarrow{d_p} \mathrm{E}_p^{p,o} \xleftarrow{e_B} \mathrm{E}_2^{p,o}$$

ist. Daraus und aus der Kommutativität des Diagramms 6.5 folgt die Behauptung.

6.5 Bemerkungen: a) Wegen 6.4a+b) ist e_B nach der Basis und e_F nach der Faser benannt.

b) Wenn B und eine Faser zusammenhängend sind, ist ε^* nach 5.4 ein Isomorphismus. Aus 6.4a) folgt dann, daß das Bild $\mathrm{H}^p(\pi)(\mathrm{H}^p(B,B';M))$ in $\mathrm{H}^p(X,\pi^{-1}(B');M)$ zu $\mathrm{E}_\infty^{p,o}(\xi,\xi|B';M)$ in natürlicher Weise isomorph ist. – Ohne zusätzliche Voraussetzungen folgt genauso aus 6.4b), daß das Bild $\mathrm{H}^q(i)(\mathrm{H}^q(X;M))$ in $\mathrm{H}^q(Y;M)$ zu $\mathrm{E}_\infty^{o,q}(\xi;M)$ isomorph ist.

c) Beweis zu 5.6: Da $\mathrm{H}^q(i)$ epimorph ist, muß $\eta\colon \mathrm{H}^0(B;\mathscr{H}^q(\xi;M))\to\mathrm{H}^q(Y;M)$ ein Isomorphismus sein. Daraus folgt die Behauptung, wie aus dem Text nach (5.16) hervorgeht. – Man kann übrigens 5.6 auch, ohne die Spektralsequenz zu benutzen, beweisen.

d) Für eine additive Beziehung $r\colon K \rightharpoonup L$ bezeichne $D(r) \subset K$ den Definitionsbereich und $U(r) \subset L$ die Unbestimmtheit. Die Beziehung r ist umkehrbar eindeutig durch K, L und den Homomorphismus $r^0\colon D(r) \to L/U(r)$ bestimmt, siehe II Proposition 6.1 in MacLane [2]. – Wenn die Faser Y zusammenhängend ist, ist ε^* nach 5.4 ein Isomorphismus. Daher folgt in diesem Falle aus c), daß natürlich Isomorphismen bestehen, für die das Diagramm 6.6 kommutativ ist. Die Elemente in $D(\tau) \subset \mathrm{H}^{p-1}(Y;M)$ heißen *transgressiv*. Da nach dem Dia. 6.6 τ^0 dem d_p

$$\begin{array}{ccc} D(\tau) & \cong & \mathrm{E}_p^{o,p-1}(\xi;M) \\ \downarrow{\scriptstyle \tau^0} & & \downarrow{\scriptstyle d_p} \\ \mathrm{H}^p(B;M)/U(\tau) & \cong & \mathrm{E}_p^{p,o}(\xi;M) \end{array} \qquad \text{Dia. 6.6}$$

entspricht, nennt man auch $d_p\colon \mathrm{E}_p^{o,p-1} \to \mathrm{E}_p^{p,o}$ Transgression.

In 6.6 werden die Ergebnisse von 6.1–5 auf ss. Bündelpaare und in 6.7 auf die Homologie übertragen. Es bleibt dem Leser überlassen, die Beweise ebenfalls zu übertragen.

6.6 Es seien $\xi = (X, \pi, B)$ und $\xi' = (X', \pi', B)$ zwei ss. Tripel, so daß (ξ, ξ') ein ss. *Bündelpaar* ist, siehe 5.8 und I 7.9. Ferner sei $B' \subset B$ eine ss. Untermenge und M ein Modul. Die Kohomologiespektralsequenz von ξ relativ $\pi^{-1}(B') \cup X'$ mit Koeffizienten in M werde mit $\mathrm{E}(\xi, \xi | B' \cup \xi'; M)$ bezeichnet. Das Paar (ξ, ξ') bestimmt nach 5.8 das lokale Koeffizientensystem $\mathscr{H}(\xi, \xi'; M)$ über B.

Entsprechend zu (6.1) besteht ein natürlicher Isomorphismus

(6.14) $\quad \mathrm{E}_2^{p,q}(\xi, \xi | B' \cup \xi'; M) \cong \mathrm{H}^p(B, B'; \mathscr{H}^q(\xi, \xi'; M))$ für alle p und q,

bei dem die Produkte einander entsprechen. – Es sei Y die Faser von ξ, Y' die von ξ'. Als Transgression, vergleiche (6.10), definiert man die additive Beziehung

(6.15) $\quad \tau\colon \mathrm{H}^{p-1}(Y, Y'; M) \xrightarrow{\delta} \mathrm{H}^p(X, Y; M) \xleftarrow{\mathrm{H}^p(\pi)} \mathrm{H}^p(B; M), \quad p \geq 1,$

in der δ den verbindenden Homomorphismus des Tripels (X, Y, Y') bedeutet. – Durch die Einbettung $i\colon (Y, Y') \to (X, X')$ wird folgender Homomorphismus induziert, vergleiche (6.12),

(6.16)
$$\begin{array}{l} \mathrm{H}^q(X, X'; M) \twoheadrightarrow \mathrm{H}^q(X, X'; M)/\mathrm{F}^1\,\mathrm{H}^q(X, X'; M) \overset{\Phi}{\cong} \mathrm{E}_\infty^{o,q}(\xi, \xi'; M) \\ \xrightarrow{e_r} \mathrm{E}_2^{o,q}(\xi, \xi'; M) \overset{\Psi}{\cong} \mathrm{H}^0(B, \mathscr{H}^q(\xi, \xi'; M)) \xrightarrow{\eta} \mathrm{H}^q(Y, Y'; M). \end{array}$$

Für $p \geq 2$ stimmt die Transgression (6.15) mit folgender additiven Beziehung überein:

$$\begin{aligned} &\mathrm{H}^{p-1}(Y,Y';M) \xleftarrow{\eta} \mathrm{H}^0(B;\mathscr{H}^{p-1}(\xi,\xi';M)) \overset{\Psi}{\cong} E_2^{0,p-1}(\xi,\xi';M) \\ (6.17) \quad &\xleftarrow{e_F} \mathrm{E}_p^{0,p-1}(\xi,\xi';M) \xrightarrow{d_p} \mathrm{E}_p^{p,0}(\xi,\xi';M) \xleftarrow{e_B} \mathrm{E}_2^{p,0}(\xi,\xi';M) \\ &\overset{\Psi}{\cong} \mathrm{H}^p(B,\mathscr{H}^0(\xi,\xi';M)) \xleftarrow{\varepsilon^*} \mathrm{H}^p(B;M). \end{aligned}$$

6.7 Wie in 6.1 sei $\xi=(X,\pi,B)$ eine ss. Faserung, $B' \subset B$ eine ss. Untermenge und M ein Modul. Dann kann man die *Homologiespektralsequenz* $\mathrm{E}(\xi,\xi|B';M)$ von ξ relativ $\pi^{-1}(B)$ mit Koeffizienten in M betrachten. Andererseits bestimmen ξ und M zu jeder Zahl q das lokale System kovarianter Koeffizienten $\mathscr{H}_q(\xi;M)$, und man kann die Homologiemoduln $\mathrm{H}_p(B,B';\mathscr{H}_q(\xi;M))$ bilden, siehe 5.9. Die Homologiespektralsequenz und Homologiemoduln sind kovariante Funktoren auf der in 6.1 beschriebenen Kategorie.

Entsprechend zu (6.1) besteht ein natürlicher Isomorphismus

$$(6.1') \qquad \mathrm{E}^2_{p,q}(\xi,\xi|B';M) \cong \mathrm{H}_p(B,B';\ \mathscr{H}_q(\xi;M)) \quad \text{für alle } p \text{ und } q.$$

Als *Transgression*, vergleiche 6.3, definiert man die additive Beziehung

$$(6.10') \qquad \tau\colon \mathrm{H}_p(B;M) \xleftarrow{\mathrm{H}_p(\pi)} \mathrm{H}_p(X,Y;M) \xrightarrow{\partial} \mathrm{H}_{p-1}(Y;M),$$

wobei ∂ der verbindende Homomorphismus der Homologiesequenz des Paares (X,Y) ist. Entsprechend zu 6.4 gilt

a) Folgender Homomorphismus wird durch $\pi\colon (X,\pi^{-1}B')) \to (B,B')$ induziert

$$\begin{aligned} (6.11') \quad &\mathrm{H}_p(X,\pi^{-1}(B');M) \twoheadrightarrow \mathrm{H}_p(X,\pi^{-1}(B');M)/\mathrm{F}_{p-1}\mathrm{H}_p(X,\pi^{-1}(B');M) \\ &\overset{\Phi}{\cong} \mathrm{E}^\infty_{p,0}(\xi,\xi|B';M) \xrightarrow{e_B} \mathrm{E}^2_{p,0}(\xi,\xi|B';M) \overset{\Psi}{\cong} \mathrm{H}_p(B,B';\mathscr{H}_0(\xi;M)) \\ &\xrightarrow{\varepsilon_*} \mathrm{H}_p(B,B';M), \quad p=0,1,\ldots \end{aligned}$$

b) Folgender Homomorphismus wird durch $i\colon Y \to X$ induziert:

$$\begin{aligned} (6.12') \quad &\mathrm{H}_q(Y;M) \xrightarrow{\eta} \mathrm{H}_0(B;\mathscr{H}_q(\xi;M)) \overset{\Psi}{\cong} \mathrm{E}^2_{0,q}(\xi;M) \xrightarrow{e_F} \mathrm{E}^\infty_{0,q}(\xi;M) \\ &\overset{\Phi}{\cong} \mathrm{F}_0\mathrm{H}_q(X;M) \xrightarrow{\subset} \mathrm{H}_q(X;M), \quad q=0,1,\ldots \end{aligned}$$

c) Für $p \geq 2$ stimmt die Transgression (6.10′) mit folgender additiven Beziehung überein:

$$\begin{aligned} (6.13') \quad &\mathrm{H}_p(B;M) \xleftarrow{\varepsilon_*} \mathrm{H}_p(B,\mathscr{H}_0(\xi;M)) \overset{\Psi}{\cong} \mathrm{E}^2_{p,0}(\xi;M) \xleftarrow{e_B} \mathrm{E}^p_{p,0}(\xi;M) \\ &\xrightarrow{d^p} \mathrm{E}^p_{0,p-1}(\xi;M) \xleftarrow{e_F} \mathrm{E}^2_{0,p-1}(\xi;M) \overset{\Psi}{\cong} \mathrm{H}_0(B;\ \mathscr{H}_{p-1}(\xi;M)) \xleftarrow{\eta} \mathrm{H}_{p-1}(Y;M). \end{aligned}$$

Insbesondere ist, vgl. 6.5 Bemerkung b), das Bild $\mathrm{H}_p(\pi)(\mathrm{H}_p((X,\pi^{-1}(B');M)$ in $\mathrm{H}_p(B,B';M)$ zu $\mathrm{E}^\infty_{p,0}(\xi,\xi|B';M)$ in natürlicher Weise isomorph, wenn B

und eine Faser zusammenhängend sind. – Ohne zusätzliche Voraussetzungen ist das Bild $H_q(i)(H_q(Y;M))$ in $H_q(X;M)$ zu $E^{\infty}_{0,q}(\xi,M)$ isomorph. – Dem kommutativen Diagramm 6.6 entspricht das kommutative Diagramm 6.6′:

$$\begin{array}{ccc} D(\tau) & \cong & E^p_{p,0}(\xi;M) \\ \downarrow{\scriptstyle \tau^0} & & \downarrow{\scriptstyle d^p} \\ H_{p-1}(Y;M)/U(\tau) & \cong & E^p_{0,p-1}(\xi;M) \end{array} \qquad \text{Dia. 6.6'}$$

Die Elemente in $D(\tau) \subset H_p(B;M)$ heißen *transgressiv*.

Schließlich kann man auch in der Homologie alles für ss. Bündelpaare (ξ,ξ') relativieren, wie es in 6.6 für die Kohomologie ausgeführt wurde.

7. Über $E_1^{p,q}(\Delta(p)\times Y)$

7.1 Es soll das Ergebnis bewiesen werden, welches in 6.2, 3. genannt wurde. Dazu kann man sich auf kartesische Produkte

$$\eta = (\Delta(p)\times Y, \mathrm{pr}_1, \Delta(p))$$

beschränken, wenn man auf die Natürlichkeit bezüglich aller ss. Abbildungen

$$F\colon \Delta(p)\times Y \to \Delta(p)\times Y' \quad \text{mit} \quad \mathrm{pr}_1 F = \mathrm{pr}_1 \tag{7.1}$$

achtet. Die Spektralsequenz $E(\eta;M)$ wird im folgenden mit $E(\Delta(p)\times Y;M)$ bezeichnet.

7.2 Der zu definierende Isomorphismus

$$\psi'\colon\ E_1^{p,q}(\Delta(p)\times Y;M)\to H^q(Y;M)$$

wird die Gestalt

$$\psi'\colon E_1^{p,q}(\Delta(p)\times Y;M) \xrightarrow[\cong]{\psi_1} C^p(\Delta(p);\Lambda)\otimes H^q(Y;M) \xrightarrow[\cong]{\psi_2} H^q(\Delta(p)\times Y;M) \tag{7.2}$$

haben. Zunächst wird ψ_1 definiert, und zwar allgemeiner für

$$E_1^{r,s}(\Delta(p)\times Y;M).$$

$$\begin{aligned} \psi_1\colon\ & E_1^{r,s}(\Delta(p)\times Y;M)\cong H^{r+s}((\Delta(p)^r,\Delta(p)^{r-1})\times Y;M) \\ & \xleftarrow[\cong]{\times} H^r(\Delta(p)^r,\Delta(p)^{r-1};\Lambda)\otimes H^s(Y;M) \xleftarrow[\cong]{\kappa\times\mathrm{id}} C^r(\Delta(p)^r;\Lambda)\otimes H^s(Y;M). \end{aligned} \tag{7.3}$$

Der erste Isomorphismus besteht nach (3.1). Mit $\times$ ist das äußere Kohomologieprodukt V (6.6) bezeichnet. Es ist nach der Künneth-Formel ein Isomorphismus, weil die Kohomologie von $(\Delta(p)^r, \Delta(p)^{r-1})$ außer in der Dimension r verschwindet. Zu κ: Jede r-Kokette γ auf $\Delta(p)$ ist ein Kozykel auf $(\Delta(p)^r, \Delta(p)^{r-1})$. Mit $\kappa(\gamma)$ wird die Kohomologieklasse dieses Kozykels bezeichnet. Da im Kettenkomplex von $(\Delta(p)^r, \Delta(p)^{r-1})$ alle Kettenmoduln außer dem r-ten verschwinden und dieser isomorph zu $C_r(\Delta(p))$ ist, ist κ ein Isomorphismus.

7.3 Für festes p und s bilden die $E_1^{r,s}(\Delta(p)\times Y; M)$ zusammen mit dem Differential d_1 einen Kokettenkomplex. Dasselbe gilt für die $C^r(\Delta(p); \Lambda)\otimes H^s(Y; M)$ mit dem Differential $\delta_1 = \delta\otimes \mathrm{id}$, wobei δ das übliche Differential des Kokettenkomplexes $C^*(\Delta(p); \Lambda)$ ist.

Lemma: *Der Isomorphismus ψ_1 ist eine Kokettenabbildung.*

Beweis: Im Diagramm 7.1 bedeute δ_1^* den verbindenden Homomorphismus des Tripels $(\Delta(p)^{r+1}, \Delta(p)^r, \Delta(p)^{r-1})\times Y$ und δ^* den des Tripels $(\Delta(p)^{r+1}, \Delta(p)^r, \Delta(p)^{r-1})$. Die drei Teildiagramme von 7.1 sind kommutativ, das obere nach 3.1, das mittlere nach V 6.2f) und das untere, wie man nachweist, indem man auf die Definition von δ^* zurückgeht.

$$\begin{array}{ccc}
E_1^{r,s}(\Delta(p)\times Y; M) & \xrightarrow{d_1} & E_1^{r+1,s}(\Delta(p)\times Y; M) \\
\wr\| & & \wr\| \\
H^{r+s}((\Delta(p)^r, \Delta(p)^{r-1})\times Y; M) & \xrightarrow{\delta_1^*} & H^{r+s+1}((\Delta(p)^{r+1}, \Delta(p)^r)\times Y; M) \\
\uparrow{\scriptstyle\times} & & \uparrow{\scriptstyle\times} \\
H^r(\Delta(p)^r, \Delta(p)^{r-1}; \Lambda)\otimes H^s(Y; M) & \xrightarrow{\delta^*\otimes \mathrm{id}} & H^{r+1}(\Delta(p)^{r+1}, \Delta(p)^r; \Lambda)\otimes H^s(Y; M) \\
\uparrow{\scriptstyle\kappa\otimes \mathrm{id}} & & \uparrow{\scriptstyle\kappa\otimes \mathrm{id}} \\
C^r(\Delta(p); \Lambda)\otimes H^s(Y; M) & \xrightarrow{\delta_1} & C^{r+1}(\Delta(p); \Lambda)\otimes H^s(Y; M)
\end{array}$$

Dia. 7.1

7.4 Das Verhalten von ψ_1 gegenüber Produkten wird untersucht. Die Koeffizienten liegen dabei im Ring Λ selbst. Das Cupprodukt $\cup$ der Koketten auf $\Delta(p)$ und das innere Kohomologieprodukt in $H^*(Y)$ bestimmen folgendes Cupprodukt

$$(7.4)\quad \cup_1: C^r(\Delta(p))\otimes H^s(Y)\otimes C^{r'}(\Delta(p))\otimes H^{s'}(Y)\to C^{r+r'}(\Delta(p))\otimes H^{s+s'}(Y),$$
$$(\gamma\otimes u)\cup_1(\gamma'\otimes u') = (-1)^{sr'}(\gamma\cup\gamma')\otimes uu'.$$

Gemäß 3.1 ist in $E_1(\Delta(p)\times Y)$ ebenfalls ein Produkt $\cdot$ definiert.

Lemma: *Der Isomorphismus* ψ_1 *ist multiplikativ:*

$$\psi_1(a\cdot b)=\psi_1(a)\cup_1\psi_1(b).$$

Beweis: Im Diagramm 7.2 auf der Seite 169 wird μ so definiert, daß das obere Teildiagramm kommutativ ist. Um zu zeigen, daß dies dann auch für das untere Teildiagramm gilt, geht man auf die Koketten zurück: Durch

$$f_1(x,y)=\sum_{0\le i\le j\le k\le n} x(0\dots i)\otimes y(i\dots j)\otimes x(j\dots k)\otimes y(k\dots n),$$

$$f_2(x,y)=\sum_{0\le i\le j\le k\le n} (-1)^{(j-i)(k-j)}x(0\dots i)\otimes y(j\dots k)\otimes x(i\dots j)\otimes y(k\dots n)$$

werden zwei Kettenabbildungen

$$f_1,f_2\colon C(\Delta(p)\times Y)\to C(\Delta(p))\otimes C(Y)\otimes C(\Delta(p))\otimes C(Y)$$

definiert. Sie sind nach V 5.4 homotop. Nun sei $\gamma\in C^r(\Delta(p))$, $\gamma'\in C^{r'}(\Delta(p))$ und v bzw. v' ein s- bzw. s'-Kozykel auf Y. Wie man nachrechnet, wird dann $\mu((\kappa(\gamma)\times \mathrm{kl}\,v)\otimes(\kappa(\gamma')\times\mathrm{kl}\,v'))$ durch die Kokette η_1 und $(-1)^{sr'}\kappa(\gamma\cup\gamma')\times(\mathrm{kl}\,v\cdot\mathrm{kl}\,v')$ durch die Kokette η_2 repräsentiert, wobei $\langle\eta_e,(x,y)\rangle=\langle\gamma\otimes v\otimes\gamma'\otimes v',f_e(x,y)\rangle$ für $e=1$ und 2 ist. Weil f_1 und f_2 homotop sind, sind η_1 und η_2 kohomolog.

7.5 Nun wird der zweite Isomorphismus, der in (7.2) auftritt, definiert:

(7.5) $$\psi_2\colon C^p(\Delta(p);\Lambda)\otimes H^q(Y;M)\xrightarrow{\cong} H^q(\Delta(p)\times Y;M),$$

$$\psi_2(\gamma\otimes u)=\langle\gamma,[p]\rangle H^q(\mathrm{pr}_2)(u),$$

wobei $\mathrm{pr}_2\colon \Delta(p)\times Y\to Y$ die Projektion ist. 6.2, 3a) folgt aus dem

Lemma: *Der Isomorphismus* ψ' (7.2) *ist natürlich.*

Beweis: Für alle $i=0,\dots,p$ definiert man die Einbettung J_i: $Y\to\Delta(p)\times Y$, $y\mapsto(i,y)$. Alle J_i sind paarweise homotop. Daher kann man bei $H^q(J_i)$ den Index i weglassen. Es ist $H^q(J)=H^q(\mathrm{pr}_2)^{-1}$. Zu F (7.1) gibt es genau eine Abbildung F': $\Delta(p)\times Y\to Y$, so daß $F(x,y)=(x,F'(x,y))$ für alle $(x,y)\in\Delta(p)\times Y$ ist. Es sei

$$f_i\colon Y\xrightarrow{J_i}\Delta(p)\times Y\xrightarrow{F}\Delta(p)\times Y'\xrightarrow{\mathrm{pr}_2}Y,\quad i=0,\dots,p.$$

Da alle J_i paarweise homotop sind, sind es auch alle f_i. Man kann also auch bei $H^q(f_i)$ den Index i weglassen. Es ist $f_i(y)=F'(i,y)$. Das erste und dritte Teildiagramm von oben des Diagrammes 7.3 sind trivialerweise kommutativ. Zum zweiten Teildiagramm: Man geht auf die Definition des äußeren Produktes zurück, siehe V (6.4): Es sei γ ein p-Kozykel auf $(\Delta(p),\dot{\Delta}(p))$ und v ein q-Kozykel auf Y. Dann wird $\mathrm{kl}\,\gamma\times H^q(f)(\mathrm{kl}\,v)$ durch η und $H^{p+q}(F)(\mathrm{kl}\,\gamma\times\mathrm{kl}\,v)$ durch η' repräsentiert, wobei

$$\langle\eta,(x,y)\rangle=(-1)^{pq}\langle\gamma,x(0\ldots p)\rangle\cdot\langle v,f_p(y)(p\ldots p+q)\rangle,$$
$$\langle\eta',(x,y)\rangle=(-1)^{pq}\langle\gamma,x(0\ldots p)\rangle\cdot\langle v,F'(x,y)(p\ldots p+q)\rangle$$
$$\text{für}\quad (x,y)\in(\Delta(p)\times Y)_{p+q}$$

ist. Nun ist $\langle\gamma,x(0\ldots p)\rangle=0$, außer wenn $x=\ldots s_{p+1}s_p[p]$ ist. In diesem Falle ist $x(p\ldots p+q)=(p\ldots p)$ und folglich

$$\begin{aligned}F'(x,y)(p\ldots p+q)&=F'(x(p\ldots p+q),y(p\ldots p+q))\\&=F'(p,y(p\ldots p+q))=f_p(y)(p\ldots p+q).\end{aligned}$$

Daher ist $\eta=\eta'$.

Zum unteren Teildiagramm: Es sei $\gamma\in C^p(\Delta(p);\Lambda)$ und $u\in H^q(Y';M)$. Dann ist einerseits $\psi_2(\mathrm{id}\otimes H^q(f))(\gamma\otimes u)=\langle\gamma,[p]\rangle H^q(\mathrm{pr}_2)H^q(f)(u)$ und andererseits $H^q(F)\psi_2(\gamma\otimes u)=\langle\gamma,[p]\rangle H^q(F)H^q(\mathrm{pr}_2)(u)$. Nun ist $H^q(\mathrm{pr}_2)H^q(f)=H^q(\mathrm{pr}_2)H^q(J)H^q(F)H^q(\mathrm{pr}_2)$ nach der Definition von f_i, $=H^q(F)H^q(\mathrm{pr}_2)$, weil $H^q(\mathrm{pr}_2)^{-1}=H^q(J)$ ist.

$$\begin{array}{ccc}
E_1^{p,q}(\Delta(p)\times Y';M) & \xrightarrow{E_1^{p,q}(F)} & E_1^{p,q}(\Delta(p)\times Y;M)\\
\wr\Vert & & \wr\Vert\\
H^{p+q}((\Delta(p),\dot\Delta(p))\times Y';M) & \xrightarrow{H^{p+q}(F)} & H^{p+q}((\Delta(p),\dot\Delta(p))\times Y;M)\\
{\scriptstyle\times}\uparrow & & \uparrow{\scriptstyle\times}\\
H^p(\Delta(p),\dot\Delta(p);\Lambda)\otimes H^q(Y';M) & \xrightarrow{\mathrm{id}\otimes H^q(f)} & H^p(\Delta(p),\dot\Delta(p);\Lambda)\otimes H^q(Y;M)\\
{\scriptstyle\kappa\otimes\mathrm{id}}\uparrow & & \uparrow{\scriptstyle\kappa\otimes\mathrm{id}}\\
C^p(\Delta(p);\Lambda)\otimes H^q(Y';M) & \xrightarrow{\mathrm{id}\otimes H^q(f)} & C^p(\Delta(p);\Lambda)\otimes H^q(Y;M)\\
{\scriptstyle\psi_2}\downarrow & & \downarrow{\scriptstyle\psi_2}\\
H^q(\Delta(p)\times Y';M) & \xrightarrow{H^q(F)} & H^q(\Delta(p)\times Y;M)
\end{array}$$

Dia. 7.3

7.6 Die Behauptung 6.2, 3b) folgt aus dem

Lemma: *Das Diagramm* 7.4 *auf der Seite* 169 *ist kommutativ.*

Beweis: Das Teildiagramm links oben ist kommutativ, weil sich ψ_1 aufgrund seiner Definition mit ss. Abbildungen α: $\Delta(n)\to\Delta(p)$ verträgt. Nach dem Lemma in 7.3 ist das Teildiagramm rechts oben kommutativ. Aufgrund der Definition rechnet man die Kommutativität des unteren Teildiagrammes nach.

7.7 Die Behauptung 6.2, 3c) folgt aus:

Lemma: *Mit den Abkürzungen* $m=p+p'$, $n=q+q'$, $\alpha=(0\ldots p)$ *und* $\alpha'=(p\ldots p+p')$ *ist das Diagramm* 7.5 *kommutativ.*

$$\begin{array}{ccccc}
E_1^{p,q}(\Delta(p)\times Y)\otimes E_1^{p',q'}(\Delta(p')\times Y) & \xleftarrow{E_1^{p,q}(\alpha\times\mathrm{id})\otimes E_1^{p',q'}(\alpha'\times\mathrm{id})} & E_1^{p,q}(\Delta(m)\times Y)\otimes E_1^{p',q'}(\Delta(m)\times Y) & \dot{\to} & E_1^{m,n}(\Delta(m)\times Y)\\
\downarrow{\scriptstyle \psi_1\otimes\psi_1} & & \downarrow{\scriptstyle \psi_1\otimes\psi_1} & & \downarrow{\scriptstyle \psi_1}\\
C^p(\Delta(p))\otimes H^q(Y)\otimes C^{p'}(\Delta(p'))\otimes H^{q'}(Y) & \xleftarrow{C^p(\alpha)\otimes\mathrm{id}\otimes C^{p'}(\alpha')\otimes\mathrm{id}} & C^p(\Delta(m))\otimes H^q(Y)\otimes C^{p'}(\Delta(m))\otimes H^{q'}(Y) & \xrightarrow{\cup_1} & C^m(\Delta(m))\otimes H^n(Y)\\
\downarrow{\scriptstyle \psi_2\otimes\psi_2} & & & & \downarrow{\scriptstyle \psi_2}\\
H^q(\Delta(p)\times Y)\otimes H^{q'}(\Delta(p')\times Y) & & \xrightarrow{\qquad\qquad\cup'\qquad\qquad} & & H^n(\Delta(m)\times Y)
\end{array}$$

Dia. 7.5

Beweis: Das Teildiagramm links oben ist kommutativ, weil ψ_1 aufgrund seiner Definition mit ss. Abbildung $\alpha\colon \Delta(p)\to\Delta(m)$ verträglich ist. Das Teildiagramm rechts oben ist nach dem Hilfssatz in 7.4 kommutativ. Die Kommutativität des unteren Teildiagramms rechnet man aufgrund der Definitionen nach.

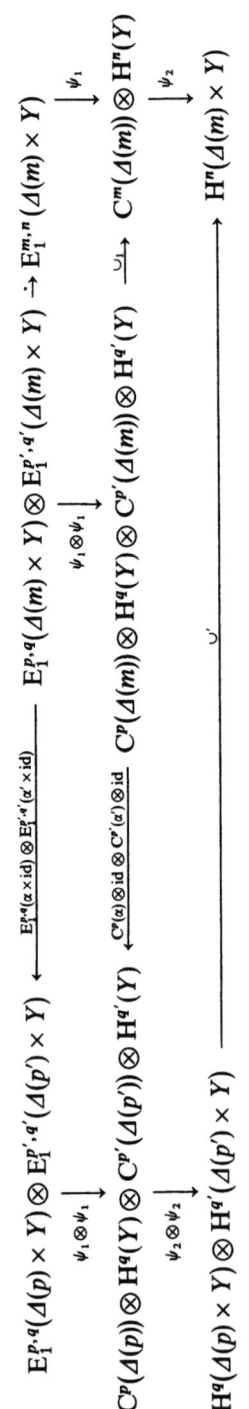

$$\begin{array}{ccc}
E_1^{r,s}(\Delta(p)\times Y)\otimes E_1^{r',s'}(\Delta(p)\times Y) & \xrightarrow{\quad\cdot\quad} & E_1^{r+r',s+s'}(\Delta(p)\times Y) \\
\cong & & \cong \\
H^{r+s}((\Delta(p)^r,\Delta(p)^{r-1})\times Y)\otimes H^{r'+s'}((\Delta(p)^{r'},\Delta(p)^{r'-1})\times Y) & \xrightarrow{\mu} & H^{r+r'+s+s'}((\Delta(p)^{r+r'},\Delta(p)^{r+r'-1})\times Y) \\
\uparrow{\scriptstyle \times\otimes\times} & & \uparrow{\scriptstyle \times} \\
H^r(\Delta(p)^r,\Delta(p)^{r-1})\otimes H^s(Y)\otimes H^{r'}(\Delta(p)^{r'},\Delta(p)^{r'-1})\otimes H^{s'}(Y) & & H^{r+r'}(\Delta(p)^{r+r'},\Delta(p)^{r+r'-1})\otimes H^{s+s'}(Y) \\
\uparrow{\scriptstyle \kappa\otimes\mathrm{id}\otimes\kappa\otimes\mathrm{id}} & & \uparrow{\scriptstyle \kappa\otimes\mathrm{id}} \\
C^r(\Delta(p))\otimes H^s(Y)\otimes C^{r'}(\Delta(p))\otimes H^{s'}(Y) & \xrightarrow{\quad\cup_1\quad} & C^{r+r'}(\Delta(p))\otimes H^{s+s'}(Y)
\end{array}$$

Dia. 7.2

$$\begin{array}{ccccc}
\Pi\, E_1^{p-1,q}(\Delta(p-1)\times Y;M) & \xrightarrow{\Pi E_1^{p-1,q}(\delta^i\times\mathrm{id})} & E_1^{p-1,q}(\Delta(p)\times Y;M) & \xrightarrow{d_1} & E_1^{p,q}(\Delta(p)\times Y;M) \\
\downarrow{\scriptstyle \Pi\psi_1} & & \downarrow{\scriptstyle \psi_1} & & \downarrow{\scriptstyle \psi_1} \\
\Pi\, C^{p-1}(\Delta(p-1);\Lambda)\otimes H^q(Y;M) & \xrightarrow{\Pi C^{p-1}(\delta^i)\otimes\mathrm{id}} & C^{p-1}(\Delta(p);\Lambda)\otimes H^q(Y;M) & \xrightarrow{\delta_1} & C^p(\Delta(p);\Lambda)\otimes H^q(Y;M) \\
\downarrow{\scriptstyle \Pi\psi_2} & & & & \downarrow{\scriptstyle \psi_2} \\
\Pi\, H^q(\Delta(p-1)\times Y;M) & & \xrightarrow{\qquad\delta'\qquad} & & H^q(\Delta(p)\times Y;M)
\end{array}$$

Dia. 7.4

8. Anwendungen der Spektralsequenz einer Faserung

Dieser Abschnitt enthält einige klassische Anwendungen der Spektralsequenz einer Faserung. Dabei wird generell vorausgesetzt: $\xi=(X,\pi,B)$ bedeutet eine Faserung, deren Basis B zusammenhängend ist. In B_0 ist ein Basispunkt $*$ ausgezeichnet. Die Faser über $*$ heißt Y. Die Einbettung wird mit $i\colon Y\to X$ bezeichnet. Bei allen Tripelabbildungen wie Diagramm 5.1 soll für die Abbildung der Basen $f(*)=*$ sein. Mit B' wird, wenn nichts anderes gesagt wird, eine ss. Untermenge von B bezeichnet. Der Ring Λ, siehe die Einleitung dieses Kapitels, sei stets ein Hauptidealring. Wenn bei der (Ko-)Homologie keine Koeffizienten angegeben sind, sind sie in Λ gemeint.

8.1 Umformung des 2. Terms: *a) Wenn die Fundamentalgruppe* $\pi_1(B,*)$ *trivial auf* $\mathrm{H}_q(Y;M)$ *operiert, besteht für alle p die natürliche exakte Sequenz*

$$0\to \mathrm{H}_p(B,B')\otimes \mathrm{H}_q(Y;M)\to \mathrm{E}^2_{p,q}(\xi,\xi|B';M)\to \mathrm{Tor}(\mathrm{H}_{p-1}(B,B'),\mathrm{H}_q(Y;M))\to 0. \tag{8.1}$$

Man faßt in diesem Fall $\mathrm{H}_p(B,B')\otimes \mathrm{H}_q(Y;M)$ *als Untermodul von* $\mathrm{E}^2_{p,q}$ *auf.*
b) Wenn $\pi_1(B,*)$ *auf* $\mathrm{H}^q(Y;M)$ *trivial operiert, besteht für alle p die natürliche exakte Sequenz*

$$\begin{aligned}0\to \mathrm{Ext}(\mathrm{H}_{p-1}(B,B'),\mathrm{H}^q(Y;M))\to \mathrm{E}_2^{p,q}(\xi,\xi|B';M)\\ \to \mathrm{Hom}(\mathrm{H}_p(B,B'),\mathrm{H}^q(Y;M))\to 0.\end{aligned} \tag{8.2}$$

c) Wenn $\pi_1(B,*)$ *auf allen* $\mathrm{H}^q(Y)$ *trivial operiert, gibt es einen natürlichen Algebrenhomomorphismus*

$$\iota\colon\ \mathrm{H}^*(B)\otimes \mathrm{H}^*(Y)\to \mathrm{E}_2(\xi), \tag{8.3}$$

der ein Isomorphismus ist, wenn alle $\mathrm{H}_p(B)$ *oder alle* $\mathrm{H}^q(Y)$ *frei und endlich erzeugt sind. Man identifiziert in diesem Fall* E_2 *mit* $\mathrm{H}^*(B)\otimes \mathrm{H}^*(Y)$.

Beweis: Zu a): Nach (6.1′) ist $\mathrm{E}^2_{p,q}(\xi,\xi|B';M)\cong \mathrm{H}_p(B,B';\mathscr{H}_q(\xi,M))$ und nach (5.17′) $\mathrm{H}_p(B,B';\mathscr{H}_q(\xi,M))\cong \mathrm{H}_p(B,B';\mathrm{H}_q(Y;M))$. Die beiden Isomorphismen sind natürlich. Die Sequenz (8.1) ist dann die Sequenz V (2.20) des universellen Koeffiziententheorems. Zu b): Analog zu a). Zu c): Nach (6.1) ist $\mathrm{E}_2(\xi)\cong \mathrm{H}^*(B;\mathscr{H}^*(\xi))$ und nach (5.17) $\mathrm{H}^*(B;\mathscr{H}^*(\xi))\cong \mathrm{H}^*(B,\mathrm{H}^*(Y))$. Beide Isomorphismen sind natürlich und wegen dem Satz in 6.1 bzw. wegen 5.7 Isomorphismen von Algebren. Der Homomorphismus bzw. Isomorphismus ι besteht dann nach V 3.5.

8.2 Zusammenbrechende Spektralsequenz: *Bei der Faserung* $\xi=(X,\pi,B)$ *seien alle* $\mathrm{H}^q(i)\colon \mathrm{H}^q(X)\to \mathrm{H}^q(Y)$ *Epimorphismen.*

a) Wenn alle $H^q(Y)$ *oder alle* $H^p(B)$ *frei und endlich erzeugt sind, ist* $E_2(\xi)$ *in natürlicher Weise als bigraduierte Algebra zu* $H^*(B)\otimes H^*(Y)$ *isomorph, und die Spektralsequenz bricht zusammen:* $d_2=d_3=\cdots=0$ *und folglich* $E_2=E_3=\cdots=E_\infty$.
b) Wenn insbesondere alle $H^q(Y)$ *frei und endlich erzeugt sind, gibt es für alle q Monomorphismen* $\vartheta\colon H^q(Y)\to H^q(X)$ *mit* $H^*(i)\vartheta=\mathrm{id}$, *so daß*

$$\Phi\colon\ H^*(B)\otimes H^*(Y) \xrightarrow{\cong} H^*(X), \qquad b\otimes y \longmapsto H^*(\pi)(b)\cdot\vartheta(y)$$

ein Isomorphismus der graduierten Moduln ist.

Beweis: Zu a): Nach 5.6 operiert $\pi_1(B,*)$ trivial auf allen $H^q(Y)$. Die Behauptung über E_2 folgt aus 8.1 c). – Nach 6.4 b) ist der Monomorphismus der Faser $e_F\colon E_\infty^{0,q}\to E_2^{0,q}$ ein Isomorphismus. Dann muß $E_2^{0,q}=E_3^{0,q}=\cdots=E_\infty^{0,q}$ also $d_2|E_2^{0,q}=d_3|E_3^{0,q}=\cdots=0$ sein. Trivialerweise ist $d_2|E_2^{p,0}=d_3|E_3^{p,0}=\cdots=0$. Weil das Produkt $H^p(B)\otimes H^q(Y)\cong E_2^{p,0}\otimes E_2^{0,q}\to E_2^{p,q}$ ein Isomorphismus ist, gilt dann auch $d_2|E_2^{p,q}=0$, also $E_2=E_3$. Derselbe Schluß mit 3 statt 2 ergibt $d_3|E_3^{p,q}=0$, also $E_3=E_4$ usw.
Zu b): Weil $H^q(i)$ ein Epimorphismus auf einen freien Modul ist, existiert ϑ mit $H^*(i)\vartheta=\mathrm{id}$. Man faßt $H^*(B)\otimes H^*(Y)$ als gefilterten, graduierten Modul A auf:

$$A^n=\coprod_{i+j=n} H^i(B)\otimes H^j(Y), \qquad F^pA^n=\coprod_{\substack{i+j=n\\ i\geqslant p}} H^i(B)\otimes H^j(Y).$$

Dann ist Φ ein filtertreuer Homomorphismus vom Grade 0, wenn man $H^*(X)$ mit der Filterung (3.2) versieht. Denn es sei $b\in H^p(B)$, $y\in H^q(Y)$, also $b\otimes y\in F^pA^{p+q}$. Nach (6.11) ist $H^p(\pi)(b)\in F^pH^p(X)$, ferner $\vartheta(y)\in H^q(X)=F^0H^q(X)$, also $H^p(\pi)(b)\cdot\vartheta(y)\in F^pH^{p+q}(X)$ nach (2.5). – Man geht zu den assoziierten bigraduierten Moduln über, siehe 2.4:

$$G_F(\Phi)\colon\ G_F(A)\to G_F(H^*(X)).$$

Nun ist $G_F(A)\cong H^*(B)\otimes H^*(Y)$ in kanonischer Weise und $G_F(H^*(X))\cong E_\infty(\xi)$ nach (3.3), ferner $E_\infty=E_2$ nach a). Wenn man dementsprechend identifiziert, geht $G_F(\Phi)$ in ι (8.3) über, wie aus der Definition von ι und (6.11+12) folgt. Also ist $G_F(\Phi)$ nach a) ein Isomorphismus. Dann muß aber, siehe MacLane [2], XI 3.4, Φ selbst ein Isomorphismus sein.

Bemerkungen: 1. Der Monomorphismus ϑ und der Isomorphismus Φ sind im allgemeinen weder natürlich noch multiplikativ.
2. Weil $H^*(Y)$ frei ist, ist $H^*(X)$ nach b) eine freie $H^*(B)$-Algebra.
3. Der Satz gilt auch für Bündelpaare (ξ,ξ'). Man muß überall Y durch (Y,Y') und X durch (X,X') ersetzen.
4. Für ein kartesisches Produkt $\xi=(B\times Y,\mathrm{pr}_1,B)$ bricht die Homologie- und Kohomologiespektralsequenz nach dem zweiten Term zusammen:

$E^2 = \cdots = E^\infty$ bzw. $E_2 = \cdots = E_\infty$. Ferner ist $E^2_{p,q} \cong H_p(B; H_q(Y))$ bzw. $E_2^{p,q} \cong H^p(B, H^q(Y))$ in natürlicher Weise.
Beweisskizze zu 4. für die Homologie: Es werden Bezeichnungen und Ergebnisse von MacLane [2], XI 6, verwendet: Das Tensorprodukt $C_*(B) \otimes C_*(Y)$ der Kettenkomplexe ist ein Doppelkomplex. Mittels der ersten Filterung macht man ihn zu einem gefilterten Kettenkomplex. Die AW-Abbildung φ und die ML-Abbildung ∇ sind filtertreu. Ferner ist $\varphi \nabla = \mathrm{id}$ und $\nabla \varphi$ homotop zur Identität. Weil die Homotopie natürlich ist, hat sie die Ordnung ≤ 0. Nach 2.8 (gemäß 2.9 für die Homologie gedeutet) induziert φ daher einen Isomorphismus der Spektralsequenzen vom ersten Term an. Nach MacLane [2], XI 6 Exercise 1, bricht die Spektralsequenz von $C_*(B) \otimes C_*(Y)$ nach dem zweiten Term zusammen, und es gilt $E^2_{p,q} \cong H_p(B; H_q(Y))$.

8.3 Abbildungssatz: *Es seien eine Tripelabbildung* $F\colon \xi \to \xi'$, *siehe Diagramm* 8.1, *zwischen zwei Faserungen gegeben. Die induzierte ss. Abbildung der Fasern werde mit* $f_0\colon Y \to Y'$ *bezeichnet:*

$$\begin{array}{ccc} X & \xrightarrow{F} & X' \\ {\scriptstyle\pi}\downarrow & & \downarrow{\scriptstyle\pi'} \\ B & \xrightarrow[f]{} & B' \end{array}$$

Dia. 8.1

a) Wenn f *ein ss. Isomorphismus ist und* $H_q(f_0)\colon H_q(Y;M) \xrightarrow{\cong} H_q(Y';M)$ *bzw.* $H^q(f_0)\colon H^q(Y';M) \xrightarrow{\cong} H^q(Y;M)$ *für alle* q *ein Isomorphismus ist, ist auch* $H_n(F))\colon H_n(X;M) \xrightarrow{\cong} H_n(X';M)$ *bzw.* $H^n(F)\colon H^n(X';M) \xrightarrow{\cong} H^n(X;M)$ *für alle* n *ein Isomorphismus.*
b) Wenn in beiden Faserungen die Fundamentalgruppen trivial auf der Homologie bzw. Kohomologie der Fasern operieren, genügt in a) statt „f ist ein ss. Isomorphismus" vorauszusetzen: „Für alle p *ist* $H_p(f)$: $H_p(B) \xrightarrow{\cong} H_p(B')$ *ein Isomorphismus."*

Beweis: Es seien $E = E(\xi; M)$ und $E' = E(\xi'; M)$ die Kohomologiespektralsequenzen. Zu a): Aufgrund der Voraussetzungen ist ${}_{\pi_1(f)}H^p(\tilde{f}, H^q(f_0))\colon {}_{\pi_1(B')}H^p(\tilde{B}', H^q(Y';M)) \xrightarrow{\cong} {}_{\pi_1(B)}H^p(\tilde{B}, H^q(Y;M))$ ein Isomorphismus. Nach (5.14) ist daher $H^p(f, \mathscr{H}^q(F))\colon H^p(B'; \mathscr{H}^q(\xi';M)) \xrightarrow{\cong} H^p(B; \mathscr{H}^q(\xi;M))$ ein Isomorphismus und somit nach (6.1) $E_2^{p,q}(F)$: $E_2'^{p,q} \xrightarrow{\cong} E_2^{p,q}$ ein Isomorphismus für alle p und q. Daraus folgt nach 2.7 Korollar, daß $H^n(F)\colon H^n(X';M) \xrightarrow{\cong} H^n(X;M)$ für alle n ein Isomorphismus ist.
Zu b): Aus der natürlichen exakten Sequenz (8.2) folgt, daß $E_2^{p,q}(F)$ ein Isomorphismus für alle p und q ist, woraus wie bei a) die Behauptung folgt.

8.4 Bettische Zahlen und Eulersche Charakteristik: Als q-te Bettische Zahl einer ss. Menge X bezeichnet man die Vektorraumdimension des q-ten Homologiemoduls von X mit rationalen Koeffizienten

$$(8.4) \qquad b_q(X) = \dim_{\mathbf{Q}}(\mathrm{H}_q(X;\mathbf{Q})).$$

Aus dem universellen Koeffiziententheorem folgt, daß $b_q(X) = \dim_K \mathrm{H}_q(X,K)$ für alle Körper K der Charakteristik 0 ist und daß $b_q(X)$ gleich dem Rang des freien Anteils der abelschen Gruppe $\mathrm{H}_q(X,\mathbf{Z})$ ist. – Die Bettischen Zahlen können unendlich groß sein. Wenn alle $b_q(X)$ endlich und $=0$ für fast alle q sind, kann man die Eulersche Charakteristik bilden

$$(8.5) \qquad \chi(X) = \sum_{q=0}^{\infty} (-1)^q b_q(X).$$

Satz: *a) Für eine endliche ss. Menge X ist*

$$(8.6) \qquad \chi(X) = \sum_{q=0}^{\infty} (-1)^q e_q(X),$$

wobei e_q die Anzahl der nicht entarteten q-Simplexe von X ist.
b) Für ein kartesisches Produkt gilt

$$(8.7) \qquad \chi(X \times Y) = \chi(X) \cdot \chi(Y).$$

Beweis: Zu a): Für einen endlichen Kettenkomplex

$$K: 0 \leftarrow K_0 \leftarrow K_1 \leftarrow \cdots \leftarrow K_N \leftarrow 0$$

von endlich dimensionalen Vektorräumen K_q über $\mathbf{Q}$ ist

$$\sum_{q=0}^{N} (-1)^q \dim K_q = \sum_{q=0}^{N} (-1)^q \dim \mathrm{H}_q(K).$$

Man wendet dies auf $K = C(X;\mathbf{Q})$ an und erhält (8.6) wegen $e_q(X) = \dim C_q(X;\mathbf{Q})$.
b) Folgt aus der Künneth-Formel V (6.13).

8.5 Bettische Zahlen und Eulersche Charakteristik bei einer Faserung: *Alle Koeffizienten mögen in einem Körper der Charakteristik 0 liegen. Die Fundamentalgruppe $\pi_1(B,*)$ operiere auf allen $\mathrm{H}_q(Y)$ trivial.*
a) Für die Bettischen Zahlen gilt die Abschätzung

$$(8.8) \qquad b_n(X) \leq \sum_{p+q=n} b_p(B) \cdot b_q(Y) \quad \textit{für alle } n.$$

b) Wenn die Eulerschen Charakteristiken $\chi(B)$ und $\chi(Y)$ definiert sind, ist $\chi(X)$ definiert, und es gilt

$$(8.9) \qquad \chi(X) = \chi(B) \cdot \chi(Y).$$

Beweis: Es sei E die Homologiespektralsequenz der Faserung.
Zu a): Nach (8.1) ist

$$\dim E^2_{p,q} = b_p(B) \cdot b_q(Y). \tag{8.10}$$

Aus (3.9 + 10) folgt, daß

$$b_n(X) = \sum_{p+q=n} \dim E^\infty_{p,q} \tag{8.11}$$

ist. Da $E^{r+1}_{p,q}$ zu einem Unterquotienten von $E^r_{p,q}$ isomorph ist, ist

$$\dim E^{r+1}_{p,q} \leq \dim E^r_{p,q} \quad \text{für alle } r. \tag{8.12}$$

Aus (8.10 − 12) folgt (8.8).
Zu b): Nach (8.8) ist $\chi(X)$ definiert, sobald $\chi(B)$ und $\chi(Y)$ definiert sind. Man setzt

$$\chi(E^r) = \sum_{p,q} (-1)^{p+q} \dim E^r_{p,q}.$$

Wegen (8.10) ist $\chi(E^2)$ wohldefiniert, und es gilt

$$\chi(E^2) = \chi(B) \cdot \chi(Y). \tag{8.13}$$

Wegen (8.12) ist dann auch $\chi(E^r)$ für alle $r = 2,3,\ldots$ wohl definiert. Da E^{r+1} die Homologie von E^r ist, gilt

$$\chi(E^{r+1}) = \chi(E^r), \quad r = 2,3,\ldots, \tag{8.14}$$

vergleiche den Beweis zu 8.4a). Nach der Voraussetzung ist $H_p(B) = 0$ und $H_q(Y) = 0$ für fast alle p und q. Nach (8.10 + 12) gilt dasselbe für $E^r_{p,q}$, $r = 2,3,\ldots$. Daher bricht die Spektralsequenz ab: Es gibt ein N, so daß $E^N = E^{N+1} = \cdots = E^\infty$ ist. Somit folgt aus (8.13 + 14), daß $\chi(E^\infty) = \chi(B) \cdot \chi(Y)$ ist. Daraus folgt wegen (8.11) die Behauptung

8.6 Modulklassen: Es werden Klassen $\mathscr{C}$ von Moduln betrachtet, die folgenden beiden Axiomen genügen:
I. Es sei $0 \to M' \to M \to M'' \to 0$ eine exakte Sequenz. Genau dann, wenn M' und M'' in $\mathscr{C}$ sind, ist M in $\mathscr{C}$.
II. Wenn M und M' in $\mathscr{C}$ sind, ist $M \otimes M'$ und $\mathrm{Tor}(M, M')$ in $\mathscr{C}$.

Beispiele: 1. $\mathscr{C} = 0$.
2. $\mathscr{C}$ = Klasse aller endlich erzeugten Moduln.
3. $\Lambda = \mathbf{Z}$ und $\mathscr{C}$ = Klasse aller endlichen abelschen Gruppen.

Lemma: *a) Für jede Homologiespektralsequenz E gilt: Wenn $E^2_{p,q} \in \mathscr{C}$ ist, ist $E^r_{p,q} \in \mathscr{C}$ für alle $r = 2,3,\ldots \infty$.*
b) Für die Homologiespektralsequenz E eines Tripels $\xi = (X, \pi, B)$ relativ $X' \subset X$ mit Koeffizienten in M gilt: Genau dann, wenn $H_n(X, X'; M) \in \mathscr{C}$ ist, ist $E^\infty_{p,q} \in \mathscr{C}$ für alle $p + q = n$.

Beweis: a) folgt aus der Tatsache, daß $E^{r+1}_{p,q}$ ein Unterquotient von $E^r_{p,q}$ ist.
b) folgt aus (3.9+10).

8.7 Satz: *Die Fundamentalgruppe $\pi_1(B,*)$ möge auf allen $H_q(Y)$ für $q=0,\ldots n$ trivial operieren.*
a) Aus $H_q(B)\in\mathscr{C}$ für $0<q\le n$ und $H_q(Y)\in\mathscr{C}$ für *$0<q\le n$ folgt $H_q(X)\in\mathscr{C}$ für $0<q\le n$.*
b) Aus $H_q(B)\in\mathscr{C}$ für $0<q\le n+1$ und $H_q(X)\in\mathscr{C}$ für $0<q\le n$ folgt $H_q(Y)\in\mathscr{C}$ für $0<q\le n$.
c) Aus $H_q(Y)\in\mathscr{C}$ für $0<q\le n-1$ und $H_q(X)\in\mathscr{C}$ für $0<q\le n$ folgt $H_q(B)\in\mathscr{C}$ für $0<q\le n$.
Insbesondere gilt also: Liegen die Homologiemoduln von zwei der drei ss. Mengen B, Y und X in allen Dimensionen >0 in $\mathscr{C}$, dann auch die der dritten.

Beweis: Zu a): Aus (8.1) folgt, daß $E^2_{p,\,q}\in\mathscr{C}$ für alle $0<p+q\le n$ ist. Aus dem Lemma in 8.6 folgt dann die Behauptung.
Zu b): Beweis durch Widerspruch: Es sei ρ mit $0<\rho\le n$ die kleinste Zahl, für die $H_\rho(Y)\notin\mathscr{C}$ ist. Aus (8.1) folgt, daß $E^2_{p,q}\in\mathscr{C}$ ist, wenn $0<p\le n+1$ und $0\le q<\rho$ oder $p=0$ und $0<q<\rho$ ist. Nach 8.6, Lemma a) gilt dasselbe für alle $E^r_{p,q}$ mit $r=2,3,\ldots\infty$. – Nach (8.1) ist $E^2_{0,\rho}\cong H_\rho(Y)\notin\mathscr{C}$. Durch endliche Induktion folgt, daß dann auch $E^\infty_{0,\rho}\cong E^{\rho+2}_{0,\rho}\notin\mathscr{C}$ ist. Denn für jedes $2\le r\le\rho+1$ ist die Sequenz

$$0\to d^r(E^r_{r,\rho-r+1})\to E^r_{0,\rho}\to E^{r+1}_{0,\rho}\to 0$$

exakt. Nach der Induktionsannahme ist $E^r_{0,\rho}\notin\mathscr{C}$, aber $d^r(E^r_{r,\rho-r+1})\in\mathscr{C}$, da $E^r_{r,\rho-r+1}\in\mathscr{C}$. – Da also $E^\infty_{0,\rho}\notin\mathscr{C}$ ist, ist nach 8.6 Lemma b) auch $H_\rho(X;M)\notin\mathscr{C}$, Widerspruch!
Zu c): Beweis durch Widerspruch: Es sei ρ mit $0<\rho\le n$ die kleinste Zahl mit $H_\rho(B)\notin\mathscr{C}$. Nach (8.1) ist $E^2_{p,q}\in\mathscr{C}$, wenn $0\le p<\rho$ und $0<q\le n-1$ oder $0<p<\rho$ und $q=0$ ist. Nach 8.6 Lemma a) gilt dasselbe für alle $E^r_{p,q}$ mit $r=2,3,\ldots\infty$. – Nach (8.1) ist $E^2_{\rho,0}\cong H_\rho(B)\notin\mathscr{C}$. Durch endliche Induktion folgt, daß $E^\infty_{\rho,0}=E^{\rho+1}_{\rho,0}\notin C$ ist. Denn für jedes $2\le r\le\rho$ ist die Sequenz

$$0\to E^{r+1}_{\rho,0}\to E^r_{\rho,0}\to d^r(E^r_{\rho,0})\to 0$$

exakt. Nach der Induktionsannahme ist $E^r_{0,\rho}\notin\mathscr{C}$. Aber $d^r(E^r_{\rho,0})\in\mathscr{C}$, da $d^r(E^r_{\rho,0})\subset E^r_{\rho-r,r-1}\in\mathscr{C}$ ist. – Da also $E^\infty_{\rho,0}\notin\mathscr{C}$ ist, ist nach 8.6 Lemma b) $H_\rho(X)\notin\mathscr{C}$, Widerspruch.

8.8 Satz: *Wenn $H_i(B,B')=0$ für alle $i<p$ ist ($H_0(B,B')=0$ bedeutet $B'\neq\emptyset$), ferner Y zusammenhängend und $H_j(Y)=0$ für alle $0<j<q$ ist und die Fundamentalgruppe $\pi_1(B,*)$ auf $H_j(Y)$ für alle $q\le j\le p+q$ trivial*

operiert, induziert die Projektion $\pi: X \to B$ *für* $0 \leq k < p+q$ *einen Isomorphismus und für* $k = p+q$ *einen Epimorphismus*

$$\mathrm{H}_k(\pi): \mathrm{H}_k(X, \pi^{-1}(B')) \to \mathrm{H}_k(B, B').$$

Beweis: Aus (8.1) und der Voraussetzung folgt $E^2_{k-r,r-1} = 0$ für alle $k \leq p+q$. Wegen 8.6 Lemma a) ist dann auch $E^r_{k-r,r-1} = 0$ für alle $r \geq 2$ und $k \leq p+q$. Daraus folgt, daß der Monomorphismus der Basis $e_B: E^\infty_{k,0} \rightarrowtail E^2_{k,0}$ ein Isomorphismus ist. Nach (6.11′) ist daher $\mathrm{H}_k(\pi)$ für alle $k \leq p+q$ ein Epimorphismus. – Wenn $k < p+q$ ist, folgt aus (8.1), daß $E^2_{i,j} = 0$ für alle $i+j = k$ und $j \neq 0$ ist. Dasselbe gilt dann für $E^\infty_{i,j}$. Somit ist $\Phi: \mathrm{H}_k(X, \pi^{-1}(B')) \xrightarrow{\cong} E^\infty_{k,0}$ ein Isomorphismus und daher nach (6.11′) $\mathrm{H}_k(\pi)$ für alle $k < p+q$ ein Isomorphismus.

8.9 Satz: *Die Fundamentalgruppe* $\pi_1(B,*)$ *möge auf allen* $\mathrm{H}_q(Y)$ *trivial operieren. Für zwei ganze Zahlen* $p, q \geq 0$ *gelte* $\mathrm{H}_i(B) = 0$, *wenn* $i > p$, *und* $\mathrm{H}_j(Y) = 0$, *wenn* $j > q$ *ist.*
a) Dann ist $\mathrm{H}_k(X) = 0$ *für alle* $k > p+q+1$.
b) Wenn $\mathrm{H}_p(B)$ *und* $\mathrm{H}_{p-1}(B)$ *freie Moduln sind, ist außerdem* $\mathrm{H}_{p+q+1}(X) = 0$, $\mathrm{H}_{p+q}(X) \cong \mathrm{H}_p(B) \otimes \mathrm{H}_q(Y)$ *und* $\mathrm{H}_{p-1}(B) \otimes \mathrm{H}_q(Y) \subset \mathrm{H}_{p+q-1}(X)$, *beides in natürlicher Weise.*

Beweis: Zu a): Aus (8.1) folgt, daß $E^2_{i,j} = 0$ ist, wenn $i+j > p+q+1$ ist. Für dieselben i und j ist dann auch $E^\infty_{i,j} = 0$ und folglich nach 8.6, Lemma b) $\mathrm{H}_k(X) = 0$ für alle $k > p+q+1$.
Zu b): Jetzt folgt aus (8.1) auch noch $E^2_{i,j} = 0$ für $i+j = p+q+1$, also wie im Beweis zu a) $\mathrm{H}_{p+q+1}(X) = 0$. – Ferner ist $E^2_{p,q} \cong \mathrm{H}_p(B) \otimes \mathrm{H}_q(Y)$ in natürlicher Weise und $E^2_{p+r,q-r} = E^2_{p-r,q+r} = 0$ für alle $r = 1, 2, \ldots$. Dasselbe gilt dann, wenn man 2 durch irgendein $\rho = 2, 3, \ldots \infty$ ersetzt. Daher ist $E^2_{p,q} = E^3_{p,q} = \cdots = E^\infty_{p,q}$ der einzige möglicherweise von Null verschiedene Term mit dem Totalgrad $p+q$, somit $E^2_{p+q} \cong \mathrm{H}_{p+q}(X)$ in natürlicher Weise. Nach (8.1) ist $H_{p-1}(B) \otimes \mathrm{H}_q(Y)$ in natürlicher Weise in $E^2_{p-1,q}$ eingebettet. Ferner ist $E^2_{p+r-1,q-r+1} = E^2_{p-1-r,q+r-1} = 0$ für alle $r = 2, 3, \ldots$. Dasselbe gilt dann, wenn man 2 durch irgendein $\rho = 2, 3, \ldots \infty$ ersetzt. Somit ist $E^2_{p-1,q} = \cdots = E^\infty_{p-1,q}$. Die einzigen Terme vom Totalgrad $p+q-1$, die möglicherweise von Null verschieden sind, sind $E^2_{p,q-1}$ und $E^2_{p-1,q}$. Dasselbe gilt dann für E^∞. Daher ist $0 \to E^2_{p-1,q} \to \mathrm{H}_{p+q-1}(X)$ exakt.

Bemerkung: Die Bedingungen, die in b) an B gestellt werden, sind beispielsweise erfüllt, wenn B die singuläre ss. Menge einer p-dimensionalen orientierbaren kompakten Mannigfaltigkeit ohne Rand ist.

8.10 Exakte Sequenz von Serre: *Es sei* $\mathrm{H}_i(B) = 0$ *für* $0 < i < p$, Y *zusammenhängend und* $\mathrm{H}_j(Y; M) = 0$ *für* $0 < j < q$. *Ferner möge* $\pi_1(B,*)$ *auf*

$H_j(Y;M)$ *für* $q \leq j < p+q$ *trivial operieren. Dann ist die Transgression*

$$\tau\colon H_n(B;M) \to H_{n-1}(Y;M) \quad \textit{für} \quad 2 \leq n \leq p+q-1$$

ein Homomorphismus und folgende Sequenz exakt:

(8.15)
$$H_{p+q-1}(Y;M) \xrightarrow{H_*(i)} H_{p+q-1}(X;M) \xrightarrow{H_*(\pi)} H_{p+q-1}(B;M) \xrightarrow{\tau} H_{p+q-2}(Y;M) \longrightarrow \cdots \longrightarrow H_1(B;M) \longrightarrow 0.$$

Beweis: Nach (8.1) verschwinden außer $E^2_{0,m}$ und $E^2_{m,0}$ alle Terme vom Totalgrad m, wenn $1 \leq m \leq p+q-1$ ist. Dasselbe gilt dann nach 8.6 Lemma a) für alle E^r mit $2 \leq r \leq \infty$. Daher ist nach (3.9+10) folgende Sequenz exakt:

$$0 \to E^\infty_{0,m} \to H_m(X;M) \to E^\infty_{m,0} \to 0, \qquad 1 \leq m \leq p+q-1.$$

Ferner ist

$$0 \longrightarrow E^{m+1}_{m,0} \xrightarrow{e_B} E^m_{m,0} \xrightarrow{d^m} E^m_{0,m-1} \xrightarrow{e_F} E^{m+1}_{0,m-1} \longrightarrow 0, \quad \text{alle } m$$

eine exakte Sequenz. Diese exakten Sequenzen lassen sich, indem man von $E^{p+q}_{p+q-1,0}$ ausgeht und bis zum Totalgrad $m=1$ absteigt, zu einer exakten Sequenz zusammenziehen, die die obere Zeile im folgenden Diagramm ist. Denn es ist $E^\infty_{0,m} = E^{m+2}_{0,m}$ und $E^\infty_{m,0} = E^{m+1}_{m,0}$ fur alle m:

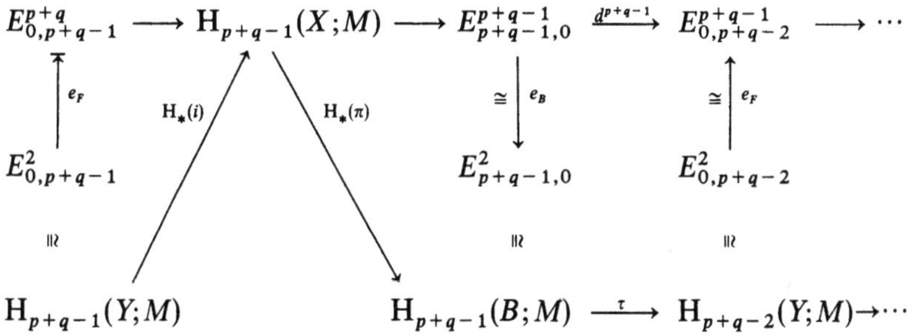

Dia. 8.2

Die einzelnen Teildiagramme sind nach 6.4 kommutativ. Ferner sind e_B und e_F Isomorphismen, weil $E^r_{i,j} = 0$ für alle $i+j \leq p+q-1$ und $i \neq 0$, $j \neq 0$ ist, wie oben festgestellt wurde.

Bemerkungen: a) Im Falle $p=1$ (also ohne Voraussetzungen über die Homologie von B) ist auch $\tau\colon H_{q+1}(B;M) \to H_q(Y;M)$ ein Homomorphismus, und die Sequenz (8.15) bleibt exakt, wenn man sie um zwei Glieder nach links verlängert:

$$H_{q+1}(X;M) \xrightarrow{H_*(\pi)} H_{q+1}(B;M) \xrightarrow{\tau} H_q(Y;M) \xrightarrow{H_*(i)} H_q(X;M) \longrightarrow \cdots \longrightarrow H_1(B;M) \longrightarrow 0.$$

Das liegt daran, daß $e_F\colon E^2_{0,p+q-1}\to E^{p+q}_{0,p+q-1}$ für $p=1$ ein Isomorphismus ist.

b) Entsprechendes gilt für die Kohomologie: Man ersetzt die Voraussetzungen über $\mathrm{H}_j(Y,M)$ durch die entsprechenden über $\mathrm{H}^j(Y,M)$. (Bei B bleibt die Voraussetzung für die Homologie.) Dann ist

$$\tau\colon\ \mathrm{H}^{n-1}(Y;M)\to \mathrm{H}^n(B;M) \quad \text{für} \quad 2\le n\le p+q-1$$

ein Homomorphismus und folgende Sequenz exakt:

$$\begin{aligned}&0 \longrightarrow \mathrm{H}^1(B;M) \longrightarrow \cdots \longrightarrow \mathrm{H}^{p+q-2}(Y;M) \xrightarrow{\ \tau\ } \mathrm{H}^{p+q-1}(B;M)\\ (8.15')\qquad &\xrightarrow{\mathrm{H}^*(\pi)} \mathrm{H}^{p+q-1}(X;M) \xrightarrow{\mathrm{H}^*(i)} \mathrm{H}^{p+q-1}(Y;M).\end{aligned}$$

Im Falle $p=1$ ist auch $\tau\colon \mathrm{H}^q(Y;M)\to \mathrm{H}^{q+1}(B;M)$ ein Homomorphismus, und (8.15') bleibt exakt, wenn man um zwei Glieder nach rechts bis $\mathrm{H}^{q+1}(X;M)$ verlängert.

Korollar: *Wenn* $\mathrm{H}_i(B)=0$ *für* $0<i<p$ *und* $\mathrm{H}_k(X;M)=0$ *für* $0<k\le 2p-2$ *ist, ist*

$$\begin{aligned}&\tau\colon\ \mathrm{H}_j(B;M) \xrightarrow{\ \cong\ } \mathrm{H}_{j-1}(Y;M) \quad \textit{bzw.}\\ &\tau\colon\ \mathrm{H}^{j-1}(Y;M) \xrightarrow{\ \cong\ } \mathrm{H}^j(B;M) \quad \textit{für} \quad 2\le j\le 2p-2\end{aligned}$$

ein Isomorphismus.

Beweis: Aus dem Satz (setze $q=1$) folgt, daß $\mathrm{H}_j(Y;M)=0$ für $0<j<p-1$ ist. Man wendet den Satz noch einmal mit $q=p-1$ an und findet die Behauptung.

8.11 Exakte Sequenz von Gysin: *Es sei* $k\ge 1$, Y *zusammenhängend,* $\mathrm{H}^q(Y)=0$ *für* $0\neq q\neq k$ *und* $\mathrm{H}^k(Y)\cong\Lambda$, *d.h.,* Y *habe die Kohomologie der* k*-Sphäre. Die Fundamentalgruppe* $\pi_1(B,*)$ *möge auf* $\mathrm{H}^k(Y)$ *trivial operieren. Dann besteht eine exakte Sequenz*

$$\begin{aligned}(8.16)\qquad &0 \longrightarrow \mathrm{H}^0(B) \xrightarrow{\mathrm{H}^0(\pi)} \mathrm{H}^0(X) \longrightarrow \cdots \longrightarrow \mathrm{H}^p(B)\\ &\xrightarrow{\mathrm{H}^p(\pi)} \mathrm{H}^p(X) \longrightarrow \mathrm{H}^{p-k}(B) \xrightarrow{\ \vartheta\ } \mathrm{H}^{p+1}(B) \xrightarrow{\mathrm{H}^{p+1}(\pi)} \cdots\end{aligned}$$

Die Transgression $\tau\colon \mathrm{H}^k(Y)\to \mathrm{H}^{k+1}(B)$ *ist ein Homomorphismus. Es sei* $c\in \mathrm{H}^k(Y)$ *das Element, das beim Isomorphismus* $\mathrm{H}^k(Y)\cong\Lambda$ *der* $1\in\Lambda$ *entspricht. Dann ist*

$$(8.17)\qquad \vartheta(u)=\tau(c)\cdot u \quad \textit{für alle} \quad u\in \mathrm{H}^{p-k}(B), \qquad p=k,\ k+1,\dots,$$

und $2\tau(c)=0$, *falls* k *gerade ist.*

Beweis: Aus (8.2) folgt, daß außer $E_2^{p,0}$ und $E_2^{p,k}$, $p=0,1,\dots$, alle Terme von E_2 verschwinden. Nach 8.6 Lemma a) gilt dasselbe für alle E_r, $r=2,\dots,\infty$. Daraus folgt für alle $p=0,1,\dots$: Die beiden Sequenzen

(8.18) $$0 \to E_\infty^{p,0} \to \mathrm{H}^p(X) \to E_\infty^{p-k,k} \to 0$$

(8.19) $$0 \longrightarrow E_{k+2}^{p-k,k} \longrightarrow E_{k+1}^{p-k,k} \xrightarrow{d_{k+1}} E_{k+1}^{p+1,0} \longrightarrow E_{k+2}^{p+1,0} \longrightarrow 0$$

sind exakt, und es ist

(8.20) $$e_B\colon E_{k+2}^{p+1,0} \xrightarrow{\cong} E_\infty^{p+1,0}, \qquad E_{k+2}^{p-k,k} = E_\infty^{p-k,k};$$

(8.21) $$e_B\colon E_2^{p+1,0} \xrightarrow{\cong} E_{k+1}^{p+1,0}, \qquad E_2^{p-k,k} = E_k^{p-k,k}.$$

Wegen (8.20) lassen sich die beiden Sequenzen (8.18 + 19) zu einer langen exakten Sequenz zusammenziehen, bei der p von 0 bis ∞ läuft. Sie bildet die obere Zeile in folgendem Diagramm 8.3. Die Teildiagramme, die

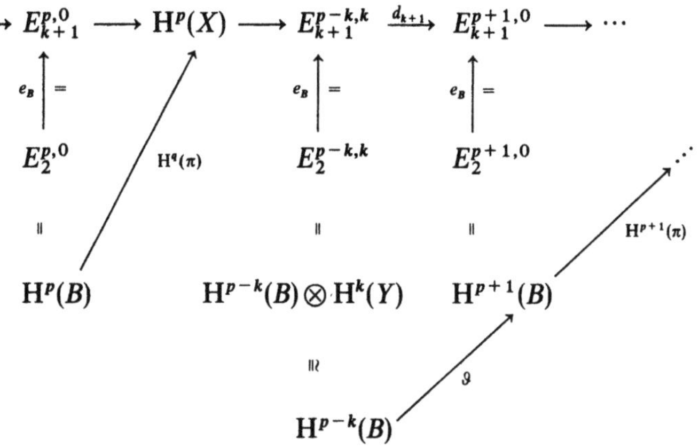

Dia. 8.3

$\mathrm{H}^p(\pi)$ enthalten, sind nach 6.4a) kommutativ. Man definiert ϑ so, daß die Teildiagramme, die ϑ enthalten, kommutativ sind. Da die obere Zeile des Diagrammes exakt ist, ist auch der untere Rand eine exakte Sequenz, nämlich die gesuchte Sequenz (8.16).

Aus 6.4c) folgt wegen (8.21) und $e_F\colon E_{k+1}^{0,k} \xrightarrow{=} E_2^{0,k}$, daß τ ein Homomorphismus ist. Gemäß 8.1c) identifiziert man $E_2 = \mathrm{H}^*(B) \otimes \mathrm{H}^*(Y)$, außerdem gemäß (8.21) und $E_{k+1}^{0,k} = E_2^{0,k}$. Dann ist $c \in E_{k+1}^{0,k}$, $\tau(c) = d_{k+1}c$, und für jedes $u \in \mathrm{H}^{p-k}(B) = E_{k+1}^{p-k,0}$ gilt

$$\vartheta(u) = d_{k+1}(c \cdot u) = \tau(c) \cdot u,$$

weil $d_{k+1}u = 0$ ist. – Wenn k gerade ist, ist $2\tau(c) \cdot c = d_{k+1}c^2 = 0$, weil $c^2 = 0$ ist. Da die Multiplikation mit c ein Isomorphismus $E_{k+1}^{k+1,0} \xrightarrow{\cong} E_{k+1}^{k+1,k}$ ist, folgt, daß $2\tau(c) = 0$ ist.

Bemerkung: Wenn Y die Homologie der k-Sphäre hat, gilt eine entsprechende exakte Sequenz

(8.16′) $$\cdots \xrightarrow{H_{p+1}(\pi)} H_{p+1}(B) \xrightarrow{\vartheta} H_{p-k}(B) \longrightarrow H_p(X) \xrightarrow{H_p(\pi)} H_p(B) \longrightarrow \cdots \longrightarrow H_0(X) \longrightarrow H_0(B) \longrightarrow 0.$$

8.12 Exakte Sequenz von Wang: *Es sei $k \geq 2$, B einfach zusammenhängend, $H_p(B)=0$ für $0 \neq p \neq k$ und $H_k(B) \cong \Lambda$, d. h., B habe die Homologie der k-Sphäre. Dann besteht eine exakte Sequenz*

(8.22) $$0 \longrightarrow H^0(X) \xrightarrow{H^0(i)} H^0(Y) \longrightarrow \cdots \longrightarrow H^q(X) \xrightarrow{H^q(i)} H^q(Y) \xrightarrow{\vartheta} H^{q-k+1}(Y) \longrightarrow H^{q+1}(X) \xrightarrow{H^{q+1}(i)} \cdots$$

Dabei ist

(8.23) $$\vartheta(u \cdot v) = \vartheta u \cdot v + (-1)^{(k+1)\mathrm{gr}\, u} u \cdot \vartheta v.$$

Beweis: Aus (8.2) folgt, daß außer $E_2^{0,q}$ und $E_2^{k,q}$, $q=0,1,\ldots$, alle Terme von E_2 verschwinden. Nach 8.6 Lemma a) gilt dasselbe für alle E_r mit $2 \leq r \leq \infty$. Daraus folgt für alle $q=0,1,\ldots$: Die beiden Sequenzen

(8.24) $$0 \to E_\infty^{k,q-k} \to H^q(X) \to E_\infty^{0,q} \to 0,$$

(8.25) $$0 \longrightarrow E_{k+1}^{0,q} \longrightarrow E_k^{0,q} \xrightarrow{d_k} E_k^{k,q-k+1} \longrightarrow E_{k+1}^{k,q-k+1} \longrightarrow 0$$

sind exakt, ferner

(8.26) $$e_F\colon E_\infty^{0,q} \xrightarrow{\ \equiv\ } E_{k+1}^{0,q}, \qquad E_\infty^{k,q-k+1} = E_{k+1}^{k,q-k+1};$$

(8.27) $$e_F\colon E_k^{0,q} \xrightarrow{\ \equiv\ } E_2^{0,q}, \qquad E_k^{k,q-k+1} = E_2^{k,q-k+1}.$$

Wegen (8.26) lassen sich die beiden Sequenzen (8.24) und (8.25) zu einer langen exakten Sequenz zusammenziehen, bei der q von 0 bis ∞ läuft. Sie ist die obere Zeile im Diagramm 8.4:

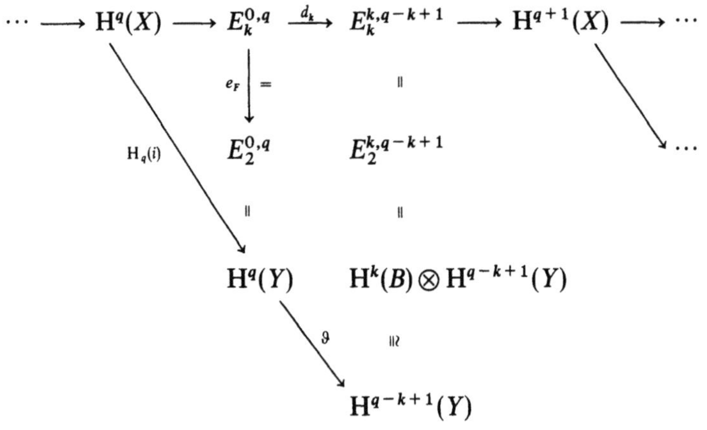

Dia. 8.4

Die Teildiagramme, die $H^q(i)$ enthalten, sind nach 6.4b) kommutativ. Da die obere Zeile des Diagramms kommutativ ist, ist es auch der untere Rand, und (8.22) folgt.
Zu (8.23): Man identifiziert gemäß 8.1c) $E_2 = H^*(B) \otimes H^*(Y)$, ferner $H^0(B) = \Lambda = H^0(Y)$, also $E_2^{k,0} = H^k(B)$ und $E_2^{0,q} = H^q(Y)$ für alle q, außerdem gemäß (8.27) und $E_2^{k,0} = E_k^{k,0}$ vermöge e_B. Aus $H_k(B) \cong \Lambda$ folgt nach dem universellen Koeffiziententheorem $H^k(B) \cong \Lambda$. Es sei $c \in H^k(B)$ das Element, das der $1 \in \Lambda$ entspricht, also nach der Identifikation $c \in E_k^{k,0}$. Dann wird ϑ durch $\vartheta(u) = c \cdot d_k u$ für $u \in H^q(Y) = E_k^{0,q}$ gegeben, wobei zu beachten ist, daß die Multiplikation mit c ein Isomorphismus $E_k^{0,q-k+1} \xrightarrow{\cong} E_k^{k,q-k+1}$ ist. Für u wie oben und $v \in H^{q'}(Y) = E_k^{0,q'}$ ist dann $\vartheta u \cdot v + (-1)^{(k+1)q} u \cdot \vartheta v = c \cdot d_k u \cdot v + (-1)^{(k+1)q} u \cdot c \cdot d_k v = c \cdot d_k u \cdot v + (-1)^q c \cdot u \cdot d_k v = c \cdot d_k(u \cdot v) = \vartheta(u \cdot v)$.

Bemerkung: Unter denselben Voraussetzungen besteht eine entsprechende exakte Sequenz für die Homologie

(8.22′)
$$\cdots \longrightarrow H_{q+1}(X) \longrightarrow H_{q-k+1}(Y) \xrightarrow{\vartheta} H_q(Y) \xrightarrow{H_q(i)} H_q(X) \longrightarrow \cdots \longrightarrow H_0(Y) \xrightarrow{H_0(i)} H_0(X) \longrightarrow 0.$$

9. Die Spektralsequenz einer Serreschen Faserung

9.1 Es seien X und B zwei topologische Räume und $\pi: X \to B$ eine stetige Abbildung. Die Spektralsequenz des Tripels $\xi = (X, \pi, B)$ ist nach Definition die des ss. Tripels $S\xi = (SX, S\pi, SB)$. Wenn ξ eine Serresche Faserung ist, ist $S\xi$ nach II 5.6 eine ss. Faserung. Sämtliche Ergebnisse der vorangegangenen Abschnitte 3–6+8 kann man daher von der ss. Theorie auf die übliche Topologie übertragen, indem man statt ss. Menge bzw. ss. Abbildung bzw. ss. Faserung immer topologischer Raum bzw. stetige Abbildung bzw. Serresche Faserung liest und stets die singuläre Homologietheorie nimmt.

9.2 Es sei $\xi = (X, \pi, B)$ ein *Steenrodsches Faserbündel* mit der Faser Y und der Strukturgruppe G, siehe Steenrod [1] § 2. Nach Hu [2], Seite 65, ist ξ insbesondere eine Serresche Faserung. Daher ist eine Operation der Fundamentalgruppe $\pi_1(B, *)$ auf der (Ko)-Homologie von Y definiert.

Satz: *Wenn G zusammenhängend ist, operiert $\pi_1(B, *)$ trivial auf der (Ko)-Homologie von Y.*

Beweis: Das Element $a \in \pi_1(B, *)$ werde durch den Weg $w: [0,1] \to B$ repräsentiert. Der Raum S^1 entstehe aus $[0,1]$, indem 0 und 1 identifiziert werden. Dann bestimmt w eine Abbildung $v\colon (S^1,*)\to(B,*)$. Man bildet das induzierte Bündel $v^*\xi$, siehe Diagramm 9.1:

$$\begin{array}{ccc} v^*X & \xrightarrow{V} & X \\ {\scriptstyle\pi}\downarrow & & \downarrow{\scriptstyle\pi} \\ S^1 & \xrightarrow[v]{} & B \end{array}$$

Dia. 9.1

Die Bündelabbildung V, Dia. 9.1, bestimmt für die Faser Y über $*$ in S^1 bzw. B die identische Abbildung $v_0\colon Y \xrightarrow{=} Y$. Da das Operieren der Fundamentalgruppe sich mit Bündelabbildungen verträgt, gilt für jedes Element $z\in\pi_1(S^1,*)$:

$$\text{(9.1)}\qquad \begin{aligned} &\mathrm{H}_q(v_0)\circ z=\pi_1(v)(z)\circ\mathrm{H}_q(v_0) \quad \text{bzw.} \\ &\mathrm{H}^q(v_0)\circ\pi_1(v)(z)=z\circ\mathrm{H}^q(v_0). \end{aligned}$$

Weil G zusammenhängend ist, ist das Bündel $v^*\xi$ über S^1 trivial, siehe Steenrod [1] 18.6. Daher operiert z als Identität. Ferner ist $\mathrm{H}_q(v_0)$ bzw. $\mathrm{H}^q(v_0)$ die Identität, weil v_0 es ist. Schließlich ist $a=\pi_1(v)(z)$, wenn man das Element z wählt, das beim Isomorphismus $\pi_1(S^1,*)\cong\mathbf{Z}$ der $1\in\mathbf{Z}$ entspricht. Nach (9.1) operiert daher auch a als Identität.

VII. Homotopiegruppen

Zu den Homologie- und Kohomologiegruppen treten die Hurewiczschen Homotopiegruppen $\pi_n(X)$, $n=1,2,\ldots$ als weitere algebraische Invarianten eines topologischen Raumes X. Sie sind die höherdimensionalen Verallgemeinerungen der Fundamentalgruppe. Man kannte lange Zeit keine simpliziale Beschreibung der höheren Homotopiegruppen, bis KAN [5] entdeckte, daß man für ss. Mengen die Homotopiegruppen ganz elementar definieren kann, wenn die Ausfüllungsbedingung zur Verfügung steht. Diese Kansche Beschreibung der Homotopiegruppen steht im zweiten Abschnitt dieses Kapitels. Im dritten folgt der Hurewiczsche Isomorphiesatz: Die erste nicht verschwindende Homotopiegruppe ($n \geq 2$) ist zur entsprechenden Homologiegruppe isomorph. Im vierten Abschnitt wird die exakte Homotopiesequenz einer Faserung bewiesen. Auch diese Ergebnisse sind ganz elementar, wenn man sie semisimplizial herleitet. Nach MOORE [1] beschreiben wir im fünften Abschnitt die Homotopiegruppen einer ss. Gruppe als Homologiegruppen eines Kettenkomplexes von im allgemeinen nicht abelschen Kettengruppen. Darauf kommen wir im ersten Teil des VIII. Kapitels zurück. Im Mittelpunkt des siebten Abschnittes steht das ss. Analogon einer Eigenschaft der *CW*-Komplexe (J. H. C. WHITEHEAD): Wenn eine ss. Abbildung Isomorphismen aller Homotopiegruppen induziert, ist sie eine Homotopieäquivalenz. Im achten Abschnitt wird für ein Paar $A \subset X$ von Kan-Mengen die ss. Schleifenmenge $\Omega(X,A)$ eingeführt. Die relativen Homotopiegruppen sind nach Definition $\pi_n(X,A) = \pi_{n-1}(\Omega(X,A))$. Mit ihrer Hilfe wird bewiesen, daß jede Kan-Menge K Deformationsretrakt von $\mathrm{S}|K|$ ist. Damit ist der Beweis für die Charakterisierung der Kan-Mengen durch die HAE II 5.8 vollständig. Die üblichen Homotopiegruppen eines topologischen Raumes X sind die ss. Homotopiegruppen der singulären ss. Menge $\mathrm{S}X$. Daher lassen sich im zehnten Abschnitt alle Ergebnisse über die ss. Homotopiegruppen auf die üblichen Homotopiegruppen übertragen.

1. Der Basispunkt

Wenn nichts anderes ausdrücklich festgestellt wird, sollen für dieses Kapitel, abgesehen vom sechsten Abschnitt, folgende Vereinbarungen gelten: In jeder ss. Menge ist ein Basispunkt $*$ ausgezeichnet. Mit $*$

werden auch die entarteten Simplexe $s_n \dots s_0 *$, die von $*$ erzeugte ss. Untermenge von X und die ss. Abbildung $Y \to *$ bezeichnet.

Für alle auftretenden ss. Abbildungen $f\colon X \to Y$ gilt $f(*) = *$. Insbesondere (f = Einbettung) hat jede zugelassene ss. Untermenge $A \subset X$ denselben Basispunkt wie X. Wenn $f_0, f_1\colon X \to Y$ zwei ss. Abbildungen sind, soll „f_0 ist zu f_1 homotop ($f_0 \sim f_1$)" bedeuten: Es gibt eine Homotopie von f_0 nach f_1, die auf $*$ stationär ist. Wenn Y eine Kan-Menge ist, wird die Menge der Homotopieklassen, siehe I 5.5, kurz mit

$$[X, Y]_* = [(X, *), (Y, *)] \quad \text{und} \quad [(X, A), Y]_* = [(X, A), (Y, *)]$$

bezeichnet.

Der Basispunkt der ss. Mengen $\Delta(n)$, $\dot{\Delta}(n)$ und $\Lambda^0(n)$ sei stets die Ecke (0). Bei jeder ss. Gruppe nimmt man das Einselement als Basispunkt.

2. Homotopiegruppen

2.1 Die Elemente der Homotopiegruppen: Zu einer Kan-Menge X betrachtet man die Menge der Homotopieklassen von ss. Abbildungen $\Delta(n) \to X$, wobei die Homotopie auf $\dot{\Delta}(n)$ stationär gleich $*$ ist:

(2.1) $$\pi_n(X) = [(\Delta(n), \dot{\Delta}(n)), X]_*, \qquad n = 0, 1, 2, \dots$$

Man kann diese Menge auch so beschreiben: Man betrachtet alle n-Simplexe $x \in X$ mit

(2.2) $$D x = *,$$

(zu D siehe I (3.7)) und teilt sie in Homotopieklassen nach I 8.2 *b*) (spezialisiert auf $B = \Delta(0)$) ein. Die Homotopieklasse von x wird mit $\mathrm{kl}\, x \in \pi_n(X)$ bezeichnet. Dann folgt wegen III 1.4 Lemma sofort

2.2 Satz: *Die Menge der Zusammenhangskomponenten von X ist $\pi_0(X)$.*

Für $n \geq 1$ kann man sich auf zusammenhängende X beschränken. Denn $\pi_n(X)$ hängt dann nur von der Zusammenhangskomponente ab, in der der Basispunkt $*$ liegt, weil alle x mit $\dim x \geq 1$, für die (2.2) gilt, in dieser Zusammenhangskomponente liegen.

2.3 Das Produkt: Für $a, b \in X_n$ gelte (2.2). Man füllt den Trichter

$$(b, -, a, * \dots *)$$

durch $v \in X_{n+1}$ und setzt $c = d_1 v$. Dann gilt für c auch (2.2). Ferner hängt die Homotopieklasse $\mathrm{kl}\, c$ nur von den Homotopieklassen $\mathrm{kl}\, a$ und $\mathrm{kl}\, b$

ab, wie gleich bewiesen wird. Daher ist es sinnvoll, die Verknüpfung

$$\mathrm{kl}\,a \cdot \mathrm{kl}\,b = \mathrm{kl}\,c$$

zu definieren.

1. $\mathrm{kl}\,c$ ist von der Wahl von a und v unabhängig: Es sei $a \sim a'$. Dann gibt es ein u mit $Du = (a, a', * \ldots *)$. Für $v' \in X_{n+1}$ gelte $Dv' = (b, c', a', * \ldots *)$. Behauptet wird $c \sim c'$. Zum Beweise füllt man den Trichter $(v, v', -, u, * \ldots *)$ durch $w \in X_{n+2}$. Dann ist $D d_2 w = (c, c', * \ldots *)$, also $c \sim c'$. Dieser Beweis läßt sich ganz an der Matrix der Simplexe $d_i d_j w$ verfolgen:

	d_0	d_1	d_2	$d_3 \ldots$	
v	b	c	a	$*$	Definition von c
v'	b	c'	a'	$*$	Definition von c'
$d_2 w$	c	c'	$*$	$*$	zu zeigen: $c \sim c'$
u	a	a'	$*$	$*$	$a \sim a'$
$*$	$*$	$*$	$*$	$*$	
$\vdots$					

Diese Matrix hat den Vorteil, daß man die Trichterbedingung I (5.2) leicht nachprüfen kann. Bei ähnlichen Beweisen wird im folgenden nur noch die Matrix mit den Erläuterungen zu den einzelnen Zeilen angegeben.

2. $\mathrm{kl}\,c$ ist von der Wahl von b (und v) unabhängig:

	$*$	b'	b	$*$	$b \sim b'$ nach Voraussetzung
	$*$	c'	c	$*$	zu zeigen: $c \sim c'$
v'	b'	c'	a	$*$	Definition von c'
v	b	c	a	$*$	Definition von c
	$*$	$*$	$*$	$*$	

2.4 Satz: *Mit der in 2.3 definierten Verknüpfung wird $\pi_n(X)$ für jede Kan-Menge X und für alle $n \geq 1$ zu einer Gruppe. Das Einselement ist* $\mathrm{kl}\,*$. *Für $n \geq 2$ ist diese Gruppe abelsch.*

Man nennt $\pi_n(X)$ die *n-te Homotopiegruppe von X im Punkte* $*$ und schreibt, wenn nicht generell Basispunkte ausgezeichnet sind, genauer $\pi_n(X, *)$. Für $n \geq 2$ schreibt man die Verknüpfung additiv $(+)$.

Beweis: Es seien $a, b, c \in X_n$ beliebige Simplexe, für die (2.2) gilt. Für die Gruppenstruktur ist zu zeigen:

1. Es gibt ein $x \in X_n$ mit $\mathrm{kl}\,a\,\mathrm{kl}\,x = \mathrm{kl}\,b$ und ein $y \in X_n$ mit $\mathrm{kl}\,y\,\mathrm{kl}\,a = \mathrm{kl}\,b$.
2. Es ist $(\mathrm{kl}\,a\,\mathrm{kl}\,b)\mathrm{kl}\,c = \mathrm{kl}\,a(\mathrm{kl}\,b\,\mathrm{kl}\,c)$.
3. Es ist $\mathrm{kl} * \mathrm{kl}\,a = \mathrm{kl}\,a$.

Zu 1.: Man füllt den Trichter $(-, b, a, *\ldots*)$ durch ein $u \in X_{n+1}$ und setzt $x = d_0 u$. Für y geht man von dem Trichter $(a, b, -, *\ldots*)$ aus.
Zu 2.: Es sei $\mathrm{kl}\,d = \mathrm{kl}\,a\,\mathrm{kl}\,b$, $\mathrm{kl}\,e = \mathrm{kl}\,b\,\mathrm{kl}\,c$ und $\mathrm{kl}\,f = \mathrm{kl}\,d\,\mathrm{kl}\,c$. Zu zeigen ist $\mathrm{kl}\,a\,\mathrm{kl}\,e = \mathrm{kl}\,f$:

c	e	b	$*$	$\mathrm{kl}\,b\,\mathrm{kl}\,c = \mathrm{kl}\,e$
c	f	d	$*$	$\mathrm{kl}\,d\,\mathrm{kl}\,c = \mathrm{kl}\,f$
e	f	a	$*$	zu zeigen: $\mathrm{kl}\,a\,\mathrm{kl}\,e = \mathrm{kl}\,f$
b	d	a	$*$	$\mathrm{kl}\,a\,\mathrm{kl}\,b = \mathrm{kl}\,d$
$*$	$*$	$*$	$*$	

Zu 3.: Es ist $D s_0 a = (a, a, *\ldots*)$ also $\mathrm{kl} * \mathrm{kl}\,a = \mathrm{kl}\,a$. Für die Kommutativität beweist man nacheinander:

4. Zu jedem $a \in X_n$ mit $D a = *$ gibt es ein $u \in X_{n+1}$ mit $D u = (a, *, *, a, *\ldots*)$.
5. Wenn $\mathrm{kl}\,a\,\mathrm{kl}\,b = \mathrm{kl}\,c$ ist, gibt es ein $v \in X_{n+1}$ mit $D v = (*, b, c, a, *\ldots*)$.
6. Aus $\mathrm{kl}\,a\,\mathrm{kl}\,b = \mathrm{kl}\,c$ folgt $\mathrm{kl}\,b\,\mathrm{kl}\,a = \mathrm{kl}\,c$.

Zu 4.:

$s_1 a$	$*$	a	a	$*$	
$s_2 a$	$*$	$*$	a	a	
u	a	$*$	$*$	a	zu zeigen
$s_0 a$	a	a	$*$	$*$	
$s_1 a$	$*$	a	a	$*$	

Zu 5.:

	b	c	a	$*$	$\mathrm{kl}\,a\,\mathrm{kl}\,b = \mathrm{kl}\,c$
	b	$*$	$*$	b	wegen 4.
	c	$*$	$*$	c	wegen 4.
	a	$*$	$*$	a	wegen 4.
v	$*$	b	c	a	zu zeigen

Zu 6.:

$s_2 a$	$*$	$*$	a	a	
v	$*$	b	c	a	wegen 5.
$s_1 b$	$*$	b	b	$*$	
	a	c	b	$*$	zu zeigen
$s_0 a$	a	a	$*$	$*$	

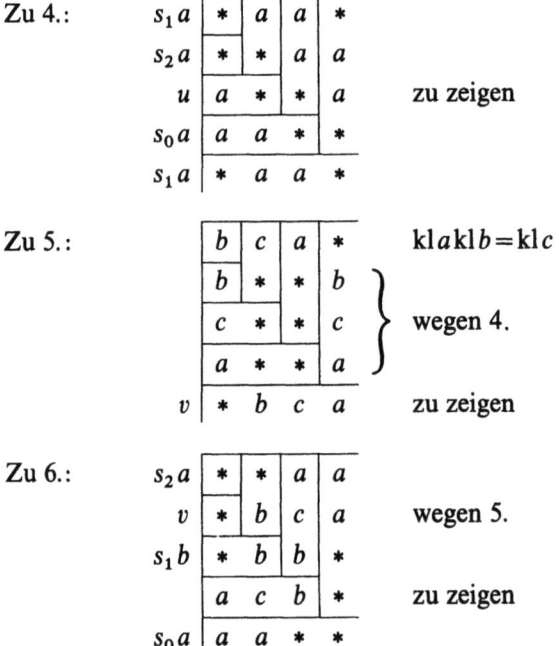

2.5 Der induzierte Homomorphismus: Es sei $f\colon X\to Y$ eine ss. Abbildung zwischen zwei Kan-Mengen und $a\in X_n$ mit $Da=*$. Dann ist auch $Df(a)=*$. Die Homotopieklasse $\mathrm{kl}\,f(a)$ hängt nur von der Homotopieklasse $\mathrm{kl}\,a$ ab. Denn wenn $a\sim a'$ ist, gibt es ein $u\in X_{n+1}$ mit $Du=(a,a',*\ldots*)$, und es ist $Df(u)=(f(a),f(a'),*\ldots*)$, also $f(a)\sim f(a')$. Daher ist es sinnvoll, eine Funktion

$$\pi_n(f)\colon \pi_n(X)\to\pi_n(Y),\quad \mathrm{kl}\,a\mapsto\mathrm{kl}\,f(a),\quad \text{für alle}\quad n=0,1,\ldots \tag{2.3}$$

zu definieren. Sie hat folgende Eigenschaften:

a) Wenn f_0 und f_1 homotope Abbildungen sind, ist $\pi_n(f_0)=\pi_n(f_1)$.
b) Es ist $\pi_n(\mathrm{id})=\mathrm{id}$ und $\pi_n(g\circ f)=\pi_n(g)\circ\pi_n(f)$.
c) Für $n\geq 1$ ist $\pi_n(f)$ ein Homomorphismus.
d) Wenn $f|X^n\colon X^n\to Y^n$ ein Isomorphismus ist, ist $\pi_q(f)$ für alle $q<n$ ein Isomorphismus und für $q=n$ ein Epimorphismus. Wenn zusätzlich $f|X^{n+1}\colon X^{n+1}\to Y^{n+1}$ surjektiv ist, ist auch $\pi_n(f)$ ein Isomorphismus.

Beweis: Zu a): Es sei $a\colon(\Delta(n),\dot\Delta(n))\to(X,*)$ eine ss. Abbildung. Dann sind $f_0\circ a$ und $f_1\circ a\colon(\Delta(n),\dot\Delta(n))\to(Y,*)$ homotop, folglich $\pi_n(f_0)(\mathrm{kl}\,a)=\mathrm{kl}(f_0\circ a)=\mathrm{kl}(f_1\circ a)=\pi_n(f_1)(\mathrm{kl}\,a)$. b) ist trivial. Zu c): Es seien $a,b,c\in X_n$, $Da=Db=Dc=*$ und $\mathrm{kl}\,a\,\mathrm{kl}\,b=\mathrm{kl}\,c$. Dann gibt es ein $u\in X_{n+1}$ mit $Du=(b,c,a,*\ldots*)$. Es ist $Df(u)=(f(b),f(c),f(a),*\ldots*)$, d. h. $\mathrm{kl}\,f(a)\,\mathrm{kl}\,f(b)=\mathrm{kl}\,f(c)$. d) folgt leicht aus den Definitionen.

Bemerkung: Die Eigenschaften b) und c) bedeuten, daß π_n für $n\geq 1$ ein kovarianter Funktor in die Kategorie der Gruppen ist.

2.6 Sphären als Urbilder: *a) Für jede Kan-Menge X entsprechen die Elemente der n-ten Homotopiegruppe in natürlicher Weise umkehrbar eindeutig den Homotopieklassen der ss. Abbildungen $\dot\Delta(n+1)\to X$, wobei die Homotopie auf (0) stationär $=*$ ist:*

$$[\dot\Delta(n+1),X]_*\xrightarrow{\cong}\pi_n(X). \tag{2.4}$$

b) Für eine ss. Abbildung $g\colon\dot\Delta(n+1)\to X$ bezeichne $c(g)\in\pi_n(X)$ das Element, das bei (2.4) der Homotopieklasse von g entspricht. Folgende drei Aussagen sind äquivalent:

1. $c(g)=0$
2. *$g\sim *$, wobei $*\colon\dot\Delta(n+1)\to *\subset X$ die konstante Abbildung ist.*
3. *Man kann g auf $\Delta(n+1)$ fortsetzen.*

2.7 Zum Beweise benötigt man folgendes:

Lemma: *Es sei X eine Kan-Menge und $A \subset B$ ein Paar von ss. Mengen, wobei sich A auf $*$ zusammenziehen läßt. Dann induziert die Einbettung $i: (B,*) \to (B,A)$ einen Isomorphismus der Mengen*

$$(2.5) \qquad i^*: \; [(B,A),X]_* \cong [B,X]_*.$$

Beweis: Es seien $f_0, f_1: (B,A) \to (X,*)$ und $f: (B,*) \to (X,*)$ drei beliebige ss. Abbildungen. Man muß zeigen: 1. Wenn es eine Homotopie G von f_0 nach f_1 gibt, die auf $*$ stationär ist, gibt es auch eine, die auf A stationär ist. 2. Es gibt eine ss. Abbildung $g: (B,A) \to (X,*)$, die zu f homotop ist, wobei die Homotopie auf $*$ stationär ist. – Durch $h: A \times I \to A$ werde A auf $*$ zusammengezogen. Zu 1.: Man definiert $H': (A \times I \cup B \times \dot{I}) \times I \cup B \times I \times 1 \to X$ durch $H'(a,t_1,t_2) = G(h(a,t_2),t_1)$, $H'(b,e,t) = f_e(b)$ und $H'(b,t,1) = G(b,t)$ für alle $a \in A$, $b \in B, t, t_1, t_2 \in I$, $e = 0$ und 1. Nach der HEE I 6.6 läßt sich H' zu $H: B \times I \times I \to X$ fortsetzen. Dann ist $G': B \times I \to X$, $(b,t) \mapsto H(b,t,0)$, eine Homotopie von f_0 nach f_1, die auf A stationär ist. – Zu 2.: Man definiert $H': A \times I \cup B \times 1 \to X$ durch $H'(a,t) = fh(a,t)$ und $H'(b,1) = f(b)$ für alle $a \in A$, $b \in B$ und $t \in I$. Nach der HEE kann man H' zu $H: B \times I \to X$ fortsetzen. Man definiert $g: B \to X$, $b \mapsto H(b,0)$.

Beweis zu 2.6: Zu a): Die ss. Abbildung $\delta^0: (\Delta(n), \dot{\Delta}(n)) \to (\dot{\Delta}(n+1), \Lambda^0(n+1))$ induziert einen Isomorphismus

$$\delta^{0*}: \; [(\dot{\Delta}(n+1), \Lambda^0(n+1)), X]_* \cong [(\Delta(n), \dot{\Delta}(n)), X]_* = \pi_n(X).$$

Andererseits induziert nach dem Lemma die Einbettung $i: (\dot{\Delta}(n+1), 0) \to (\dot{\Delta}(n+1), \Lambda^0(n+1))$ einen Isomorphismus

$$i^*: \; [(\dot{\Delta}(n+1), \Lambda^0(n+1)), X]_* \cong [\dot{\Delta}(n+1), X]_*,$$

weil sich $\Lambda^0(n+1)$ zusammenziehen läßt, siehe I 8.10. Somit ist $\delta^{0*} i^{*-1}$ der gesuchte Isomorphismus (2.4). – Zu b): Offenbar überführt $\delta^{0*} i^{*-1}$ die Homotopieklasse kl $*$ in die $0 \in \pi_n(X)$, also $c(*) = 0$. Aus a) folgt dann die Äquivalenz von 1. und 2. – Aus 2. folgt 3.: Es sei $h: \dot{\Delta}(n+1) \times I \to X$ eine Homotopie von g nach $*$. Man definiert $H': \Delta(n+1) \times I \cup \Delta(n+1) \times 1 \to X$ durch $H'(v,t) = h(v,t)$, $H'(u,1) = *$ für alle $v \in \dot{\Delta}(n+1)$, $u \in \Delta(n+1)$, $t \in I$. Nach der HEE kann man H' zu $H: \Delta(n+1) \times I \to X$ fortsetzen. Dann ist $G: \Delta(n+1) \to X$, $u \mapsto H(u,0)$ eine Fortsetzung von g auf $\Delta(n+1)$. – Aus 3. folgt 2.: Durch $\omega: \Delta(n+1) \times I \to \Delta(n+1)$ wird $\Delta(n+1)$ auf (0) zusammengezogen, siehe I (5.1). Es sei $G: \Delta(n+1) \to X$ eine Fortsetzung von g. Dann ist

$$\dot{\Delta}(n+1) \times I \subset \Delta(n+1) \times I \xrightarrow{\omega} \Delta(n+1) \xrightarrow{G} X$$

eine Homotopie von $*$ nach g.

2.8 Fundamentalgruppe: *Für eine zusammenhängende Kan-Menge X sind die erste Homotopiegruppe und die in* III 1.5 *eingeführte Fundamentalgruppe in natürlicher Weise isomorph.*

Beweis: Es sei $a \in X_1$, $Da = *$. Man ordnet dem durch a repräsentierten Element der ersten Homotopiegruppe das durch den Streckenzug a^{+1} repräsentierte Element der Fundamentalgruppe zu und erhält so einen natürlichen Homomorphismus φ: erste Homotopiegruppe $\to$Fundamentalgruppe. Wegen III 1.4 Lemma ist φ ein Epimorphismus. φ ist monomorph: Analog zu III 3.6 Beweis konstruiert man eine Überlagerung (Y, p, X), bei der die erste Homotopiegruppe von Y verschwindet. – Es sei $a \in X_1$, $Da = *$, $\mathrm{kl}\, a$ das durch a bestimmte Element der ersten Homotopiegruppe und $\varphi(\mathrm{kl}\, a) = 0$. Das bedeutet: Der Streckenzug a^{+1} ist nullhomotop. Man hebt a zu $b \in Y_1$ hoch, so daß $d_1 b = *$ ist. Weil a^{+1} nullhomotop ist, ist $d_0 b = *$, siehe III 3.2b). Weil die erste Homotopiegruppe von Y verschwindet, gibt es ein $v \in Y_2$ mit $Dv = (b, *, *)$. Dann ist $Dp(v) = (a, *, *)$, also $\mathrm{kl}\, a = 0$.

3. Der Hurewiczsche Homomorphismus

3.1 Satz: *Wenn die ersten n Homotopiegruppen einer minimalen Kan-Menge X verschwinden,* $\pi_0(X) = \pi_1(X) = \cdots = \pi_n(X) = 0$, *besteht das n-Gerüst nur aus einem Punkt:*

$$X^n = *.$$

Beweis: Weil $\pi_0(X) = 0$ ist, ist X nach 2.2 zusammenhängend. Das bedeutet, daß jeder Punkt $x_0 \in X_0$ zu $*$ homotop ist, also $= *$ ist, weil X minimal ist. Für jedes $x_1 \in X_1$ gilt dann $Dx_1 = *$. D. h., x_1 repräsentiert ein Element in $\pi_1(X) = 0$, ist also zu $s_0 *$ homotop und wegen der Minimalität $= s_0 *$ usw.

Weil jede Kan-Menge nach I 8.12 Folgerung einen minimalen Deformationsretrakt besitzt, folgt:

Korollar: *Wenn alle Homotopiegruppen einer Kan-Menge X verschwinden, läßt sich X auf $*$ zusammenziehen.*

3.2 Lemma: *Es sei* $n \geq 2$. *Für die n-Simplexe a, b und c einer Kan-Menge X gelte* (2.2). *Es ist genau dann* $\mathrm{kl}\, a + \mathrm{kl}\, b = \mathrm{kl}\, c$, *wenn es zu jedem* $0 \leq i \leq n-1$ *ein* $v \in X_{n+1}$ *mit* $Dv = (*\ldots *, \overset{i}{b}, c, a, *\ldots *)$ *gibt.*

Beweis durch Induktion über i: Folgende Matrix zeigt, daß es genau dann ein v wie oben gibt, wenn es ein v' mit $Dv'=(*\dots*,\overset{i-1}{a},c,b,*\dots*)$ gibt:

		d_i		
	$*$	$*$	a	a
v	$*$	b	c	a
	$*$	b	b	$*$
v'	a	c	b	$*$
	a	a	$*$	$*$

3.3 Homotopieadditionssatz: *Es sei* $n \geq 2$, X *eine Kan-Menge,* $v \in X_{n+1}$ *und* $v|\Delta(n+1)^{n-1}=*$. *Die Seiten* $d_i v$ *repräsentieren dann Elemente* $\mathrm{kl}\, d_i v \in \pi_n(X)$. *Es gilt:*

$$\sum_{i=0}^{n+1}(-1)^i \mathrm{kl}\, d_i v = 0. \tag{3.1}$$

Beweis: Die Behauptung ist die Definition der Addition, wenn

$$d_i v = * \tag{3.2}$$

für alle $3 \leq i \leq n+1$ gilt. Induktionsannahme: Die Behauptung stimmt, wenn (3.2) für alle $k \leq i \leq n+1$ gilt. – Nun gelte (3.2) nur für alle $k+1 \leq i \leq n+1$. Man füllt den Trichter $(d_0 v, \dots, d_{k-1} v, -, *\cdots*)$ durch ein $u \in X_{n+1}$ und setzt $y = d_k u$. Nach der Induktionsannahme gilt dann

$$\sum_{i=0}^{k-1}(-1)^i \mathrm{kl}\, d_i v + (-1)^k \mathrm{kl}\, y = 0. \tag{3.3}$$

Man betrachtet die Matrix

$s_{k-2} d_0 v$	$*\dots*$	$d_0 v$	$d_0 v$	$*$	$*$
	$\vdots \quad \vdots$		$\vdots$	$\vdots$	$\vdots$
$s_{k-2} d_{k-2} v$	$*\dots*$	$d_{k-2} v$	$d_{k-2} v$	$*$	$*$
u	$d_0 v \dots$	$d_{k-2} v$	$d_{k-1} v$	y	$*$
v	$d_0 v \dots$	$d_{k-2} v$	$d_{k-1} v$	$d_k v$	$d_{k+1} v$
	$* \dots$	$*$	y	$d_k v$	$d_{k+1} v$
$s_k d_{k+1} v$	$* \dots$	$*$	$*$	$d_{k+1} v$	$d_{k+1} v$

zu zeigen.

Aus ihr folgt, daß $\mathrm{kl}\, d_{k+1} v + \mathrm{kl}\, y = \mathrm{kl}\, d_k v$ ist. Das ergibt zusammen mit (3.3) die Induktionsbehauptung.

3.4 Der Hurewiczsche Homomorphismus: Es sei X eine Kan-Menge. Ihre Homologie mit ganzzahligen Koeffizienten werde mit $\mathrm{H}_n(X)$ bezeichnet. Jedes n-Simplex $x \in X$ mit $Dx = *$ ist ein n-Zykel. Seine Homologieklasse werde mit $\langle x \rangle$ bezeichnet.

Satz: *Für* $n \geq 1$ *ist die Zuordnung*

$$\mathscr{H}: \pi_n(X) \to \mathrm{H}_n(X), \qquad \mathrm{kl}\, x \mapsto \langle x \rangle, \tag{3.4}$$

ein wohlbestimmter natürlicher Homomorphismus.

Man nennt $\mathscr{H}$ *Hurewiczschen Homomorphismus.* Die Elemente im Bild $\mathscr{H}$ heißen *sphärische* Homologieklassen.

Beweis: Es sei $u \in X_{n+1}$ mit $Du = (b, c, a, *\ldots*)$, wobei $Da = Db = Dc = *$ ist. Dann gilt für die Ketten $\partial u = b - c + a$, also $\langle a \rangle + \langle b \rangle = \langle c \rangle$. Wenn man $a = *$ setzt, folgt, daß $\mathscr{H}(\mathrm{kl}\, x)$ tatsächlich nur von der Homotopieklasse von x abhängt, also wohldefiniert ist. Bei beliebigem a ergibt sich, daß $\mathscr{H}$ ein Homomorphismus ist.

Für eine Abbildung $g: \dot{\Delta}(n+1) \to X$ folgt aus 2.7

$$\mathscr{H}(c(g)) = \mathrm{H}_*(g) \left\langle \sum_{i=0}^{n+1} (-1)^i d_i [n+1] \right\rangle. \tag{3.5}$$

3.5 Hurewiczscher Isomorphiesatz: *Es sei* $n \geq 2$. *Die ersten* $n-1$ *Homotopiegruppen der Kan-Menge* X *mögen verschwinden:* $\pi_0(X) = \cdots \pi_{n-1}(X) = 0$. *Dann ist* $\mathscr{H}: \pi_i(X) \to \mathrm{H}_i(x)$ *für* $i = n$ *ein Isomorphismus und für* $i = n+1$ *ein Epimorphismus.*

Für $n = 1$ gilt statt 3.5 der

3.6 Poincarésche Satz: *Wenn die Kan-Menge* X *zusammenhängend ist, ist* $\mathscr{H}: \pi_1(X) \to \mathrm{H}_1(X)$ *ein Epimorphismus, dessen Kern die Kommutatoruntergruppe von* $\pi_1(X)$ *ist.*

Beweis zu 3.5: Da jede Kan-Menge einen minimalen Deformationsretrakt besitzt, siehe I 8.12 Folgerung, $\mathscr{H}$ natürlich ist und 2.5a) gilt, kann man ohne Beschrankung der Allgemeinheit annehmen, daß X minimal ist. Nach 3.1 ist dann $X^{n-1} = *$. Folglich ist $\mathscr{H}$ in der Dimension n epimorph. Ferner gilt nach (3.1) für jedes $v \in X_{n+1}$, daß

$$\sum_{i=0}^{n+1} (-1)^i \mathrm{kl}\, d_i v = 0$$

ist. Daraus folgt, daß $\mathscr{H}$ in der Dimension n auch monomorph ist. – Der Beweis, daß $\mathscr{H}$ in der Dimension $n+1$ epimorph ist, wird in 10.11 nachgetragen.

Zu 3.6 verläuft der Beweis genauso, wenn man von vornherein $\pi_1(X)$ durch $\pi_1(X)/[\pi_1(X), \pi_1(X)]$ ersetzt. Dabei ist die Kommutatoruntergruppe einer Gruppe G mit $[G, G]$ bezeichnet worden.

3.7 Bemerkungen: a) Aus 3.5 folgt, daß für eine einfach zusammenhängende Kan-Menge X für alle $n=1,2,\ldots$ folgende beiden Aussagen äquivalent sind:

1. $\pi_1(X)=\pi_2(X)=\cdots=\pi_n(X)=0$,
2. $\mathrm{H}_1(X)=\mathrm{H}_2(X)=\cdots=\mathrm{H}_n(X)=0$.

b) Weil die Einbettung $i\colon X\to S|X|$ nach III 7.12 für jede zusammenhängende ss. Menge X einen Isomorphismus der Fundamentalgruppen und nach V 8.4 einen Isomorphismus der Homologiegruppen induziert, ferner bei $S|X|$ die Fundamentalgruppe mit der ersten Homotopiegruppe übereinstimmt, siehe 2.8, gilt der Poincarésche Satz auch für eine beliebige zusammenhängende ss. Menge X, wenn man π_1 als Fundamentalgruppe ansieht.

3.8 Der Isomorphiesatz 3.5 war eine Folgerung von 3.3. Umgekehrt beweist man mit Hilfe von 3.5 folgende Verallgemeinerung des Homotopieadditionssatzes 3.3, die in 8.8 benötigt wird.

Es sei X eine Kan-Menge mit dem Basispunkt $*$ und

$$g\colon (\dot{\Delta}(n), \Delta(n)^{n-2}) \to (X, *)$$

eine ss. Abbildung. Sie repräsentiert nach 2.6 ein Element $c(g) \in \pi_{n-1}(X, *)$. Andererseits repräsentieren die

$$g^i\colon (\Delta(n-1), \dot{\Delta}(n-1)) \xrightarrow{\delta_i} (\dot{\Delta}(n), \Delta(n)^{n-2}) \xrightarrow{g} (X, *), \qquad i=0,\ldots,n$$

nach 2.1 Elemente $\mathrm{kl}\, g^i \in \pi_{n-1}(X, *)$.

Homotopieadditionssatz: *Mit den genannten Bezeichnungen ist*

$$\mathrm{kl}\, g^2 \cdot \mathrm{kl}\, g^0 \cdot (\mathrm{kl}\, g^1)^{-1} = c(g) \quad \text{für} \quad n=2, \tag{3.6}$$

$$\sum_{i=0}^{n} (-1)^i \mathrm{kl}\, g^i = c(g) \quad \text{für} \quad n \geq 3. \tag{3.6'}$$

3.3 ist der Spezialfall $c(g)=0$.

Beweis: Man beweist (3.6), indem man auf die Definition zurückgeht: Nach 2.6+7 gibt es eine Homotopie $h\colon \dot{\Delta}(2) \times I \to X$ mit $h(ab)=g(ab)$ für $a, b \in \{0,1,2\}$,

$h(00')=h(0'1')=h(0'2')=*$, so daß $\mathrm{kl}\,h(1'2')=c(g)$ ist, siehe die Abb. I 4.3. Es ist $D\,h(011')=(h(11'), h(01'), g(01))$, also

$$\text{(3.7)}\qquad \mathrm{kl}\,g^2\,\mathrm{kl}\,h(11')=\mathrm{kl}\,h(01'). \qquad \text{Ebenso}$$

$$\text{(3.8)}\qquad \mathrm{kl}\,h(01')=1, \quad \text{wegen} \quad D\,h(00'1'),$$

$$\text{(3.9)}\qquad \mathrm{kl}\,g^0\,\mathrm{kl}\,h(22')=\mathrm{kl}\,h(12') \quad \text{wegen} \quad D\,h(122'),$$

$$\text{(3.10)}\qquad \mathrm{kl}\,h(11')\,c(g)=\mathrm{kl}\,h(12') \quad \text{wegen} \quad D\,h(11'2'),$$

$$\text{(3.11)}\qquad \mathrm{kl}\,g^1\,\mathrm{kl}\,h(22')=\mathrm{kl}\,h(02') \quad \text{wegen} \quad D\,h(022'),$$

$$\text{(3.12)}\qquad \mathrm{kl}\,h(02')=1 \quad \text{wegen} \quad D\,h(00'2).$$

Wenn man aus (3.7–12) alle $\mathrm{kl}\,h(a\,b')$ eliminiert, folgt (3.6).

Zu (3.6'): Man wendet den Hurewiczschen Homomorphismus an:

$$\text{(3.13)}\qquad \mathscr{H}(c(g))=\mathrm{H}_*(g)\Big\langle \sum_{i=0}^{n}(-1)^i d_i[n]\Big\rangle=\sum_{i=0}^{n}(-1)^i\,\mathrm{H}_*(g^i)\langle[n-1]\rangle$$
$$=\sum_{i=0}^{n}(-1)^i\,\mathscr{H}(\mathrm{kl}\,g^i).$$

Wenn nun $\pi_0(X)=\cdots\pi_{n-2}(X)=0$ ist, ist $\mathscr{H}$ nach 3.5 ein Isomorphismus, somit (3.6') eine Folge von (3.13). Im allgemeinen Fall bildet man zu X die $(n-2)$-te Eilenbergsche Untermenge $Y\subset X$. Sie besteht aus allen Simplexen $x\in X$, deren $(n-2)$-Gerüst in $*$ liegt, d. h., für die $x(\Delta(\dim x)^{n-2})\subset *$ ist. Offenbar ist Y eine Kan-Menge, die Einbettung j: $Y\to X$ induziert Isomorphismen $\pi_i(j)$ für alle $i\geq n-1$ und $Y^{n-2}=*$. Die Abbildung g läßt sich in

$$g\colon\ \dot{\Delta}(n) \xrightarrow{\ f\ } Y \xrightarrow{\ j\ } X$$

zerlegen. Weil $\pi_0(Y)=\cdots=\pi_{n-2}(Y)=0$ ist, gilt (3.6') für f statt g. Wenn man $\pi_{n-1}(j)$ dahinter schaltet, folgt (3.6') für g selbst.

4. Die Homotopiesequenz einer Faserung

Während ein komplizierter Zusammenhang zwischen den Homologiemoduln der Basis, Faser und Gesamtmenge einer Faserung besteht, der im VI. Kapitel mit Hilfe einer Spektralsequenz beschrieben wurde, hat man für die Homotopiegruppen einfach eine exakte Sequenz, die im Mittelpunkt dieses Abschnitts steht. Wenn nichts anderes angegeben ist, bezeichnet (E,p,B) eine Faserung, bei der E und B Kan-Mengen sind. Die Faser über $*\in B_0$ heißt F. Für jedes $x\in F_n$ mit $Dx=*$ wird mit $\mathrm{kl}_F x$ die Homotopieklasse in $\pi_n(F)$ und mit $\mathrm{kl}_E x$ die Homotopieklasse in

$\pi_n(E)$ bezeichnet. Die Einbettung der Faser heiße $i\colon F \to E$. Es ist also $\pi_n(i)(\mathrm{kl}_F x) = \mathrm{kl}_E x$.

4.1 Der verbindende Homomorphismus: Es sei $a \in B_n$ und $Da = *$. Nach der Faserungsbedingung gibt es ein $a' \in E_n$ mit $p(a') = a$ und $Da' = (d_0 a', * \cdots *)$. Daher ist $d_0 a' \in F_{n-1}$ und $D d_0 a' = *$. Die Homotopieklasse $\mathrm{kl}_F d_0 a'$ hängt nur von der Homotopieklasse von a ab. Denn es sei $b \in B_n$ und $Db = *$. Wie oben konstruiert man dazu ein $b' \in E_n$. Wenn nun $a \sim b$ ist, gibt es ein $u \in B_{n+1}$ mit $Du = (*, a, b, * \cdots *)$. Dazu findet man nach der Faserungsbedingung ein $u' \in E_{n+1}$ mit $p(u') = u$ und $Du' = (d_0 u', a', b', * \cdots *)$. Dann ist $d_0 u' \in F$ und $D d_0 u' = (d_0 a', d_0 b', * \cdots *)$, also $\mathrm{kl}_F d_0 a' = \mathrm{kl}_F d_0 b'$. – Es ist also sinnvoll, die Funktion

$$\partial\colon \pi_n(B) \to \pi_{n-1}(F),\ \mathrm{kl}\, a \mapsto \mathrm{kl}_F d_0 a', \quad n = 1, 2, \ldots, \tag{4.1}$$

zu definieren.

Satz: *Die Funktion* ∂ (4.1) *ist ein natürlicher Homomorphismus, der sogenannte verbindende Homomorphismus der Faserung* (E, p, B).

Beweis: Für $n = 1$, wo $\pi_0(B)$ keine Gruppenstruktur hat, bedeutet „Homomorphimus" nur, daß $\partial(\mathrm{kl}*) = \mathrm{kl}*$ ist. – Nun sei $n \geq 2$ und $a, b, c \in B_n$ mit $Da = Db = Dc = *$. Es sei $\mathrm{kl}\, a + \mathrm{kl}\, b = \mathrm{kl}\, c$. Dann gibt es nach 3.2 ein $u \in B_{n+1}$ mit $Du = (*, b, c, a, * \cdots *)$. Nach der Faserungsbedingung findet man dazu ein $u' \in E_{n+1}$ mit $p(u') = u$ und $Du' = (d_0 u', b', c', a', * \cdots *)$, wobei a', b', c' zu a, b, c wie in 4.1 konstruiert sind. Dann ist $d_0 u' \in F$ und $D d_0 u' = (d_0 b', d_0 c', d_0 a', * \cdots *)$, also

$$\mathrm{kl}_F d_0 a' + \mathrm{kl}_F d_0 b' = \mathrm{kl}_F d_0 c'.$$

4.2 Exakte Homotopiesequenz: *Folgende Sequenz ist exakt:*

$$\begin{aligned} \cdots \longrightarrow \pi_n(F) \xrightarrow{\pi_n(i)} \pi_n(E) \xrightarrow{\pi_n(p)} \pi_n(B) \xrightarrow{\partial} \pi_{n-1}(F) \\ \xrightarrow{\pi_{n-1}(i)} \cdots \longrightarrow \pi_1(B) \xrightarrow{\partial} \pi_0(F) \xrightarrow{\pi_0(i)} \pi_0(E) \xrightarrow{\pi_0(p)} \pi_0(B) \longrightarrow 0. \end{aligned} \tag{4.2}$$

Bemerkung: Da die Mengen π_0 noch ein ausgezeichnetes Element $\mathrm{kl}*$ enthalten, bleibt „Exaktheit" am Ende der Sequenz, wo keine Gruppen mehr stehen, sinnvoll.

Beweis: Es sei $f \in F_n$, $e \in E_n$, $b \in B_n$ und $Df = De = *$, $Db = *$. 1. Es ist $\pi_n(p)\pi_n(i) = 0$, weil $pi(f) = *$ ist. 2. Es ist $\partial \pi_n(p) = 0$, weil $\partial \pi_n(p)(\mathrm{kl}\, e) = \mathrm{kl}_F d_0 e = \mathrm{kl}*$ ist. 3. Zu $\pi_{n-1}(i)\partial = 0$: Wie in 4.1 gibt es zu $b \in B_n$ ein $b' \in E_n$ mit $p(b') = b$ und $Db' = (d_0 b', * \cdots *)$. Es ist $\pi_{n-1}(i)\partial(\mathrm{kl}\, b) = \mathrm{kl}_E d_0 b'$. Aus Db' folgt aber $d_0 b' \sim *$ in E. 4. Es sei $\pi_n(i)(\mathrm{kl}_F f) = 0$. Dann ist $\mathrm{kl}_E f = 0$, also $f \sim *$ in E, d.h., es gibt ein $u \in E_{n+1}$ mit $Du = (f, * \cdots *)$. Daraus folgt $Dp(u) = *$ und $\partial\, \mathrm{kl}\, p(u) = \mathrm{kl}_F f$. 5. Es sei $\pi_n(p)(\mathrm{kl}_E e) = 0$. Dann gibt es ein $u \in B_{n+1}$ mit $Du = (*, p(e), * \cdots *)$. Zu u gibt es ein $u' \in E_{n+1}$ mit $p(u') = u$ und $Du' = (d_0 u', e, * \cdots *)$. Daher ist $d_0 u' \in F_n$, $D d_0 u' = *$ und $d_0 u' \sim e$ in E. Das bedeutet $\pi_n(i)(\mathrm{kl}_F d_0 u') = \mathrm{kl}_E e$. 6. Es sei $\partial(\mathrm{kl}\, b) = 0$. Zu b konstruiert man wie in 4.1 $b' \in E_n$ mit $p(b') = b$ und $Db' = (d_0 b', * \cdots *)$, so daß also $0 = \partial(\mathrm{kl}\, b) = \mathrm{kl}_F d_0 b'$ ist. Daher gibt es ein $u \in F$ mit $Du = (*, d_0 b', * \cdots *)$. Nach der Faserungsbedingung findet man ein $v \in E_{n+1}$ mit $p(v) = s_1 b$ und $Dv = (u, d_1 v, b', * \cdots *)$. Dann ist $D d_1 v = *$ und $p(d_1 v) = b$, also $\pi_n(p)(\mathrm{kl}_E d_1 v) = \mathrm{kl}\, b$.

4.3 Unter einem *Schnitt* in einer Faserung (E, p, B) versteht man eine ss. Abbildung $s\colon B \to E$ mit $ps = \mathrm{id}$.

Satz: *Es sei $n \geq 2$. Wenn die Faserung (E, p, B) einen Schnitt s besitzt, ist $\pi_n(E)$ zur direkten Summe $\pi_n(B) \amalg \pi_n(F)$ isomorph, genauer:*

$$(4.3) \qquad \pi_n(B) \amalg \pi_n(F) \xrightarrow{\cong} \pi_n(E), \qquad (\alpha, \beta) \mapsto \pi_n(s)(\alpha) + \pi_n(i)(\beta)$$

ist ein Isomorphismus. Insbesondere ist $\pi_n(X \times Y)$ in natürlicher Weise zu $\pi_n(X) \amalg \pi_n(Y)$ isomorph.

Beweis: Aus $ps = \mathrm{id}$ folgt $\pi_n(p)\pi_n(s) = \mathrm{id}$. Daher zerfällt die lange exakte Sequenz (4.2) in die kurzen exakten Sequenzen

$$0 \to \pi_n(F) \to \pi_n(E) \to \pi_n(B) \to 0,$$

welche durch $\pi_n(s)$ spalten.

Bemerkung: Im nicht-abelschen Falle $n = 1$ hat man nur die exakte Sequenz

$$0 \to \pi_1(F) \to \pi_1(E) \to \pi_1(B) \to 0 \quad \text{mit} \quad \pi_1(p)\pi_1(s) = \mathrm{id}.$$

4.4 Überlagerungen: *Wenn (E, p, B) eine Überlagerung ist, induziert p Isomorphismen*

$$(4.4) \qquad \pi_n(p)\colon \pi_n(E) \xrightarrow{\cong} \pi_n(B) \quad \text{für alle} \quad n \geq 2.$$

Beweis: Eine Überlagerung ist eine Faserung mit nulldimensionaler Faser, siehe III 3.1 Bemerkung. Also ist $\pi_n(F) = 0$ für $n \geq 1$. Aus (4.2) folgt dann die Behauptung.

4.5 Satz: *a) Alle sphärischen Homologieklassen der Faser sind transgressiv.*

b) Wenn die Transgression τ ein Homomorphismus ist, gilt für sie, für den verbindenden Homomorphismus ∂ (4.1) und den Hurewiczschen Homomorphismus $\mathscr{H}$ (3.4)

$$(4.5) \qquad \mathscr{H}\partial = \tau \mathscr{H}.$$

c) Wenn für die Faserung (E,p,B) die exakte Serresche Sequenz VI (8.15) *besteht, ist diese durch $\mathscr{H}$ mit der exakten Homotopiesequenz* (4.2) *zu folgendem kommutativen Diagramm* 4.1 *(Homotopie-Homologie-Leiter der Faserung (E,p,B)) verbunden:*

$$\begin{array}{ccccccccccc} \cdots \longrightarrow & \pi_n(E) & \xrightarrow{\pi_n(p)} & \pi_n(B) & \xrightarrow{\partial} & \pi_{n-1}(F) & \xrightarrow{\pi_{n-1}(i)} & \pi_{n-1}(E) & \longrightarrow \cdots \\ & \downarrow{\scriptstyle\mathscr{H}} & & \downarrow{\scriptstyle\mathscr{H}} & & \downarrow{\scriptstyle\mathscr{H}} & & \downarrow{\scriptstyle\mathscr{H}} & \\ \cdots \longrightarrow & \mathrm{H}_n(E) & \xrightarrow{\mathrm{H}_n(p)} & \mathrm{H}_n(B) & \xrightarrow{\tau} & \mathrm{H}_{n-1}(F) & \xrightarrow{\mathrm{H}_{n-1}(i)} & \mathrm{H}_{n-1}(E) & \longrightarrow \cdots \end{array}$$

Dia. 4.1

Der Beweis zu a + b) muß bis 9.4 zurückgestellt werden, da für ihn relative Homotopiegruppen benötigt werden. c) folgt aus b) und der Natürlichkeit von $\mathscr{H}$.

4.6 Die ss. Wegemenge: Zu einer zusammenhängenden Kan-Menge X definiert man folgende ss. Wegemenge $W(X)$: Es ist $W(X)_n = \{x \mid x \in X_{n+1},\ x(0) = *\}$. (Man beachte die Dimensionsverschiebung.) Der Seitenoperator d_i: $W(X)_n \to W(X)_{n-1}$ ist die Beschränkung von d_{i+1}: $X_{n+1} \to X_n$ und der Entartungsoperator s_i: $W(X)_n \to W(X)_{n+1}$ die Beschränkung von s_{i+1}: $X_{n+1} \to X_{n+2}$. Als Basispunkt in $W(X)_0$ wählt man $s_0 *$. Jede ss. Abbildung f: $X \to Y$ bestimmt die ss. Abbildung $W(f)$: $W(X) \to W(Y)$ der Wegemengen. So wird W zu einem kovarianten Funktor. Die Zuordnung p: $W(X) \to X$, $x \mapsto d_0 x$ für $x \in X$, ist eine natürliche ss. Abbildung.

4.7 Die Wegefaserung: *a) Wenn X eine zusammenhängende (minimale) Kan-Menge ist, ist $(W(X), p, X)$ eine (minimale) Faserung, deren Gesamtmenge $W(X)$ sich zusammenziehen läßt.*

Diese Faserung heißt *Wegefaserung* von X. Ihre Faser wird *Schleifenmenge* von X genannt und mit $\Omega(X)$ bezeichnet.

b) Der verbindende Homomorphismus der Wegefaserung lautet

$$\partial\colon\ \pi_n(X) \xrightarrow{\cong} \pi_{n-1}(\Omega(X)), \quad \mathrm{kl}_X x \mapsto \mathrm{kl}_{\Omega(X)} x.$$

Er ist ein Isomorphismus.

Beweis: Zu a): Aufgrund der Ausfüllungsbedingung für X prüft man die Faserungsbedingung nach und zeigt mit ihrer Hilfe, daß sich jede ss. Abbildung $\dot{\Delta}(n) \to W(X)$ auf $\Delta(n)$ fortsetzen läßt. Letzteres bedeutet nach 2.6 b), daß alle Homotopiegruppen von $W(X)$ verschwinden. Darum läßt sich $W(X)$ nach 3.1 Korollar zusammenziehen. Zu b): Aus der Definition von (4.1) folgt, daß $\partial(\mathrm{kl}_X x) = \mathrm{kl}_{\Omega(X)} x$ ist. Weil alle Homotopiegruppen von $W(X)$ verschwinden, ist ∂ nach der exakten Homotopiesequenz (4.2) ein Isomorphismus.

Aufgrund der Definitionen beweist man leicht:

4.8 Wegefaserung einer ss. Gruppe: *Für eine zusammenhängende ss. Gruppe G ist die ss. Wegemenge $W(G)$ eine ss. Gruppe und die Projektion $p\colon W(G)\to G$ ein ss. Epimorphismus, dessen Kern die Schleifenmenge $\Omega(G)$ ist.*

4.9 Minimalität: Im allgemeinen braucht die Totalmenge E einer minimalen Faserung (E,p,B) nicht minimal zu sein, selbst dann nicht, wenn die Basis B minimal ist. Die Wegefaserung jeder zusammenhängenden minimalen Kan-Menge $X \neq \Delta(0)$ ist ein Gegenbeispiel. Man hat für die Minimalität von E folgendes Kriterium:

Satz: *In der Faserung (E,p,B) sei die Totalmenge E zusammenhängend und die Basis B minimal. Die Totalmenge E ist genau dann minimal, wenn die Faserung minimal ist und die exakte Homotopiesequenz* (4.2) *in die kurzen exakten Sequenzen*

$$0\to\pi_n(F)\to\pi_n(E)\to\pi_n(B)\to 0, \qquad n=0,1,\ldots \tag{4.6}$$

zerfällt.

Beweis: Wegen (4.2) ist die Exaktheit von (4.6) damit äquivalent, daß $\pi_n(i)\colon \pi_n(F)\to\pi_n(E)$ für alle $n=0,1,\ldots$ monomorph ist. Es sei E minimal, $y\in F_n$ mit $Dy=*$ und $\mathrm{kl}_E\, y=\pi_n(i)(\mathrm{kl}_F\, y)=0$. Dann ist y in E zu $*$ homotop, also $y=*$. Umgekehrt sei (4.6) exakt. Es wird gezeigt, daß zwei homotope Simplexe $x_0, x_1\in E_n$ einander gleich sind, und zwar 1. für $x_1=*$, 2. für $Dx_0=Dx_1=*$ und 3. allgemein. Zu 1.: Aus $x\sim *$ in E folgt $p(x)\sim *$ in B, also $p(x)=*$. Daher ist $x\in F$. Weil $\pi_n(i)$ monomorph ist, ist $x\sim *$ in F, also $x=*$. Denn F ist minimal, weil die Faserung minimal ist. Zu 2.: Aus $x_0\sim x_1$ folgt $p(x_0)\sim p(x_1)$, also $p(x_0)=p(x_1)$. Man füllt den Trichter $(x_0, x_1, -, *\ldots *)$ über den Seiten von $s_0 p(x_0)$ durch $y\in E_{n+1}$. Dann ist $\mathrm{kl}\, d_2 y\cdot \mathrm{kl}\, x_0=\mathrm{kl}\, x_1$. Weil $x_0\sim x_1$ ist, folgt $\mathrm{kl}\, d_2 y=\mathrm{kl} *$, also $d_2 y=*$ nach 1. Dann gilt $p(s_0 x_1)=p(y)$ und $d_i s_0 x_1=d_i y$ für alle $i>0$ und daher auch für $i=0$, weil die Faserung minimal ist: $x_1=d_0 s_0 x_1=d_0 y=x_0$. Zu 3.: Wenn $x_0\sim x_1\in E_n$ beliebig sind, setzt man $s=x_0|\dot{\Delta}(n)=x_1|\dot{\Delta}(n)$. Nach 2.6b) 3.⇒2. gibt es eine Homotopie von s zur konstanten Abbildung auf $x_0(0)$ und weil E zusammenhängend ist, eine Homotopie von dieser konstanten Abbildung zur konstanten Abbildung auf $*$, insgesamt also eine Homotopie h von der konstanten Abbildung auf $*$ nach s. Nach I 6.10b) gibt es ein y_0, so daß $y_0\sim_h x_0$ ist. Die zugehörige Homotopie sei $H_0\colon \Delta(n)\times I\to E$ mit $H_0([n],0)=y_0$, $H_0([n],1)=x_0$ und $H_0|\dot{\Delta}(n)\times I=h$.

Nach der HHE I 6.4 gibt es eine Homotopie $H_1\colon \Delta(n)\times I\to E$ mit $H_1([n],1)=x_1$, $H_1|\dot{\Delta}(n)\times I=h$ und $p\,H_1=p\,H_0$. Man setzt $y_1=H_1([n],0)$, so daß also $y_1\sim_h x_1$ ist. Weil $x_0\sim x_1$ ist, ist nach I 6.11 a) $y_0\sim y_1$. Da $D\,y_0=D\,y_1=*$ ist, folgt $y_0=y_1$ wegen 2. Somit stimmen die beiden Homotopien H_0 und H_1 auf $\dot{\Delta}(n)\times I\cup\Delta(n)\times 0$ überein, und es ist $p\,H_0=p\,H_1$. Nach I 8.7 ist dann auch $x_0=H_0([n],1)=H_1([n],1)=x_1$.

5. Der Mooresche Kettenkomplex

5.1 Man kann den Begriff des Kettenkomplexes auf nicht notwendig abelsche Gruppen verallgemeinern: Eine Folge A von Gruppen und Homomorphismen

$$\cdots\longrightarrow A_{n+1}\xrightarrow{\partial_{n+1}}A_n\xrightarrow{\partial_n}A_{n-1}\longrightarrow\cdots\longrightarrow A_0\xrightarrow{\partial_0}1$$

heißt Kettenkomplex, wenn für jedes n das Bild ∂_{n+1} Normalteiler im Kern ∂_n ist. Kettenabbildungen definiert man wie üblich, ebenso die Homologiegruppen

$$\mathrm{H}_n(A)=\mathrm{Kern}\,\partial_n/\mathrm{Bild}\,\partial_{n+1},\qquad n=0,1,\ldots,$$

und den induzierten Homomorphismus der Homologiegruppen.

5.2 Moorescher Kettenkomplex: Für eine ss. Gruppe G definiert man den Mooreschen Kettenkomplex $\mathrm{M}(G)$ durch

$$\mathrm{M}(G)_n=G_n\cap\bigcap_{i=1}^{n}\mathrm{Kern}\,d_i,\qquad \partial_n=d_0\colon\ \mathrm{M}(G)_n\to\mathrm{M}(G)_{n-1}. \tag{5.1}$$

Diese Definition ist sinnvoll, denn: 1. Aus $d_i d_0=d_0 d_{i+1}$ folgt $d_0(\mathrm{M}(G)_n)\subset\mathrm{M}(G)_{n-1}$ und $d_0 d_0|\mathrm{M}(G)_n=0$.
2. $d_0(\mathrm{M}(G)_n)$ ist Normalteiler im Kern $d_0|\mathrm{M}(G)_{n-1}$. Denn es sei $x\in\mathrm{M}(G)_n$ und $y\in\mathrm{Kern}\,d_0|\mathrm{M}(G)_{n-1}$. Dann ist $z=s_0y\cdot x\cdot s_0y^{-1}\in\mathrm{M}(G)_n$ und $d_0z=y\cdot d_0x\cdot y^{-1}$.

Für jeden ss. Homomorphismus $f\colon G\to H$ ist die Beschränkung

$$\mathrm{M}(f)=f|\mathrm{M}(G)\colon\ \mathrm{M}(G)\to\mathrm{M}(H)$$

eine Kettenabbildung. So wird M zu einem kovarianten Funktor.

5.3 Homotopiegruppen einer ss. Gruppe: *Die Homotopiegruppen einer ss. Gruppe sind in natürlicher Weise zu den Homologiegruppen ihres Mooreschen Kettenkomplexes isomorph.*

Beweis: Es seien $x,y\in G_n$, $D\,x=D\,y=1$ und $n\geq 1$. Dann ist

$$\mathrm{kl}\,x\cdot\mathrm{kl}\,y=\mathrm{kl}(x\,y). \tag{5.2}$$

Denn es ist $D(s_1 x \cdot s_0 y) = (y, xy, x, 1 \ldots 1)$. – Die Untergruppen $\{x | x \in G_n$ und $Dx = 1\}$ und $\{x | x \in \mathrm{M}(G)_n$ und $\partial x = 0\}$ von G_n stimmen überein. Wegen (5.2) genügt es also zu zeigen: Für jedes $x \in G_n$ mit $Dx = 1$ ist genau dann $x \sim 1$, wenn es ein $y \in \mathrm{M}(G)_{n+1}$ mit $\partial y = x$ gibt: Es ist $x \sim 1$, genau dann, wenn es ein $y \in G_{n+1}$ mit $Dy = (x, 1 \ldots 1)$ gibt. Letzteres ist äquivalent mit $y \in \mathrm{M}(G)_{n+1}$ und $\partial y = x$.

Folgerung: *Die Gruppenstruktur einer ss. Gruppe G induziert eine Gruppenstruktur für alle Homotopiegruppen $\pi_n(G)$, $n = 0, 1, \ldots$, welche für $n \geq 1$ mit der üblichen Gruppenstruktur, siehe 2.4, übereinstimmt.*

5.4 Minimalität: Die folgenden Überlegungen werden im VIII. Kapitel benötigt. Eine Kettenabbildung $f\colon A \to B$ heißt minimal, wenn $\mathrm{Kern}(f\colon A_n \to B_n) \subset \mathrm{Kern}(\partial\colon A_n \to A_{n-1})$ für alle n enthalten ist. Wenn $A \to \{1\}$ eine minimale Kettenabbildung ist, heißt A minimaler Kettenkomplex. Das ist gleichbedeutend mit $\partial x = 1$ für alle $x \in A$. Nach I 9.5 ist für einen Epimorphismus $p\colon G \to H$ zwischen zwei ss. Gruppen das Tripel (G, p, H) eine Faserung.

Satz: *Die Faserung (G, p, H) ist genau dann minimal, wenn die induzierte Kettenabbildung $\mathrm{M}(p)\colon \mathrm{M}(G) \to \mathrm{M}(H)$ der Mooreschen Kettenkomplexe minimal ist.*

Beweis: Es sei (G, p, H) minimal und $x \in \mathrm{M}(G)_n$ mit $p(x) = 1$. Dann sind $1 \in G_n$ und x Füllungen desselben Trichters $(-, d_1 x, d_2 x, \ldots, d_n x) = (-, 1, 1, \ldots, 1)$ in G über $p(x) = 1$. Folglich ist $\partial x = d_0 x = d_0 1 = 1$. – Es sei $\mathrm{M}(p)$ minimal. Gegeben seien zwei Simplexe $x, y \in G_n$ mit $p(x) = p(y)$ und $d_i x = d_i y$ für alle $i > 0$. Dann ist $x \cdot y^{-1} \in \mathrm{M}(G)_n$ und $\mathrm{M}(p)(x \cdot y^{-1}) = 1$, also $d_0 x \cdot (d_0 y)^{-1} = \partial(x \cdot y^{-1}) = 1$. Das bedeutet $d_0 x = d_0 y$, also daß (G, p, H) minimal ist.

Folgerung: *Eine ss. Gruppe ist genau dann minimal, wenn es ihr Moorescher Kettenkomplex ist.*

6. Abhängigkeit vom Basispunkt

Gemäß den Vereinbarungen im ersten Abschnitt wurden bisher nur ss. Mengen mit einem ausgezeichneten Basispunkt betrachtet. Insbesondere hängen die Homotopiegruppen von der Wahl des Basispunktes ab. In diesem Abschnitt soll untersucht werden, wie sie sich ändern, wenn man einen anderen Basispunkt wählt. – Das erste Lemma ist ein Hilfsmittel für den Beweis von 6.6+7.

6.1 Lemma: *Es sei $A \subset B$ ein Paar von ss. Mengen, wobei sich A auf $*$ zusammenziehen läßt. Ferner sei X eine Kan-Menge. Wenn zwei ss. Abbildungen $f_0, f_1: B \to X$ homotop sind, ohne daß die Homotopie auf $*$ stationär zu sein braucht, und $f_e(a) = f_e(*)$ für alle $a \in A$ gilt, gibt es ein $w \in X_1$ mit $w(e) = f_e(*)$ und eine Homotopie F von f_0 nach f_1 mit $F(a,t) = w(t)$ für alle $a \in A$ und $t \in I$, $e = 0$ und 1.*

Beweis: Es sei G die Homotopie von f_0 nach f_1. Ferner werde A durch $h: A \times I \to A$ zusammengezogen. Man definiert $F': (A \times I \cup B \times \dot{I}) \times I \cup B \times I \times 1 \to X$ durch $F'(a, t_1, t_2) = G(h(a, t_2), t_1)$, $F'(b, e, t) = f_e(b)$ und $F'(b, t, 1) = G(b, t)$ für $a \in A$, $b \in B$, $t, t_1, t_2 \in I$, $e = 0$ und 1. Nach I 6.6 erweitert man F' zu $F'': B \times I \times I \to X$ und definiert $F: B \times I \to X$, $(b,t) \mapsto F''(b,t,0)$. Wenn man noch $w = G(*, [1])$ wählt, ist damit die Behauptung bewiesen.

6.2 Jedes Einssimplex w einer Kan-Menge X bestimmt die Homotopie h_w: $\dot{\Delta}(n) \times I \to X$, $(v,t) \mapsto w(t)$ für $v \in \dot{\Delta}(n)$, $t \in I$ und $n \geq 1$. Zu dieser Homotopie gehört nach I (6.2) eine Funktion $o(h_w)$. Man definiert

$$\begin{array}{llcl} o(w): & \pi_n(X, d_1 w) & \longrightarrow & \pi_n(X, d_0 w) \\ \parallel & \parallel & & \parallel \\ o(h_w): & [(\Delta(n), \dot{\Delta}(n)), X]_{d_1 w} & \to & [(\Delta(n), \dot{\Delta}(n)), X]_{d_0 w}, \quad n \geq 1 \end{array}$$

Dia. 6.1

Satz: *Die Funktion $o(w)$ ist ein natürlicher Isomorphismus. Sie erfüllt für jedes $r \in X_2$ die Gleichung*

$$o(d_0 r) o(d_2 r) = o(d_1 r). \tag{6.1}$$

Beweis: Wenn für drei Simplexe $x_i \in X_n$ gilt $\mathrm{kl}\, x_2 \cdot \mathrm{kl}\, x_0 = \mathrm{kl}\, x_1 \in \pi_n(X, d_1 w)$, gibt es ein $y \in X_{n+1}$ mit $Dy = (x_0, x_1, x_2, d_1 w \ldots d_1 w)$. Aufgrund der HEE I 6.6 gibt es eine ss. Abbildung H: $\Delta(n+1) \times I \to X$ mit $H([n+1], 0) = u$ und $H(v,t) = w(t)$ für alle $t \in I$ und $v \in \Delta(n+1)^{n-1} \cup d_3[n+1] \cup \cdots \cup d_{n+1}[n+1]$. Dann ist mit $x_i' = d_i H([n+1], 1)$ $DH([n+1], 1) = (x_0', x_1', x_2', d_0 w \ldots d_0 w)$ und $d_j x_i = s \ldots s_0 d_0 w$ für alle $i = 0, 1, 2$ und $j = 0, \ldots, n$. Das bedeutet $\mathrm{kl}\, x_2' \mathrm{kl}\, x_0' = \mathrm{kl}\, x_1'$ und $o(w) \mathrm{kl}\, x_i = \mathrm{kl}\, x_i'$. Damit ist bewiesen, daß $o(w)$ ein Homomorphismus ist. Die Gleichung (6.1) ist die Gleichung I (6.3). Die Natürlichkeit bedeutet

$$\pi_n(f) o(w) = o(f(w)) \pi_n(f) \tag{6.2}$$

für alle $w \in X_1$ und alle ss. Abbildungen f: $X \to Y$. Sie folgt aus I 6.11 Lemma b).

Folgerung: *Alle Homotopiegruppen $\pi_n(X, x_0)$ für festes n und beliebiges $x_0 \in X_0$ einer zusammenhängenden Kan-Menge X sind untereinander iso-*

morph. Der Isomorphismus $o(w)$ hängt wegen (6.1) *nur von der Homotopieklasse von w ab.*

6.3 Bemerkungen: a) Wegen der Folgerung bestimmt jedes Element $\gamma \in \pi_1(X,*)$ einen Automorphismus

$$o(\gamma)\colon \pi_n(X,*) \xrightarrow{\cong} \pi_n(X,*), \qquad n \geq 1.$$

Aus (6.1) folgt $o(\gamma_1 \gamma_2) = o(\gamma_2) \circ o(\gamma_1)$. D. h., die erste Homotopiegruppe $\pi_1(X,*)$ operiert von rechts auf allen Homotopiegruppen $\pi_n(X,*)$, $n \geq 1$.

b) Man nennt eine Kan-Menge X *n-einfach*, $n \geq 1$, wenn sie zusammenhängend ist und für jedes $w \in X_1$ der Isomorphismus $o(w)\colon \pi_n(X, d_1 w) \to \pi_n(X, d_0 w)$ nur von den Punkten $d_0 w$ und $d_1 w$ abhängt. Das ist gleichbedeutend damit, daß $\pi_1(X,*)$ auf $\pi_n(X,*)$ für ein $* \in X_0$ trivial operiert. Anstatt „n-einfach für alle n" sagt man „*einfach*".

6.4 Satz: *Es sei X eine Kan-Menge mit dem Basispunkt $*$. Für alle $\alpha, \gamma \in \pi_1(X,*)$ gilt $o(\gamma)\alpha = \gamma^{-1} \cdot \alpha \cdot \gamma$. Insbesondere ist eine zusammenhängende Kan-Menge genau dann* 1*-einfach, wenn ihre erste Homotopiegruppe abelsch ist.*

Beweis: Es werde α durch $a \in X_1$ und γ durch $c \in X_1$ repräsentiert. Definitionsgemäß findet man einen Repräsentanten $a' \in X_1$ für $o(\gamma)\alpha$, indem man nach der HEE I 6.6 eine ss. Abbildung $h\colon I \times I \to X$ mit $h(01) = a$ und $h(00') = h(11') = c$ bildet und $a' = h(0'1')$ setzt. (Die Bezeichnungsweise ist wie in der Abbildung III 1.1). Es sei $b = h(01')$ und $\beta = \mathrm{kl}\, b \in \pi_1(X,*)$. Dann ist $\alpha \cdot \gamma = \beta$, weil $Dh(011') = (c,b,a)$ ist, und $\gamma \cdot o(\gamma)\alpha = \beta$, weil $Dh(00'1') = (a',b,c)$ ist. Daraus folgt die Behauptung.

6.5 Satz: *Jede zusammenhängende ss. Gruppe ist einfach. Insbesondere ist wegen* 6.4 *ihre erste Homotopiegruppe abelsch.*

Beweis: Es sei G eine zusammenhängende ss. Gruppe, $x \in G_n$, $Dx = 1$ und $w \in G_1$ mit $Dw = 1$. Für die ss. Abbildung $h\colon \Delta(n) \times I \to G$, $(u,t) \mapsto x(u) \cdot w(t)$, gilt $h([n],0) = h([n],1) = x$ und $h(v,t) = w(t)$ für alle $v \in \dot{\Delta}(n)$ und $t \in I$. Daher ist definitionsgemäß $o(w)\,\mathrm{kl}\, x = \mathrm{kl}\, x$.

6.6 Lemma: *Zwei ss. Abbildungen $g_0, g_1\colon \dot{\Delta}(n+1) \to X$, $n \geq 1$, in eine Kan-Menge sind genau dann homotop, ohne daß die Homotopie auf* (0) *stationär zu sein braucht, wenn es ein $w \in X_1$ mit $w(e) = g_e(0)$ gibt, so daß $c(g_1) = o(w)c(g_0)$ ist, $e = 0$ und* 1, *c wie in* 2.6 b).

Beweis: Aufgrund des Beweises zu 2.6 a) wird zu $g_e\colon \Delta(n) \to X$ das Element $c(g_e) \in \pi_n(X, g(0))$ folgendermaßen konstruiert: Es gibt eine ss.

Abbildung g_e': $(\dot{\Delta}(n+1), \Lambda^0(n+1)) \to (X, g_e(0))$, die zu g_e homotop ist, wobei die Homotopie auf (0) stationär ist. Man definiert g_e'': $(\Delta(n), \dot{\Delta}(n)) \xrightarrow{\delta^0} (\dot{\Delta}(n+1), \Lambda^0(n+1)) \xrightarrow{g_e'} (X, g_e(0))$. Dann ist $c(g_e) = \mathrm{kl}\, g_e''$. Die Aussage $c(g_1) = o(w) c(g_0)$ bedeutet: Es gibt eine Homotopie h: $\Delta(n) \times I \to X$ von g_0'' nach g_1'' mit $h(v,t) = w(t)$ für alle $v \in \dot{\Delta}(n)$ und $t \in I$. – Wenn nun $c(g_1) = o(w) c(g_0)$ ist, also h gegeben ist, definiert man h': $\dot{\Delta}(n+1) \times I \to X$ durch $h'(\delta^0(u), t) = h(u,t)$ und $h'(v,t) = w(t)$ für alle $u \in \Delta(n)$, $v \in \Lambda^0(n+1)$ und $t \in I$. Dann ist h' eine Homotopie von g_0' nach g_1'. Da nun $g_e \sim g_e'$ ist, sind auch g_0 und g_1 homotop. – Umgekehrt seien g_0 und g_1 homotop. Dann sind auch g_0' und g_1' homotop. Nach 6.1 gibt es ein $w \in X_1$ mit $w(e) = g_e(0)$ und eine Homotopie h': $\dot{\Delta}(n+1) \times I \to X$ von g_0' nach g_1' mit $h'(v,t) = w(t)$ für alle $v \in \Lambda^0(n+1)$. Denn $\Lambda^0(n+1)$ läßt sich nach I (5.1) auf (0) zusammenziehen. Dann ist h: $\Delta(n) \times I \xrightarrow{\delta^0 \times \mathrm{id}} \dot{\Delta}(n+1) \times I \xrightarrow{h'} X$ die gesuchte Homotopie, die $c(g_1) = o(w) c(g_0)$ bedeutet.

6.7 Satz: *Bei einer n-einfachen Kan-Menge X entsprechen die Elemente der n-ten Homotopiegruppe in natürlicher Weise umkehrbar eindeutig den Homotopieklassen von ss. Abbildungen $\dot{\Delta}(n+1) \to X$, wobei die Homotopie nirgends stationär zu sein braucht:*

$$\pi_n(X, *) \cong [\dot{\Delta}(n+1), X]. \tag{6.3}$$

Beweis: Nach (2.4) sind $\pi_n(X,*)$ und $(\dot{\Delta}(n+1), X]_*$ in natürlicher Weise isomorph. Ferner hat man offensichtlich eine natürliche Funktion

$$\varphi\colon [\dot{\Delta}(n+1), X]_* \to [\dot{\Delta}(n+1), X], \qquad \mathrm{kl}\, g \mapsto \mathrm{kl}\, g,$$

so daß also nur zu zeigen bleibt, daß φ bijektiv ist. Surjektivität: Zu einer gegebenen ss. Abbildung $g_0\colon \dot{\Delta}(n+1) \to X$ gibt es nach der HEE I 6.6 eine ss. Abbildung h: $\dot{\Delta}(n+1) \times I \to X$ mit $h(u,0) = g_0(u)$ und $h(0,t) = w(t)$ für $u \in \dot{\Delta}(n+1)$, $t \in I$ und $w \in X_1$ mit $w(0) = g_0(0)$, $w(1) = *$. Dann ist g_1: $\dot{\Delta}(n+1) \to X$, $u \mapsto h(u,1)$, zu g_0 homotop und $g_1(0) = *$. Injektivität: Es seien g_0, g_1: $(\dot{\Delta}(n+1), 0) \to (X, *)$ zwei ss. Abbildungen, die homotop sind, ohne daß die Homotopie auf 0 stationär zu sein braucht. Nach 6.6 gibt es dann ein $w \in X_1$ mit $Dw = *$, so daß $c(g_1) = o(w) c(g_0)$ ist. Weil X n-einfach ist, ist $o(w) = \mathrm{id}$. Also ist $c(g_1) = c(g_0)$. D.h., es gibt zwischen g_0 und g_1 auch eine Homotopie, die auf 0 stationär ist.

6.8 Satz: *Für eine zusammenhängende ss. Gruppe G kann man $\pi_n(G,1)$ auch folgendermaßen beschreiben: Es ist*

$$\pi_n(G,1) = [\dot{\Delta}(n+1), G],$$

und die Addition ist durch $\mathrm{kl}\, g_1 + \mathrm{kl}\, g_2 = \mathrm{kl}(g_1 g_2)$ *definiert.*

Das folgt aus (5.2), 6.5 + 7.

7. Isomorphismen zwischen Homotopiegruppen

7.1 Satz: *Es sei $f\colon X \to Y$ eine ss. Abbildung zwischen zwei zusammenhängenden minimalen Kan-Mengen. Wenn $\pi_q(X) \xrightarrow{\cong} \pi_q(Y)$ für alle $1 \leq q \leq n$ ein Isomorphismus ist, ist $f|X^n\colon X^n \xrightarrow{\cong} Y^n$ ein Isomorphismus.*

Beweis: Weil X und Y minimal und zusammenhängend sind, enthalten beide nach 3.1 nur je einen Punkt $*$. Zunächst wird ein Hilfssatz bewiesen:

a) Die ss. Abbildung $s\colon \dot{\Delta}(q) \to X$ lasse sich auf $\Delta(q)$ fortsetzen. Dann ist f eine bijektive Abbildung der Simplexmenge

$$A = \{x \mid x \in X_q \text{ mit } x|\dot{\Delta}(q) = s\} \text{ auf die Simplexmenge}$$
$$B = \{y \mid y \in Y_q \text{ mit } y|\dot{\Delta}(q) = fs\}.$$

Beweis zu a): Nach 2.6b), 3.$\Rightarrow$2. gibt es eine Homotopie $h\colon \dot{\Delta}(q) \times I \to X$ von s auf die konstante Abbildung $*\colon \dot{\Delta}(q) \to * \subset X$. Wegen I 6.11 Lemma a+b) ist das Diagramm 7.1 kommutativ. Weil $\pi_q(f)$ ein Isomorphismus ist, ist es auch f_*. Weil X und Y minimal sind, ist $A = [\Delta(q), X]_s$ und $B = [\Delta(q), Y]_{fs}$.

$$\begin{array}{ccc} [\Delta(q), X]_s & \xrightarrow[\cong]{o(h)} & \pi_q(X) \\ {\scriptstyle f_*}\downarrow & & \downarrow{\scriptstyle \pi_q(f)} \\ [\Delta(q), Y]_{fs} & \xrightarrow[\cong]{o(fh)} & \pi_q(Y) \end{array}$$

Dia. 7.1

b) Man macht die Induktionsannahme, daß f für die $(q-1)$-Simplexe bijektiv ist, und zeigt, daß dasselbe dann für die q-Simplexe gilt. Injektivität: Es seien $x_0, x_1 \in X_q$ und $f(x_0) = f(x_1)$. Dann ist insbesondere $f(d_i x_0) = f(d_i x_1)$ für alle i, also nach der Induktionsannahme $D x_1 = D x_0$. Man wendet a) mit $s = x_0|\dot{\Delta}(q)$ an und erhält $x_0 = x_1$. Surjektivität: Es sei $y \in Y_q$. Nach der Induktionsannahme gibt es eine ss. Abbildung $s\colon \dot{\Delta}(q) \to X$ mit $fs = y|\dot{\Delta}(q)$. Insbesondere ist $c(s) = 0$. Denn $\pi_{q-1}(f)c(s) = c(fs) = 0$, und $\pi_{q-1}(f)$ ist ein Isomorphismus. Nach a) gibt es also ein $x \in X_q$ mit $f(x) = y$.

Weil jede Kan-Menge einen minimalen Deformationsretrakt besitzt, I 8.12 Korollar, folgt aus 7.1:

7.2 Folgerung: *Es sei $f\colon X \to Y$ eine ss. Abbildung zwischen zwei zusammenhängenden Kan-Mengen. Genau dann, wenn $\pi_n(f)\colon \pi_n(X) \xrightarrow{\cong} \pi_n(Y)$ für alle $n \geq 1$ ein Isomorphismus ist, ist f eine Homotopieäquivalenz.*

7.3 Satz: *Es sei $X \subset Y$ ein Paar zusammenhängender Kan-Mengen. Wenn die Einbettung $i\colon X \to Y$ Isomorphismen aller Homotopiegruppen*

$\pi_n(i)\colon \pi_n(X) \xrightarrow{\cong} \pi_n(Y)$, $n \geq 1$, *induziert, ist* X *ein Deformationsretrakt von* Y.

Beweis: a) Es gibt eine Homotopie $h\colon Y \times I \to Y$ mit folgenden Eigenschaften: Auf X ist h stationär. Es ist $h(y,0)=y$ für alle $y \in Y$ und $h(z,1) \in X$ für alle $z \in Y$ mit $Dz \subset X$.
Beweis zu a): Es sei $z \in Y_n$ und $Dz \subset X$. Man setzt $s = z|\dot{\Delta}(n)$. Aus dem Diagramm 7.1 (setze dort $f=i$) folgt, daß $[\Delta(n), X]_s = [\Delta(n), Y]_s$ ist. Das bedeutet: Es gibt eine Homotopie $h_z\colon \Delta(n) \times I \to Y$, die auf $\dot{\Delta}(n)$ stationär ist, so daß $h_z([n],0)=z$ und $h_z([n],1) \in X$ ist. Falls $z \in X_n$ ist, wählt man h_z stationär. – Es sei $Z \subset Y$ die ss. Untermenge, die von allen $z \in Y$ mit $Dz \subset X$ erzeugt wird. Dann ist $X \subset Z$. Man setzt alle h_z gerüstweise zu einer Homotopie $h'\colon Z \times I \to Y$ zusammen, die auf X stationär ist und für die gilt: $h'(z,0)=z$, $h'(z,1) \in X$ für alle $z \in Z$. Nach der HEE I 6.6 gibt es eine Homotopie $h\colon Y \times I \to Y$ mit $h|Z \times I = h'$ und $h(y,0)=y$ für alle $y \in Y$.
b) Induktiv konstruiert man Homotopien $h_n\colon Y \times I \to Y$, die auf X stationär sind und für die $h_n(y,0)=y$ für alle $y \in Y$, $h_n(z,1) \in X$ für alle $z \in Y^n$ gilt: Als h_0 nimmt man h wie in a). Wenn h_{n-1} konstruiert ist, definiert man $H'\colon X \times \Delta(2) \cup Y \times \Lambda^1(2) \to Y$ durch $H'(x,u)=x$, $H'(y,\delta^2(t)) = h_{n-1}(y,t)$, $H'(y,\delta^0(t)) = h(h_{n-1}(y,1),t)$ für alle $x \in X$, $y \in Y$, $u \in \Delta(2)$, $t \in I$ und h wie in a). Nach I 6.8 läßt sich H' zu $H\colon Y \times \Delta(2) \to Y$ fortsetzen. Man wählt $h_n\colon Y \times I \mapsto Y$, $(y,t) \mapsto H(y,\delta^1(t))$.

8. Relative Homotopiegruppen

8.1 Es seien $A \subset X$ zwei Kan-Mengen. Für jedes $n=0,1,\ldots$ bezeichnet man mit $\pi_n(X,A)$ die Menge der Homotopieklassen von ss. Abbildungen $(\Delta(n), \dot{\Delta}(n), \Lambda^0(n)) \to (X, A, *)$, wobei die Homotopie relativ $\dot{\Delta}(n)$ und A ist und auf $\Lambda^0(n)$ stationär ist. Die Elemente von $\pi_n(X,A)$ werden also durch Simplexe $x \in X_n$ mit $d_0 x \in A$ und $d_i x = *$ für alle $i > 0$ repräsentiert. Man schreibt für das repräsentierende Element $\operatorname{kl} x \in \pi_n(X,A)$. Falls $A = *$ ist, stimmt $\pi_n(X,*)$ mit $\pi_n(X)$, wie es in 2.1 definiert wurde, überein.

Eine ss. Abbildung $f\colon (X,A) \to (Y,B)$ induziert die Abbildung

(8.1) $$\pi_n(f)\colon \pi_n(X,A) \to \pi_n(Y,B),\ \operatorname{kl} x \mapsto \operatorname{kl} f(x), \quad n \geq 0.$$

So wird π_n zu einem kovarianten Funktor. Entsprechend zu 2.5a) gilt: Wenn $f_0, f_1\colon (X,A) \to (Y,B)$ relativ A und B homotop sind (und die Homotopie auf $*$ stationär ist, wie im ersten Abschnitt generell vereinbart wurde), ist $\pi_n(f_0) = \pi_n(f_1)$.

8.2 Zu der zusammenhängenden Kan-Menge X bildet man die Wegefaserung $(W(X), p, X)$, 4.6 + 7. Das Urbild $p^{-1}(A)$ der Kan-Untermenge A werde mit $\Omega(X,A)$ bezeichnet. Nach I 6.3b) ist $\Omega(X,A)$ eine Kan-Menge. Sie hat die wichtige Eigenschaft

$$(8.2)\qquad \pi_n(X,A)=\pi_{n-1}(\Omega(X,A)) \quad \text{für alle } n=1,2,\ldots.$$

Beweis: Beide Mengen haben dieselben Simplexe $x\in X_n$ als Repräsentanten, für die $d_0 x\in A$ und $d_i x=*$ für alle $i\geq 1$ ist. Es genügt also zu zeigen: Genau dann, wenn x_0 und x_1 als $(n-1)$-Simplexe von $\Omega(X,A)$ homotop sind, gibt es eine Homotopie $h\colon \Delta(n)\times I\to X$ mit $h([n],e)=x_e$, $h(\dot{\Delta}(n)\times I)\subset A$ und $h(\Lambda^0(n)\times I)=*$, $e=0$ und 1. – Wenn h existiert, bildet man für die erzeugenden Simplexe c_j von $\Delta(n)\times I$, siehe I (4.3), die Ränder

$$(8.3)\qquad Dh(c_0)=(x_1,h(d_1 c_0),*\cdots *),$$

$$(8.4)\qquad Dh(c_i)=(a_i,*\cdots *,h(d_i c_{i-1}),h(d_{i+1} c_i),*\cdots *),\quad 0<i<n,$$

$$(8.5)\qquad Dh(c_n)=(a_n,*\cdots *,h(d_n c_{n-1}),x_0),$$

wobei alle $a_i\in A$ sind. Wegen (8.3) ist $x_1\sim h(d_1 c_0)$ in X. Nach I 8.2b) gibt es dann ein $y\in X_{n+1}$ mit $Dy=(s_0 d_0 x_1,x_1,h(d_1 c_0),*\cdots *)$, d. h., $x_1\sim h(d_1 c_0)$ in $\Omega(X,A)$. Die Gleichungen (8.4+5) bedeuten $h(d_1 c_0)\sim h(d_2 c_1)\sim\cdots\sim h(d_n c_{n-1})\sim x_0$ in $\Omega(X,A)$, insgesamt also $x_0\sim x_1$ in $\Omega(X,A)$. – Wenn umgekehrt $x_0\sim x_1$ in $\Omega(X,A)$ ist, gibt es ein $y\in X_{n+1}$ mit $Dy=(a,*\cdots *,x_1,x_0)$ und $a\in A$. Man definiert h durch $h(c_i)=s_i x_1$ für $0\leq i\leq n-1$ und $h(c_n)=y$.

Man versieht $\pi_n(X,A)$ für $n\geq 2$ mit der Gruppenstruktur von $\pi_{n-1}(\Omega(X,A))$ und nennt $\pi_n(X,A)$ die *n-te relative Homotopiegruppe des Paares $A\subset X$*. Nach 2.4 sind die relativen Homotopiegruppen für $n\geq 3$ abelsch. Für $A=*$ stimmt die soeben definierte Gruppenstruktur auf $\pi_n(X,*)$ mit der üblichen auf $\pi_n(X)$ überein, wie aus 4.7b) folgt. Schließlich ist $\pi_n(f)$ (8.1) für $n\geq 2$ ein Homomorphismus.

8.3 Exakte Homotopiesequenz eines Paares: Wenn man in der exakten Homotopiesequenz der Faserung $(\Omega(X,A),p,A)$ mit der Faser $\Omega(X)$ die Homotopiegruppen $\pi_{n-1}(\Omega(X,A))$ gemäß (8.2) mit $\pi_n(X,A)$ und $\pi_{n-1}(\Omega(X))$ gemäß 4.7b) mit $\pi_n(X)$ identifiziert, erhält man die exakte Homotopiesequenz des Paares $A\subset X$, wobei A und X Kan-Mengen sind und X zusammenhängend ist:

$$(8.6)\cdots\longrightarrow\pi_n(A)\xrightarrow{\pi_n(i)}\pi_n(X)\xrightarrow{\pi_n(j)}\pi_n(X,A)\xrightarrow{\Delta}\pi_{n-1}(A)\longrightarrow\cdots\longrightarrow\pi_0(X,A).$$

Dabei sind $i\colon A\to X$ und $j\colon(X,*)\to(X,A)$ die Einbettungen, und es ist $\Delta\,\mathrm{kl}\,x=\mathrm{kl}\,d_0 x$.

8.4 Satz: *Es sei (E,p,B) eine Faserung, deren Totalmenge E zusammenhängend ist. Die Faser über $*\in B$ laute F.*

a) Für den verbindenden Homomorphismus ∂ (4.1) *gilt*

(8.7) $$\Delta: \pi_n(E,F) \xrightarrow{\pi_n(p)} \pi_n(B,*) \xrightarrow{\partial} \pi_{n-1}(F), \quad n \geq 1.$$

b) Für $n \geq 1$ *ist* $\pi_n(p): \pi_n(E,F) \xrightarrow{\cong} \pi_n(B,*)$ *ein Isomorphismus.*

Beweis: a) folgt aus den Definitionen. – Zu b): Wegen a) ist das Diagramm 8.1 kommutativ. Es hat exakte Ränder. Daraus folgt die Behauptung.

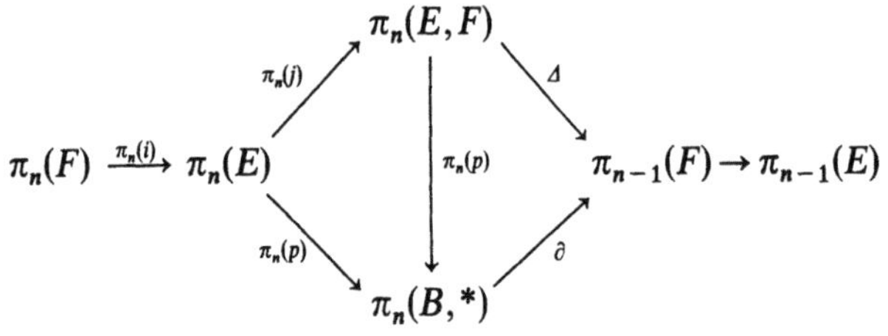

Dia. 8.1

8.5 In 2.6+7 wurden die Elemente der absoluten Homotopiegruppen mittels sphärischer Urbilder dargestellt. Dem entspricht folgende zweite Darstellung der Elemente der relativen Homotopiegruppen. Da die Beweise ähnlich wie im 2.7 verlaufen, werden sie hier nicht ausgeführt. Es sei $[(\Delta(n), \dot{\Delta}(n)), (X,A)]_*$ die Menge der Homotopieklassen von ss. Abbildungen

(8.8) $$g: (\Delta(n), \dot{\Delta}(n), 0) \to (X, A, *),$$

wobei die Homotopie relativ $\dot{\Delta}(n)$ und A ferner stationär $= *$ auf 0 zu nehmen ist. Die Einbettung $i: (\Delta(n), \dot{\Delta}(n), 0) \to (\Delta(n), \dot{\Delta}(n), \Lambda^0(n))$ induziert einen Isomorphismus

$$i^*: \pi_n(X,A,*) \xrightarrow{\cong} [(\Delta(n), \dot{\Delta}(n)), (X,A)]_*.$$

Das durch g repräsentierte Element wird mit

$$c(g) \in \pi_n(X,A,*)$$

bezeichnet. Es sei $\dot{g} = g | \dot{\Delta}(n): \dot{\Delta}(n) \to A$. Gemäß 2.6 ist

(8.9) $$c(\dot{g}) = \partial c(g) \in \pi_{n-1}(A,*),$$

wenn ∂ der verbindende Homomorphismus des Paares (X,A) ist.

8.6 Abhängigkeit vom Basispunkt: Man hat hier ähnliche Beziehungen wie im absoluten Falle, siehe 6.2ff. Die ebenfalls ähnlichen Beweise bleiben dem Leser überlassen: Es sei $w \in A_1$. Zu jeder ss. Abbildung $f: (\Delta(n), \dot{\Delta}(n), \Lambda^0(n)) \to (X, A, d_1 w)$ gibt es aufgrund der HEE eine Homotopie $H: \Delta(n) \times I \to X$ mit den Eigenschaften: $H(u,0) = f(u)$,

$H(v,t)=w(t)$ für alle $u\in\Delta(n)$, $v\in\Lambda^0(n)$, $t\in I$, ferner $H(\dot{\Delta}(n)\times I)\subset A$. Man setzt $f'\colon\ \Delta(n)\to X$, $u\mapsto H(u,1)$. Dann repräsentiert f' ein Element $\mathrm{kl}f'\in\pi_n(X,A,d_0w)$. Man setzt

$$o(w)\colon\ \pi_n(X,A,d_1w)\to\pi_n(X,A,d_0w),\ \mathrm{kl}f\mapsto\mathrm{kl}f'.$$

Entsprechend zum absoluten Fall gilt:

a) $o(w)$ ist ein wohldefinierter natürlicher Homomorphismus.
b) Für jedes $r\in A_2$ ist $o(d_0r)o(d_2r)=o(d_1r)$.
c) Für den verbindenden Homomorphismus ∂ des Paares (X,A) gilt

$$o(w)\partial a=\partial o(w)a,\qquad a\in\pi_n(X,A,*).$$

d) Für $g\colon\ (\Delta(n),\dot{\Delta}(n),0)\to(X,A,d_1w)$ ist $o(w)c(g)=c(g')$, wobei $g'\colon$ $(\Delta(n),\dot{\Delta}(n),0)\to(X,A,d_0w)$ folgendermaßen konstruiert wird: Nach der HEE gibt es eine Homotopie $H\colon \Delta(n)\times I\to X$ mit $H(u,0)=g(u)$, $H(0,t)=*$, $H(\dot{\Delta}(n)\times I)\subset A$. Es ist $g'(u)=\mathrm{H}(u,1)$.

Aus b) folgt, daß $o(w)$ ein Isomorphismus ist, der nur von der Homotopieklasse von w in A abhängt, ferner daß $\pi_1(A,*)$ von rechts auf allen $\pi_n(X,A,*)$ operiert. – Dem Satz 6.4 entspricht:

8.7 Satz: *Für $a,b\in\pi_2(X,A)$ ist $b^{-1}\cdot a\cdot b=o(\partial b)a$, wobei rechts die Operation von $\partial b\in\pi_1(A)$ auf $a\in\pi_2(X,A)$ gemäß dem Ende der vergangenen Nummer steht.*

Beweis: Es ist $\partial(b^{-1}\cdot a\cdot b)=\partial b^{-1}\cdot\partial a\cdot\partial b=o(\partial b)\partial a$ gemäß 6.4 $=\partial o(\partial b)a$ nach 8.6c).

Falls sich X zusammenziehen läßt, folgt daraus die Behauptung, weil dann ∂ ein Isomorphismus ist. Den allgemeinen Fall führt man darauf zurück: Man bildet die Wegefaserung (W,p,X), siehe 4.6+7. Darin ist $\pi_n(p)\colon\ \pi_n(W,\Omega(X,A))\to\pi_n(X,A)$ für alle n ein Isomorphismus. Folglich gibt es $a',b'\in\pi_2(W,\Omega(X,A))$ mit $\pi_n(p)(a')=a$ und $\pi_n(p)(b')=b$. Da sich W zusammenziehen läßt, ist $b'^{-1}\cdot a'\cdot b'=o(\partial b')a'$. Wenn man $\pi_n(p)$ anwendet, folgt daraus die Behauptung.

8.8 Im folgenden 9. Abschnitt wird eine Verallgemeinerung des Homotopieadditionssatzes 3.3 auf relative Homotopiegruppen benötigt: Bei einer ss. Abbildung

$$g\colon\ (\Delta(n+1),\Delta(n+1)^{n-1},0)\to(X,A,*)$$

repräsentiert gemäß 8.5 jedes

$$g^i=g\delta^i\colon\ (\Delta(n),\dot{\Delta}(n),0)\to(X,A,*),\qquad i>0,$$

ein Element $c(g^i)\in\pi_n(X,A,*)$ und

$$g^0=g\delta^0\colon\ (\Delta(n),\dot\Delta(n),0)\to(X,A,g(1))$$

ein Element $c(g^0)\in\pi_n(X,A,g(1))$. Es sei $w=g(01)\in A_1$. Dann gilt

Homotopieadditionssatz: *Mit den obigen Bezeichnungen ist*

$$c(g^3)\cdot c(g^1)\cdot c(g^2)^{-1}=o(w)^{-1}c(g^0)\quad \text{für}\quad n=2, \tag{8.10}$$

$$\sum_{i=1}^{n+1}(-1)^{i-1}c(g^i)=o(w)^{-1}c(g^0)\quad \text{für}\quad n\geq 3. \tag{8.10'}$$

3.3 ist der Spezialfall $A=*$.

Beweis: Es sei $R=\{(a_0,\dots,a_r)|(a_0,\dots,a_r)\in\Delta(n+1)_r$; es gibt zwei Zahlen $0<i<j\leq n+1$, die nicht unter den a_ρ vorkommen$\}$, siehe die Abbildung 8.1 für den Fall $n=2$. Es ist $R\subset\Delta(n+1)^{n-1}$, und ω, I (5.1), zieht R auf 0 zusammen. Daraus folgt wegen der HEE: Es gibt eine ss. Abbildung

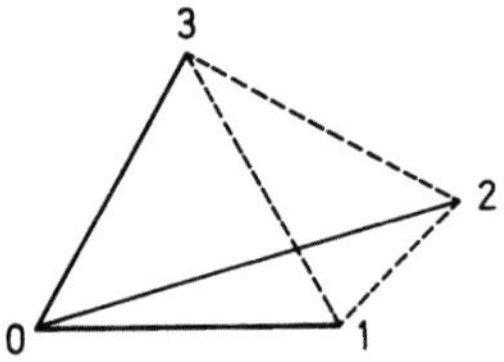

Abb. 8.1

$$f\colon\ (\Delta(n+1),\Delta(n+1)^{n-1},R)\to(X,A,*),$$

die zu g relativ $\Delta(n+1)^{n-1}$ und A stationär auf 0 homotop ist. Folglich ist nach 8.5 und 8.6d)

$$c(g^i)=c(f^i)\quad \text{für}\quad i>0,\quad c(g^0)=o(w)c(f^0). \tag{8.11}$$

Nun ist $f^i(\Lambda^0(n))=*$ für $i>0$, also f^i eine Abbildung wie in 8.1, und nach 8.5 gilt

$$c(f^i)=\mathrm{kl}\,f^i\in\pi_n(X,A,*)\quad \text{für}\quad i>0. \tag{8.12}$$

Es sei

$$\dot f^0\colon\ \dot\Delta(n)\xrightarrow{\delta^0}\Delta(n+1)^{n-1}\xrightarrow{f}A\quad \text{und}\quad f^{0,i}\colon\ \Delta(n-1)\xrightarrow{\delta^i}\dot\Delta(n)\xrightarrow{\dot f^0}A.$$

Aus der Definition des verbindenden Homomorphismus ∂ von (X,A) folgt

$$\partial\,\mathrm{kl}\,f^i=\mathrm{kl}\,f^{0,i-1}\quad \text{für}\quad i>0,\quad \partial c(f^0)=c(\dot f^0), \tag{8.13}$$

letzteres nach 8.5. Wenn man nun auf f^0 (3.6+6′) anwendet und gemäß (8.11–13) einsetzt, erhält man:

(8.14) $$\partial(c(g^3)\cdot c(g^1)\cdot c(g^2)^{-1}) = \partial(o(w)^{-1} c(g^0)) \quad \text{für} \quad n=2,$$

(8.14′) $$\partial \sum_{i=1}^{n+1} (-1)^{i-1} c(g^i) = \partial(o(w)^{-1} c(g^0)) \quad \text{für} \quad n \geq 3.$$

Falls sich X zusammenziehen läßt, folgt daraus (8.10+10′), weil in diesem Falle ∂ ein Isomorphismus ist. Den allgemeinen Fall kann man darauf zurückführen: Man bildet die Wegefaserung (W, p, X), siehe 4.6+7, und definiert

$$G\colon (\Delta(n+1), \Delta(n+1)^{n-1}, 0) \to (W, \Omega(X,A), *)$$

durch $G([n+1]) = s_0 g([n+1]) \in W_{n+1} (\subset X_{n+2})$. Dann ist $pG = g$. Weil sich W zusammenziehen läßt, gilt (8.10+11) für G statt g. Wenn man dann den Isomorphismus $\pi_n(p)\colon \pi_n(W, \Omega(X,A)) \to \pi_n(X,A)$ dahinterschaltet, folgt (8.10+10′) für g selbst.

9. Der relative Hurewiczsche Homomorphismus

Im folgenden sollen die Ergebnisse des dritten Abschnittes auf den relativen Fall übertragen werden. – Mit X ist immer eine Kan-Menge und mit A eine Kan-Untermenge von X gemeint. Die Homologie wird stets mit ganzzahligen Koeffizienten gebildet.

9.1 Die Einhängung: Die Wegemenge $W(X)$ läßt sich nach 4.7a) zusammenziehen. Daher ist der verbindende Homomorphismus

$$\partial_*\colon \mathrm{H}_n(W(X), \Omega(X,A)) \xrightarrow{\cong} \mathrm{H}_{n-1}(\Omega(X,A)), \quad n = 2, 3, \ldots,$$

ein Isomorphismus. Man bildet zusammen mit der Projektion $p\colon (W(X), \Omega(X,A)) \to (X,A)$ den natürlichen Homomorphismus

(9.1) $$\varepsilon\colon \mathrm{H}_{n-1}(\Omega(X,A)) \xrightarrow[\cong]{\partial_*^{-1}} \mathrm{H}_n(W(X), \Omega(X,A)) \xrightarrow{\mathrm{H}_n(p)} \mathrm{H}_n(X,A), \quad n \geq 2,$$

der Einhängung genannt wird.

9.2 Bemerkungen: a) Für $A = *$ ist ε^{-1} die Transgression VI (6.10′). b) Die soeben definierte Einhängung hängt folgendermaßen mit der in V 2.6 definierten Einhängung E_* zusammen: Man wählt $A = *$, also $\varepsilon\colon \mathrm{H}_{n-1}(\Omega(X)) \longrightarrow \mathrm{H}_n(X)$, ferner $E_*\colon \mathrm{H}_n(\Omega(X) \times I, \Omega(X) \times \dot{I}) \xrightarrow{\cong} \mathrm{H}_{n-1}(\Omega(X))$. Da sich $W(X)$ zusammenziehen läßt, gibt es eine Homotopie $h\colon \Omega(X) \times I \to W(X)$ mit $h(x,0) = x$ und $h(x,1) = *$. Die verbindenden Homomorphismen der Triaden $(\Omega(X) \times I; \Omega(X) \times 0, \Omega(X) \times 1)$

und $(W(X);\ \Omega(X),*)$ vertragen sich mit der Triadenabbildung h. Daher ist $\partial_* \mathrm{H}_n(h) = E_*$. Daraus folgt:

$$\varepsilon E_* = \mathrm{H}_n(ph)\colon\ \mathrm{H}_n(\Omega(X)\times I, \Omega(X)\times \dot{I}) \longrightarrow \mathrm{H}_n(X), \qquad n \geq 2.$$

9.3 Relativer Hurewiczscher Homomorphismus: Mit Hilfe des absoluten Hurewiczschen Homomorphismus $\mathscr{H}$ (3.4) und der Einhängung ε (9.1) definiert man den relativen Hurewiczschen Homomorphismus

(9.2)
$$\mathscr{H}\colon\ \pi_n(X,A) = \pi_{n-1}(\Omega(X,A)) \xrightarrow{\mathscr{H}} \mathrm{H}_{n-1}(\Omega(X,A)) \xrightarrow{\varepsilon} \mathrm{H}_n(X,A), \quad n \geq 2.$$

Man kann ihn direkt so beschreiben: Wenn $x \in X_n$ das Element $\mathrm{kl}\, x \in \pi_n(X,A)$ repräsentiert, ist x ein n-Zykel von (X,A). Seine Homologieklasse ist $\mathscr{H}(\mathrm{kl}\, x)$. Daraus folgt, daß der relative Hurewiczsche Homomorphismus natürlich ist, für $A = *$ mit dem absoluten übereinstimmt und das Diagramm 9.1

$$\begin{array}{ccccccccc} \cdots\to\pi_n(A) & \to & \pi_n(X) & \to & \pi_n(X,A) & \to & \pi_{n-1}(A) & \to\cdots\to & \pi_1(X) \\ \downarrow{\scriptstyle\mathscr{H}} & & \downarrow{\scriptstyle\mathscr{H}} & & \downarrow{\scriptstyle\mathscr{H}} & & \downarrow{\scriptstyle\mathscr{H}} & & \downarrow{\scriptstyle\mathscr{H}} \\ \to\mathrm{H}_n(A) & \to & \mathrm{H}_n(X) & \to & \mathrm{H}_n(X,A) & \to & \mathrm{H}_{n-1}(A) & \to\cdots\to & \mathrm{H}_1(X) \end{array}$$

Dia. 9.1

kommutativ ist, dessen Zeilen die exakte Homotopie- und Homologiesequenz von (X,A) sind. Man nennt dieses Diagramm die *Homotopie-Homologie-Leiter des Paares* (X,A).

9.4 Beweis zu 4.5: Aus der Natürlichkeit von $\mathscr{H}$, aus (8.7) und dem Diagramm 9.1 folgt, daß das Diagramm 9.2 kommutativ ist. Seine untere Zeile ist nach Definition die Transgression:

$$\begin{array}{ccccc} \pi_n(B) & & \xrightarrow{\quad\partial\quad} & & \pi_{n-1}(F) \\ & \nwarrow{\scriptstyle\pi_n(p)} & & \nearrow{\scriptstyle\Delta} & \\ \downarrow{\scriptstyle\mathscr{H}} & & \pi_n(E,F) & & \downarrow{\scriptstyle\mathscr{H}} \\ & & \downarrow{\scriptstyle\mathscr{H}} & & \\ \mathrm{H}_n(B) & \xleftarrow{\mathrm{H}_n(p)} & \mathrm{H}_n(E,F) & \xrightarrow{\partial_*} & \mathrm{H}_{n-1}(F) \end{array}$$

Dia. 9.2

9.5 Der relative Hurewiczsche Isomorphiesatz: *Es sei $A \subset X$ ein Paar zusammenhängender Kan-Mengen. Wenn $\pi_1(X,A) = \cdots = \pi_{n-1}(X,A) = 0$ ist, ist $\mathscr{H}\colon \pi_n(X,A) \twoheadrightarrow \mathrm{H}_n(X,A)$ ein Epimorphismus, dessen Kern der Normalteiler in $\pi_n(X,A)$ ist, der von den Elementen der Gestalt*

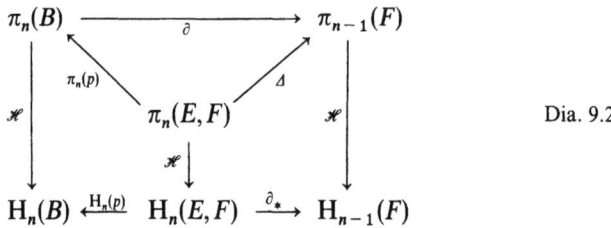

(9.3) $a \cdot o(\gamma) a^{-1}$ für $n=2$ bzw. $a - o(\gamma) a$ für $n \geq 3$

erzeugt wird, $a \in \pi_n(X, A), \gamma \in \pi_1(A)$.

Der absolute Isomorphiesatz 3.5 ist der Spezialfall $A = *$.

Beweis: Man führt die Gruppe $\pi_n'(X, A)$ ein, die aus $\pi_n(X, A)$ entsteht, indem man durch den Normalteiler dividiert, den die Elemente (9.3) erzeugen. Diese Gruppe ist abelsch. Das ist für $n \geq 3$ trivial, weil bereits $\pi_n(X, A)$ abelsch ist. Für $n=2$ folgt es aus 8.7. Mit

$$P\colon \pi_n(X, A) \to \pi_n'(X, A)$$

wird die kanonische Projektion bezeichnet. Der Hurewiczsche Homomorphismus läßt sich in

$$\mathscr{H}\colon \pi_n(X, A) \xrightarrow{P} \pi_n'(X, A) \xrightarrow{\mathscr{H}'} \mathrm{H}_n(X, A)$$

zerlegen, weil $\mathscr{H}(o(w) a) = \mathscr{H}(a)$ für $w \in A_1$ und $a \in \pi_n(X, A)$ ist. Denn wenn $f, f'\colon (\Delta(n), \dot{\Delta}(n)) \to (X, A)$ Repräsentanten von a bzw. $o(w) a$ sind, ist f' definitionsgemäß zu f relativ $\dot{\Delta}(n)$ und A homotop. Folglich ist $\mathscr{H}(a) = \mathrm{H}_*(f)\langle[n]\rangle = \mathrm{H}_*(f')\langle[n]\rangle = \mathscr{H}(o(w) a)$. – Die Behauptung des Isomorphiesatzes ist zu

(9.4) $$\mathscr{H}'\colon \pi_n'(X, A) \xrightarrow{\cong} \mathrm{H}_n(X, A)$$

äquivalent. Es sei $Y \subset X$ die ss. Untermenge, die aus allen Simplexen y besteht, deren $(n-1)$-Gerüst in A liegt, d. h., für die $y(\Delta(\dim y)^{n-1}) \subset A$ ist. Offenbar ist Y eine Kan-Menge und $A \subset Y$. Aus der Voraussetzung $\pi_0(X) = \pi_1(X, A) = \dots = \pi_{n-1}(X, A) = 0$ beweist man mit der in I 8.12 angewandten Methode, daß Y ein Deformationsretrakt von X ist. Denn aus dem Lemma 9.6, siehe unten, folgt, daß jedes q-Simplex in X, dessen Rand in A liegt, zu einem q-Simplex in A homotop ist, solange $q \leq n-1$ ist. – Die Einbettung $(Y, A) \to (X, A)$ induziert also Isomorphismen aller Homologie- und Homotopiegruppen. Daher genügt es, (9.4) für Y statt X zu beweisen. Das hat den Vorteil:

(9.5) $$Y^{n-1} = A^{n-1}.$$

Die Gruppe $Z_n(Y, A)$ der relativen n-Zykel ist wegen (9.5) die freie abelsche Gruppe, die von allen nicht entarteten $y \in Y_n, \notin A_n$ erzeugt wird. Man definiert

(9.6) $$\varphi\colon Z_n(Y, A) \to \pi_n'(Y, A), \quad y \mapsto P(o(w)^{-1} c(y)).$$

Der letzte Ausdruck ist so zu verstehen: Als ss. Abbildung ist wegen (9.5) $y\colon (\Delta(n), \dot{\Delta}(n), 0) \to (Y, A, y(0))$, und nach 8.5 ist $c(y) \in \pi_n(Y, A, y(0))$. Man wählt ein $w \in A_1$ mit $w(0) = *$ und $w(1) = y(0)$, so daß $o(w)^{-1} c(y) \in \pi_n(Y, A, *)$

$=\pi_n(Y,A)$ ist. Die Definition (9.6) ist von der Wahl von w unabhängig: Denn wenn $v\in A_1$ die Eigenschaft $v(0)=*$ und $v(1)=y(0)$ hat, füllt man den Trichter $(v,-,w)$ in A und nennt die erste Seite der Füllung u. Dann ist $u(0)=*=u(1)$ und $o(w)o(v)=o(u)$. Also unterscheiden sich $o(w)^{-1}c(y)$ und $o(v)^{-1}c(y)$ um ein Element der Gestalt (9.3) mit $\gamma^{-1}=\mathrm{kl}\,u$ und $a=c(y)$. Als ss. Abbildung hat ein beliebiges Simplex $z\in Y_{n+1}$ wegen (9.5) die Gestalt $z\colon(\Delta(n+1),\Delta(n+1)^{n-1},0)\to(Y,A,z(0))$. Man kann daher den Homotopiesatz 8.8 anwenden. Wegen $\partial z=\sum_{i=0}^{n+1}(-1)^i d_i z$ folgt daraus $\varphi\partial z=0$. Das bedeutet, daß $C_{n+1}(Y,A)\xrightarrow{\partial}Z_n(Y,A)\longrightarrow\pi_n'(X,A)$ der Nullhomomorphismus ist. Daher induziert φ den Homomorphismus

$$\varphi'\colon \mathrm{H}_n(Y,A)\to\pi_n'(Y,A),\qquad \langle y\rangle\mapsto P(o(w)^{-1}c(y)).$$

Aus der direkten Beschreibung von $\mathscr{H}$ folgt, daß $\varphi'\mathscr{H}'=\mathrm{id}$ und $\mathscr{H}'\varphi'=\mathrm{id}$ ist. Damit ist (9.4) bewiesen.

9.6 Lemma: *Es sei $x\in X_n$, $Dx\in A$ und $x(0)=*$. Wenn $c(x)=0\in\pi_n(X,A,*)$ ist, ist x zu einem Simplex $a\in A_n$ homotop im Sinne von* I 8.1.

Beweis: Nach der Voraussetzung gibt es eine Homotopie H: $(\Delta(n)\times I,\dot\Delta(n)\times I)\to(X,A)$ für die $H([n],0)=x$ und $H([n],1)\in A$ ist. Nach der HEE gibt es eine Homotopie $g\colon\Delta(n)\times I\to A$ mit $g(v,t)=H(v,t)$ für $v\in\dot\Delta(n)$, $t\in I$ und $g([n],1)=H([n],1)$. Man setzt $a=g([n],0)$. Nach I 6.8 gibt es eine ss. Abbildung $G\colon\Delta(n)\times\Delta(2)\to X$ mit $G(v,r)=\mathrm{H}(v,\sigma^0(r))$ für $v\in\dot\Delta(n)$, $r\in\Delta(2)$, $G(u,\delta^1(t))=H(u,t)$ und $G(u,\delta^0(t))=g(u,t)$ für $u\in\Delta(n)$, $t\in I$. Dann ist $h'\colon\Delta(n)\times I\to X$, $(u,t)\mapsto G(u,\delta^2(t))$, eine Homotopie von x nach a, die auf $\dot\Delta(n)$ stationär ist.

9.7 Satz: *Wenn A und X beide zusammenhängend und einfach sind und die Einbettung $i\colon A\to X$ Isomorphismen aller Homologiegruppen induziert, ist A Deformationsretrakt von X.*

Beweis: Aus der exakten Homologiesequenz von (X,A) folgt, daß alle $\mathrm{H}_n(X,A)=0$ sind. Es soll durch Induktion über n gezeigt werden, daß alle $\pi_n(X,A)=0$ sind: Das Diagramm 9.3 ist kommutativ; darin sind beide $\mathscr{H}$ nach 3.6 Isomorphismen weil A und X einfach, also $\pi_1(A)$

$$\begin{array}{ccccccc}
\pi_1(A) & \xrightarrow{\pi_1(i)} & \pi_1(X) & \longrightarrow & \pi_1(X,A) & \longrightarrow & \pi_0(A)=0\\
\downarrow{\scriptstyle\mathscr{H}}\,\cong & & \downarrow{\scriptstyle\mathscr{H}}\,\cong & & & & \\
\mathrm{H}_1(A) & \xrightarrow[\cong]{\mathrm{H}_1(i)} & \mathrm{H}_1(X) & & & &
\end{array}$$

Dia. 9.3

und $\pi_1(X)$ kommutativ sind. Folglich ist $\pi_1(i)$ ein Isomorphismus. Da die obere Zeile des Diagramms exakt ist, bedeutet das $\pi_1(X,A)=0$. – Aus der Induktionsannahme $\pi_1(X,A)=\cdots=\pi_{n-1}(X,A)=0$ folgt nach 9.5, daß $\pi_n(X,A)$ von Elementen der Gestalt (9.3) erzeugt wird. Es genügt daher für jedes $a\in\pi_n(X,A)$ und $\gamma\in\pi_1(A)$ zu zeigen, daß $o(\gamma)a=a$ ist: Weil A einfach ist, ist $\partial\colon \pi_n(X,A)\to\pi_{n-1}(A)$ die Nullabbildung, also $\pi_n(j)\colon \pi_n(X)\to\pi_n(X,A)$ ein Epimorphismus. Daher gibt es ein $a'\in\pi_n(X)$ mit $\pi_n(j)(a')=a$. Dann ist $o(\gamma)a=o(\gamma)\pi_n(j)(a')\overset{*}{=}\pi_n(j)(o(\pi_1(i)\gamma)a')\overset{**}{=}\pi_n(j)a'=a$. Die Beziehung * folgt aus der Definition des Operierens im absoluten und relativen Fall, ** gilt, weil X einfach ist. – Wegen der exakten Homotopiesequenz induziert daher i Isomorphismen aller Homotopiegruppen, woraus nach 7.3 die Behauptung folgt.

9.8 Mit dem relativen Hurewiczschen Isomorphiesatz wurde das letzte Hilfsmittel bereitgestellt, um zu beweisen:

Satz: *Jede zusammenhängende Kan-Menge K ist Deformationsretrakt von* $\mathrm{S}|K|$.

Beweis: Wegen 7.3 genügt es zu zeigen, daß die Einbettung $i\colon K\to \mathrm{S}|K|$ Isomorphismen aller Homotopiegruppen induziert. Das gilt nach 2.8 und III 7.12 für π_1. Um es für die höheren Homotopiegruppen zu beweisen, geht man zur universellen Überlagerung $(\tilde K,p,K)$ über. Mit der Einbettung $j\colon \tilde K\to \mathrm{S}|\tilde K|$ ist das Diagramm 9.4 kommutativ. Ferner induziert j nach V 8.4 Isomorphismen aller Homologiegruppen. Weil $\tilde K$ und $\mathrm{S}|\tilde K|$

$$\begin{array}{ccc} \tilde K & \xrightarrow{j} & \mathrm{S}|\tilde K| \\ {\scriptstyle p}\downarrow & & \downarrow{\scriptstyle \mathrm{S}|p|} \\ K & \xrightarrow{i} & \mathrm{S}|K| \end{array}$$

Dia. 9.4

einfach zusammenhängend sind, ist $\tilde K$ nach 9.7 Deformationsretrakt von $\mathrm{S}|\tilde K|$. Insbesondere induziert j also auch Isomorphismen aller Homotopiegruppen. Nach III 7.5+6 ist $(\mathrm{S}|\tilde K|,\mathrm{S}|p|,\mathrm{S}|K|)$ eine Überlagerung. Daher induzieren p und $\mathrm{S}|p|$ Isomorphismen aller Homotopiegruppen in den Dimensionen ≥ 2, siehe 4.4. Weil das Diagramm 9.4 kommutativ ist, gilt dasselbe auch für i.

10. Homotopiegruppen topologischer Räume

In diesem Abschnitt werden mit A,B,E,F,X und Y topologische Räume bezeichnet. Die Homotopietheorie für Kan-Mengen, die in den vorhergehenden Abschnitten entwickelt wurde, wird auf topologische Räume übertragen.

10.1 Die Homotopiegruppen: Es sei X ein topologischer Raum mit dem Basispunkt $*$. Als Basispunkt der singulären Kan-Menge SX werde $S*$ gewählt. Man definiert

$$(10.1) \qquad \pi_n(X)=\pi_n(SX) \quad \text{und} \quad \pi_n(X,A)=\pi_n(SX,SA), \qquad n\geq 0,$$

letzteres falls A ein Unterraum von X mit dem Basispunkt $*\in A$ ist. Da X und SX dieselben Mengen von Zusammenhangskomponenten haben, ist $\pi_0(X)$ diese Menge wegen 2.2. Nach 2.4 und 8.2 ist $\pi_n(X)$ für $n\geq 1$ und $\pi_n(X,A)$ für $n\geq 2$ eine Gruppe. Sie heißt n-te Homotopiegruppe. Im absoluten Fall ist sie für $n\geq 2$ und im relativen Fall für $n\geq 3$ abelsch.

10.2 Induzierte Homomorphismen: Eine stetige Abbildung $f\colon X\to Y$ (mit $f(A)\subset B$, wenn $A\subset X$ und $B\subset Y$ Unterräume sind) induziert die ss. Abbildung $Sf\colon SX\to SY$ (mit $Sf(SA)\subset Sf(SB)$). Man ordnet f den Homomorphismus

$$(10.2) \qquad \pi_n(f)=\pi_n(Sf)\colon \pi_n(X)\to\pi_n(Y) \quad \text{bzw.} \quad \pi_n(X,A)\to\pi_n(Y,B)$$

zu. So wird π_n zu einem kovarianten Funktor auf der Kategorie der topologischen Räume und stetigen Abbildungen, siehe 2.5b+c) und 8.1. Die beiden stetigen Abbildungen $f_0, f_1\colon X\to Y$ seien homotop. Die Homotopie sei auf dem Basispunkt stationär, und im Falle $f_0(A)\subset B$, $f_1(A)\subset B$ gelte $h(A\times[0,1])\subset B$. Nach I 5.3 gilt das entsprechende für Sf_0 und Sf_1. Daher ist dann $\pi_n(f_0)=\pi_n(f_1)$ nach 2.5a) und 8.1. – Die exakte Homotopiesequenz (8.6) besteht ebenfalls, wenn man X als topologischen Raum und A als Unterraum ansieht.

10.3 Das Operieren der Wege: Die Simplexe in $(SX)_1$ sind genau die stetigen Abbildungen $w\colon[0,1]\to X$. Sie heißen Wege. – Die Homotopiegruppe $\pi_n(X)$ hängt von der Wahl des Basispunktes $*\in X$ ab. Daher schreibt man genauer $\pi_n(X,*)$. Nach 6.2 bestimmt jeder Weg w einen natürlichen Isomorphismus

$$(10.3) \qquad o(w)\colon \pi_n(X,w(0)) \xrightarrow{\cong} \pi_n(X,w(1)), \qquad n\geq 1,$$

der nur von der Homotopieklasse des Weges w abhängt. Insbesondere operiert bei festem Basispunkt $\pi_1(X)$ von rechts auf $\pi_n(X)$ für alle $n\geq 1$ vermöge o, und zwar nach 6.4 als innerer Automorphismus für $n=1$. – Man nennt X n-einfach, wenn SX n-einfach ist, d.h. wenn X zusammenhängend ist und $\pi_1(X)$ auf $\pi_n(X)$ trivial operiert. „Einfach" bedeutet „n-einfach für alle n". Nach 8.6 bestimmt jeder Weg w in A einen natürlichen Isomorphismus

$$(10.3') \qquad o(w)\colon \pi_n(X,A,w(o)) \xrightarrow{\cong} \pi_n(X,A,w(1)), \qquad n\geq 2,$$

der nur von der Homotopieklasse von w abhängt. Insbesondere operiert bei festem Basispunkt $\pi_1(A)$ von rechts auf $\pi_n(X,A)$. Für die Operationen (10.3+3') gilt 8.7.

10.4 Die Elemente von π_n: Es sei K^n die abgeschlossene Vollkugel vom Radius 1 im n-dimensionalen Euklidischen Raum und S^{n-1} ihr Rand. Das Paar (K^n, S^{n-1}) ist zu $(|\Delta(n)|, |\dot{\Delta}(n)|)$ homöomorph. Daher besteht für jeden Raum X mit dem Basispunkt $*$ ein natürlicher Isomorphismus:

(10.4) $\pi_n(X) \cong [(K^n, S^{n-1}), X]_*$ = Menge der Homotopieklassen von stetigen Abbildungen $(K^n, S^{n-1}) \to (X, *)$, wobei die Homotopie auf S^{n-1} stationär ist.

Denn es ist $\pi_n(X) = [(\Delta(n), \dot{\Delta}(n)), \mathrm{S}\,X]_*$, nach (2.1),
$\cong [(|\Delta(n)|, |\dot{\Delta}(n)|), X]_*$, nach II 5.7 Korollar,
$\cong [(K^n, S^{n-1}), X]_*$.

Die Sphäre S^n sei mit einem Basispunkt $*$ versehen. Nach (2.4) besteht auch ein natürlicher Isomorphismus:

(10.5) $\pi_n(X) \cong [S^n, X]_*$ = Menge der Homotopieklassen von stetigen Abbildungen $(S^n, *) \to (X, *)$, wobei die Homotopie auf $*$ stationär ist.

Schließlich hat man nach 6.7 für n-einfache Räume X den natürlichen Isomorphismus:

(10.6) $\pi_n(X) \cong [S^n, X]$ = Menge der Homotopieklassen von stetigen Abbildungen $S^n \to X$, ohne daß Basispunkte berücksichtigt werden müssen.

Im relativen Falle besteht nach 8.5 für ein Paar topologischer Räume $A \subset X$ der natürliche Isomorphismus:

(10.7) $\pi_n(X,A) \cong [(K^n, S^{n-1}), (X,A)]_*$ = Menge der Homotopieklassen von stetigen Abbildungen $(K^n, S^{n-1}, *) \to (X, A, *)$, wobei die Homotopie h stationär auf $*$ ist und $h(S^{n-1} \times [0,1]) \subset A$ erfüllt.

10.5 Der Hurewiczsche Homomorphismus: Gemäß 3.4 und 9.3 besteht der natürliche Hurewiczsche Homomorphismus

(10.8) $\mathscr{H}\colon \pi_n(X) \to \mathrm{H}_n(X)$, $n \geq 1$, bzw. $\mathscr{H}\colon \pi_n(X,A) \to \mathrm{H}_n(X,A)$, $n \geq 2$,

wobei X ein topologischer Raum und A ein Unterraum ist und H_n die singuläre Homologie mit ganzzahligen Koeffizienten bedeutet. Die Isomorphiesätze 3.5+6 und 9.5 gelten, wenn man dort X als topologischen Raum und A als Unterraum ansieht.

10.6 Faserungen: Nach II 5.6 ist (E, p, B) genau dann eine Serresche Faserung mit der Faser F über dem Basispunkt $* \in B$, wenn $(\mathrm{S}E, \mathrm{S}p, \mathrm{S}B)$ eine ss. Faserung mit der Faser $\mathrm{S}F$ ist. Daher gilt die exakte Homotopiesequenz (4.2) auch für eine Serresche Faserung. Der verbindende Homomorphismus ∂ ist ebenfalls natürlich. Ebenso gelten die Sätze 4.3–5 und 8.4.

10.7 Topologische Gruppen: Wenn G eine topologische Gruppe ist, ist $\mathrm{S}G$ eine ss. Gruppe, deren Multiplikation durch die von G induziert ist, siehe I 9.2b). Somit folgt aus (5.2): Die Gruppenmultiplikation von G induziert auf allen $\pi_n(G)$, $n \geq 0$, eine Gruppenstruktur, die für $n \geq 1$ mit der üblichen Gruppenstruktur der Homotopiegruppen übereinstimmt. Wegen 6.5 ist jede topologische Gruppe einfach. Insbesondere ist $\pi_1(G)$ abelsch.

10.8 Wegeräume: Es sei X ein wegweise zusammenhängender topologischer Raum, in dem ein Basispunkt $*$ ausgezeichnet ist. Es bedeute $W(X)$ den Raum der Wege in X, die in $*$ beginnen. D. h., $W(X)$ ist die Menge der stetigen Abbildungen $w\colon [0,1] \to X$ mit $w(0) = *$, die mit der kompakt-offenen Topologie versehen wird. Dann ist

$$p\colon W(X) \to X, \qquad w \mapsto w(1), \tag{10.9}$$

eine surjektive stetige Abbildung. Das Tripel $(W(X), p, X)$ ist eine Serresche Faserung. Näheres siehe etwa bei Hu [2], III 9+10. Wenn man auf (10.9) den singulären Funktor S anwendet, erhält man die ss. Wegefaserung, genauer:

Satz: *Es gibt einen natürlichen Isomorphismus ζ, so daß das Diagramm 10.1 kommutativ ist.*

$$\begin{array}{ccc} W(\mathrm{S}X) & \xrightarrow[\cong]{\zeta} & \mathrm{S}W(X) \\ & {\scriptstyle q}\searrow \quad \swarrow{\scriptstyle \mathrm{S}p} & \\ & \mathrm{S}X & \end{array}$$

Dia. 10.1

Beweis: Die Punkte des affinen Standardsimplex $\nabla(n)$ werden durch baryzentrische Koordinaten $(t_0, \ldots, t_n)$ beschrieben, siehe I 2.1. Dann ist

$$\tau_n\colon\ \nabla(n) \times [0,1] \to \nabla(n+1), \qquad ((t_0, \ldots, t_n), t) \mapsto (1-t, t t_0, \ldots, t t_n)$$

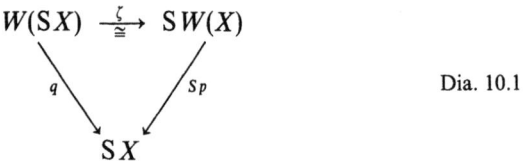

eine stetige Abbildung mit den Eigenschaften

(10.10) $|\delta^{i+1}|\tau_{n-1} = \tau_n(|\delta^i| \times \mathrm{id})$ und $|\sigma^{i+1}|\tau_{n+1} = \tau_n(|\sigma^i| \times \mathrm{id})$

für alle $i = 0, \ldots, n$. Man definiert zu X die ss. Menge $S'X$ folgendermaßen: $(S'X)_n$ ist die Menge der stetigen Abbildungen

(10.11) $T'\colon \nabla(n) \times [0,1] \to X$ mit $T'(u,0) = *$ für $u \in \nabla(n)$.

Die Operatoren lauten

(10.12) $d_i T' = T'(|\delta^i| \times \mathrm{id})$ und $s_i T' = T'(|\sigma^i| \times \mathrm{id})$.

Ein n-Simplex von $W(SX)$ ist eine stetige Abbildung $T\colon \nabla(n+1) \to X$ mit $T(1,0\ldots0) = *$. Man definiert die natürliche Abbildung

(10.13) $\eta\colon W(SX) \to S'X, \quad T \mapsto T\tau_n$.

Sie ist nach (10.10+12) semisimplizial. Weil sich jede stetige Abbildung T' (10.11) eindeutig in $T'\colon \nabla(n) \times [0,1] \xrightarrow{\tau_n} \nabla(n+1) \xrightarrow{T} X$ zerlegen läßt, ist η bijektiv. – Umgekehrt definiert man die natürliche Abbildung

(10.14) $\vartheta\colon S'X \to SW(X)$,

indem man T' (10.11) die stetige Abbildung

$$\vartheta(T')\colon \nabla(n) \to W(X), \quad \vartheta(T')(u)(t) = T'(u,t), \quad u \in \nabla(n), \quad t \in [0,1]$$

zuordnet. Man rechnet nach, daß ϑ semisimplizial ist. Ferner ist ϑ bijektiv, wie z.B. bei Hu [2], III Theorem 9.9, bewiesen wird. Die Hintereinanderschaltung $\zeta = \vartheta\eta$ ist der natürliche ss. Isomorphismus, der das Diagramm 10.1 kommutativ macht.

Für einen Unterraum $A \subset X$ definiert man den Schleifenraum des Paares (X, A) als

$$\Omega(X,A) = p^{-1}(A) \subset W(X),$$

wobei p die Bedeutung von (10.9) hat. Insbesondere heißt $\Omega(X) = \Omega(X,*)$ Schleifenraum von X in $*$. Aus dem Satz folgt:

Korollar: *Es besteht ein natürlicher Isomorphismus*

(10.15) $S\Omega(X,A) \cong \Omega(SX, SA)$.

10.9 Die klassischen Homotopiegruppen: *Für jedes Paar topologischer Räume $A \subset X$, wobei X zusammenhängend ist und in A ein Basispunkt $*$ ausgezeichnet ist, sind die klassischen Homotopiegruppen $\bar{\pi}_n(X,A)$, siehe z.B.* Hu [2], IV 2.+3., *und die Homotopiegruppen $\pi_n(X,A) = \pi_n(SX, SA)$ in natürlicher Weise isomorph.*

Beweis: Nach III 6.2 stimmt die Behauptung für $A=\{*\}$ und $n=1$. Sie sei bereits für $n-1$ bewiesen. Dann gilt, wenn $\cong$ natürlicher Isomorphismus bedeutet:

$$\begin{aligned}\bar{\pi}_n(X,A) &\cong \bar{\pi}_{n-1}(\Omega(X,A)), && \text{nach Hu [2], III Proposition 3.1,}\\ &\cong \pi_{n-1}(\mathrm{S}\,\Omega(X,A)), && \text{nach Induktionsannahme,}\\ &\cong \pi_{n-1}(\Omega(\mathrm{S}X,\mathrm{S}A)), && \text{nach (10.15),}\\ &\cong \pi_n(\mathrm{S}X,\mathrm{S}A), && \text{nach (8.2).}\end{aligned}$$

10.10 Satz: *Wenn der Raum X wegweise zusammenhängend ist, induziert $j\colon |\mathrm{S}X|\to X$, siehe* II (5.7), *Isomorphismen aller Homotopiegruppen und aller singulären Homologie- und Kohomologiemoduln.*

Beweis: Nach 9.8 ist $i\colon \mathrm{S}X\to \mathrm{S}|\mathrm{S}X|$ eine Einbettung als Deformationsretrakt. Insbesondere induziert i Isomorphismen aller Homotopiegruppen, Homologie- und Kohomologiemoduln. Wegen $\mathrm{S}j\,i=\mathrm{id}$, siehe II (5.8), gilt dasselbe auch für $\mathrm{S}j$ und damit für j.

Die Bedeutung dieses Satzes liegt darin, daß $|\mathrm{S}X|$ für jeden Raum X nach II 2.3 ein CW-Komplex ist. Wenn die Homotopiegruppen von X abzählbar sind, kann man ihn sogar durch einen CW-Komplex mit abzählbar vielen Zellen ersetzen, indem man statt $\mathrm{S}X$ einen minimalen Deformationsretrakt davon nimmt. Wenn der Raum X bereits den Homotopietyp eines zusammenhängenden CW-Komplexes hat – hinreichende Bedingungen dafür findet man bei MILNOR [4] – sind X und $|\mathrm{S}X|$ homotopieäquivalent. Das folgt, weil $j\colon |\mathrm{S}X|\to X$ Isomorphismen aller Homotopiegruppen induziert, nach J. H. C. WHITEHEAD. Der Homotopietyp von X ist in diesem Falle also durch den Homotopietyp von $\mathrm{S}X$ bestimmt.

10.11 Satz: *Die ersten $n-1$ Homotopiegruppen einer Kan-Menge X mögen verschwinden: $\pi_0(X)=\cdots=\pi_{n-1}(X)=0$, $n\geq 2$. Dann ist der Hurewiczsche Homomorphismus in der Dimension $n+1$ ein Epimorphismus $\mathscr{H}\colon \pi_{n+1}(X)\twoheadrightarrow \mathrm{H}_{n+1}(X)$. Dies gilt dann natürlich auch für einen topologischen Raum X.*

Beweis: Man kann annehmen, daß X minimal ist, also $X^{n-1}=*$ ist. Dann ist $|X^n|$ ein CW-Komplex, dessen $(n-1)$-Gerüst nur aus einem Punkt besteht. Folglich verschwinden seine Homotopiegruppen $\pi_0(|X^n|)=\cdots=\pi_{n-1}(|X^n|)$, und nach 3.5 ist $\mathscr{H}_1\colon \pi_n(|X^n|)\to \mathrm{H}_n(|X^n|)$ ein Isomorphismus. Er kommt in der Homotopie-Homologie-Leiter, Dia-

$$\begin{array}{ccccccc} & & \pi_{n+1}(|X^{n+1}|) & \to & \pi_{n+1}(|X^{n+1}|,|X^n|) & \to & \pi_n(|X^n|)\\ & & \downarrow{\scriptstyle \mathscr{H}_3} & & \downarrow{\scriptstyle \mathscr{H}_2} & & \cong\downarrow{\scriptstyle \mathscr{H}_1}\\ 0=\mathrm{H}_{n+1}(|X^n|) & \to & \mathrm{H}_{n+1}(|X^{n+1}|) & \to & \mathrm{H}_{n+1}(|X^{n+1}|,|X^n|) & \to & \mathrm{H}_n(|X^n|)\end{array}$$

Dia. 10.2

gramm 10.2, vor. Darin ist $\mathscr{H}_2$ ein Epimorphismus, also auch $\mathscr{H}_3$, wie man durch Diagrammjagen feststellt. – Die Einbettung $X^{n+1} \to X$ induziert einen Epimorphismus der $(n+1)$-Homologiegruppen. Daher ist $\pi_{n+1}(|X^{n+1}|) \xrightarrow{\mathscr{H}_3} \mathrm{H}_{n+1}(|X^{n+1}|) \twoheadrightarrow \mathrm{H}_{n+1}(|X|)$ ein Epimorphismus. Er stimmt mit $\pi_{n+1}(|X^{n+1}|) \longrightarrow \pi_{n+1}(|X|) \xrightarrow{\mathscr{H}} \mathrm{H}_{n+1}(|X|)$ überein. Daher ist $\mathscr{H}$ ein Epimorphismus. Daraus folgt die Behauptung, weil $i\colon X \to \mathrm{S}|X|$ Isomorphismen aller Homotopie- und Homologiegruppen induziert.

VIII. Eilenberg-MacLane-Mengen

Die Eilenberg-MacLane-Menge $\mathrm{K}(\pi,n)$, EILENBERG-MACLANE [3], ist die bis auf Isomorphie eindeutig bestimmte minimale Kan-Menge, deren n-te Homotopiegruppe $=\pi$ ist und deren übrige Homotopiegruppen verschwinden. Um sie zu definieren und ihre Eigenschaften kennenzulernen, betrachtet man zunächst im ersten und zweiten Abschnitt die abelschen ss. (a.ss.) Gruppen: Wenn man jeder a.ss. Gruppe A ihren Mooreschen Kettenkomplex zuordnet, wird eine Äquivalenz zwischen den Kategorien der a.ss. Gruppen und der positiven Kettenkomplexe abelscher Gruppen gestiftet; DOLD [2], KAN [11]. Man definiert sodann im dritten Abschnitt $\mathrm{K}(\pi,n)$ als die a.ss. Gruppe, für deren Mooreschen Kettenkomplex $\mathrm{MK}(\pi,n)$ gilt: $\mathrm{MK}(\pi,n)_n=\pi$ und $\mathrm{MK}(\pi,n)_q=0$ für $q\neq n$.

Die Eilenberg-MacLane-Mengen sind für die allgemeine ss. Theorie von zweifacher Bedeutung, einmal weil für jede ss. Menge X ein Isomorphismus zwischen den Kohomologiegruppen $\mathrm{H}^n(X,\pi)$ und der Gruppe $[X,\mathrm{K}(\pi,n)]$ der Homotopieklassen von ss. Abbildungen $X\to\mathrm{K}(\pi,n)$ besteht (3. Abschnitt) und zum anderen weil sich jede minimale, zusammenhängende, einfache Kan-Menge X mit den Homotopiegruppen $\pi_n=\pi_n(X)$ aus Faserungen mit den Fasern $\mathrm{K}(\pi_n,n)$ aufbauen läßt (5. Abschnitt): Es gibt eine Folge, die sogenannte Moore-Postnikov-Zerlegung von X,

$$\cdots \longrightarrow X^{(n+1)} \xrightarrow{p_n} X^{(n)} \longrightarrow \cdots \longrightarrow X^{(1)}=\mathrm{K}(\pi_1,1),$$

bei der jedes Glied $(X^{(n+1)},p_n,X^{(n)})$ eine minimale Faserung mit der Faser $\mathrm{K}(\pi_{n+1},n+1)$ ist und deren inverser Limes $=X$ ist. Die Faserungen mit der Faser $\mathrm{K}(\pi,n)$ werden im vierten Abschnitt durch eine Kohomologieklasse ihrer Basis charakterisiert.

Wenn nichts anderes gesagt wird, ist in diesem Kapitel mit „Kettenkomplex" ein positiver Kettenkomplex abelscher Gruppen gemeint.

1. Abelsche ss. Gruppen

1.1 Kanonische Zerlegung: *Jedes n-Simplex x einer abelschen ss. Gruppe (a.ss. Gruppe) A läßt sich eindeutig als*

(1.1) $$x=\sum_\beta \beta^* x_\beta$$

darstellen, wobei $x_\beta \in \mathrm{M}(A)$, dem Mooreschen Kettenkomplex von A, liegt und über alle surjektiven monotonen Funktionen β mit $[n]$ als Definitionsbereich summiert wird.

Beweis: Es wird also behauptet, daß A_n die direkte Summe aller $\beta^* \mathrm{M}(A)_q$ ist, wobei über alle surjektiven $\beta: [n] \to [q]$ summiert wird.
1. Der Mooresche Kettenkomplex $\mathrm{M}(A)$ enthält außer 0 keine entarteten Simplexe; denn wenn $s_i x \in \mathrm{M}(A)$ ist, ist $0 = d_{i+1} s_i x = x$.
2. Wegen 1. folgt aus der kanonischen Darstellung der Simplexe beliebiger ss. Mengen, siehe I 3.9, daß $\beta^* \mathrm{M}(A)_p \cap \gamma^* \mathrm{M}(A)_q = 0$ für $\beta \neq \gamma$ ist. Die Darstellung (1.1) ist also eindeutig.
3. Es sei D_n die von allen entarteten $x \in A_n$ erzeugte Untergruppe. Dann läßt sich jedes Element $x \in A_n$ als

$$x = b + c, \quad b \in \mathrm{M}(A)_n, \quad c \in D_n \tag{1.2}$$

schreiben. – Um dies zu beweisen, führt man für jedes $k = 0, \ldots, n$ die Untergruppe P^k von A_n ein, die aus allen x besteht, für die $d_{k+1} x = \cdots = d_{n+1} x = 0$ ist. (Es sei $d_j x = 0$, wenn $j > \dim x$ ist.) Durch Induktion über $k = n, n-1, \ldots, 0$ zeigt man, daß jedes Element von A_n die Gestalt $b + c$ mit $b \in P^k$ und $c \in D_n$ hat. Das ist wegen $P^n = A_n$ für $k = n$ trivial und liefert wegen $P^0 = \mathrm{M}_n(A)$ für $n = 0$ die Behauptung. Schluß von k auf $k-1$: Es sei $x = b + c$ mit $b \in P^k$ und $c \in D_n$. Dann ist $x = (b - s_{k-1} d_k b) + (s_{k-1} d_k b + c)$ mit $b - s_{k-1} d_k b \in P^{k-1}$ und $s_{k-1} d_k b + c \in D_n$.
4. Man beweist die Existenz der Zerlegung (1.1) durch Induktion über $\dim x$. Sie ist für $\dim x = 0$ trivial. Schluß von $n-1$ auf n: Es sei $x \in A_n$. Wegen 3. kann man $x = b + c$ mit $b \in \mathrm{M}(A)_n$ und $c \in D_n$ schreiben, also $c = \sum_{i=0}^{n-1} s_i c_i, c_i \in A_{n-1}$. Nach der Induktionsannahme hat man für jedes c_i eine Darstellung (1.1), also auch für c und damit für x, wobei übrigens $x_{\mathrm{id}} = b$ ist.

1.2 Folgendermaßen verhält sich die kanonische Zerlegung, wenn man Operatoren anwendet: Es sei $\alpha: [q] \to [n]$ eine monotone Funktion und $x = \sum_\beta \beta^* x_\beta$ die kanonische Zerlegung von $x \in A_n$. Die kanonische Zerlegung von $\alpha^* x$ lautet dann $\alpha^* x = \sum_\gamma \gamma^* (\alpha^* x)_\gamma$. Dabei wird über alle surjektiven monotonen Funktionen γ mit $[q]$ als Definitionsbereich summiert, und es ist $(\alpha^* x)_\gamma = \sum_{\beta_1} x_{\beta_1} + \sum_{\beta_2} d_0 x_{\beta_2}$, wobei über alle surjektiven monotonen Funktionen β_1 und β_2 mit $[n]$ als Definitionsbereich summiert wird, für die gilt: $\gamma = \beta_1 \alpha$ und $\delta^0 \gamma = \beta_2 \alpha$.

1.3 Man kann jede a.ss. Gruppe A zu einem Kettenkomplex $\mathrm{K}'A$ machen, indem man als n-te Kettengruppe A_n wählt und das Differential $\partial\colon A_n \to A_{n-1}$ durch $\partial x = \sum_{i=0}^{n} (-1)^i d_i x$ definiert. Es sei $\mathrm{D}_n A$ die Untergruppe von A_n, die von allen entarteten n-Simplexen erzeugt wird. Man prüft nach, daß $\partial(\mathrm{D}_n A) \subset \mathrm{D}_{n-1} A$ ist. Folglich bilden die $\mathrm{D}_n A$ einen Unterkomplex $\mathrm{D}A$ von $\mathrm{K}'A$. Den Quotientenkomplex $\mathrm{K}A = \mathrm{K}'A/\mathrm{D}A$ bezeichnet man als *normalisierten Kettenkomplex* von A. Er ist ein kovarianter Funktor von der Kategorie der a.ss. Gruppen in die Kategorie der Kettenkomplexe. – Der Mooresche Kettenkomplex $\mathrm{M}A$ ist ein Unterkomplex von $\mathrm{K}'A$.

Satz: *Die kanonische Projektion* $\mathrm{K}'A \to \mathrm{K}A$ *stiftet einen natürlichen Isomorphismus*

$$\mathrm{M}A \cong \mathrm{K}A. \tag{1.3}$$

Beweis: Wenn man in der kanonischen Zerlegung (1.1) den Summanden für $\beta = \mathrm{id}$ für sich schreibt, erhält man $A_n = \mathrm{M}_n A \amalg \mathrm{D}_n A$. Daraus folgt die Behauptung.

1.4 Der Dold-Kan-Funktor: Einem Kettenkomplex K ordnet man folgende a. ss. Gruppe $\mathrm{D}K$ zu (D hat nichts mehr mit 1.3 zu tun):

$$\mathrm{D}_n K = \mathrm{Hom}(\mathrm{C}(\Delta(n)), K), \tag{1.4}$$

d. h., $\mathrm{D}_n K$ ist die abelsche Gruppe der Kettenabbildungen des Kettenkomplexes $\mathrm{C}(\Delta(n))$ von $\Delta(n)$ in den Kettenkomplex K. Es sei $\alpha\colon [q] \to [n]$ eine monotone Funktion und $x\colon \mathrm{C}(\Delta(n)) \to K$ eine Kettenabbildung. Man definiert

$$\alpha^* x\colon \mathrm{C}(\Delta(q)) \xrightarrow{\mathrm{C}(\alpha)} \mathrm{C}(\Delta(n)) \xrightarrow{x} K, \tag{1.5}$$

wobei $\mathrm{C}(\alpha)$ die durch die ss. Abbildung $\alpha\colon \Delta(q) \to \Delta(n)$ induzierte Kettenabbildung ist. Eine Kettenabbildung $g\colon K \to L$ bestimmt den ss. Homomorphismus $\mathrm{D}g\colon \mathrm{D}K \to \mathrm{D}L$, der durch

$$\mathrm{D}g(x)\colon C(\Delta(n)) \xrightarrow{x} K \xrightarrow{g} L \tag{1.6}$$

für alle $x \in \mathrm{D}_n K$ definiert ist. So wird D zu einem kovarianten Funktor von der Kategorie der Kettenkomplexe in die Kategorie der a.ss. Gruppen. Man nennt D den *Dold-Kan-Funktor*. Eine kurze exakte Sequenz von Kettenkomplexen $0 \longrightarrow K' \xrightarrow{i} K \xrightarrow{p} K'' \longrightarrow 0$ geht in die ex. Sequenz $0 \longrightarrow \mathrm{D}K' \xrightarrow{\mathrm{D}i} \mathrm{D}K \xrightarrow{\mathrm{D}p} \mathrm{K}'' \longrightarrow 0$ von a.ss. Gruppen über. Man sagt: D ist exakt. Da $\mathrm{C}(\Delta(n))$ frei ist, siehe V 1.3, folgt dies, weil der Funktor $\mathrm{Hom}(\mathrm{C}(\Delta(n)), \ldots)$ exakt ist.

1.5 Satz: *a) Die Kategorien der a.ss. Gruppen und der Kettenkomplexe sind äquivalent. Die eine Richtung der Äquivalenz ist der Funktor „Moorescher Kettenkomplex"*

$$\mathrm{M}: \textit{a.ss. Gruppen} \to \textit{Kettenkomplexe}$$

und die andere der Dold-Kan-Funktor

$$\mathrm{D}: \textit{Kettenkomplexe} \to \textit{a.ss. Gruppen.}$$

D. h., für jede a.ss. Gruppe A und jeden Kettenkomplex K sind

(1.7) $\mathrm{DM}A \cong A$ und (1.8) $\mathrm{MD}K \cong K$

in natürlicher Weise isomorph.

b) Der Funktor D *ist homotopietreu: Wenn* $g_0, g_1: K \to L$ *homotope Kettenabbildungen sind, sind* $\mathrm{D}g_0, \mathrm{D}g_1: \mathrm{D}K \to \mathrm{D}L$ *als ss. Abbildungen homotop.*

Beweis: Zu a): 1. Die Kettenabbildung

(1.9) $$j: \mathrm{MD}K \xrightarrow{\cong} K, \quad x \mapsto x([n])$$

für jedes $x \in (\mathrm{MD}K)_n$ ist ein natürlicher Isomorphismus. Damit ist (1.8) bewiesen.

2. Für zwei a.ss. Gruppen A und B bedeute $\mathrm{Hom}(A,B)$ die abelsche Gruppe der ss. Homomorphismen $f: A \to B$, und für zwei Kettenkomplexe K und L bedeute $\mathrm{Hom}(K,L)$ die abelsche Gruppe der Kettenabbildungen $g: K \to L$. Wenn man f die Kettenabbildung $\mathrm{M}f$ zuordnet, erhält man einen Isomorphismus

(1.10) $$\mathrm{M}: \mathrm{Hom}(A,B) \xrightarrow{\cong} \mathrm{Hom}(\mathrm{M}A, \mathrm{M}B).$$

Beweis zu (1.10): M ist monomorph: Es sei $\mathrm{M}f = 0$. Man zerlegt ein beliebiges $x \in A$ kanonisch (1.1) $x = \sum_\beta \beta^* x_\beta$. Dann ist $f(x) = \sum_\beta \beta^* \mathrm{M}f(x_\beta) = 0$.

M ist epimorph: Zu einer gegebenen Kettenabbildung $g: \mathrm{M}A \to \mathrm{M}B$ definiert man den ss. Homomorphismus $f: A \to B$, indem man jedes $x \in A$ kanonisch zerlegt: $x = \sum_\beta \beta^* x_\beta$ und $f(x) = \sum_\beta \beta^* g(x_\beta)$ setzt. Wegen 1.2 ist f semisimplizial, und trivialerweise ist f ein Homomorphismus mit $\mathrm{M}f = g$.

3. Zu jeder a.ss. Gruppe A gehört nach (1.9) der natürliche Kettenisomorphismus $j: \mathrm{MDM}A \xrightarrow{\cong} \mathrm{M}A$. Nach (1.10) gibt es genau einen ss. Homomorphismus $J: \mathrm{DM}A \xrightarrow{\cong} A$ mit $\mathrm{M}J = j$. Weil j ein natürlicher Isomorphismus ist, ist es auch J. Damit ist (1.7) und folglich ganz a) bewiesen.

Zu b): Wegen a) genügt es zu zeigen: Wenn für zwei ss. Homomorphismen $f_0, f_1: A \to B$ die Kettenabbildungen $\mathrm{M}f_0, \mathrm{M}f_1: \mathrm{M}A \to \mathrm{M}B$ homotop sind,

sind f_0 und f_1 als ss. Abbildungen homotop. – Es sei $H\colon \mathrm{M}(A)_n \to \mathrm{M}(B)_{n+1}$ die Kettenhomotopie mit

$$d_0 H + H d_0 = \mathrm{M} f_1 - \mathrm{M} f_0. \tag{1.11}$$

Man definiert die Elemente in B_{n+1}

$$\begin{aligned} h(s_0 x,(011\ldots1)) &= s_0 f_0(x) + s_0 H(d_0 x) + H(x),\\ h(s_1 x,(001\ldots1)) &= s_1 f_0(x) + s_0 H(d_0 x),\\ h(s_i x,(0\ldots\overset{i}{0}1\ldots1)) &= s_i f_0(x) \quad \text{für} \quad 2 \leq i \leq n \end{aligned}$$

für alle $x \in \mathrm{M}(A)_n$. Dann ist $d_{i+1} h(s_i x,(0\ldots\overset{i}{0}1\ldots1)) = d_{i+1} h(s_{i+1} x,(0\ldots\overset{i+1}{0}1\ldots1))$ für alle i. Indem man die kanonische Zerlegung (1.1) benutzt, setzt man h zu der eindeutig bestimmten ss. Abbildung $h\colon A \times I \to B$ fort, für die $h(a+a',t) = h(a,t) + h(a',t)$ gilt. Dann ist h eine Homotopie von f_0 nach f_1.

Bemerkungen: Man identifiziert im folgenden vermöge (1.7+8). – Da $\pi_n(A) = \mathrm{H}_n(\mathrm{M}A)$ für jede ss. Gruppe ist, VII 5.3, folgt aus (1.8), daß

$$\mathrm{H}_n(K) = \pi_n(\mathrm{D}K), \qquad n = 0, 1, \ldots, \tag{1.12}$$

für jeden Kettenkomplex K gilt.

2. Adjungierte Funktoren

2.1 Einer ss. Menge X ordnet man folgende a.ss. Gruppe $\mathrm{A}(X)$ zu: $\mathrm{A}_n(X)$ ist die von der Menge X_n erzeugte freie abelsche Gruppe; die Operatoren d_i, s_j auf $\mathrm{A}_n(X)$ werden durch die entsprechenden Operatoren auf X_n bestimmt. In offensichtlicher Weise induziert eine ss. Abbildung $f\colon X \to Y$ einen ss. Homomorphismus $\mathrm{A}(f)\colon \mathrm{A}(X) \to \mathrm{A}(Y)$. So wird A zu einem kovarianten Funktor von der Kategorie der ss. Mengen in die Kategorie der a.ss. Gruppen. – Allgemeiner: Es sei X' eine ss. Untermenge von X. Dem Paar (X, X') ordnet man die Quotientengruppe $\mathrm{A}(X,X') = \mathrm{A}(X)/\mathrm{A}(X')$ zu. Eine ss. Abbildung $f\colon (X,X') \to (Y,Y')$ bestimmt den ss. Homomorphismus $\mathrm{A}(f)\colon \mathrm{A}(X,X') \to \mathrm{A}(Y,Y')$. So wird A zu einem Funktor auf der Kategorie der Paare von ss. Mengen.

Der in V 1.2 eingeführte Kettenkomplex $\mathrm{C}(X,X')$ eines Paares (X,X') ist gemäß seiner Definition genau der Kettenkomplex $\mathrm{KA}(X,X')$, wobei K die Bedeutung von 1.3 hat. Wegen (1.3) ist $\mathrm{MA}(X,X') \cong \mathrm{C}(X,X')$ in natürlicher Weise. Man identifiziert daher im folgenden M A mit C. Schließlich sei erwähnt, daß nach VII 5.3 $\mathrm{H}_n(X,X';\mathbf{Z}) \cong \pi_n(\mathrm{A}(X,X'))$ in natürlicher Weise ist.

2.2 Für jede a.ss. Gruppe A bedeute 0 die ss. Untergruppe, die nur aus den Nullelementen aller A_n besteht. Man faßt den Dold-Kan-Funktor

D als Funktor in die Kategorie der Paare von ss. Mengen auf, indem man dem Kettenkomplex K das Paar $(\mathrm{D}K, 0)$ zuordnet.

Satz: *Der Funktor* D *ist zu* C *adjungiert.*

Beweis: Für jedes Paar (X, X') von ss. Mengen definiert man die natürliche ss. Abbildung

$$(2.1) \qquad i\colon (X, X') \to (\mathrm{A}(X, X'), 0)$$

durch $i(x) = \bar{x}$, wobei $\bar{x}$ das durch x repräsentierte Element in $\mathrm{A}(X, X')$ bedeutet. Für jede a.ss. Gruppe B definiert man den natürlichen ss. Homomorphismus

$$(2.2) \qquad p\colon \mathrm{A}(B) \to B$$

durch $p(\bar{b}) = b$ für alle $b \in B$. Man prüft nach:

$$(2.3) \qquad \mathrm{id}\colon B \xrightarrow{i} \mathrm{A}(B) \xrightarrow{p} B \text{ für jede a.ss. Gruppe } B,$$

$$(2.4) \qquad \mathrm{id}\colon \mathrm{A}(X, X') \xrightarrow{\mathrm{A}(i)} \mathrm{A}\,\mathrm{A}(X, X') \xrightarrow{p} \mathrm{A}(X, X')$$
$$\text{für jedes Paar } (X, X') \text{ von ss. Mengen.}$$

Aus diesen beiden Gleichungen ergeben sich für $i\colon (X, X') \to (\mathrm{A}(X, X'), 0) = (\mathrm{DC}(X, X'), 0)$ und

$$(2.5) \qquad j = \mathrm{M}(p)\colon \mathrm{CD}(K) = \mathrm{MAD}(K) \to \mathrm{MD}(K) = K$$

die Gleichungen II (5.2).

2.3 Satz: *Es sei (X, X') ein Paar von ss. Mengen und K ein Kettenkomplex.*
a) Die Zuordnungen

$$(2.6) \qquad \mathscr{A}\colon \mathrm{Hom}((X, X'), (\mathrm{D}K, 0)) \to \mathrm{Hom}(\mathrm{C}(X, X'), K), \quad f \mapsto j\mathrm{C}(f),$$

$$(2.7) \qquad \mathscr{B}\colon \mathrm{Hom}(\mathrm{C}(X, X'), K) \to \mathrm{Hom}((X, X'), (\mathrm{D}K, 0)), \quad g \mapsto \mathrm{D}g\,i,$$

sind zueinander inverse Isomorphismen zwischen den abelschen Gruppen der ss. Abbildungen $(X, X') \to (\mathrm{D}K, 0)$ und der Kettenabbildungen $\mathrm{C}(X, X') \to K$.
b) Zwei ss. Abbildungen $(X, X') \to (\mathrm{D}K, 0)$ sind genau dann relativ X' und 0 homotop, wenn die Kettenabbildungen $\mathscr{A} f_0, \mathscr{A} f_1\colon \mathrm{C}(X, X') \to K$ homotop sind. (Wegen a) folgt die entsprechende Aussage für $\mathscr{B}$.)

Beweis: a) folgt aus 2.2 und II 5.2. Zu b): Die Funktoren C und D sind nach V 1.4 und 1.5 homotopietreu. Die Behauptung folgt dann wie bei II 5.7 Korollar.

2.4 Der Hurewiczsche Homomorphismus: Der durch i (2.1) induzierte Homomorphismus der Homotopiegruppen $\pi_n(i)$: $\pi_n(X,X') \to \pi_n(\mathrm{A}(X,X'),0) = \mathrm{H}_n(X,X';\mathbf{Z})$ ist der Hurewiczsche Homomorphismus $\mathscr{H}$, wie aus der direkten Beschreibung von $\mathscr{H}$ und der Definition von i folgt. Aus (2.3) folgt, wenn man zu den Homotopiegruppen übergeht: Für jede a.ss. Gruppe B ist $\pi_n(p)$: $\pi_n(B) \to \pi_n(\mathrm{A}(B)) = \mathrm{H}_n(B)$ zum Hurewiczschen Homomorphismus $\mathscr{H}$ linksinvers. Insbesondere ist $\mathscr{H}$ für a.ss. Gruppen injektiv. Schließlich folgt aus (2.7): Für jede Kettenabbildung g: $\mathrm{C}(X,X') \to K$ ist

(2.8) $$\pi_n(\mathscr{B}g):\ \pi_n(X,X') \xrightarrow{\mathscr{H}} \mathrm{H}_n(X,X') \xrightarrow{\mathrm{H}_n(g)} \mathrm{H}_n(K).$$

3. Eilenberg-MacLane-Mengen

3.1 Zu einer beliebigen abelschen Gruppe π und einer ganzen Zahl $n \geq 0$ definiert man die folgende Kettenkomplexe $\mathrm{k}(\pi,n)$ und $\mathrm{l}(\pi,n+1)$: Es ist

(3.1) $$\mathrm{k}_q(\pi,n) = \begin{cases} \pi & \text{für} \quad q=n \\ 0 & \text{für} \quad q \neq n \end{cases}; \qquad \mathrm{l}_q(\pi,n+1) = \begin{cases} \pi & \text{für} \quad q=n,n+1 \\ 0 & \text{für} \quad n \neq q \neq n+1. \end{cases}$$

Alle Differentiale von $\mathrm{k}(\pi,n)$ müssen offensichtlich $=0$ sein. In $\mathrm{l}(\pi,n+1)$ ist ∂: $\mathrm{l}_{n+1}(\pi,n+1) = \pi \xrightarrow{\mathrm{id}} \pi = \mathrm{l}_n(\pi,n)$ das einzige Differential $\neq 0$. $\mathrm{k}(\pi,n)$ ist ein Unterkomplex von $\mathrm{l}(\pi,n+1)$.

Ein Homomorphismus f: $\pi \to \pi'$ bestimmt in offensichtlicher Weise eine Kettenabbildung $\mathrm{k}(f,n)$: $\mathrm{k}(\pi,n) \to \mathrm{k}(\pi',n)$. So wird $\mathrm{k}(\ldots,n)$ zu einem kovarianten Funktor. Er ist exakt, d.h., eine exakte Sequenz von abelschen Gruppen $0 \to \pi' \to \pi \to \pi'' \to 0$ geht in eine exakte Sequenz von Kettenkomplexen über: $0 \to \mathrm{k}(\pi',n) \to \mathrm{k}(\pi,n) \to \mathrm{k}(\pi'',n) \to 0$.

3.2 Für die n-ten Kokettengruppen gilt:

(3.2) $$\mathrm{Hom}(\mathrm{l}_n(\pi,n+1),\pi) = \mathrm{Hom}(\mathrm{k}_n(\pi,n),\pi) = \mathrm{Hom}(\pi,\pi).$$

Man nennt die n-Kokette auf $\mathrm{l}(\pi,n+1)$ bzw. $\mathrm{k}(\pi,n)$, die die Identität $\pi \to \pi$ ist, *fundamentale Kokette* und bezeichnet sie mit ι_n. Auf $\mathrm{k}(\pi,n)$ ist ι_n ein Kozykel, auf $\mathrm{l}(\pi,n+1)$ jedoch nicht.

3.3 Es sei K ein beliebiger Kettenkomplex. Jeder Kokette $c \in \mathrm{Hom}(K_n,\pi)$ ordnet man die Kettenabbildung

(3.3) $$\hat{c}:\ K \to \mathrm{l}(\pi,n+1), \quad \hat{c}(x) = \langle c,x \rangle \quad \text{für} \quad x \in K_n$$
$$\text{und} \quad \hat{c}(y) = \langle c,\partial y \rangle \quad \text{für} \quad y \in K_{n+1}$$

zu. Sie hat folgende Eigenschaften, wie man leicht nachprüft:

a) Für die fundamentale Kokette ι_n, für $c \in \operatorname{Hom}(K_n, \pi)$ und jede Kettenabbildung $f: K \to \mathrm{l}(\pi, n+1)$ gilt

(3.4) $$\iota_n \hat{c} = c, \quad (\iota_n f)\hat{} = f.$$

b) Genau dann, wenn $c \in \operatorname{Hom}(K_n, \pi)$ ein Kozykel ist, ist $\hat{c}(K) \subset \mathrm{k}(\pi, n)$.
c) Genau dann, wenn $c_0, c_1 \in \operatorname{Hom}(K_n, \pi)$ zwei Kozykel in derselben Kohomologieklasse sind, sind die Kettenabbildungen $\hat{c}_0, \hat{c}_1: K \to \mathrm{k}(\pi, n)$ homotop.

3.4 Ein Kettenkomplex K bestimmt den minimalen Kettenkomplex $\mathrm{H}(K)$, dessen n-te Kettengruppe die n-te Homologiegruppe $\mathrm{H}_n(K)$ von K ist.

Lemma: *Wenn K frei ist, gibt es eine Kettenabbildung $\varphi: K \to \mathrm{H}(K)$, die jedem Zykel von K seine Homologieklasse zuordnet.*

Beweis: Da K frei ist, läßt sich jede Kettengruppe in $K_n = Z_n \amalg C_n$ zerlegen, wobei Z_n die Untergruppe der n-Zykeln von K ist. Man definiert $\varphi(z, c) = \mathrm{kl}\, z$.

3.5 Mit Hilfe des Dold-Kan-Funktors D definiert man die a.ss. Gruppen

$$\mathrm{K}(\pi, n) = \mathrm{D}\,\mathrm{k}(\pi, n) \quad \text{und} \quad \mathrm{L}(\pi, n+1) = \mathrm{D}\,\mathrm{l}(\pi, n+1).$$

Dann ist $\mathrm{K}(\pi, n)$ eine ss. Untergruppe von $\mathrm{L}(\pi, n+1)$. Man nennt $\mathrm{K}(\pi, n)$ *Eilenberg-MacLane-Menge.* Einem Homomorphismus $f: \pi \to \pi'$ ordnet man den Homomorphismus

$$\mathrm{K}(f, n) = \mathrm{D}\,\mathrm{k}(f, n): \mathrm{K}(\pi, n) \to \mathrm{K}(\pi', n)$$

zu.

Satz: *a)* $\mathrm{K}(\pi, n)$ *ist eine minimale a.ss. Gruppe.*
b) Die Zuordnung $\mathrm{K}(\ldots, n)$ *ist ein kovarianter exakter Funktor von der Kategorie der abelschen Gruppen in die Kategorie der a.ss. Gruppen.*
c) Außer der n-ten verschwinden alle Homotopiegruppen von $\mathrm{K}(\pi, n)$. *Es ist*

$$\pi_n(\mathrm{K}(\pi, n)) \cong \pi$$

in natürlicher Weise.
d) Bis auf Isomorphie ist $\mathrm{K}(\pi, n)$ *die einzige minimale ss. Menge X mit der Eigenschaft c).*
e) Die a.ss. Gruppe $\mathrm{L}(\pi, n+1)$ *läßt sich zusammenziehen. Sie ist in allen Dimensionen $q \neq n$ minimal, d.h., irgendzwei homotope q-Simplexe sind gleich.*

Beweis: Zu a): Da $\mathrm{M\,K}(\pi,n)=\mathrm{k}(\pi,n)$ ein minimaler Kettenkomplex ist, ist $\mathrm{K}(\pi,n)$ nach VII 5.4 minimal. – b) folgt aus 1.4. – Zu c): Die einzige nicht verschwindende Homologiegruppe von $\mathrm{k}(\pi,n)$ ist $\mathrm{H}_n(\mathrm{k}(\pi,n))=\pi$. Aus (1.12) folgt dann die Behauptung. – Zu d): Nach VII 3.5 ist $\mathscr{H}: \pi\to\mathrm{H}_n(X)$ ein Isomorphismus. Wegen 3.4 gibt es daher eine Kettenabbildung $g: \mathrm{C}(X)\to\mathrm{k}(\pi,n)$ mit $\mathrm{H}_n(g): \mathrm{H}_n(X) \xrightarrow{\cong} \pi$. Gemäß (2.7) geht man zu $\mathscr{B}g: X\to\mathrm{K}(\pi,n)$ über. Wegen (2.8) induziert $\mathscr{B}g$ einen Isomorphismus der Homotopiegruppen. (Nur die n-te ist $\neq 0$.) Folglich ist $\mathscr{B}g$ nach VII 7.1 ein Isomorphismus. – Zu e): Alle Homologiegruppen von $\mathrm{l}(\pi,n+1)$ verschwinden. Wegen (1.12) gilt dasselbe für die Homotopiegruppen von $\mathrm{L}(\pi,n+1)$. Nach VII 3.1 Korollar läßt sich $\mathrm{L}(\pi,n+1)$ dann zusammenziehen. Weil $\mathrm{l}(\pi,n+1)$ in den Dimensionen $\neq n$ minimal ist, ist es nach VII 5.4 $\mathrm{L}(\pi,n+1)$ auch.

3.6 Satz: *Jede a.ss. Gruppe A mit den Homotopiegruppen $0=\pi_0,\pi_1,\pi_2,\ldots$ ist zu dem unendlichen kartesischen Produkt $\prod_{n=0}^{\infty}\mathrm{K}(\pi_n,n)$ homotopieäquivalent.*

Beweis: Zu dem Mooreschen Kettenkomplex $\mathrm{M}(A)$ gibt es nach MacLane [2], V 10.5, einen freien Kettenkomplex F und eine Kettenabbildung $f: F\to\mathrm{M}(A)$, die Isomorphismen für die Homologiegruppen induziert. Mit φ wie in 3.4 bildet man

$$\mathrm{H\,M}(A) \xleftarrow[\cong]{\mathrm{H}(f)} \mathrm{H}(F) \xleftarrow{\varphi} F \xrightarrow{f} \mathrm{M}(A).$$

Auch φ induziert Isomorphismen in der Homologie. Man wendet den Dold-Kan-Funktor $\mathscr{D}$ an:

$$\Pi\,\mathrm{K}(\pi_n,n)=\mathrm{DHM}(A) \xleftarrow[\cong]{\mathrm{DH}(f)} \mathrm{DH}(F) \xleftarrow{\mathrm{D}\varphi} \mathrm{D}F \xrightarrow{\mathrm{D}f} A.$$

Die auftretenden ss. Abbildungen induzieren Isomorphismen aller Homotopiegruppen, siehe (1.12). Die Behauptung folgt dann aus VII 7.2.

3.7 Die Homologie der $\mathbf{K}(\pi,n)$: *Für $n\geq 1$ bestehen natürliche Isomorphismen*

a) $\mathrm{H}_0(\mathrm{K}(\pi,n),\mathbf{Z})=\mathbf{Z}$, $\quad\mathrm{H}_i(\mathrm{K}(\pi,n),\mathbf{Z})=0$ für $0<i<n$,
$\mathrm{H}_n(\mathrm{K}(\pi,n),\mathbf{Z})=\pi$, $\quad\mathrm{H}_{n+1}(\mathrm{K}(\pi,n),\mathbf{Z})=0$ für $n\geq 2$;

b) $\mathrm{H}^0(\mathrm{K}(\pi,n),A)=A$, $\quad\mathrm{H}^i(\mathrm{K}(\pi,n),A)=0$ für $0<i<n$,
$\mathrm{H}^n(\mathrm{K}(\pi,n),A)=\mathrm{Hom}(\pi,A)$, $\quad\mathrm{H}^{n+1}(\mathrm{K}(\pi,n),A)=\mathrm{Ext}(\pi,A)$ für $n\geq 2$

(A ist eine beliebige abelsche Gruppe).

Beweis: Nach dem universellen Koeffiziententheorem folgt b) aus a). Zu a): Da $K(\pi,n)$ zusammenhängend ist, ist $H_0=\mathbf{Z}$, und da $\pi_n(K(\pi,n))=\pi$ die erste nicht verschwindende Homotopiegruppe ist, ergibt sich H_i für $0<i\leq n$, aus dem Hurewiczschen Isomorphiesatz. Weil der Hurewiczsche Homomorphismus in der zweiten nicht verschwindenden Dimension ein Epimorphismus ist, ist $H_{n+1}=0$.

Bemerkung: Für die höheren Homologiemoduln von $K(\pi,n)$ und den Kohomologiering sei auf Eilenberg-MacLane [3] verwiesen.

3.8 Die Kettenabbildung (2.5) $j: C(K(\pi,n))\to k(\pi,n)$ bzw. $C(L(\pi,n+1))\to l(\pi,n+1)$ bestimmt die Kokettenabbildung $\mathrm{Hom}(j,\mathrm{id})\colon \mathrm{Hom}(k(\pi,n),\pi)\to C^*(K(\pi,n),\pi)$ bzw. $\mathrm{Hom}(l(\pi,n+1),\pi)\to C^*(L(\pi,n+1),\pi)$. Mit ι_n wie in 3.2 bildet man die fundamentale Kokette

(3.5) $\kappa_n=\mathrm{Hom}(j,\mathrm{id})(\iota_n)=\iota_n\circ j\in C^n(K(\pi,n),\pi)$ bzw. $\in C^n(L(\pi,n+1),\pi)$.

Auf $K(\pi,n)$ ist sie ein Kozykel. Seine Kohomologieklasse

$$c_n=\mathrm{kl}\,\kappa_n\in H^n(K(\pi,n),\pi)$$

heißt ebenfalls fundamental. Sie entspricht bei dem Isomorphismus $H^n(K(\pi,n),\pi)\cong\mathrm{Hom}(\pi,\pi)$, siehe 3.7 b), der Identität von π. Wenn man die Gruppe π betonen will, schreibt man $c_n(\pi)$ statt c_n. Für einen Homomorphismus $\varphi\colon\pi\to\pi'$ gilt:

(3.6) $$H^n(K(\varphi,n))\,c_n(\pi')=\varphi_*\,c_n(\pi),$$

wobei φ_* den durch φ induzierten Koeffizientenhomomorphismus bedeutet.

Die folgende Nummer zeigt, welche Bedeutung $K(\pi,n)$ für die Kohomologie beliebiger ss. Mengen hat:

3.9 Satz: *Es seien $X'\subset X$ zwei ss. Mengen.*
a) Indem man jeder ss. Abbildung $f\colon(X,X')\to(L(\pi,n+1),0)$ die Kokette $\kappa_n\circ f\in C^n(X,X';\pi)$ zuordnet, wird ein Isomorphismus

(3.7) $$\mathrm{Hom}((X,X'),(L(\pi,n+1),0))\xrightarrow{\cong}C^n(X,X';\pi)$$

zwischen der abelschen Gruppe der ss. Abbildungen $(X,X')\to(L(\pi,n+1),0)$ und der n-ten Kokettengruppe von (X,X') mit Koeffizienten in π gestiftet.
b) Genau dann, wenn $\kappa_n\circ f$ ein Kozykel ist, ist $f(X)\subset K(\pi,n)$.
c) Zwei ss. Abbildungen $f_0,f_1\colon(X,X')\to(K(\pi,n),0)$ sind genau dann relativ X' und 0 homotop, wenn $\kappa_n\circ f_0$ und $\kappa_n\circ f_1$ in derselben Kohomologieklasse liegen.

Beweis: Zu a): Für jeden Kettenkomplex K ist

$$(3.8) \qquad \varphi\colon \operatorname{Hom}(K, \mathrm{l}(\pi, n+1)) \to \operatorname{Hom}(K_n, \pi), \qquad g \mapsto \iota_n g$$

ein Isomorphismus. Denn nach (3.4) ist φ zu der Abbildung $c \mapsto \hat{c}$, siehe (3.3), invers. Nach (2.6) und (3.5) gilt $\iota_n(\mathscr{A} f) = \kappa_n f$ für jede ss. Abbildung $f\colon (X, X') \to (\mathrm{L}(\pi, n+1), 0)$ bzw. $\to (\mathrm{K}(\pi, n), 0)$. Daher ist der Homomorphismus (3.7) die Hintereinanderschaltung

$$(3.9) \qquad \operatorname{Hom}((X, X'), (\mathrm{L}(\pi, n+1)) \xrightarrow[\cong]{\mathscr{A}} \operatorname{Hom}(\mathrm{C}(X, X'), \mathrm{l}(\pi, n+1)) \xrightarrow[\cong]{\varphi} \mathrm{C}^n(X, X'; \pi).$$

Zu b+c): Von beiden Aussagen ist eine Richtung („wenn $f(X) \subset K(\pi, n)$“ bzw. „wenn f_0 homotop f_1“) trivial. Die andere Richtung folgt aus 3.3b+c).

Korollar: *Die abelsche Gruppe der Homotopieklasse der ss. Abbildungen $(X, X') \to (\mathrm{K}(\pi, n), 0)$ – Homotopie relativ X' und 0 – und die n-te Kohomologiegruppe von (X, X') mit Koeffizienten in π sind in natürlicher Weise isomorph:*

$$(3.10) \quad [(X, X'), (\mathrm{K}(\pi, n), 0)] \xrightarrow{\cong} \mathrm{H}^n(X, X'; \pi), \qquad \mathrm{kl} f \mapsto \mathrm{H}^n(f)(c_n).$$

3.10 Das Korollar gilt auch für Paare $X' \subset X$ von topologischen Räumen, die zu einem Paar $K' \subset K$ homotopieäquivalent sind, wobei K' ein Unterkomplex eines *CW*-Komplexes K ist: Es ist in natürlicher Weise

$$(3.11) \qquad [(X, X'), (|\mathrm{K}(\pi, n)|, *)] \cong \mathrm{H}^n(X, X'; \pi).$$

Links steht die Menge der Homotopieklassen von stetigen Abbildungen $(X, X') \to (|\mathrm{K}(\pi, n)|, *)$, wobei die Homotopie auf X' stationär gleich $*$ ist ($*$ ist ein Punkt in $|\mathrm{K}(\pi, n)|$), und rechts steht die n-te singuläre Kohomologiegruppe von (X, X') mit Koeffizienten in π.

Beweis: Es ist

$[(X, X'), (|\mathrm{K}(\pi, n)|, *)] \cong [(|\mathrm{S}X|, |\mathrm{S}X'|), (|\mathrm{K}(\pi, n)|, *)]$. Denn nach dem Schluß von VII 10.10 ist (X, X') zu $(|SX|, |SX'|)$ homotopieäquivalent, weil (X, X') den Homotopietyp eines *CW*-Paares hat.
$\cong [(\mathrm{S}X, \mathrm{S}X'), (\mathrm{S}|\mathrm{K}(\pi, n)|, \mathrm{S}*)]$ nach II 5.7 Korollar.
$\cong [(\mathrm{S}X, \mathrm{S}X'), (\mathrm{K}(\pi, n), 0)]$, weil $\mathrm{K}(\pi, n)$ nach VII 9.8 Deformationsretrakt von $\mathrm{S}|\mathrm{K}(\pi, n)|$ ist.
$\cong \mathrm{H}^n(X, X'; \pi)$ nach (3.10).

Bemerkung: Wenn man statt der singulären Kohomologie die Čechsche wählt, braucht (X, X') nicht mehr den Homotopietyp eines *CW*-Paares zu haben. Huber [1] beweist beispielsweise, daß (3.11) für X parakompakt, $X' = \emptyset$ und π abzählbar gilt.

3.11 Satz: *a) Jede ss. Abbildung* $f\colon K(\pi,n)\to K(\pi',n)$ *ist zu einem ss. Homomorphismus homotop.*
b) Homotope ss. Homomorphismen $K(\pi,n)\to K(\pi',n)$ *sind gleich.*
c) Die Zuordnung

$$\mathrm{Hom}(\pi,\pi')\to\mathrm{Hom}(K(\pi,n),K(\pi',n)),\qquad \varphi\mapsto K(\varphi,n),$$

zwischen den abelschen Gruppen der Homomorphismen $\pi\to\pi'$ *und der ss. Homomorphismen* $K(\pi,n)\to K(\pi',n)$ *ist ein Isomorphismus.*

Beweis: Zu a): Zu f bildet man $H^n(f)(c_n(\pi'))\in H^n(K(\pi,n),\pi')$. Beim Isomorphismus $H^n(K(\pi,n),\pi')\cong\mathrm{Hom}(\pi,\pi')$, siehe 3.7b), möge ihm der Homomorphismus $\varphi\colon\pi\to\pi'$ entsprechen. Nun entsprechen bei 3.7b) einander $c_n(\pi)$ und id_π, folglich wegen der Natürlichkeit $\varphi_* c_n(\pi)$ und φ, wobei φ_* den durch φ bestimmten Koeffizientenhomomorphismus $\varphi_*\colon H^n(K(\pi,n),\pi)\to H^n(K(\pi,n),\pi')$ bedeutet. Also ist $H^n(f)(c_n(\pi'))=\varphi_*(c_n(\pi))=H^n(K(\varphi,n))(c_n(\pi'))$, letzteres nach (3.6). Wegen 3.9 Korollar ist daher f zu $K(\varphi,n)$ homotop. – Zu b): Ein ss. Homomorphismus hat die Gestalt $f=K(\varphi,n)$, wobei $\varphi=\pi_n(f)$ ist. Daraus folgt b). – Zu c): Die Zuordnung $\mathrm{Hom}(\pi,\pi')\to\mathrm{Hom}(k(\pi,n),k(\pi',n))$, $\varphi\mapsto k(\varphi,n)$, ist ein Isomorphismus. Wegen 1.5a) folgt daraus c).

4. Faserungen mit der Faser $K(\pi,n)$

Die in der Überschrift genannten Faserungen werden soweit untersucht, daß man sie durch eine Kohomologieklasse charakterisieren kann. Diese Tatsache wird im folgenden Abschnitt bei der Postnikovschen Klassifikation der Kan-Mengen bzw. *CW*-Komplexe nach ihrem Homotopietyp benötigt.

4.1 Durch das kommutative Diagramm 4.1 wird die exakte Sequenz

$$(4.1)\qquad 0\longrightarrow k(\pi,n)\xrightarrow{\;j\;} l(\pi,n+1)\xrightarrow{\;q\;} k(\pi,n+1)\longrightarrow 0$$

$$\begin{array}{lccccc}
\text{Dim. } n+1: & 0 & \xrightarrow{\;j\;} & \pi & \xrightarrow[=]{\;q\;} & \pi \\
 & \big\downarrow \partial & & \big\downarrow \partial \; = & & \big\downarrow \partial \\
\text{Dim. } n & \pi & \xrightarrow[=]{\;j\;} & \pi & \xrightarrow{\;q\;} & 0
\end{array}$$

Dia. 4.1

gegeben. Sie geht bei dem Dold-Kan-Funktor D in die exakte Sequenz

$$(4.2)\qquad 0\longrightarrow K(\pi,n)\xrightarrow{\;i=Dj\;} L(\pi,n+1)\xrightarrow{\;p=Dq\;} K(\pi,n+1)\longrightarrow 0$$

von a.ss. Gruppen über. Da die Kettenabbildung q minimal ist, ist wegen VII 5.4

(4.3) $$\eta_n(\pi) = (\mathrm{L}(\pi, n+1), p, \mathrm{K}(\pi, n+1))$$

eine minimale Faserung mit der Faser $\mathrm{K}(\pi, n)$. Es handelt sich übrigens um die Wegefaserung von $\mathrm{K}(\pi, n+1)$, wie man sich klar macht, indem man in der Wegefaserung zu den Mooreschen Kettenkomplexen übergeht.

4.2 Lemma: *In der Faserung $\eta_n(\pi)$ ist die Transgression*

(4.4) $$\tau\colon \mathrm{H}^n(\mathrm{K}(\pi, n), \pi) \xrightarrow{\cong} \mathrm{H}^{n+1}(\mathrm{K}(\pi, n+1), \pi)$$

ein Isomorphismus, der bis aufs Vorzeichen die Fundamentalklasse erhält:

(4.5) $$\tau(c_n) = (-1)^{n+1} c_{n+1}.$$

Beweis: Für $\iota_n\colon \mathrm{l}(\pi, n+1)_n \to \pi$ und $\iota_{n+1}\colon \mathrm{k}(\pi, n+1)_{n+1} \to \pi$, siehe 3.2, und q (4.1) gilt: $\iota_{n+1} \circ q = (-1)^{n+1} \delta \iota_n$. Daraus folgt für $\kappa_n \in \mathrm{C}^n(\mathrm{L}(\pi, n+1), \pi)$ und $\kappa_{n+1} \in \mathrm{C}^{n+1}(\mathrm{K}(\pi, n+1), \pi)$, siehe (3.5):

(4.6) $$\kappa_{n+1} \circ p = (-1)^{n+1} \delta \kappa_n.$$

Nach VI 8.10 Korollar ist τ ein Isomorphismus. Aus der Definition von τ, VI (6.10), und aus (4.6) folgt (4.5), da $c_i = \mathrm{kl}\, \kappa_i$ ist.

4.3 Es sei $\xi = (X, p, B)$ eine Faserung, deren Basis zusammenhängend ist. In B_0 sei ein Basispunkt $*$ gewählt. Die Faser über $*$ sei gleich $\mathrm{K}(\pi, n)$. Gemäß VI 5.5 (auf die Homologie übertragen, siehe VI 5.9) operiert die Fundamentalgruppe $\pi_1(B)$ auf $\pi = \mathrm{H}_n(\mathrm{K}(\pi, n), \mathbf{Z})$.

Lemma: *Wegen $\pi_1(B)$ auf π trivial operiert, operiert es auf allen Homologie- und Kohomologiemoduln von* K (π, n) *trivial.*

Beweis: Es sei w ein in $*$ geschlossenes 1-Simplex. Nach VI 5.3 bestimmt es eine ss. Abbildung $\sigma(h)\colon \mathrm{K}(\pi, n) \to \mathrm{K}(\pi, n)$, so daß das durch w repräsentierte Element in $\pi_1(B)$ als $\mathrm{H}_q(\sigma(h))$ bzw. $\mathrm{H}^q(\sigma(h))$ operiert. Nach der Voraussetzung ist $\mathrm{H}_n(\sigma(h)) = \mathrm{id}$, wenn die Koeffizienten der Homologie ganzzahlig sind, also nach dem universellen Koeffiziententheorem $\mathrm{H}^n(\sigma(h))(c_n) = c_n$. Das bedeutet nach (3.10), daß $\sigma(h)$ zur Identität homotop ist, woraus die Behauptung folgt.

Folgerungen: Unter den Voraussetzungen des Lemmas gilt:

a) Für die Faserung ξ ist die Transgression

$$\tau\colon \mathrm{H}^n(\mathrm{K}(\pi, n), \pi) \to \mathrm{H}^{n+1}(B, \pi)$$

ein Homomorphismus.

b) Als charakteristische Klasse der Faserung bezeichnet man

$$k(\xi)=\tau(c_n)\in H^{n+1}(B,\pi). \tag{4.7}$$

c) Für die Faserung η_n (4.3) lautet sie

$$k(\eta_n)=(-1)^{n+1}c_{n+1}.$$

Beweis: a) folgt aus VI 8.10 Bemerkung b). c) folgt aus (4.5).

4.4 Es soll untersucht werden, wie die Ergebnisse von 4.3 abzuändern sind, wenn man nur voraussetzt, daß die Faser Y der Faserung $\xi=(X,p,B)$ isomorph (statt gleich) $K(\pi,n)$ ist. Wenn ein Isomorphismus $g\colon Y\xrightarrow{\cong} K(\pi,n)$ ausgezeichnet wird, kann man Y und $K(\pi,n)$ vermöge g identifizieren, um die Voraussetzung von 4.3 zu erfüllen. Das Operieren von $\pi_1(B)$ auf π hängt dann von der Wahl von g ab; aber die Aussage, daß $\pi_1(B)$ auf B trivial operiert, ist unabhängig davon. Die charakteristische Klasse hängt von g ab. Sie lautet

$$k(\xi,g)=\tau(H^n(g)(c_n))\in H^{n+1}(B,\pi). \tag{4.8}$$

Wie stark $k(\xi,g)$ variiert, wenn g alle möglichen Isomorphismen durchläuft, zeigt das Lemma in der folgenden Nummer.

4.5 Die Automorphismengruppe $\mathrm{Aut}\,\pi$ operiert auf $H^{n+1}(B,\pi)$ vermöge $x\mapsto\varphi_*x$, wobei φ_* der durch den Automorphismus $\varphi\colon\pi\to\pi$ induzierte Koeffizientenhomomorphismus ist. Zwei Kohomologieklassen $x,y\in H^{n+1}(B,\pi)$ heißen $\mathrm{Aut}\,\pi$-äquivalent, wenn es einen Automorphismus φ gibt, so daß $\varphi_*x=y$ ist.

Lemma: *Wenn $g\colon Y\to K(\pi,n)$ alle möglichen Isomorphismen durchläuft, durchläuft $k(\xi,g)$ alle untereinander* Aut *π-äquivalenten Kohomologieklassen. Die* $\mathrm{Aut}\,\pi$*-Äquivalenzklasse von $k(\xi,g)$ hängt also von g nicht ab. Sie wird mit*

$$\bar{k}(\xi)\in H^{n+1}(B,\pi)/\mathrm{Aut}\,\pi$$

bezeichnet.

Beweis: Es seien g und g' zwei Isomorphismen. Dann ist $g'g^{-1}$ ein ss. Automorphismus von $K(\pi,n)$, zu dem es nach 3.11 genau einen Automorphismus $\alpha\colon\pi\to\pi$ gibt, so daß $K(\alpha,n)$ zu $g'g^{-1}$ homotop ist. Dann ist

$$\alpha_*k(\xi,g)=k(\xi,g'). \tag{4.9}$$

Denn aus (4.8) folgt $\alpha_*k(\xi,g)=\tau(H^n(g)\alpha_*c_n)=\tau(H^n(g')c_n)=k(\xi,g')$. Dabei wurde (3.6) benutzt. Wenn g und α vorgegeben sind, ist $g'=K(\alpha,n)g$ ein Isomorphismus, für den (4.9) gilt.

4.6 Es sei B eine zusammenhängende ss. Menge mit einem Basispunkt $*$, $n>0$ eine ganze Zahl und π eine abelsche Gruppe. Zu jedem Kozykel $u \in Z^{n+1}(B;\pi)$ gehört gemäß 3.9 eine ss. Abbildung $\hat{u}: B \to \mathrm{K}(\pi, n+1)$, die durch $\kappa_{n+1} \circ \hat{u} = (-1)^{n+1} u$ eindeutig bestimmt ist, wobei κ_{n+1} der fundamentale Kozykel (3.5) auf $\mathrm{K}(\pi, n+1)$ ist. Diese ss. Abbildung $\hat{u}$ induziert aus der minimalen Faserung $\eta_n = (\mathrm{L}(\pi, n+1), p, \mathrm{K}(\pi, n+1))$ die minimale Faserung $\xi_u = \hat{u}^* \eta_n = (X_u, p_u, B)$ mit der Faser $\mathrm{K}(\pi, n)$. Aus VII 4.9 folgt: Wenn B minimal ist und $\pi_{n+1}(B) = 0$ ist, ist die induzierte Totalmenge X_u minimal.

4.7 Die Faserung ξ_u, siehe 4.6, soll mit den Faserungen $\xi' = (X', p', B')$ verglichen werden, die folgende Eigenschaften mit ξ_u gemeinsam haben:
1. Die Basis B' ist zusammenhängend und mit einem Basispunkt $*$ versehen.
2. Die Faser über $*$ von ξ' ist gleich $\mathrm{K}(\pi', n)$.
3. Im Sinne von 4.3 operiert die Fundamentalgruppe $\pi_1(B')$ trivial auf π'.

Lemma: *a) Es sei $\bar{f}: (B', *) \to (B, *)$ eine ss. Abbildung. Genau dann, wenn es einen Homomorphismus $\varphi: \pi' \to \pi$ gibt, so daß*

(4.10) $$\varphi_* k(\xi') = \mathrm{H}^{n+1}(\bar{f})\,\mathrm{kl}\, u$$

ist, gibt es eine ss. Abbildung f (gestrichelt), so daß das Diagramm 4.2 *kommutativ ist:*

$$\begin{array}{ccc} X' & \overset{f}{\cdots\cdots\rightarrow} & X_u \\ {\scriptstyle p'}\downarrow & & \downarrow{\scriptstyle p_u} \\ B' & \underset{\bar{f}}{\longrightarrow} & B \end{array}$$

Dia. 4.2

b) Außer 1.–3. *gelte: Die Faserung ξ' und ihre Basis B' sind minimal. Es ist $\pi_{n+1}(B') = 0$. Die Abbildung $\bar{f}$ ist ein Isomorphismus. Daraus folgt: Genau dann, wenn f ein Isomorphismus ist, ist es φ.*

Beweis: 1. Die Abbildung f existiere. Sie induziert die ss. Abbildung $f': \mathrm{K}(\pi', n) \to \mathrm{K}(\pi, n)$ der Fasern. Diese ist nach 3.11 zu einem ss. Homomorphismus der Gestalt $\mathrm{K}(\varphi, n): \mathrm{K}(\pi', n) \to \mathrm{K}(\pi, n)$ homotop, wobei $\varphi: \pi' \to \pi$ ein (durch f' eindeutig bestimmter) Homomorphismus ist. Wenn f ein Isomorphismus ist, ist es auch f' und daher auch φ. Man muß noch (4.10) nachrechnen:

$$\mathrm{H}^{n+1}(\bar{f})\,\mathrm{kl}\, u = (-1)^{n+1}\, \mathrm{H}^{n+1}(\hat{u} \circ \bar{f})\, c_{n+1}(\pi) = \mathrm{H}^{n+1}(\hat{u} \circ f)\, \tau_\eta\, c_n(\pi)$$

aufgrund der Definitionen. (Mit τ_η ist die Transgression der Faserung η_n bezeichnet.)

$= \tau_{\xi'}\, \mathrm{H}^n(f')\, c_n(\pi)$, weil die Transgression natürlich ist.

$= \tau_{\xi'}\, \mathrm{H}^n(\mathrm{K}(\varphi, n))\, c_n(\pi) = \tau_{\xi'}\, \varphi_*\, c_n(\pi) = \varphi_*\, \tau_{\xi'}\, c_n(\pi')$.

$= \varphi_* k(\xi')$, nach (3.6) und weil die Transgression sich mit Koeffizientenhomomorphismen verträgt.

2. Der Homomorphismus φ existiere, und es gelte (4.10). Dann gibt es einen Kozykel $k\in Z^{n+1}(B',\pi')$ mit $\operatorname{kl} k=k(\xi')$ und eine Kokette $a\in C^n(B',\pi)$, so daß $\varphi\circ k-u\circ\bar{f}=\delta a$ ist. – Aufgrund der Definition der Transgression gibt es eine Kokette $v\in C^n(X',\pi')$, so daß

$$k\circ p'=\delta v \tag{4.11}$$

und

$$v|K(\pi',n)=\kappa_n(\pi') \tag{4.12}$$

ist. Dabei wird $K(\pi',n)$ als Untermenge von X' aufgefaßt. – Nach 3.9a) gibt es eine ss. Abbildung $\hat{v}\colon X'\to L(\pi,n+1)$, so daß $\kappa_n(\pi')\circ\hat{v}=\varphi\circ v-a\circ p'$ ist. Mit p werde die Projektion der Faserung η_n bezeichnet. Dann ist

$$\begin{aligned}
\kappa_{n+1}\circ p\circ\hat{v} &=(-1)^{n+1}(\delta\kappa_n)\circ\hat{v} \quad \text{nach (4.6).}\\
&=(-1)^{n+1}\delta(\kappa_n\circ\hat{v})=(-1)^{n+1}\delta(\varphi\circ v-a\circ p').\\
&=(-1)^{n+1}(\varphi\circ(\delta v)-(\delta a)\circ p')\\
&=(-1)^{n+1}(\varphi\circ k-\delta a)\circ p' \quad \text{nach (4.11).}\\
&=(-1)^{n+1}u\circ\bar{f}\circ p' \quad \text{nach der Wahl von } k \text{ und } a.\\
&=\kappa_{n+1}\circ\hat{u}\circ\bar{f}\circ p' \quad \text{nach der Definition von } \hat{u}.
\end{aligned}$$

Wegen 3.9a) folgt daraus, daß $p\circ\hat{v}=\hat{u}\circ f\circ p'$ ist. Wegen der universellen Eigenschaft der induzierten Faserung ξ_u gibt es daher eine ss. Abbildung f (gestrichelt), so daß das Diagramm 4.3 kommutativ ist. Damit ist a) bewiesen. – Zu b): Auf der Faser induziert $\tilde{u}$ die identische Abbildung. Darum induziert wegen Dia. 4.2 $\bar{f}$ auf der Faser die Abbildung

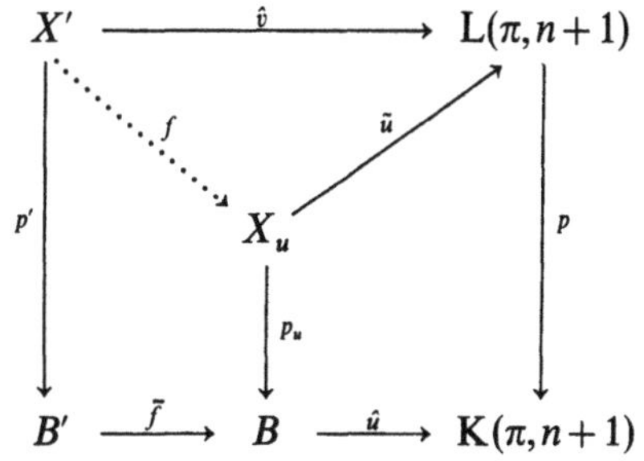

Dia. 4.3

$f'=\hat{v}|K(\pi',n)=K(\varphi,n)$. Letzteres folgt aus (4.12) und der Definition von $\hat{v}$. Durch f', $\bar{f}$ und f sind die exakten Homotopiesequenzen von ξ' und ξ_u zum kommutativen Diagramm 4.4 verbunden. Daraus folgt, daß $\pi_q(f)$ für alle q ein Isomorphismus ist, weil $\bar{f}$ und $f'=K(\varphi,n)$ nach Voraus-

$$\begin{array}{ccccccccc}
\pi_{q+1}(B') & \to & \pi_q(K(\pi',n)) & \to & \pi_q(X') & \to & \pi_q(B') & \to & \pi_{q-1}(K(\pi',n))\\
\cong\downarrow \pi_{q+1}(\bar{f}) & & \cong\downarrow \pi_q(f') & & \cong\downarrow \pi_q(f) & & \cong\downarrow \pi_q(\bar{f}) & & \cong\downarrow \pi_{q-1}(f')\\
\pi_{q+1}(B) & \to & \pi_q(K(\pi,n)) & \to & \pi_q(X_u) & \to & \pi_q(B) & \to & \pi_{q-1}(K(\pi,n))
\end{array}$$

Dia. 4.4

setzung Isomorphismen sind. Wegen VII 7.1 ist dann f selbst ein Isomorphismus.

Aus dem Lemma folgt:

4.8 Klassifikationssatz: *Es sei $n>0$ und B eine zusammenhängende minimale Kan-Menge mit $\pi_{n+1}(B)=0$. Man stiftet eine umkehrbar eindeutige Beziehung zwischen den strengen Isomorphieklassen von minimalen Faserungen über B, die die Eigenschaften* 1. *und* 2., *siehe unten, haben und den* $\mathrm{Aut}\,\pi$*-Äquivalenzklassen der Elemente von* $\mathrm{H}^{n+1}(B,\pi)$, *indem man jeder Faserung ξ die charakteristische Klasse $\bar{k}(\xi)$ zuordnet.*

1. *Die Faser von ξ ist isomorph zu* $\mathrm{K}(\pi,n)$.
2. *Die Fundamentalgruppe $\pi_1(B)$ operiert trivial auf π im Sinne von* 4.3.

5. Das Postnikov-System

Das Postnikov-System ist ein vollständiges Invariantensystem für den Isomorphietyp der zusammenhängenden minimalen Kan-Mengen, daher wegen I 8.12 auch für den Homotopietyp zusammenhängender, nicht notwendig minimaler Kan-Mengen und deswegen nach dem Schluß von VII 10.10 auch für den Homotopietyp zusammenhängender topologischer Räume, die zu CW-Komplexen homotopieäquivalent sind.

5.1 Es sei X eine ss. Menge, $x\in X_q$. Unter dem n-Gerüst x^n von x versteht man die Beschränkung von $x\colon \Delta(q)\to X$ auf $\Delta(q)^n$. Zwei Simplexe $x,y\in X_q$ heißen n-äquivalent ($x\overset{n}{\sim}y$), wenn $x^n=y^n$ ist. Mit

$$X^{(n)}=X/\overset{n}{\sim}$$

wird die ss. Quotientenmenge bezeichnet. Es ist also $X^{(n)}=\{x^n\,|\,x\in X_q\}$ und $\alpha^*x^n=(\alpha^*x)^n$. Eine ss. Abbildung $f\colon X\to Y$ bestimmt die ss. Abbildung $f^{(n)}\colon X^{(n)}\to Y^{(n)}$, $x^n\mapsto f(x)^n$. Die Zuordnungen

$$\bar{p}_n\colon X\to X^{(n)},\quad x\mapsto x^n,\quad \text{und}\quad p_n\colon X^{(n+1)}\to X^{(n)},\quad x^{n+1}\mapsto x^n,$$

sind wohldefinierte, natürliche, surjektive ss. Abbildungen. Die natürliche Folge

$$(5.1)\qquad \cdots\longrightarrow X^{(n+1)}\xrightarrow{p_n}X^{(n)}\longrightarrow\cdots\longrightarrow X^{(1)}\xrightarrow{p_0}X^{(0)}$$

heißt *Postnikov-Zerlegung* von X.

5.2 Satz: *a) Für alle n gilt*

$$\bar{p}_n=p_n\bar{p}_{n+1}.$$

b) Auf die n-Gerüste beschränkt sind $\bar{p}_n$ und p_n Isomorphismen.
c) Es sei $f: X \to Y$ eine ss. Abbildung. Genau dann, wenn $f^n = f|X^n$: $X^n \to Y^n$ ein Isomorphismus ist, ist $f^{(n)}$: $X^{(n)} \to Y^{(n)}$ ein Isomorphismus.
d) Zwei ss. Mengen sind genau dann isomorph, wenn ihre Postnikov-Zerlegungen isomorph sind.

Im folgenden sei X eine zusammenhängende Kan-Menge.
e) Die Tripel $(X, \bar{p}_n, X^{(n)})$ und $\xi_n(X) = (X^{(n+1)}, p_n, X^{(n)})$ sind Faserungen.
f) Es ist $\pi_q(\bar{p}_n)$: $\pi_q(X) \xrightarrow{\cong} \pi_q(X^{(n)})$ für alle $q \leq n$ ein Isomorphismus und $\pi_q(X^{(n)}) = 0$ für $q > n$.

Nun sei X außerdem minimal.
g) Dann sind $X^{(n)}$ und $\xi_n(X)$ minimal, und die Faser von $\xi_n(X)$ ist zu $\mathrm{K}(\pi_{n+1}(X), n+1)$ isomorph.
h) Genau dann, wenn X $(n+1)$-einfach ist, $n \geq 1$, operiert in $\xi_n(X)$ die Fundamentalgruppe $\pi_1(X^{(n)})$ der Basis im Sinne von 4.3 trivial auf $\pi_{n+1}(X)$.

5.3 Beweis: a)–c) folgt aus den Definitionen, d) folgt aus c). –
Zu e): Es sei $(x_0, \ldots, -, \ldots, x_q)$ ein Trichter in X, der über den Seiten von $y^n \in X_q^{(n)}$ liegt. Für $q \leq n+1$ ist dann y eine Füllung des Trichters, weil $\bar{p}_n^n$ nach b) ein Isomorphismus ist. Für $q > n+1$ wählt man irgendeine Füllung x des Trichters. Das n-Gerüst von x ist durch den Trichter bestimmt. Folglich ist $p_n(x) = x^n = y^n$. Damit ist gezeigt, daß $(X, \bar{p}_n, X^{(n)})$ eine Faserung ist. Aus I 6.3 b) folgt, daß $X^{(n)}$ eine Kan-Menge ist. Daß auch $(X^{(n+1)}, p_n, X^{(n)})$ eine Faserung ist, beweist man genauso. –
f) folgt aus der Definition der Homotopiegruppen und b). –
Zu g): Wenn die Totalmenge einer Faserung minimal ist, sind die Faserung, ihre Faser und ihre Basis minimal. Weil man eine Faserung $(X, \bar{p}, X^{(n)})$ hat, ist also $X^{(n)}$ für alle n minimal. Daher ist auch $\xi_n(X)$ minimal, weil ihre Totalmenge $X^{(n+1)}$ minimal ist. Ferner ist die Faser von $\xi_n(X)$ minimal. Aus f) und der exakten Homotopiesequenz VII (4.2) folgt, daß alle Homotopiegruppen der Faser außer den $(n+1)$-ten verschwinden. Die $(n+1)$-te ist zu $\pi_{n+1}(X)$ isomorph. Wegen 3.5 d) ist die Faser daher zu $\mathrm{K}(\pi_{n+1}(X), n+1)$ isomorph. –
Zu h): Es sei $* \in X_0 = X_0^{(n)}$ ein Basispunkt und Y die Faser über $*$, die nach g) zu $\mathrm{K}(\pi_{n+1}(X), n+1)$ isomorph ist. Das Operieren von $\pi_1(X) = \pi_1(X^{(n)})$ auf $\pi_{n+1}(X)$ im Sinne von 4.3 wird folgendermaßen beschrieben: Es sei $w \in X_1 = X_1^{(n)}$ und $Dw = *$. Gemäß VI 5.3 bildet man zu w die Homotopie h: $Y \times I \to X^{(n+1)}$ und dazu die ss. Abbildung $\sigma(h)$: $Y \to Y$. Im Sinne von 4.3 operiert w als $\pi_{n+1}(\sigma(h))$ $(= \mathrm{H}_{n+1}(\sigma(h))$ wegen des Hurewiczschen Isomorphiesatzes) auf $\pi_{n+1}(X)$. – Genauso läßt sich das Operieren von w auf $\pi_{n+1}(X)$ im Sinne von VII 6.2 beschreiben: Denn jedes Element $x \in X_{n+1} = X_{n+1}^{(n+1)}$ mit $Dx = *$ liegt bereits in Y. Man bildet

$$H: \Delta(n+1) \times I \xrightarrow{x \times \mathrm{id}} Y \times I \xrightarrow{h} X^{(n+1)}.$$

Es ist $H(v,t)=h(*,t)=w(t)$ für alle $v\in\dot{\Delta}(n+1)$, $t\in I$, also mit $o(w)$ in der Bedeutung von VII 6.2:

$$o(w)\,\mathrm{kl}\,x=\mathrm{kl}(H([n+1],1)=\mathrm{kl}\,h(x,1)=\mathrm{kl}\,\sigma(h)(x)=\pi_{n+1}(\sigma(h))\,\mathrm{kl}\,x.$$

Das Operieren im Sinne von 4.3 ist also genau dann trivial, wenn das Operieren im Sinne von VII 6.2 trivial ist, d. h., wenn X $(n+1)$-einfach ist.

5.4 Aus 5.3 g + h) folgt, daß für eine zusammenhängende, minimale Kan-Menge X, die in den Dimensionen ≥ 2 einfach ist, die Faserung $\xi_n(X)$ die charakteristische Klasse

$$\bar{k}_{n+2}(X)=\bar{k}_{n+2}(\xi_n(X))\in \mathrm{H}^{n+2}(X^{(n)},\pi_{n+1})/\mathrm{Aut}\,\pi_{n+1}$$

besitzt, siehe 4.5. Dabei ist $\pi_{n+1}=\pi_{n+1}(X)$. Sie heißt $(n+2)$-te *Postnikov-Invariante* von X. In den folgenden Nummern soll präzisiert und bewiesen werden:

Bis auf Isomorphie ist X durch die Folge der Homotopiegruppen $\pi_1(X),\pi_2(X),\ldots$ und der Postnikov-Invarianten $\bar{k}_3(X),\bar{k}_4(X),\ldots$ eindeutig bestimmt. Beide Folgen können beliebig vorgegeben werden.

5.5 Unter einem *Postnikov-System P* versteht man eine Folge von Gruppen $\pi_1,\pi_2,\ldots$, die von π_2 ab abelsch sind, und von Kozykeln $k_{n+2}\in Z^{n+2}(P(n);\pi_{n+1})$, $n=1,2,\ldots$, wobei die ss. Mengen $P(n)$ induktiv definiert werden: $P(0)=\Delta(0)$, $P(1)=\mathrm{K}(\pi_1,1)$. Wenn $P(n)$ bekannt ist, gehört nach 4.6 zu k_{n+2} eine Faserung $\xi_{k_{n+2}}=(P(n+1),p_n,P(n))$. Man erhält so die Folge

$$(5.2)\qquad \cdots \longrightarrow P(n+1) \xrightarrow{p_n} P(n) \longrightarrow \cdots \xrightarrow{p_1} P(1) =K(\pi_1,1) \xrightarrow{p_0} \Delta(0).$$

Sie heißt *Postnikov-Folge* des Systems P. Nach 4.6 ist $P(n)$ für jedes n eine zusammenhängende, minimale ss. Menge. Aus der exakten Homotopiesequenz der Faserung $\xi_{k_{n+2}}$ mit der Faser $\mathrm{K}(\pi_{n+1},n+1)$ ergibt sich, daß $\pi_q(p_n)\colon \pi_q(P(n+1))\to\pi_q(P(n))$ für $q\leq n$ ein Isomorphismus ist, daß $\pi_{n+1}(P(n+1))\cong\pi_{n+1}$ und $\pi_q(P(n+1))=0$ für $q>n+1$ ist.

Zwei Postnikov-Systeme $P=\{\pi_1,\pi_2,\ldots;k_3,k_4,\ldots\}$ und $P'=\{\pi'_1,\pi'_2,\ldots;k'_3,k'_4,\ldots\}$ heißen isomorph, wenn ihre Postnikov-Folgen (5.2) isomorph sind. Wenn man bereits das n-te Glied des Folgenisomorphismus hat: $f(n)\colon P(n) \xrightarrow{\cong} P'(n)$, hat man wegen 4.7 folgende notwendige und hinreichende Bedingung für die Existenz des Isomorphismus $f(n+1)$: Es gibt einen Isomorphismus $\varphi_{n+1}\colon \pi_{n+1}\to\pi'_{n+1}$, so daß $(\varphi_{n+1})_*(\mathrm{kl}\,k_{n+2}) =\mathrm{H}^{n+2}(f(n))(\mathrm{kl}\,k'_{n+2})$ ist.

5.6 Satz: *Es besteht eine umkehrbare eindeutige Beziehung zwischen den Isomorphieklassen zusammenhängender, minimaler Kan-Mengen, die* *in den Dimensionen $n \geq 2$ einfach sind, und den Isomorphieklassen von Postnikov-Systemen.*

Beweis: 1. Einer solchen Kan-Menge X ordnet man folgendermaßen ein Postnikov-System $P=(\pi_1,\pi_2,\ldots;k_3,k_4,\ldots)$ zu, dessen Gruppen $\pi_i=\pi_i(X)$ sind: Man bildet die Postnikov-Zerlegung (5.1) von X. Es ist $X^{(0)}=$ Punkt und $X^{(1)}\cong \mathrm{K}(\pi_1,1)$ nach 5.3f+g). Man wählt einen Isomorphismus $f(1)\colon X^{(1)} \xrightarrow{\cong} \mathrm{K}(\pi_1,1)=P(1)$. Es gibt einen Kozykel k_3, so daß $k_3\circ f(1)$ die Postnikov-Invariante $\bar{k}_3(X)$ repräsentiert. Nach 4.7 gibt es einen Isomorphismus $f(2)\colon X^{(2)} \xrightarrow{\cong} P(2)$, so daß das Diagramm 5.1 kommutativ ist. Es gibt einen Kozykel k_4, so daß $k_4\circ f(2)$ die Postnikov-Invariante $\bar{k}_4(X)$ repräsentiert, usw.:

$$\begin{array}{ccccc} X^{(2)} & \longrightarrow & X^{(1)} & \longrightarrow & \Delta(0) \\ \cong\downarrow f(2) & & \cong\downarrow f(1) & & \| \\ P(2) & \longrightarrow & P(1) & \longrightarrow & \Delta(0) \end{array}$$

Dia. 5.1

2. Das Postnikov-System P wird also so konstruiert, daß seine Postnikov-Folge zur Postnikov-Zerlegung von X isomorph ist. Wegen 5.2d) werden deshalb isomorphen Kan-Mengen isomorphe Postnikov-Systeme zugeordnet.

3. Einem Postnikov-System $P=(\pi_1,\pi_2,\ldots;k_3,k_4,\ldots)$ ordnet man folgendermaßen eine Kan-Menge X zu: Man bildet die Postnikov-Folge (5.2) des Systems P und wählt X als den inversen Limes dieser Folge, d.h.: Die n-Simplexe von X besteht aus allen Folgen $(x_0,x_1,x_2,\ldots)$ von n-Simplexen $x_i\in P(i)_n$, für die $p_i(x_{i+1})=x_i$ gilt. Die Operatoren werden durch $\alpha^*(x_0,x_1,x_2,\ldots)=(\alpha^*x_0,\alpha^*x_1,\alpha^*x_2,\ldots)$ definiert.

4. Man betrachtet die Postnikov-Folge (5.2). Da p_{n+1} in den Dimensionen $\leq n$ Isomorphismen der Homotopiegruppen induziert, ist nach VII 7.1 $p^n_{n+1}=p_{n+1}|P(n+1)^n\colon P(n+1)^n\to P(n)^n$ ein Isomorphismus. Die kanonische Projektion $P(n)\to P(n)^n$ induziert nach 5.3f) Isomorphismen der Homotopiegruppen in den Dimensionen $\leq n$. In den Dimensionen $>n$ verschwinden aber die Homotopiegruppen von $P(n)$ und $P(n)^n$. Folglich induziert die Projektion Isomorphismen aller Homotopiegruppen und ist darum nach VII 7.1 selbst ein Isomorphismus. Durch ihn werde $P(n)$ mit $P(n)^{(n)}$ identifiziert.

Es sei $\bar{p}_n\colon X\to P(n)$, $(x_0,x_1,\ldots,x_n,\ldots)\mapsto x_n$. Da p^q_{q+1} für alle q ein Isomorphismus ist, ist $\bar{p}^n_n$ ein Isomorphismus und folglich nach 5.3c) auch $\bar{p}^{(n)}_n\colon X^{(n)}\to P(n)^{(n)}=P(n)$. Diese $\bar{p}^{(n)}_n$ bilden eine Isomorphie zwischen der Postnikov-Zerlegung von X und der Postnikov-Folge von P. Nach 5.2 ist daher X zusammenhängend, minimal und in allen Dimensionen ≥ 2 einfach. Insbesondere gehören zu isomorphen Postnikov-Systemen isomorphe Kan-Mengen.

5. Aus 2. und 4. folgt, daß die beiden in 1. und 3. definierten Zuordnungen zwischen den Isomorphieklassen sinnvoll und zueinander invers sind.

5.7 Abelsche ss. Gruppen: *Eine Kan-Menge X hat genau dann den Homotopietyp einer a.ss. Gruppe, wenn sie einfach ist und alle ihre Postnikov-Invarianten* $\bar{k}_n(X)=0$ *sind,* $n=3,4,\ldots$

Beweis: Es seien $\pi_n, n=1,2,\ldots$, die Homotopiegruppen von X. Nach 3.6 hat X genau dann den Homotopietyp einer a.ss. Gruppe, wenn es zu $\prod_{n=1}^{\infty} K(\pi_n, n)$ homotopieäquivalent ist. Nach 5.6 Beweis 3. gehört zu dem Postnikov-System $(\pi_1, \pi_2, \ldots; k_3=0, k_4=0, \ldots)$ dieses unendliche Produkt. Da die Beziehung zwischen den Postnikov-Systemen und Homotopietypen umkehrbar ist, folgt die Behauptung.

IX. Kohomologieoperationen

Im V. Kapitel wurden für die ss. Mengen nicht nur Kohomologiemoduln eingeführt sondern auch einige natürliche Abbildungen zwischen den Kohomologiemoduln definiert, wie die Koeffizienten- und Bockstein-Homomorphismen und Potenzen im Sinne des Cupproduktes. Man nennt solche bezüglich X natürliche Abbildungen

$$(*) \qquad \Omega\colon \mathrm{H}^n(X;\pi)\to \mathrm{H}^q(X;G)$$

Kohomologieoperationen. Sie brauchen keine Homomorphismen zu sein. Die Potenzen im Sinne des Cupproduktes sind es im allgemeinen auch nicht. Im ersten Abschnitt werden die Kohomologieoperationen für Paare $A\subset X$ von ss. Mengen und von topologischen Räumen definiert. In beiden Fällen stimmen die Kohomologieoperationen überein. Zweiter Abschnitt: Für die allgemeine Theorie der Kohomologieoperationen ist von grundlegender Bedeutung, daß sämtliche Kohomologieoperationen (*) umkehrbar eindeutig den Kohomologieklassen in $\mathrm{H}^q(\mathrm{K}(\pi,n);G)$ entsprechen, wobei $\mathrm{K}(\pi,n)$ die Eilenberg-MacLane-Menge ist. Die folgenden Abschnitte vom dritten an dienen dazu, die für die Anwendungen wichtigsten Kohomologieoperationen, nämlich die Steenrodschen reduzierten Potenzen, zu definieren und ihre grundlegenden Eigenschaften zu beweisen. Die Liste dieser Eigenschaften findet man in 3.1 + 2. Die Nummer 3.6 bringt einen Überblick über die langwierigen Konstruktion der reduzierten Potenzen. Es handelt sich um eine Übertragung von Steenrods [2–4] Originalkonstruktion auf ss. Mengen.

1. Kohomologieoperationen

1.1 Es seien n und q zwei ganze Zahlen $\geq 0, \pi$ und G zwei abelsche Gruppen. Unter eine *Kohomologieoperation* Ω vom Typ (n,π,q,G) versteht man: Jedem Paar $A\subset X$ von ss. Mengen ist eine Abbildung (nicht notwendig ein Homomorphismus)

$$\Omega_{(X,A)}\colon \mathrm{H}^n(X,A;\pi)\to \mathrm{H}^q(X,A;G)$$

zugeordnet, so daß für jede ss. Abbildung $f\colon (Y,B)\to(X,A)$ das Diagramm 1.1 kommutativ ist. Man nennt diese Eigenschaft Natürlichkeit. Wenn $\Omega_{(X,A)}$ für alle Paare $A\subset X$ ein Homomorphismus ist, heißt Ω *additiv*.

$$\begin{array}{ccc} \mathrm{H}^n(X,A;\pi) & \xrightarrow{\Omega_{(X,A)}} & \mathrm{H}^q(X,A;G) \\ \Big\downarrow{\scriptstyle \mathrm{H}^n(f)} & & \Big\downarrow{\scriptstyle \mathrm{H}^q(f)} \\ \mathrm{H}^n(Y,B;\pi) & \xrightarrow{\Omega_{(Y,B)}} & \mathrm{H}^q(Y,B;G) \end{array} \qquad \text{Dia. 1.1}$$

Im allgemeinen läßt man bei $\Omega_{(X,A)}$ den Index (X,A) weg.

1.2 Es sei r eine ganze Zahl. Unter einer *stabilen Kohomologieoperation* Ω vom Typ (r,π,G) versteht man eine Folge $\Omega_0,\Omega_1,\ldots,\Omega_n,\ldots$ von Kohomologieoperationen, wobei Ω_n den Typ $(n,\pi,n+r,G)$ hat und für jedes Paar $A\subset X$ das Diagramm 1.2 kommutativ ist. Dabei bedeutet δ^* den verbindenden Homomorphismus des Paares $A\subset X$. Die ganze Zahl r heißt Grad von Ω. Auch hier läßt man den Index n meist weg.

$$\begin{array}{ccc} \mathrm{H}^n(A;\pi) & \xrightarrow{\Omega_n} & \mathrm{H}^{n+r}(A;G) \\ \Big\downarrow{\scriptstyle \delta^*} & & \Big\downarrow{\scriptstyle \delta^*} \\ \mathrm{H}^{n+1}(X,A;\pi) & \xrightarrow{\Omega_{n+1}} & \mathrm{H}^{n+r+1}(X,A;G) \end{array} \qquad \text{Dia. 1.2}$$

1.3 Satz: *a) Die Koeffizientenhomomorphismen sind stabile Kohomologieoperationen.*
b) Die Bockstein-Homomorphismen β sind antistabile Kohomologieoperationen, d.h.

$$\delta^*\beta=-\beta\delta^*.$$

c) Es sei Ω eine stabile Kohomologieoperation und (E,p,B) eine Faserung mit der Faser Y. Für jede transgressive Kohomologieklasse $u\in\mathrm{H}^*(Y)$ ist auch $\Omega u\in\mathrm{H}^*(B)$ transgressiv. Wenn die Transgression τ ein Homomorphismus ist, verträgt sie sich mit Ω: $\tau\Omega=\Omega\tau$.
d) Eine Kohomologieoperation Ω ist genau dann stabil, wenn sie sich mit der Einhängung E^*, V 2.6, *verträgt: $E^*\Omega=\Omega E^*$.*
e) Die Kohomologieoperation Ω sei stabil. Wenn für eine unendliche, streng monotone Folge ganzer Zahlen $0\leq n_1<n_2<\cdots$ gilt $\Omega_n=0$, ist $\Omega=0$.

Beweis: a+b) folgen aus V 2.10c), c) aus der Definition der Transgression VI (6.10), d) aus V (2.15+17). Zu e) zeigt man: Wenn $\Omega_n=0$ ist, ist $\Omega_{n-1}=0$. Denn es sei $u\in\mathrm{H}^{n-1}(X)$. Dann ist $E^*\Omega u=\Omega E^* u=0$, also $\Omega u=0$, weil E^* ein Isomorphismus ist.

1.4 Analog zu den Kohomologieoperationen für ss. Mengen kann man solche für die singuläre Kohomologietheorie topologischer Räume definieren, indem man in den Definitionen 1.1+2 „ss. Menge" durch „topologischen Raum" und „ss. Abbildung" durch „stetige Abbildung" ersetzt. Zwischen den Kohomologieoperationen für ss. Mengen und topologische Räume besteht folgende umkehrbar eindeutige Beziehung: Der Operation Ω vom Typ (n, π, q, G) für ss. Mengen ordnet man die Operation

$$\Omega'_{(X,A)}\colon \mathrm{H}^n(X,A;\pi) = \mathrm{H}^n(SX,SA;\pi) \xrightarrow{\Omega_{(SX,SA)}} \mathrm{H}^q(SX,SA;G) = \mathrm{H}^q(X,A;G)$$

für topologische Räume $A \subset X$ zu und umgekehrt der Operation U vom Typ (n, π, q, G) für topologische Räume die Operation

$$\begin{aligned} U^*_{(K,L)} \colon \mathrm{H}^n(K,L;\pi) &\xrightarrow[\cong]{\mathrm{H}^n(i)^{-1}} \mathrm{H}^n(S|K|,S|L|;\pi) \\ = \mathrm{H}^n(|K|,|L|;\pi) &\xrightarrow{U_{(|K|,|L|)}} \mathrm{H}^q(|K|,|L|;G) \\ = \mathrm{H}^q(S|K|,S|L|;G) &\xrightarrow[\cong]{\mathrm{H}^q(i)} \mathrm{H}^q(K,L;G) \end{aligned}$$

für ss. Mengen $L \subset K$. Dabei ist $i\colon (K,L) \to (S|K|, S|L|)$ die natürliche Einbettung II (5.6), die nach V 8.9 Bemerkung Isomorphismen in der Kohomologie induziert. Offenbar entsprechen bei diesen Zuordnungen stabile Operationen einander. Es muß nur noch bewiesen werden:

Satz: *Es ist* $\Omega'^* = \Omega$ *und* $U^{*\prime} = U$.

Beweis: Zu $\Omega'^* = \Omega$: Im Diagramm 1.3 ist das rechte Viereck wegen der Natürlichkeit von Ω und das linke Viereck nach der Definition von Ω' kommutativ. Also ist

$$\Omega'^*_{(K,L)} = \mathrm{H}^q(i) \circ \Omega'_{(|K|,|L|)} \circ \mathrm{H}^n(i)^{-1} = \Omega_{(K,L)}.$$

$$\begin{array}{ccccc} \mathrm{H}^n(|K|,|L|;\pi) & = & \mathrm{H}^n(S|K|,S|L|;\pi) & \xrightarrow{\mathrm{H}^n(i)} & \mathrm{H}^n(K,L;\pi) \\ \downarrow{\scriptstyle \Omega'_{(|K|,|L|)}} & & \downarrow{\scriptstyle \Omega_{(S|K|,S|L|)}} & & \downarrow{\scriptstyle \Omega_{(K,L)}} \\ \mathrm{H}^q(|K|,|L|;G) & = & \mathrm{H}^q(S|K|,S|L|;G) & \xrightarrow{\mathrm{H}^q(i)} & \mathrm{H}^q(K,L;G) \end{array}$$

Dia. 1.3

Zu $U^{*\prime} = U$: Im Diagramm 1.4 sind die Dreiecke trivialerweise kommutativ. Das linke Viereck ($j\colon (|SX|,|SY|) \to (X,Y)$ ist die kanonische Projektion II (5.7)) ist wegen der Natürlichkeit von U, das rechte Viereck nach der Definition von U^* kommutativ. Nach II (5.8) ist $Sj \circ i = \mathrm{id}$.

$$\begin{array}{ccccccc} \mathrm{H}^n(SX,SY;\pi) & & \xrightarrow{\mathrm{H}^n(Sj)} & & \searrow & & \\ \| & & & & & & \\ \mathrm{H}^n(X,Y;\pi) & \xrightarrow{\mathrm{H}^n(j)} & \mathrm{H}^n(|SX|,|SY|;\pi) & = & \mathrm{H}^n(S|SX|,S|SY|;\pi) & \xrightarrow{\mathrm{H}^n(i)} & \mathrm{H}^n(SX,SY;\pi) \\ \downarrow{\scriptstyle U_{(X,Y)}} & & \downarrow{\scriptstyle U_{(S|X|,S|Y|)}} & & & & \downarrow{\scriptstyle U^*_{(SX,SY)}} \\ \mathrm{H}^q(X,Y;G) & \xrightarrow{\mathrm{H}^q(j)} & \mathrm{H}^q(|SX|,|SY|;G) & = & \mathrm{H}^q(S|SX|,S|SY|;G) & \xrightarrow{\mathrm{H}^q(i)} & \mathrm{H}^q(SX,SY;G) \\ \| & & & & \nearrow & & \\ \mathrm{H}^q(SX,SY;G) & & \xrightarrow{\mathrm{H}^q(Sj)} & & & & \end{array}$$

Dia. 1.4

Daher ist das Diagramm 1.5 kommutativ. Das bedeutet nach der Definition von $U^{*\prime}$: $U = U^{*\prime}$.

$$\begin{array}{ccc} \mathrm{H}^n(X,Y;\pi) & \xrightarrow{U_{(X,Y)}} & \mathrm{H}^q(X,Y;G) \\ \| & & \| \\ \mathrm{H}^n(SX,SY;\pi) & \xrightarrow{U^*_{(SX,SY)}} & \mathrm{H}^q(SX,SY;G) \end{array} \qquad \text{Dia. 1.5}$$

2. Einige Eigenschaften der Kohomologieoperationen

2.1 Die Kohomologieoperationen vom Typ (n,π,q,G) sind für $n=0$ oder $q=0$ nicht weiter interessant. Man kann sie aufgrund der Definition in 1.1 alle bestimmen. Das Ergebnis – der Beweis bleibt dem Leser überlassen – ist

Satz: *Die Kohomologieoperationen vom Typ* $(0,\pi,0,G)$ *entsprechen umkehrbar eindeutig den Abbildungen* $\pi \to G$ *(es brauchen keine Homomorphismen sein). Wenn* $\pi \to G$ *ein Homomorphismus ist, ist die entsprechende Kohomologieoperation additiv. Jede Kohomologieoperation vom Typ* $(0,\pi,n,G)$ *bzw.* $(n,\pi,0,G)$ *ist für* $n>0$ *die Nulloperation.*

2.2 Satz: *Es sei* $n>0$ *und* $q>0$. *Zu jedem Element* $w \in \mathrm{H}^q(\mathrm{K}(\pi,n);G)$ *gibt es genau eine Kohomologieoperation* Ω *vom Typ* (n,π,q,G) *mit* $\Omega c = w$, *wobei* c *die Fundamentalklasse in* $\mathrm{H}^n(\mathrm{K}(\pi,n);\pi)$ *ist.*

Beweis: Es sei $A \subset X$ ein Paar von ss. Mengen und $a \in \mathrm{H}^n(X,A;\pi)$. Nach VIII (3.10) gibt es eine bis auf Homotopie eindeutig bestimmte ss. Abbildung $f\colon (X,A) \to (\mathrm{K}(\pi,n),*)$ mit $\mathrm{H}^n(f)(c) = a$. – 1. Eindeutigkeit: Es seien Ω und Ω' zwei Kohomologieoperationen mit $\Omega c = \Omega' c = w$. Dann ist $\Omega a = \Omega \mathrm{H}^n(f)(c) = \mathrm{H}^q(f)(\Omega c) = \mathrm{H}^q(f)(w) = \mathrm{H}^q(f)(\Omega' c) = \Omega' \mathrm{H}^n(f)(c) = \Omega' a$. – 2. Existenz: Man definiert Ω durch $\Omega a = \mathrm{H}^q(f)(w)$. Diese Definition ist sinnvoll, da $\mathrm{H}^q(f)$ durch a eindeutig bestimmt ist. Man muß zeigen, daß Ω natürlich ist: Es sei $g\colon (Y,B) \to (X,A)$ eine ss. Abbildung. Dann ist $fg\colon (Y,B) \to (\mathrm{K}(\pi,n),*)$ eine Abbildung mit $\mathrm{H}^n(fg)(c) = \mathrm{H}^n(g)(a)$. Nach der Definition von Ω ist also $\Omega \mathrm{H}^n(g)(a) = \mathrm{H}^q(fg)(w) = \mathrm{H}^q(g)(\Omega a)$.

Es bedeutet also gleich viel, die Kohomologieoperationen vom Typ (n,π,q,G) oder $\mathrm{H}^q(\mathrm{K}(\pi,n);G)$ zu kennen. Da $\mathrm{H}^q(\mathrm{K}(\pi,n);G)$ für $0 \leq q \leq n+1$ bekannt ist, ergeben sich folgende Eigenschaften der entsprechenden Kohomologieoperationen:

2.3 Satz: *a) Jede Kohomologieoperation vom Typ* (n,π,q,G) *ist für* $q<n$ *die Nulloperation.*

b) Für $n>0$ sind die Koeffizientenhomomorphismen die einzigen Kohomologieoperationen vom Typ (n,π,n,G).
c) Die Bockstein-Homomorphismen sind die einzigen Kohomologieoperationen vom Typ $(n,\pi,n+1,G)$.

Beweis: a) Die Behauptung stimmt nach 2.1 für $q=0$. Nach VIII 3.7b) ist $\mathrm{H}^q(\mathrm{K}(\pi,n);G)=0$ für $0<q<n$. Wegen 2.2 folgt die Behauptung für $0<q$.

Nach VIII 3.7b) entspricht jedem $w\in\mathrm{H}^n(\mathrm{K}(\pi,n),G)$ ein Homomorphismus $\varphi:\pi\to G$, und das Diagramm 2.1 ist kommutativ. Es ist $p(c)=\mathrm{id}_\pi$, $p(w)=\varphi$ und $\mathrm{Hom}(\mathrm{id},\varphi)(\mathrm{id}_\pi)=\varphi$. Es folgt $\varphi_*(c)=w$. Aus 2.2 folgt dann die Behauptung.

$$\begin{array}{ccc} \mathrm{H}^n(K(\pi,n);\pi) & \xrightarrow[p]{\cong} & \mathrm{Hom}(\pi,\pi) \\ \Big\downarrow{\scriptstyle\varphi_*} & & \Big\downarrow{\scriptstyle\mathrm{Hom}(\mathrm{id},\varphi)} \\ \mathrm{H}^n(\mathrm{K}(\pi,n);G) & \xrightarrow[p]{\cong} & \mathrm{Hom}(\pi,G) \end{array}$$

Dia. 2.1

c) Nach VIII 3.7b) besteht ein Isomorphismus

$$i:\mathrm{Ext}(\pi,G)\xrightarrow{\cong}\mathrm{H}^{n+1}(\mathrm{K}(\pi,n);G),$$

wobei i der Monomorphismus des universellen Koeffiziententheorems ist. Somit gibt es zu jedem $w\in\mathrm{H}^{n+1}(\mathrm{K}(\pi,n);G)$ genau ein $a\in\mathrm{Ext}(\pi,G)$ mit $i(a)=w$. Diesem a entspricht eine bis auf Äquivalenz eindeutig bestimmte exakte Sequenz $0\to G\to\pi'\to\pi\to 0$. Zu dieser Sequenz gehören 1. ein verbindender Homomorphismus $\delta:\mathrm{Hom}(H,\pi)\to\mathrm{Ext}(H,G)$, wobei H eine beliebige abelsche Gruppe ist, und 2. ein Bockstein-Homomorphismus $\beta:\mathrm{H}^q(X,A;\pi)\to\mathrm{H}^{q+1}(X,A;G)$ für alle $q\geq 0$ und alle Paare $A\subset X$ von ss. Mengen. Man wählt nun $\mathrm{H}=\pi, q=n$ und $(X,A)=(\mathrm{K}(\pi,n),\emptyset)$. Nach IV (4.15) ist das Diagramm 2.2 kommutativ. Ferner ist $p(c)=\mathrm{id}_\pi$, $\delta(\mathrm{id}_\pi)=a$ nach der Definition von δ und $i(a)=w$, also $\beta(c)=w$. Aus 2.2 folgt dann die Behauptung.

$$\begin{array}{ccc} \mathrm{H}^n(\mathrm{K}(\pi,n);\pi) & \xrightarrow{\beta} & \mathrm{H}^{n+1}(\mathrm{K}(\pi,n);G) \\ \Big\downarrow{\scriptstyle p} & & \Big\uparrow{\scriptstyle i} \\ \mathrm{Hom}(\pi,\pi) & \xrightarrow{\delta} & \mathrm{Ext}(\pi,G) \end{array}$$

Dia. 2.2

2.4 Mit Hilfe von 2.2 kann man ferner beweisen, daß stabile Kohomologieoperationen additiv sind. Zunächst ein

Lemma (PETERSON und THOMAS): *Für jede Kohomologieoperation Ω vom Typ (n,π,q,G), $n>0$, ist*

(2.1) $$\Omega(a+\delta^* b)=\Omega a+\Omega\delta^* b,$$

wobei $a\in H^n(X,A;\pi)$, $b\in H^{n-1}(A;\pi)$ *und* δ^* *der verbindende Homomorphismus des Paares* $A\subset X$ *ist.*

Beweis: 1. Die spezielle Gestalt $\delta^* b$ ist gleichwertig mit: Es gibt einen Kozykel $\gamma\in Z^n(X\times I;\pi)$, so daß $\gamma\circ i_0=0$, $\gamma\circ i_1\in Z^n(X,A;\pi)$ und $\mathrm{kl}(\gamma\circ i_1)=\delta^* b$ ist, wobei $i_e\colon X\to X\times I$, $e=0$ und 1, die beiden Einbettungen $x\mapsto(x,0)$ in den Boden und $x\mapsto(x,1)$ in den Deckel sind. Denn nach der Definition des verbindenden Homomorphismus gibt es eine Kokette $\eta\in C^{n-1}(X;\pi)$, so daß $\delta^* b$ durch $\delta\eta$ repräsentiert wird. Da $X\times 0\cap X\times 1=\emptyset$ ist, kann man eine Kokette $\vartheta\in C^{n-1}(X\times I;\pi)$ konstruieren, für die $\vartheta\circ i_0=0$ und $\vartheta\circ i_1=\eta$ ist. Dann hat $\gamma=\delta\vartheta$ die gewünschten Eigenschaften. 2. Es sei $p\colon X\times I\to X$ die Projektion auf den ersten Faktor und $\alpha\in Z^n(X,A;\pi)$ ein Kozykel, der a repräsentiert. Es seien $(\alpha\circ p+\gamma)\hat{}$, $(\alpha\circ p)\hat{}$ und $\hat{\gamma}\colon X\times I\to K(\pi,n)$ die ss. Abbildungen, die nach VIII 3.9b) den Kozykeln $\alpha\circ p+\gamma$, $\alpha\circ p$ und γ entsprechen. Gemäß 2.2 gibt es einen Kozykel $w\in Z^q(K(\pi,n);G)$, so daß $\Omega(c)=\mathrm{kl}\,w$ ist. Der Kozykel

(2.2) $$\psi=w\circ(\alpha\circ p+\gamma)\hat{}-w\circ(\alpha\circ p)\hat{}-w\circ\hat{\gamma}\in Z^q(X\times I;G)$$

hat folgende Eigenschaften:

(2.3) $$\psi|A\times I=0,\quad \text{also}\quad \psi\in Z^q(X\times I,A\times I;G),$$

(2.4) $$\psi\circ i_0=0\quad\text{und}$$

(2.5) $$\mathrm{kl}(\psi\circ i_1)=\Omega(a+\delta^* b)-\Omega(a)-\Omega(\delta^* b).$$

Zu (2.3): Es sei $j\colon A\times I\to X\times I$ die Einbettung. Dann ist $(\alpha\circ p+\gamma)\hat{}\circ j=(\alpha p j+\gamma j)\hat{}=(\gamma j)\hat{}$, weil $\alpha|A=0$ ist. Entsprechend folgt $(\alpha p)\hat{}\circ j=0$ und $\hat{\gamma}j=(\gamma j)\hat{}$, also $\psi\circ j=w(\gamma j)\hat{}-0-w\circ(\gamma j)\hat{}=0$. – Zu (2.4): Es ist $(\alpha p+\gamma)\hat{}i_0=(\alpha p i_0+\gamma i_0)\hat{}=\hat{\alpha}$, weil $p i_0=\mathrm{id}$ und $\gamma i_0=0$ nach 1. ist. Entsprechend folgt $(\alpha p)\hat{}\circ i_0=\hat{\alpha}$ und $\hat{\gamma}\circ i_0=0$, also $\psi\circ i_0=w\circ\hat{\alpha}-w\circ\hat{\alpha}-0=0$. – Zu (2.5): Nach 1. wird $a+\delta^* b$ durch $\alpha+\gamma i_1$ repräsentiert. Daher gilt nach 2.2 $\Omega(\alpha+\delta^* b)=\Omega H^n((\alpha+\gamma i_1)\hat{})c=H^q((\alpha+\gamma i_1)\hat{})\Omega c=\mathrm{kl}(w\circ(\alpha+\gamma i_1)\hat{})$ nach der Wahl von w und entsprechend $\Omega a=\mathrm{kl}(w\circ\hat{\alpha})$, $\Omega(\delta^* b)=\mathrm{kl}(w\circ(\gamma i_1)\hat{})$. Daraus folgt (2.5). Nun sind i_0 und i_1 homotope ss. Abbildungen. Darum ist $0=\mathrm{kl}(\psi\circ i_0)=H^q(i_0)\mathrm{kl}\,\psi=H^q(i_1)\mathrm{kl}\,\psi=\mathrm{kl}(\psi\circ i_1)$.

Satz: *Wenn* $\Omega=\{\Omega_n\}$ *eine stabile Kohomologieoperation ist, ist jedes* Ω_n *additiv.*

Beim Beweis müssen drei Fälle unterschieden werden: 1. $(X,\emptyset)$. 2. $n>0$ und (X,A). 3. $n=0$ und (X,A). – Zu 1.: Weil man die Einhängung $E^*\colon H^n(X)\to H^{n+1}(X\times I,X\times\dot{I})$ durch den verbindenden Homomorphismus eines Paares ausdrücken kann, V (2.15), gilt nach dem Lemma für

$a,b \in \mathrm{H}^n(X;\pi)$: $E^*\Omega(a+b)=\Omega E^*(a+b)=\Omega(E^*a+E^*b)=\Omega E^*a+\Omega E^*b$ $=E^*(\Omega a+\Omega b)$, also weil E^* ein Isomorphismus ist: $\Omega(a+b)=\Omega a+\Omega b$. – Zu 2. Die Projektion $(X,A)\to(X/A,A/A)$ und die Einbettung $(X/A,\ \emptyset)$ $\to(X/A,A/A)$ induzieren Isomorphismen der Kohomologiemoduln in den Dimensionen $n>0$. Die Behauptung für (X,A) folgt also aus der für $(X/A,\ \emptyset)$, die in 1. bewiesen wurde. – Zu 3.: Es interessieren nur Kohomologieoperationen Ω_0 vom Grade 0. Da Ω_0 nach 1. für $\Delta(0)$ ein Homomorphismus ist, entspricht Ω_0 ein Homomorphismus $\pi\to G$; daher ist Ω_0 immer ein Homomorphismus, siehe 2.1.

3. Die Steenrodschen Quadrate und reduzierten Potenzen I

Für die Anwendungen der algebraischen Topologie auf geometrische Probleme sind außer den Koeffizienten- und Bockstein-Homomorphismen die Steenrodschen Quadrate und reduzierten Potenzen die wichtigsten Kohomologieoperationen. – Im folgenden bedeute $\mathbf{Z}_n$ den Primkörper der Charakteristik n.

3.1 *Die Steenrodschen Quadrate* Sq^i, $i\in\mathbf{Z}$, *sind Kohomologieoperationen vom Typ* $(q,\mathbf{Z}_2;q+i,\mathbf{Z}_2)$ *für alle* $n=0,1,\dots$ *mit folgenden Eigenschaften:*

(3.1) $\mathrm{Sq}^i=0$ *für* $i<0$.

(3.2) $\mathrm{Sq}^0=\mathrm{id}$.

(3.3) $\mathrm{Sq}^i u=u^2$, *wenn* $\mathrm{gr}\,u=i$ *ist.*

(3.4) $\mathrm{Sq}^i u=0$, *wenn* $\mathrm{gr}\,u<i$ *ist.*

(3.5) *Cartan-Formeln:*

a) $\mathrm{Sq}^k(u\cdot v)=\sum_{i+j=k}\mathrm{Sq}^i u\cdot\mathrm{Sq}^j v$ *für das innere Kohomologieprodukt und*

b) $\mathrm{Sq}^k(u\times v)=\sum_{i+j=k}\mathrm{Sq}^i u\times\mathrm{Sq}^j v$ *für das äußere Kohomologieprodukt.*

(3.6) *Adem-Relationen:* $\mathrm{Sq}^j\mathrm{Sq}^k=\sum_i\binom{k-1-i}{j-2i}\mathrm{Sq}^{j+k-i}\mathrm{Sq}^i$ *für* $j<2k$.
Der Binominalkoeffizient ist modulo 2 zu nehmen.

(3.7) *Jedes* Sq^i *ist eine stabile Kohomologieoperation.*

(3.8) *Jedes* Sq^i *ist additiv.*

(3.9) $\mathrm{Sq}^1=\beta$, wobei β der Bockstein-Homomorphismus zur exakten Sequenz $0\longrightarrow\mathbf{Z}_2\xrightarrow{2}\mathbf{Z}_4\longrightarrow\mathbf{Z}_2\longrightarrow 0$ ist.

3.2 *Die Steenrodschen reduzierten Potenzen P^i, $i \in \mathbf{Z}$ zur Primzahl $n \geq 3$ sind Kohomologieoperationen vom Typ $(q, \mathbf{Z}_n, q+2i(n-1), \mathbf{Z}_n)$ für alle $q=0,1,\ldots$ mit folgenden Eigenschaften:*

(3.10) $\mathrm{P}^i = 0$ *für* $i<0$.

(3.11) $\mathrm{P}^0 = \mathrm{id}$.

(3.12) $\mathrm{P}^i u = u^n$ *(n-te Potenz im Sinne des inneren Kohomologieproduktes), wenn* $\operatorname{gr} u = 2i$ *ist.*

(3.13) $\mathrm{P}^i u = 0$, *wenn* $\operatorname{gr} u < 2i$ *ist.*

(3.14) *Cartan-Formeln:*

a) $\mathrm{P}^k(u \cdot v) = \sum_{i+j=k} \mathrm{P}^i u \cdot \mathrm{P}^j v$ *für das innere Kohomologieprodukt.*

b) $\mathrm{P}^k(u \times v) = \sum_{i+j=k} \mathrm{P}^i u \times \mathrm{P}^j v$ *für das äußere Kohomologieprodukt.*

(3.15) *Adem-Relationen: Es sei β der Bockstein-Homomorphismus zur exakten Sequenz* $0 \longrightarrow \mathbf{Z}_n \xrightarrow{n} \mathbf{Z}_{n^2} \longrightarrow \mathbf{Z}_n \longrightarrow 0$.

a) $$\mathrm{P}^j \mathrm{P}^k = \sum_i (-1)^{i+j} \binom{(n-1)(k-i)-1}{j-ni} \mathrm{P}^{j+k-i} \mathrm{P}^i,$$

wenn $j<nk$ ist;

b) $$\mathrm{P}^j \beta \mathrm{P}^k = \sum_i (-1)^{i+j} \left(\binom{(n-1)(k-i)}{j-ni} \beta \mathrm{P}^{j+k-i} \mathrm{P}^i - \binom{(n-1)(k-1)-1}{j-ni-1} \mathrm{P}^{j+k-i} \beta \mathrm{P}^i \right),$$

wenn $j \leq nk$ ist. Die Binominalkoeffizienten sind modulo n zu nehmen.

(3.16) *Jedes P^i ist eine stabile Kohomologieoperation.*

(3.17) *Jedes P^i ist additiv.*

3.3 Bemerkungen: a) Die Eigenschaften (3.1 + 10) sind trivial, weil nach 2.3a) alle Kohomologieoperationen, die den Grad erniedrigen, gleich Null sind.

b) Der Sinn aller folgenden Abschnitte 4–8 dieses Kapitels ist es, Kohomologieoperationen Sq^i und P^i zu konstruieren, die die Eigenschaften (3.2–6) bzw. (3.11–15) haben. Diese Operationen sind übrigens durch (3.2–5) bzw. (3.11–14) eindeutig bestimmt, wie bei Steenrod-Epstein bewiesen wird.

c) Die beiden Cartan-Formeln a) und b) sind äquivalent, weil sich mit Hilfe von ss. Abbildungen das innere durch das äußere Kohomologieprodukt und umgekehrt ausdrücken läßt.

3.4 a) Die Eigenschaft (3.7) folgt aus (3.2+5b) und entsprechend die Eigenschaft (3.16) aus (3.11+14b). Denn weil die Einhängung E^* durch $E^* u = (-1)^{\operatorname{gr} u} u \times \eta$, siehe V (6.17), beschrieben werden kann, ist nach (3.2+5b) $\mathrm{Sq}^i E^* u = E^* \mathrm{Sq}^i u$. Dann folgt (3.7) wegen 1.3d).
b) Wegen 2.4 Satz folgt (3.8) aus (3.7) und (3.17) aus (3.16).

3.5 Beweis zu (3.9): Nach V 7.8d) ist die Kohomologie von $\mathrm{K}(\mathbf{Z}_2, 1)$ mit Koeffizienten in $\mathbf{Z}_2$ bekannt. Insbesondere gilt für die Grundklasse $c \in \mathrm{H}^1(\mathrm{K}(\mathbf{Z}_2, 1), \mathbf{Z}_2)$, daß $\mathrm{Sq}^1 c = c^2 = \beta c \neq 0$ ist. (Die erste Gleichung folgt aus (3.3).) Daher sind beide Operationen Sq^1 und β nicht Null. Nach 2.2 entsprechen die Operationen vom Typ $(q, \mathbf{Z}_2, q+1, \mathbf{Z}_2)$ umkehrbar eindeutig $\mathrm{H}^{q+1}(\mathrm{K}(\mathbf{Z}_2, q), \mathbf{Z}_2)$, welches nach VIII 3.7b) zu $\mathrm{Ext}(\mathbf{Z}_2, \mathbf{Z}_2) = \mathbf{Z}_2$ isomorph ist. Es gibt also nur eine von Null verschiedene Operation dieses Typs, nämlich $Sq^1 = \beta$.

3.6 Überblick über die Konstruktion der Sq^i **und** P^i**:** Es sei $n \geq 2$ eine Primzahl. Bei allen Kettenkomplexen, Koketten und Kohomologiemoduln mögen die Koeffizienten in $\mathbf{Z}_n$ liegen.
4. Abschnitt: Für eine ss. Menge X bildet man das n-fache Tensorprodukt $\mathrm{C}(X)^n$ des Kettenkomplexes $\mathrm{C}(X)$. Auf $\mathrm{C}(X)^n$ operiert die Gruppe $\mathbf{Z}_n$ durch zyklisches Vertauschen der Faktoren unter Vorzeichenbeachtung.

Es sei $L = L(\mathbf{Z}_n)$ die ss. Auflösung von $\mathbf{Z}_n$, III 5.1. Auf ihr operiert $\mathbf{Z}_n$ und damit auch auf $L \times X$, wobei man $\mathbf{Z}_n$ auf X trivial wirken läßt. Die Kettenkomplexe $\mathrm{C}(X)^n$ und $\mathrm{C}(L \times X)$ sind daher Kettenkomplexe über der Gruppenalgebra Γ von $\mathbf{Z}_n$. Aus V 5.5 wird gefolgert, daß es bis auf einer Γ-linearen Homotopie genau eine in X natürliche Γ-lineare Kettenabbildung

$$G\colon \mathrm{C}(L \times X) \to \mathrm{C}(X)^n$$

gibt, so daß $G(y, x) = x \otimes \cdots \otimes x$ für $y \in L_0$, $x \in X_0$ ist.
5. Abschnitt: Zu einem q-Kozykel v auf X bildet man das n-fache Tensorprodukt v^n. Es ist ein Γ-linearer nq-Kozykel auf $\mathrm{C}(X)^n$. Die $\mathbf{Z}_n$-äquivariante Kohomologieklasse $\mathrm{kl}(v^n \circ G)$ hängt nur von der Kohomologieklasse $\mathrm{kl}\, v$ ab. (Das stimmt für v^n selbst im allgemeinen nicht.) Daher ist die Zuordnung

$$Q\colon \mathrm{H}^q(X) \to {}_{\mathbf{Z}_n}\mathrm{H}^{nq}(L \times X), \qquad \mathrm{kl}\, v \mapsto \mathrm{kl}(v^n \circ G)$$

wohldefiniert und in X natürlich. Es sei $K = L/\mathbf{Z}_n$. Nach V (7.7) ist ${}_{\mathbf{Z}_n}\mathrm{H}^{nq}(L \times X) = \mathrm{H}^{nq}(K \times X)$, wobei rechts die übliche Kohomologie steht. Daher ist

$$Q\colon \mathrm{H}^q(X) \to \mathrm{H}^{nq}(K \times X).$$

6. Abschnitt: Nach der Künneth-Formel ist das äußere Kohomologieprodukt

$$\coprod_i \mathrm{H}^i(K) \otimes \mathrm{H}^{nq-i}(X) \to \mathrm{H}^{nq}(K \times X)$$

ein Isomorphismus; denn die Koeffizienten liegen in einem Körper. Daher ist

$$Qu = \sum_i w_i \times Q_i u \quad \text{für} \quad u \in \mathrm{H}^q(X),$$

wobei die $w_i \in \mathrm{H}^i(K)$ die Erzeugenden der Kohomologie der Gruppe $\mathbf{Z}_n$ sind, IV 7.4, und die $Q_i u \in \mathrm{H}^{nq-i}(X)$ durch u eindeutig bestimmt sind. Da die Zuordnung $u \mapsto Q_i u$ bezüglich X natürlich ist, sind die Q_i Kohomologieoperationen. Man definiert

$$\mathrm{Sq}^i u = Q_{q-i} u \quad \text{für} \quad n=2 \quad \text{und} \quad \mathrm{P}^i u = c \cdot Q_{(q-2i)(n-1)} u \quad \text{für} \quad n \geq 3,$$

wobei $c \in \mathbf{Z}_n$ genau angegeben wird.

3.7 Die Länge der Abschnitte 4, 5 und 6 rührt daher, daß nicht nur die in 3.6 geschilderte Konstruktion ausgeführt wird, sondern bei jedem Schritt die Eigenschaften der Q und Q_i bewiesen werden, die man benötigt, um im 6. Abschnitt die Eigenschaften (3.2–5) der Sq^i und (3.11–14) der P^i und nach einem Exkurs über Binomalkoeffizienten (7. Abschnitt) im 8. Abschnitt die Adem-Relationen (3.6+15) zu beweisen. In den letzten Nummern 8.4–6 wird skizziert, warum die Adem-Relationen alle Relationen zwischen den Sq^i bzw. P^i erzeugen.

4. Die Kettenabbildung G: $\mathrm{C}(L \times \mathscr{X}) \to \mathrm{C}(\mathscr{X})^n$

In den Abschnitten 4–8 werden für die Paare von ss. Mengen dieselben abkürzenden Bezeichnungen wie in V 5.6 benutzt.

4.1 Es sei K ein Kettenkomplex von abelschen Gruppen. Die symmetrische Gruppe $\mathscr{S}_n$ der Permutationen von n Elementen operiert auf dem n-fachen Tensorprodukt $K^n = K \otimes K \otimes \cdots \otimes K$ durch Vertauschen der Faktoren unter Vorzeichenbeachtung: Es sei $s \in \mathscr{S}_n$:

$$s(a_1 \otimes a_2 \otimes \cdots \otimes a_n) = (-1)^{\cdots} a_{s(1)} \otimes a_{s(2)} \otimes \cdots \otimes a_{s(n)}.$$

Das Vorzeichen wird durch folgende zwei Regeln festgelegt: 1. Die Vorzeichen multiplizieren sich, wenn man zwei Permutationen hintereinander anwendet. 2. Wenn $s \in \mathscr{S}_n$ zwei aufeinanderfolgende Elemente a_i und a_{i+1} vertauscht und alle anderen Elemente festläßt, ist das Vorzeichen $(-1)^{\mathrm{gr}a_i \cdot \mathrm{gr}a_{i+1}}$. Die Operation eines $s \in \mathscr{S}_n$ auf K^n ist dann eine Kettenabbildung. Insbesondere operiert jede Untergruppe π von $\mathscr{S}_n$

auf K^n und macht K^n zu einem Kettenkomplex über dem Gruppenring Γ von π.

4.2 Zu der Untergruppe π bildet man die ss. Auflösung $L=L(\pi)$, auf der π frei operiert, III 5.1. Auf $L\times\mathscr{X}$ läßt man π durch $g(y,x)=(gy,x)$ für alle $g\in\pi,(y,x)\in L\times X$ operieren. Dann operiert π auch auf dem Kettenkomplex $C(L\times\mathscr{X})$ und macht ihn zu einem Kettenkomplex über dem Gruppenring Γ von π.

Lemma: *Es gibt eine natürliche, Γ-lineare Kettenabbildung*

$$G_{\mathscr{X}}:\ C(L\times\mathscr{X})\to C(\mathscr{X})^n \tag{4.1}$$

mit $G(y,x)=x\otimes\cdots\otimes x$ für $y\in L_0$, $x\in\mathscr{X}_0$. Sie ist bis auf eine Γ-lineare Homotopie eindeutig bestimmt. (Der Index $\mathscr{X}$ an G wird weggelassen, wenn Mißverständnisse ausgeschlossen sind.)

Die Nummern 4.3+4 enthalten den Beweis.

4.3 Man betrachtet die beiden Funktoren $C,\mathscr{C}$: {Paare von ss. Mengen}→{Kettenkomplexe}, wobei $C(\mathscr{X})$ der übliche Kettenkomplex von $\mathscr{X}$ und $\mathscr{C}(\mathscr{X})=C(\mathscr{X})^n$ sein n-faches Tensorprodukt ist. Auf $C(\mathscr{X})$ läßt man π trivial und auf $C(\mathscr{X})^n$, wie in 4.1 definiert wurde, wirken. Die exakte Sequenz von abelschen Gruppen, V (5.16),

$$0\longleftarrow \mathbf{Z}\xleftarrow{\varepsilon} Z_0(C,\mathscr{C})\xleftarrow{\partial}\mathrm{Hom}_1(C,\mathscr{C})\xleftarrow{\partial}\mathrm{Hom}_2(C,\mathscr{C})\xleftarrow{\partial}\cdots \tag{4.2}$$

wird zu einer exakten Sequenz von Γ-Moduln und Γ-linearen Abbildungen, indem man π auf $\mathbf{Z}$ trivial wirken läßt und die Operation auf $\mathrm{Hom}_r(C,\mathscr{C})$ durch

$$gu=g\circ u \tag{4.3}$$

für $u: C_q(\mathscr{X})\to\mathscr{C}_{q+r}(\mathscr{X})$ und $g\in\pi$ definiert. (Wenn π auf $C(\mathscr{X})$ nicht trivial operierte, müßte man (4.3) durch $gu=g\circ u\circ g^{-1}$ ersetzen.)

Andererseits bildet man eine freie Auflösung von $\mathbf{Z}$ über Γ

$$0\longleftarrow\mathbf{Z}\xleftarrow{\varepsilon}W_0\xleftarrow{\partial}W_1\xleftarrow{\partial}W_2\xleftarrow{\partial}\cdots. \tag{4.4}$$

Nach dem Vergleichssatz der homologischen Algebra, IV 6.1, gibt es eine Γ-lineare Kettenabbildung F': $W\to\mathrm{Hom}(C,\mathscr{C})$ mit

$$\varepsilon F'|W_0=\varepsilon. \tag{4.5}$$

Sie ist bis auf eine Γ-lineare Homotopie eindeutig bestimmt.

Nun besteht eine umkehrbar eindeutige Beziehung zwischen den Γ-linearen Kettenabbildungen

$$F':\ W\to\mathrm{Hom}(C,\mathscr{C})$$

und den in $\mathscr{X}$ natürlichen Γ-linearen Kettenabbildungen

$$F\colon W \otimes C(\mathscr{X}) \to C(\mathscr{X})^n,$$

die durch $F(w \otimes x) = F'(w)(x)$ für $w \in W$ und $x \in C(\mathscr{X})$ vermittelt wird. Dabei läßt man π auf $W \otimes C(\mathscr{X})$ durch $g(w \otimes x) = gw \otimes x$ operieren. Zwei Abbildungen F'_0, F'_1 sind genau dann Γ-linear homotop, wenn die zugehörigen Abbildungen F_0, F_1 es sind. Schließlich gilt (4.5) genau dann, wenn $F(w \otimes x) = \varepsilon(w) x \otimes \cdots \otimes x$ für alle $w \in W_0$ und $x \in \mathscr{X}_0$ gilt. Somit wurde bewiesen:

Lemma: *Es sei π eine Untergruppe der symmetrischen Gruppe $\mathscr{S}_n$, Γ ihr Gruppenring und (W, ε) eine freie Auflösung von $\mathbf{Z}$ über Γ. Es operiere π auf $C(\mathscr{X})$ trivial und auf $C(\mathscr{X})^n$ wie in* 4.1 *angegeben.*

Es gibt eine natürliche, Γ-lineare Kettenabbildung

$$F\colon W \otimes C(\mathscr{X}) \to C(\mathscr{X})^n \tag{4.6}$$

mit $F(w \otimes x) = \varepsilon(w) x \otimes \cdots \otimes x$ für $w \in W_0$ und $x \in \mathscr{X}_0$. Sie ist bis auf eine natürliche, Γ-lineare Homotopie eindeutig bestimmt.

4.4 Aus dem Lemma in 4.3 folgt das Lemma in 4.2 wegen des Eilenberg-Zilber-Satzes, genauer: Da $C(L)$ eine freie Auflösung von $\mathbf{Z}$ über Γ ist, V (7.11), kann man in 4.3 $(C(L), \varepsilon)$ als (W, ε) nehmen. Zu F (4.6) definiert man mit Hilfe der Alexander-Whitney-Abbildung φ, V (5.17),

$$G\colon C(L \times \mathscr{X}) \xrightarrow{\varphi} C(L) \otimes C(\mathscr{X}) \xrightarrow{F} C(\mathscr{X})^n.$$

Da $\varphi(y, x) = y \otimes x$ für $y \in L_0$, $x \in \mathscr{X}_0$ ist, ist $G(y, x) = x \otimes \cdots \otimes x$. Weil φ natürlich in $\mathscr{X}$ ist, ist es auch G. Weil φ natürlich in L ist, ist φ Γ-linear, also auch G Γ-linear. – Um die Eindeutigkeit bis auf Homotopie zu zeigen, werde angenommen, daß G_1 eine weitere Abbildung mit denselben Eigenschaften wie G ist. Mit Hilfe der MacLane-Abbildung ∇, V (5.18), definiert man

$$F_1\colon C(L) \otimes C(\mathscr{X}) \xrightarrow{\nabla} C(L \times \mathscr{X}) \xrightarrow{G_1} C(\mathscr{X})^n.$$

Da $\nabla(y \otimes x) = (y, x)$ für $y \in L_0$ und $x \in \mathscr{X}_0$ ist, ist $F_1(w \otimes x) = \varepsilon(w) x \otimes \cdots \otimes x$. Weil ∇ natürlich in $\mathscr{X}$ ist, ist es auch F_1. Weil ∇ natürlich in L ist, ist ∇ Γ-linear, also auch F_1 Γ-linear. Nach 4.3 Lemma sind daher F und F_1 in natürlicher Weise Γ-linear homotop (kurz $F \simeq F_1$). Daher ist $G = F\varphi \simeq F_1 \varphi = G_1 \nabla \varphi \simeq G_1$; denn $\nabla\varphi$ und id sind in $\mathscr{X}$ natürlich homotop und auch Γ-linear homotop, weil sie in L natürlich homotop sind.

4.5 Es sei K ein Kettenkomplex und $f\colon C(\mathscr{X}) \to K$ eine Kettenabbildung. Wenn man gemäß 4.1 $C(\mathscr{X})^n$ und K^n als Kettenkomplexe über Γ auffaßt, ist das n-fache Tensorprodukt $f^n\colon C(\mathscr{X})^n \to K^n$ von f

eine Γ-lineare Kettenabbildung. Für zwei homotope Kettenabbildungen $f_0, f_1: C(\mathscr{X}) \to K$ sind f_0^n und f_1^n zwar homotop, jedoch ist die Homotopie im allgemeinen nicht Γ-linear.

Lemma: *Wenn die Kettenabbildung $f_0, f_1: C(\mathscr{X}) \to K$ homotop sind, sind die Γ-linearen Kettenabbildungen $f_0^n G, f_1^n G: C(L \times \mathscr{X}) \to C(\mathscr{X})^n \to K^n$ Γ-linear homotop mit G wie* (4.1).

Beweis: Zwei Kettenabbildungen $g_0, g_1: C(\mathscr{Y}) \to L$ sind genau dann homotop, wenn es eine Kettenabbildung $H: C(\mathscr{Y} \times I) \to L$ mit $g_i = He_i$ gibt, wobei $e_i: C(\mathscr{Y}) \to C(\mathscr{Y} \times I)$ die durch $\mathscr{Y} \to \mathscr{Y} \times I$, $y \mapsto (y, i)$, bestimmte Kettenabbildung ist, $i = 0,1$. Wenn eine Gruppe π auf $\mathscr{Y}$ und L operiert und g_0 und g_1 Γ-linear sind – Γ sei der Gruppenring von π –, sind g_0 und g_1 genau dann Γ-linear homotop, wenn H Γ-linear ist. – Es sei also $h: C(\mathscr{X} \times I) \to K$ die Homotopie von f_0 nach f_1. Dann ist $H: C(L \times \mathscr{X} \times I) \xrightarrow{G} C(\mathscr{X} \times I)^n \xrightarrow{h^n} K^n$ eine Γ-lineare Kettenabbildung. Aus der Natürlichkeit von G folgt, daß H eine Homotopie von $f_0^n G$ nach $f_1^n G$ ist.

4.6 Nach 2.3 b) ist Sq^0 bzw. P^0 ein Koeffizientenhomomorphismus, also die Multiplikation mit einem Faktor $c \in \mathbf{Z}_n$; denn jeder Homomorphismus $\mathbf{Z}_n \to \mathbf{Z}_n$ hat diese Gestalt. Der Nachweis, daß $c = 1$ ist, erfordert viel Rechnung: Man muß dazu eine Abbildung F (4.6) für $\mathscr{X} = (I, \dot{I})$ bis auf Homotopie explizit kennen. Das folgende Lemma zeigt, daß man sich dabei um die Definition von F für beliebige $\mathscr{X}$ nicht kümmern braucht.

Lemma: *Jede Γ-lineare Kettenabbildung*

$$(4.7) \qquad F_0: W \otimes C(I) \to C(I)^n \quad \textit{mit} \quad F_0(w \otimes e) = \varepsilon(w) e \otimes \cdots \otimes e \quad \textit{für} \quad w \in W_0, \quad e = 0 \quad \textit{und} \quad 1$$

ist zu einer Abbildung F_I homotop, wobei $F_{\mathscr{X}}$ eine für alle ss. Paare $\mathscr{X}$ definierte und natürliche Abbildung (4.6) *ist.*

Beweis: Man betrachtet die Unterkategorie (im folgenden kleine Kategorie genannt) der „großen" Kategorie aller Paare von ss. Mengen, die nur aus den Paaren besteht, die man aus $\emptyset$, $\Delta(0)$, I und $\dot{I}$ bilden kann. a) Die Sequenz V (5.16) bleibt exakt, wenn man unter $\mathrm{Hom}(C, \mathscr{C})$ alle Homomorphismen $C(\mathscr{Y}) \to \mathscr{C}(\mathscr{Y})$ versteht, die nur für die $\mathscr{Y}$ der kleinen Kategorie definiert und natürlich sind. Denn man kann den Beweis, der in V 5.5 gegeben wurde, auf die kleine Kategorie übertragen. Manches vereinfacht sich dabei, da z.B. $C_p(\mathscr{Y}) = 0$ für alle $p \geq 2$ ist. – Indem man von dieser geänderten Sequenz ausgeht, kann man die Überlegungen von 4.3 wörtlich übertragen und erhält: Das Lemma in 4.3 bleibt richtig,

wenn man alle $\mathscr{Y}$ nur aus der kleinen Kategorie wählt und „natürlich" auf die kleine Kategorie bezieht. – Aus dieser Tatsache folgt:
b) Es sei

$$F'_{\mathscr{Y}}:\ W\otimes \mathrm{C}(\mathscr{Y})\to \mathrm{C}(\mathscr{Y})^n$$

eine Γ-lineare Kettenabbildung mit $F'(w\otimes y)=\varepsilon(w)\,y\otimes\cdots\otimes y$ für $w\in W_0$ und $y\in\mathscr{Y}_0$, die auf der kleinen Kategorie definiert und dort natürlich ist. Ferner sei F eine auf der großen Kategorie definierte Abbildung wie in (4.6). Dann sind die Beschränkung von F auf die kleine Kategorie und F' dort in natürlicher Weise Γ-linear homotop.
c) Aus der einfachen Struktur der kleinen Kategorie folgt: Jede Abbildung $F'_{\mathscr{Y}}$ mit den in b) beschriebenen Eigenschaften ist durch F'_I eindeutig bestimmt. Die Abbildung F'_I kann beliebig vorgegeben sein, wenn sie nur eine Γ-lineare Kettenabbildung ist und $F'(w\otimes e)=\varepsilon(w)\,e\otimes\cdots\otimes e$ für $w\in W_0$, $e=0$ und 1 erfüllt. Wegen b) folgt daraus die Behauptung.

4.7 Im folgenden sei π die zyklische Gruppe der Ordnung n und W die freie Auflösung von $\mathbf{Z}$ über Γ, die in IV 7.1 definiert wurde. Ferner werden die Ketten in $J=C(I)$, die durch (0), (1) bzw. (01) repräsentiert werden, mit a, b bzw. S bezeichnet. In diesem Falle definiert man die Γ-lineare Kettenabbildung (4.7) durch

$$F_0(t_0\otimes a)=a^n,\qquad F_0(t_0\otimes b)=b^n,$$

$$F_0(t_i\otimes a)=F_0(t_i\otimes b)=0\quad\text{für}\quad i\neq 0,$$
$$F_0(t_{2q}\otimes S)=q!\sum_{\alpha,\beta} a^{\alpha_0}\otimes S\otimes b^{\beta_0}\otimes S\otimes a^{\alpha_1}\otimes\cdots\otimes S\otimes b^{\beta_q},$$

wobei über alle q-Tupel $\alpha=(\alpha_j)$, $\beta=(\beta_j)$ ganzer Zahlen ≥ 0 summiert wird, für die $\sum_{j=0}^{q}(\alpha_j+\beta_j)=n-2q-1$ ist.

$$F_0(t_{2q+1}\otimes S)=q!\sum_{\alpha,\beta} S\otimes a^{\alpha_0}\otimes S\otimes b^{\beta_0}\otimes S\otimes\cdots\otimes a^{\alpha_q}\otimes S\otimes b^{\beta_q},$$

wobei über alle q-Tupel $\alpha=(\alpha_j)$, $\beta=(\beta_j)$ ganzer Zahlen ≥ 0 summiert wird, für die $\sum_{j=0}^{q}(\alpha_j+\beta_j)=n-2q-2$ ist. Man erweitert F_0 zu einer Γ-linearen Abbildung

$$F_0:\ W\otimes J\to J^n. \tag{4.8}$$

4.8 Lemma: *Die Abbildung F_0 (4.8) ist eine Kettenabbildung.*

Beweis: Es sei $e\colon J\to J$ die durch $e(a)=e(b)=a$ und $e(S)=0$ bestimmte Kettenabbildung. Die identische Abbildung von J ist zu e homotop:

$h\partial+\partial h=\mathrm{id}-e$, wobei $h\colon J\to J$ durch $h(a)=0$, $h(b)=a$, $h(S)=0$ definiert ist. Für das n-fache Tensorprodukt sind dann die Kettenabbildung $\mathrm{id}, e^n\colon J^n\to J^n$ homotop:

$$H\partial+\partial H=\mathrm{id}-e^n, \tag{4.9}$$

wobei $H\colon J^n\to J^n$ durch $H=h\otimes\mathrm{id}^{n-1}+\sum_{i=1}^{n-2} e^i\otimes h\otimes\mathrm{id}^{n-i-1}+e^{n-1}\otimes h$ definiert wird. (H ist nicht Γ-linear.) Daraus ergeben sich für ein beliebiges Element $c\in J^r$ die Beziehungen

$$H(a^n)=0, \tag{4.10}$$

$$H(b^n)=\sum_{i=0}^{n-1} a^i\otimes S\otimes b^{n-i-1}, \tag{4.11}$$

$$H(a^k\otimes S\otimes c)=0, \qquad k\geq 0, \tag{4.12}$$

$$H(b^u\otimes a^s\otimes S\otimes c)=\sum_{i=0}^{u-1} a^i\otimes S\otimes b^{u-i-1}\otimes a^s\otimes S\otimes c \tag{4.13}$$

$$\text{für alle}\quad u\geq 1,\quad s\geq 0.$$

Die Basiselemente des freien Γ-Moduls $W\otimes J$ sind $t_q\otimes a$, $t_q\otimes b$ und $t_q\otimes S$, $q=0,1,\ldots$ Es soll bewiesen werden:

$$F_0(x)=HF_0(\partial x), \quad x \text{ Basiselement vom Grade } \geq 1. \tag{4.14}$$

Diese Gleichung stimmt für $x=t_q\otimes a$, $x=t_q\otimes b$ und $q\geq 1$, weil dann beide Seiten $=0$ sind.

Zu $x=t_{2q}\otimes S$: Zunächst sei $q=0$. Dann ist $HF_0\partial(t_0\otimes S)$ $=HF_0(t_0\otimes b-t_0\otimes a)=H(b^n-a^n)\overset{*}{=}\sum_{i=0}^{n-1} a^i\otimes S\otimes b^{n-i-1}=F_0(t_0\otimes S)$.

Bei * wurde (4.11) benutzt. – Nun sei $q>0$. Es ist $\partial t_{2q}=Nt_{2q-1}$, N wie in IV (7.1), $\partial S=b-a$, somit $F_0\partial(t_{2q}\otimes S)=NF_0(t_{2q-1}\otimes S)$, also

$$\begin{aligned}&HF_0\partial(t_{2q}\otimes S)\\ &=(q-1)!\,H\Big(N\sum_{\alpha,\beta} S\otimes a^{\alpha_0}\otimes S\otimes b^{\beta_0}\otimes\cdots\otimes S\otimes a^{\alpha_{q-1}}\otimes S\otimes b^{\beta_{q-1}}\Big),\end{aligned}$$

wobei über alle Folgen (α_ν), (β_ν) mit $\sum_{\nu=0}^{q}\alpha_\nu+\beta_\nu=n-2q$ summiert wird. Wegen (4.12) sind nur die Summanden $\neq 0$, die mit b beginnen, also

$$\begin{aligned}&HF_0\partial(t_{2q}\otimes S)\\ &=(q-1)!\sum_{\alpha,\beta}\sum_{\substack{j=0\\ \beta_j>0}}^{q-1}\sum_{i=1}^{\beta_j} H(b^i\otimes S\otimes a^{\alpha_{j+1}}\otimes\cdots\otimes a^{\alpha_{j+q}}\otimes S\otimes b^{\beta_{j+q}-i}).\end{aligned}$$

Dabei sind hier und im folgenden die Indexe an α und β modulo q zu reduzieren. Man wendet (4.13) an:

$$HF_0\partial(t_{2q}\otimes S)=(q-1)!\sum_{\alpha,\beta}\sum_{\substack{j=0\\ \beta_j>0}}^{q-1}\sum_{i=1}^{\beta_j}\sum_{k=0}^{i-1}a^k\otimes S\otimes b^{i-k-1}\otimes S\otimes a^{\alpha_{j+1}}$$
$$\otimes\cdots\otimes a^{\alpha_{q+1}}\otimes S\otimes b^{\beta_{q+1}-i}$$

vertauscht die Summation $\sum\limits_{\alpha,\beta}\sum\limits_{\substack{j=0\\ \beta_j>0}}^{q-1}=\sum\limits_{j=0}^{q-1}\sum\limits_{\substack{\alpha,\beta\\ \beta_j>0}}$ und führt neue Bezeichnungen ein: $\alpha'_0=k$, $\beta'_0=i-k-1$, $\alpha'_r=\alpha_{j+r}$ für $r=1,\dots,q$, $\beta'_r=\beta_{j+r}$ für $r=1,\dots,q-1$, $\beta'_q=\beta_{j+q}-i$. Dann ist

$$HF_0\partial(t_{2q}\otimes S)=(q-1)!\sum_{j=0}^{q-1}\sum_{\alpha',\beta'}a^{\alpha'_0}\otimes S\otimes b^{\beta'_0}\otimes S\otimes\cdots\otimes a^{\alpha'_q}\otimes S\otimes b^{\beta'_q},$$

wobei über alle Folgen (α'_ν), (β'_ν) mit $\sum\limits_{\nu=0}^{q-1}\alpha'_\nu+\beta'_\nu=n-2q-1$ summiert wird. Somit ist

$$HF_0\partial(t_{2q}\otimes S)=(q-1)!\sum_{j=0}^{q-1}\frac{1}{q!}F_0(t_{2q}\otimes S)=F_0(t_{2q}\otimes S).$$

Mit $x=t_{2q+1}\otimes S$ verfährt man entsprechend: Es ist $\partial t_{2q+1}=Dt_{2q}$, D wie in IV (7.1), somit $F_0\partial(t_{2q+1}\otimes S)=DF_0(t_{2q}\otimes S)$, also

$$HF_0\partial(t_{2q+1}\otimes S)=q!\sum_{\alpha,\beta}H(Da^{\alpha_0}\otimes S\otimes b^{\beta_0}\otimes S\otimes\cdots\otimes a^{\alpha_q}\otimes S\otimes b^{\beta_q}),$$

wobei über alle (α_ν), (β_ν) mit $\sum\limits_{\nu=0}^{q}\alpha_\nu+\beta_\nu=n-2q-1$ summiert wird. Wegen (4.12) sind nur die Summanden $\neq 0$, die mit b beginnen, also

$$HF_0\partial(t_{2q+1}\otimes S)=q!\sum_{\substack{\alpha,\beta\\ \beta_q>0}}H(b\otimes a^{\alpha_0}\otimes S\otimes b^{\beta_0}\otimes S\otimes\cdots\otimes a^{\alpha_q}\otimes S\otimes b^{\beta_q-1}).$$

Man wendet (4.13) an:

$$HF_0\partial(t_{2q+1}\otimes S)=q!\sum_{\substack{\alpha,\beta\\ \beta_q>0}}S\otimes a^{\alpha_0}\otimes S\otimes b^{\beta_0}\otimes S\otimes\cdots\otimes a^{\alpha_q}\otimes S\otimes b^{\beta_q-1}$$

und führt neue Bezeichnungen ein: $\alpha'_r=\alpha_r$ für $r=0,\dots,q$, $\beta'_r=\beta_r$ für $r=0,\dots,q-1$, $\beta'_q=\beta_q-1$. Dann ist

$$HF_0\partial(t_{2q+1}\otimes S)=q!\sum_{\alpha',\beta'}S\otimes a^{\alpha'_0}\otimes S\otimes b^{\beta'_0}\otimes S\otimes\cdots\otimes a^{\alpha'_q}\otimes S\otimes b^{\beta'_q},$$

wobei über alle α'_ν,β'_ν mit $\sum\limits_{\nu=0}^{q}(\alpha'_\nu+\beta'_\nu)=n-2q-2$ summiert wird. Daraus folgt $HF_0\partial(t_{2q+1}\otimes S)=F_0(t_{2q}\otimes S)$. Somit ist (4.14) bewiesen. Für alle $x\in W\otimes J$ wird nun durch Induktion über den Grad von x gezeigt:

(4.15) $$F_0(\partial x)=\partial F_0(x).$$

Man kann sich für den Beweis auf die Basiselemente x beschränken. Für $\operatorname{gr} x = 0$ stimmt (4.15) trivialerweise, da dann beide Seiten $=0$ sind. Für $\operatorname{gr} x = 1$ hat man die drei Elemente $x = t_1 \otimes a$, $= t_1 \otimes b$, $= t_0 \otimes S$ zu betrachten. Für die ersten beiden sind beide Seiten von (4.15) $=0$, für $x = t_0 \otimes S$ ist $\partial F_0(t_0 \otimes S) = \partial\, H F_0 \partial(t_0 \otimes S)$ nach (4.14), also $\partial F_0(t_0 \otimes S)$ $= \partial\, H F_0(t_0 \otimes (b-a)) = \partial\, H(b^n - a^n) = \partial \sum_{i=0}^{n-1} a^i \otimes S \otimes b^{n-i-1}$ nach (4.10+11), also $\partial F_0(t_0 \otimes S) = b^n - a^n = F_0(t_0 \otimes (b-a)) = F_0 \partial(t_0 \otimes S)$.

Man macht nun die Induktionsannahme, daß (4.15) für alle y vom Grade r gilt. Dann ist für ein Basiselement x vom Grade $r+1$: $\partial F_0 x$ $= \partial\, H F_0 \partial x$ nach (4.14), folglich nach (4.9) $\partial F_0 x = F_0 \partial x - e^n F_0 \partial x - H \partial F_0 \partial x$ $= F_0 \partial x - e^n F_0 \partial x - H F_0 \partial \partial x$ nach der Induktionsannahme, also $\partial F_0 x$ $= F_0 \partial x$, weil $e^n(y) = 0$ für $\operatorname{gr} y > 0$ ist.

5. Äußere Kohomologieoperationen

5.1 Zu der abelschen Gruppe A und der natürlichen Zahl q wird der Kettenkomplex $\mathrm{k}(A,q)$, VIII 3.1–3, gebildet. Außer den Eigenschaften, die an der zitierten Stelle angeführt sind, benötigt man folgende Ergebnisse, die sich alle einfach nachprüfen lassen:

a) Für zwei abelsche Gruppen A und B sind die Kettenkomplexe

$$\mathrm{k}(A,q) \otimes \mathrm{k}(B,r) \cong \mathrm{k}(A \otimes B, q+r)$$

in natürlicher Weise isomorph. Sie mögen identifiziert werden.

b) Es seien M und N zwei beliebige Kettenkomplexe und $u \in \operatorname{Hom}(M_q, A)$, $v \in \operatorname{Hom}(N_r, B)$ zwei Kozykel. Für ihr Kreuzprodukt $u \times v \in \operatorname{Hom}((M \otimes N)_{q+r}, A \otimes B)$, IV (5.1), und die zugehörigen Kettenabbildungen $\hat{u}, \hat{v}, (u \otimes v)\hat{}$, VIII 3.3, gilt

$$\hat{u} \otimes \hat{v} = (-1)^{qr}(u \times v)\hat{}: \; M \otimes N \to \mathrm{k}(A \otimes B, q+r).$$

Insbesondere gilt für das n-fache Produkt (Potenzen sind im Sinne des Tensorproduktes gemeint):

$$\hat{u}^n = (-1)^{\frac{n(n-1)}{2} q}(u \times \dots \times u)\hat{}: \; M^n \to \mathrm{k}(A^n, nq). \tag{5.1}$$

c) Eine Gruppe π möge auf M und A von rechts operieren. Genau dann, wenn $u \in \operatorname{Hom}(M_q, A)$ π-äquivariant ist, ist es $\hat{u}$. Genau dann, wenn zwei π-äquivariante Kozykeln u_0 und u_1 in derselben π-äquivarianten Kohomologieklasse liegen, sind $\hat{u}_0$ und $\hat{u}_1$ π-äquivariant homotop.

5.2 Wenn A ein kommutativer Ring mit 1 ist, ist die Multiplikation

$$\mu: \; A^n = A \otimes \cdots \otimes A \to A$$

ein additiver Homomorphismus. Eine Untergruppe π der symmetrischen Gruppe $\mathcal{S}_n$ möge auf $\mathrm{k}(A^n, nq) = \mathrm{k}(A,q)^n$ wie in 4.1 angegeben und auf $\mathrm{k}(A, nq)$ trivial operieren. Dann ist

$$\mathrm{k}(\mu, nq)\colon \mathrm{k}(A^n, nq) \to \mathrm{k}(A, nq)$$

im allgemeinen nur bis aufs Vorzeichen π-äquivariant:

$$\mathrm{k}(\mu, nq) \circ g = (-1)^q \operatorname{sgn} g\, \mathrm{k}(\mu, nq)$$

für jedes $g \in \pi$. Die Paare (π, A) werden im folgenden immer so gewählt, daß dieses Vorzeichen $= +1$ für alle q ist. Denn in den Anwendungen, die hier interessieren, ist immer π eine Untergruppe der Gruppe der alternierenden Permutationen, oder alle Elemente von A haben die Ordnung 2.

5.3 Außer den Bezeichnungen, die in 5.1 + 2 eingeführt wurden, werden in den folgenden Nummern die Bezeichnungen des vierten Abschnitts benutzt. Insbesondere ist $L = L(\pi)$ die ss. Auflösung von π und G die Abbildung (4.1). Ferner bedeutet Γ den Gruppenring von π. Dann sind „π-äquivariant" und „Γ-linear" äquivalente Bezeichungen. Einem Kozykel $v \in C^q(\mathcal{X}; A)$ ordnet man den Γ-linearen Kozykel

$$Q_1 v \in {}_\pi C^{nq}(L \times \mathcal{X}; A)$$

zu, dem die Γ-lineare Kettenabbildung

$$(Q_1 v)^\wedge\colon C(L \times \mathcal{X}) \xrightarrow{G} C(\mathcal{X})^n \xrightarrow{(-1)^{\frac{n(n-1)}{2}q} \hat{v}^n} \mathrm{k}(A,q)^n = \mathrm{k}(A^n, nq) \xrightarrow{\mu} \mathrm{k}(A, nq) \tag{5.2}$$

entspricht. Wenn v_0 und v_1 kohomolog sind, sind $\hat{v}_0$ und $\hat{v}_1$ homotop, also nach 4.5 Lemma $(Q_1 v_0)^\wedge$ und $(Q_1 v_1)^\wedge$ Γ-linear homotop und somit $Q_1 v_0$ und $Q_1 v_1$ π-äquivariant kohomolog. Daher ist

$$Q'\colon \mathrm{H}^q(\mathcal{X}; A) \to {}_\pi\mathrm{H}^{nq}(L \times \mathcal{X}; A), \quad \mathrm{kl}\, v \mapsto {}_\pi\mathrm{kl}\, Q_1 v \tag{5.3}$$

eine wohldefinierte, natürliche Abbildung. Da π auf A nach Voraussetzung trivial operiert, induziert $p \times \mathrm{id}\colon L \times \mathcal{X} \to K \times \mathcal{X}$ gemäß V (7.7) einen Isomorphismus

$$\mathrm{H}^{nq}(p \times \mathrm{id})\colon \mathrm{H}^{nq}(K \times \mathcal{X}; A) = {}_\pi\mathrm{H}^{nq}(K \times \mathcal{X}; A) \xrightarrow{\cong} {}_\pi\mathrm{H}^{nq}(L \times \mathcal{X}; A), \tag{5.4}$$

wobei $K = \pi \backslash L$ ist und π auf K trivial operiert. Man nennt

$$Q = \mathrm{H}^{nq}(p \times \mathrm{id}) \circ Q'\colon \mathrm{H}^q(\mathcal{X}; A) \to \mathrm{H}^{nq}(K \times \mathcal{X}; A) \tag{5.5}$$

die zu (π, A) gehörige *äußere Kohomologieoperation.*

Bemerkungen: a) Das Vorzeichen in (5.2) wurde wegen (5.1) gewählt. b) Die Abbildungen Q' und Q brauchen keine Homomorphismen zu sein.

c) Es gibt genau einen Kozykel $Q_2 v \in Z^{nq}(K \times \mathscr{X}; A)$, so daß

$$Q_1 v = Q_2 v \circ (p \times \mathrm{id}) \tag{5.6}$$

ist. Es ist $Q \,\mathrm{kl}\, v = \mathrm{kl}\, Q_2 v$.

Der folgende Satz ist der erste Schritt zum Beweis von (3.3+5) bzw. (3.12+14).

5.4 Satz: *Die zu (π, A) gehörige äußere Kohomologieoperation Q hat die beiden Eigenschaften:*

a) Für die Einbettung $i\colon \mathscr{X} \to K \times \mathscr{X}$, $x \mapsto (k_0, x)$, wobei $k_0 \in K_0$ das einzige Nullsimplex ist, und jedes $u \in \mathrm{H}^q(\mathscr{X}; A)$ ist

$$\mathrm{H}^{nq}(i) Q u = u^n,$$

die n-te Potenz im Sinne des inneren Kohomologieproduktes.

b) Für die ss. Abbildung $\lambda\colon K \times \mathscr{X} \times \mathscr{Y} \to K \times \mathscr{X} \times K \times \mathscr{Y}$, $(k, x, y) \mapsto (k, x, k, y)$ und $u \in \mathrm{H}^q(\mathscr{X}; A)$, $v \in \mathrm{H}^r(\mathscr{Y}; A)$ ist

$$\mathrm{H}^{n(q+r)}(\lambda)(Q u \times Q v) = (-1)^{\frac{n(n-1)}{2} qr} Q(u \times v).$$

Beweis: Es werden die entsprechenden Eigenschaften für Q' (5.3) nachgewiesen: Zu a): Es sei $h\colon \mathscr{X} \to L \times \mathscr{X}$, $x \mapsto (1, x)$, wobei $1 \in \pi = L_0$. Zu einem repräsentierenden Kozykel v von u bildet man

$$\hat{w}\colon \mathrm{C}(\mathscr{X}) \xrightarrow{\mathrm{C}(h)} \mathrm{C}(L \times \mathscr{X}) \xrightarrow{G} \mathrm{C}(\mathscr{X})^n \xrightarrow{(v \times \cdots \times v)\hat{}} \mathrm{k}(A^n, nq) \xrightarrow{\mu} \mathrm{k}(A, nq).$$

Dann repräsentiert w einerseits $\mathrm{H}^{nq}(h) Q u$. Andererseits folgt aus den Eigenschaften von G, daß $G\mathrm{C}(h)$ eine Diagonalenapproximation ist. Nach V 6.4 repräsentiert daher w auch das n-fache innere Produkt u^n.

Zu b) betrachtet man das Diagramm 5.1. Es seien u_1 bzw. v_1 repräsentierende Kozykel von u bzw. v. Ferner ist $\lambda'\colon L \times \mathscr{X} \times \mathscr{Y} \to L \times \mathscr{X} \times L \times \mathscr{Y}$, $(l, x, y) \mapsto (l, x, l, y)$. Mit φ ist die Alexander-Whitney-Abbildung und mit $G_{\mathscr{X}}$, $G_{\mathscr{Y}}$, $G_{\mathscr{X} \times \mathscr{Y}}$ sind die Abbildungen G bezeichnet, die gemäß (4.1) zu $\mathscr{X}, \mathscr{Y}$ und $\mathscr{X} \times \mathscr{Y}$ gehören. „Tausch“ ist die Kettenabbildung, die die Faktoren des Tensorproduktes in offensichtlicher Weise vertauscht, und α bedeutet das Vorzeichen:

Dia. 5.1

$$\begin{array}{ccccccc}
C(L \times \mathscr{X} \times \mathscr{Y}) & \xrightarrow{G_{\mathscr{X} \times \mathscr{Y}}} & C(\mathscr{X} \times \mathscr{Y})^n & & & & \\
\downarrow{\scriptstyle C(\lambda')} & & \downarrow{\scriptstyle \varphi^n} & & & & \\
C(L \times \mathscr{X} \times L \times \mathscr{Y}) & & [(C(\mathscr{X}) \otimes C(\mathscr{Y})]^n & \xrightarrow{\alpha(\hat{u}_1 \otimes \hat{v}_1)^n} & k(A^{2n}, n(q+r)) & \xrightarrow{\mu} & k(A, n(q+r)) \\
\downarrow{\scriptstyle \varphi} & & \downarrow{\scriptstyle \mathrm{Tausch}} & & \downarrow{\scriptstyle (-1)^{\frac{n(n-1)}{2} qr}} & & \downarrow{\scriptstyle (-1)^{\frac{n(n-1)}{2} qr}} \\
C(L \times \mathscr{X}) \otimes C(L \times \mathscr{Y}) & \xrightarrow{G_{\mathscr{X}} \otimes G_{\mathscr{Y}}} & C(\mathscr{X})^n \otimes C(\mathscr{Y})^n & \xrightarrow{\alpha \hat{u}_1^n \otimes \hat{v}_1^n} & k(A^{2n}, n(q+r)) & \xrightarrow{\mu} & k(A, n(q+r))
\end{array}$$

$$\alpha=(-1)^{nqr+\frac{n(n-1)}{2}(q+r)}.$$

Das rechte Teildiagramm ist trivialerweise kommutativ, das mittlere ist kommutativ, weil die „Tausch" zugrunde liegende Permutation das Vorzeichen $(-1)^{\frac{n(n-1)}{2}}$ hat.

Das linke Teildiagramm ist bis auf eine in $\mathscr{X}$ und $\mathscr{Y}$ natürliche, Γ-lineare Homotopie kommutativ. Denn das Lemma in 4.2 gilt auch für natürliche Γ-lineare Kettenabbildungen

$$G\colon\ C(L\times\mathscr{X}\times\mathscr{Y})\to C(\mathscr{X})^n\otimes C(\mathscr{Y})^n$$

mit $G(l,x,y)=x\otimes\cdots\otimes x\otimes y\otimes\cdots\otimes y$ für $(l,x,y)\in(L\times X\times Y)_0$. Der Beweis ist dem in 4.3+4 ausgeführten vollkommen analog. Somit ist das ganze Diagramm 5.1 bis auf eine in $\mathscr{X}$ und $\mathscr{Y}$ natürliche, Γ-lineare Homotopie kommutativ. Der obere Rand des Diagramms ist gleich $(Q_1((u_1\times v_1)\circ\varphi))\hat{}$ und der untere gleich $(Q_1 u_1\times Q_1 v_1)\hat{}$.

Bis auf 5.5a) bereiten die restlichen Nummern dieses 5. Abschnitts lediglich den Beweis der Ademschen Relationen (3.6+15) vor.

5.5 a) Es sei $n\geq 2$ eine Primzahl, π die Gruppe der zyklischen Permutationen der Zahlen $\{1,\dots,n\}$ und $A=\mathbf{Z}_n$ der Primkörper der Charakteristik n. Für diese Wahl von (π,A) ist die Voraussetzung 5.2 über das Vorzeichen erfüllt. Nach (5.5) gehört zu $(\pi,\mathbf{Z}_n)$ eine äußere Kohomologieoperation, die man mit

(5.7) $$Q\colon\ \mathrm{H}^q(\mathscr{X};\mathbf{Z}_n)\to\mathrm{H}^{nq}(K\times\mathscr{X},\mathbf{Z}_n)$$

bezeichnet, wobei $K=\mathrm{K}(\pi)$ ist.

b) Es seien n, π und A und K wie in a) gewählt. Die Zahlen $1,\dots,n^2$ seien als Matrix von n Zeilen und Spalten angeordnet. Das direkte Produkt $\pi\times\pi$ wird als Untergruppe in die symmetrische Gruppe $\mathscr{S}_{n^2}$ eingebettet, indem man den ersten Faktor die Spalten und den zweiten die Zeilen der Matrix zyklisch vertauschen läßt. Dann liegt $\pi\times\pi$ sogar in der alternierenden Gruppe; und daher ist für $(\pi\times\pi,\mathbf{Z}_n)$ die Vorzeichenvoraussetzung 5.2 erfüllt. Nach (5.5) gehört zu $(\pi\times\pi,\mathbf{Z}_n)$ eine äußere Kohomologieoperation, die mit

(5.8) $$R\colon\ \mathrm{H}^q(\mathscr{X},\mathbf{Z}_n)\to\mathrm{H}^{n^2q}(K\times K\times\mathscr{X},\mathbf{Z}_n)$$

bezeichnet wird. Das ist sinnvoll, weil $\mathrm{K}(\pi\times\pi)=\mathrm{K}(\pi)\times\mathrm{K}(\pi)$ ist.

5.6 Lemma: *Die Operationen Q und R (5.7+8) haben folgende Eigenschaften:*

a) Es sei $n>2$ und β der zur exakten Sequenz $0\longrightarrow\mathbf{Z}_n\xrightarrow{\ n\ }\mathbf{Z}_{n^2}\longrightarrow 0$ gehörige Bockstein-Homomorphismus. Für ihn gilt

$$\beta Q=0.$$

b) Es sei $0<k<n$. Für den Automorphismus $h_k\colon \pi\to\pi$, $t\mapsto t^k$, (t ist ein erzeugendes Element der zyklischen Gruppe π), ist $\mathrm{H}^{nq}(K(h_k\times\mathrm{id}))Qu=\alpha^q Qu$ für $u\in\mathrm{H}^q(\mathscr{X};\mathbf{Z}_n)$. Dabei ist $\alpha=\pm 1$ das Vorzeichen der Permutation ρ der Zahlen $0,1,\dots,n-1$, die i in $k^{-1}i \bmod n$ überführt.

c) Es sei $T\colon K\times K\times\mathscr{X}\to K\times K\times\mathscr{X}$, $(k_1,k_2,x)\mapsto(k_2,k_1,x)$. Es ist

$$\mathrm{H}^{n^2q}(T)(Ru)=(-1)^{\frac{n-1}{2}}Ru \quad \text{für} \quad u\in\mathrm{H}^q(\mathscr{X},\mathbf{Z}_n).$$

Für $n=2$ entfällt das Vorzeichen.

d) Es ist

$$R=Q\circ Q.$$

Beweis zu a): 1. Es sei π eine Gruppe, Γ ihr Gruppenring, C und A zwei Links-Γ-Moduln. Der Ringhomomorphismus $\mathbf{Z}\to\Gamma$, $q\mapsto q\cdot 1$, bestimmt den Ringwechsel $i\colon \mathrm{Hom}_\Gamma(C,A)\to\mathrm{Hom}_\mathbf{Z}(C,A)$. Wenn π endlich ist, kann man auch einen Homomorphismus $\tau\colon \mathrm{Hom}_\mathbf{Z}(C,A)\to\mathrm{Hom}_\Gamma(C,A)$ in der umgekehrten Richtung angeben: Es sei $u\in\mathrm{Hom}_\mathbf{Z}(C,A)$ und $c\in C\colon \langle\tau(u),c\rangle=\sum_{g\in\pi} g\langle u,g^{-1}c\rangle$. Man nennt τ *Spur*. Die Hintereinanderschaltung τi ist die Multiplikation mit der Ordnung von π. Nun sei C ein Kettenkomplex über Γ und A weiterhin ein Γ-Modul. Der Ringwechsel i und die Spur τ sind dann Kettenabbildungen, induzieren also Homomorphismen $i_*\colon \mathrm{H}^*(\mathrm{Hom}_\Gamma(C,A))\to\mathrm{H}^*(\mathrm{Hom}_\mathbf{Z}(C,A))$ und τ_* in der umgekehrten Richtung. Die Hintereinanderschaltung $\tau_* i_*$ ist ebenfalls die Multiplikation mit der Ordnung von π. Insbesondere gilt: Wenn π die Ordnung n hat und A der π-triviale Γ-Modul $\mathbf{Z}_n$ ist, ist $\tau_* i_*=0$. Schließlich sei noch erwähnt, daß τ und somit τ_* bezüglich C und A natürlich sind.

2. Wenn man $C=\mathrm{C}(L\times\mathscr{X})$ und $A=\mathbf{Z}_n$ wählt, wobei $L=L(\pi)$ die ss. Auflösung ist, ist $\mathrm{H}^*(\mathrm{Hom}_\Gamma(\mathrm{C}(L\times\mathscr{X}),\mathbf{Z}_n)=\mathrm{H}^*(K\times\mathscr{X},\mathbf{Z}_n)$, und der Ringwechsel i_* ist der durch die Projektion $p\times\mathrm{id}\colon L\times\mathscr{X}\to K\times\mathscr{X}$ induzierte Homomorphismus $\mathrm{H}^*(p\times\mathrm{id})$. Da L azyklisch ist, ist $\mathrm{H}^*(p)\colon \mathrm{H}^*(K)\to\mathrm{H}^*(L)$ trivialerweise surjektiv. Aus V 6.6 folgt, daß auch $\mathrm{H}^*(p\times\mathrm{id})$, also der Ringwechsel i_* surjektiv ist. Da nach 1. $\tau_* i_*=0$ ist, folgt: Die Spur $\tau_*\colon \mathrm{H}^*(\mathrm{Hom}_\mathbf{Z}(\mathrm{C}(L\times\mathscr{X}),\mathbf{Z}_n))\to\mathrm{H}^*(\mathrm{Hom}_\Gamma(\mathrm{C}(L\times\mathscr{X}),\mathbf{Z}_n))$ ist die Nullabbildung.

3. Es sei v eine ganzzahlige q-Kokette auf einem Kettenkomplex C, die $\bmod n$ ein Kozykel ist. Dann ist das n-fache Kreuzprodukt v^n ein Γ-linearer nq-Kozykel $\bmod n$ auf C^n. Mit ${}_\pi\mathrm{kl}\, v^n\in\mathrm{H}^{nq}(\mathrm{Hom}_\Gamma(C^n,\mathbf{Z}_n))$ werde seine Kohomologieklasse bezeichnet. (Sie hängt im allgemeinen nicht nur von der Kohomologieklasse von v modulo n ab.)

Es gibt ein $a\in\mathrm{H}^{nq+1}(\mathrm{Hom}_\mathbf{Z}(C^n,\mathbf{Z}_n))$ mit $\tau_* a=\beta\,\mathrm{kl}\, v^n$.

Beweis: Da $v \bmod n$ ein Kozykel ist, gibt es eine ganzzahlige $(q+1)$-Kokette z auf C mit $\delta v=nz$. Daher ist $n\delta z=0$, d.h.: z ist ein Kozykel mod n (welcher übrigens $\beta\,\mathrm{kl}\,v$ repräsentiert). Um einen repräsentierenden Kozykel für $\beta\,\mathrm{kl}\,v^n$ zu finden, berechnet man

$$\delta v^n = \sum_{s=0}^{n-1} (-1)^{qs} v^s \times \delta v \times v^{n-s-1} = n \cdot \sum_{s=0}^{n-1} (-1)^{qs} v^s \times z \times v^{n-s-1}.$$

Also ist $\sum_{s=0}^{n-1} (-1)^{qs} v^s \times z \times v^{n-s-1}$ ein repräsentierender Kozykel für $\beta\,\mathrm{kl}\,v^n$. Nun ist aber, wie man nachrechnet – hier wird $n>2$ benutzt – $\sum_{s=0}^{n-1} (-1)^{qs} v^s \times z \times v^{n-s-1} = \tau(z \times v^{n-1})$. Da z und v Kozykel mod n sind, ist $z \times v^{n-1}$ ein Kozykel mod n. Man wählt $a = \mathrm{kl}(z \times v^{n-1})$.

4. Es sei $G\colon C(L \times \mathscr{X}) \to C(\mathscr{X})^n$ die Abbildung (4.1) und $u \in \mathrm{H}^q(\mathscr{X}, \mathbf{Z}_n)$. Es sei v eine ganzzahlige q-Kokette auf $C(\mathscr{X})$, die ein Kozykel mod n ist und u repräsentiert. Dann ist nach (5.1–3) $Q'u = {}_\pi\mathrm{H}^{nq}(G)\,\mathrm{kl}\,v^n$, also

$$\begin{aligned}
\beta Q'u &= {}_\pi\mathrm{H}^{nq+1}(G)\,\beta\,\mathrm{kl}\,v^n, && \text{wegen der Natürlichkeit von } \beta,\\
&= {}_\pi\mathrm{H}^{nq+1}(G)\,\tau_* a && \text{nach 3.,}\\
&= \tau_* \mathrm{H}^{nq+1}(G)\,a, && \text{weil } \tau_* \text{ natürlich ist,}\\
&= 0 && \text{nach 2.}
\end{aligned}$$

Wegen (5.5) folgt daraus $\beta Q = 0$.

Beweis zu b): Für einen Kettenkomplex C sei $\rho\colon C^n \to C^n$ die durch ρ bestimmte Tauschabbildung. Das Diagramm 5.2

$$\begin{array}{ccc}
\mathrm{k}(\mathbf{Z}_n, q)^n & \xrightarrow{\ \mu\ } & \mathrm{k}(\mathbf{Z}_n, nq)\\
\downarrow{\scriptstyle \rho} & & \downarrow{\scriptstyle \alpha^q}\\
\mathrm{k}(\mathbf{Z}_n, q)^n & \xrightarrow[\ \mu\ ]{} & \mathrm{k}(\mathbf{Z}_n, nq)
\end{array}$$

Dia. 5.2

ist kommutativ. Es sei G die Kettenabbildung (4.1). Es werde $h'\colon L \to L$ durch $h_k\colon \pi \to \pi$ bestimmt. Dann ist nach 4.2 Lemma die Abbildung $\mathrm{C}(L \times \mathscr{X}) \xrightarrow{\mathrm{C}(h' \otimes \mathrm{id})} \mathrm{C}(L \times \mathscr{X}) \xrightarrow{G} \mathrm{C}(\mathscr{X})^n \xrightarrow{\rho} \mathrm{C}(\mathscr{X})^n$ zu G in natürlicher Weise Γ-linear homotop, d.h., $Q'u$ wird durch $\mu v^n \rho\, G C(h' \times \mathrm{id}) = \alpha^q \mu v^n G C(h' \times \mathrm{id}) = \alpha^q Q_1 v C(h' \times \mathrm{id})$ repräsentiert. Dabei ist v ein repräsentierender Kozykel von u. Daraus folgt die Behauptung.

Beweis zu c): Es sei $\sigma \in \mathscr{S}_{n^2}$ die Permutation, die der Transposition der $(n \times n)$-Matrix entspricht. Sie hat das Vorzeichen $(-1)^{\frac{n(n-1)}{2}}$. Für einen Kettenkomplex C bezeichnet man mit $\sigma\colon C^{n^2} \to C^{n^2}$ auch die durch σ bestimmte Tauschabbildung. Es sei u_1 ein repräsentierender Kozykel von u. Das Diagramm 5.3 ist kommutativ: Es sei G die Kettenabbildung (4.1) und $T'\colon \mathrm{C}(L\times L\times \mathscr{X})\to \mathrm{C}(L\times L\times \mathscr{X})$ werde durch $(l_1,l_2,x)\mapsto(l_2,l_1,x)$

$$\begin{array}{ccc} C(\mathscr{X})^{n^2} & \xrightarrow{\mu(u_1\times\cdots\times u_1)^{\wedge}} & k(\mathbf{Z}_n, n^2 q) \\ \Big\downarrow{\scriptstyle\sigma} & & \Big\downarrow{\scriptstyle(-1)^{\frac{n(n-1)}{2}q}} \\ C(\mathscr{X})^{n^2} & \xrightarrow[\mu(u_1\times\cdots\times u_1)^{\wedge}]{} & k(\mathbf{Z}_n, n^2 q) \end{array} \qquad \text{Dia. 5.3}$$

bestimmt. Dann ist nach 4.2 Lemma die Abbildung

$$\mathrm{C}(L\times L\times \mathscr{X}) \xrightarrow{T'} \mathrm{C}(L\times L\times \mathscr{X}) \xrightarrow{G} \mathrm{C}(\mathscr{X})^{n^2} \xrightarrow{\sigma} \mathrm{C}(\mathscr{X})^{n^2}$$

zu G in natürlicher Weise Γ-linear homotop, d. h., $R'u$ wird durch $\mu(u_1\times\cdots\times u_1)^{\wedge}\sigma G T'$ repräsentiert. Nach dem Diagramm 5.3 ist aber $\mu(u_1\times\cdots\times u_1)^{\wedge}\sigma G T'=(-1)^{qn(n-1)/2}\mu(u_1\times\cdots\times u_1)^{\wedge} G T'$. Da $R'u$ durch $\mu(u_1\times\cdots\times u_1)^{\wedge} G$ repräsentiert wird, folgt die Behauptung.

Beweis zu d): Man betrachte das Diagramm 5.4, in dem $v\colon \mathrm{C}_q(\mathscr{X})\to\mathbf{Z}_n$ ein Kozykel ist:

$$\begin{array}{ccccccc} \mathrm{C}(L\times L\times\mathscr{X}) & \xrightarrow{G_{L\times\mathscr{X}}} & \mathrm{C}(L\times\mathscr{X})^n & \xrightarrow{G^n_{\mathscr{X}}} & \mathrm{C}(\mathscr{X})^{n^2} & \xrightarrow{(-1)^{\frac{n(n-1)}{2}(n+1)q}\,\vartheta^{n^2}} & k(\mathbf{Z}_n,q)^{n^2} \\ \Big\downarrow{\scriptstyle \mathrm{C}(\mathrm{id}\times p\times \mathrm{id})} & \mathrm{I} & \Big\downarrow{\scriptstyle \mathrm{C}(p\times \mathrm{id})^n} & & \mathrm{II} & & \Big\downarrow{\scriptstyle\mu} \\ \mathrm{C}(L\times K\times\mathscr{X}) & \xrightarrow{G_{K\times\mathscr{X}}} & \mathrm{C}(K\times\mathscr{X})^n & \xrightarrow{(-1)^{\frac{n(n-1)}{2}nq}(Q_2 v)^{\wedge n}} & k(\mathbf{Z}_n,nq)^n & & \\ \Big\downarrow{\scriptstyle \mathrm{C}(p\times\mathrm{id}\times\mathrm{id})} & & \mathrm{III} & & & \searrow{\scriptstyle\mu} & \\ \mathrm{C}(K\times K\times\mathscr{X}) & & & \xrightarrow{(Q_2(Q_2 v))^{\wedge}} & & & k(\mathbf{Z}_n,n^2 q) \end{array}$$

Dia. 5.4

Das Teildiagramm I ist wegen der Natürlichkeit von G kommutativ. – Nach (5.2+6) ist das Diagramm 5.5 kommutativ:

$$\begin{array}{ccccc} \mathrm{C}(L\times\mathscr{X}) & \xrightarrow{G_{\mathscr{X}}} & \mathrm{C}(\mathscr{X})^n & \xrightarrow{(-1)^{\frac{n(n-1)}{2}q}\,\vartheta^n} & k(\mathbf{Z}_n,q)^n \\ \Big\downarrow{\scriptstyle \mathrm{C}(p\times\mathrm{id})} & & & & \Big\downarrow{\scriptstyle\mu} \\ \mathrm{C}(K\times\mathscr{X}) & & \xrightarrow{(Q_2 v)^{\wedge}} & & k(\mathbf{Z}_n,nq) \end{array} \qquad \text{Dia. 5.5}$$

Wenn man von diesem Diagramm die n-te Potenz bildet und das Vorzeichen $(-1)^{\frac{n(n-1)}{2}nq}$ hinzufügt, erhält man das kommutative Teildiagramm II. – Das Teildiagramm III ist nach (5.2+6) kommutativ. Die Abbildung $G'_{\mathscr{X}}=G^n_{\mathscr{X}}\,G_{L\times\mathscr{X}}$ kann zur Definition von $R_1 v$ (5.2) genommen werden. Da man für $n=2$ keine Vorzeichen zu beachten braucht und für n ungerade $(-1)^{\frac{n(n-1)}{2}(n+1)} = (-1)^{\frac{n^2(n^2-1)}{2}}$ $(=1)$ ist, ist der obere und rechte Rand des Diagramms gleich $(R_1 v)^{\frown}$. Aus der Kommutativität des ganzen Diagramms folgt nach (5.6) die Behauptung.

6. Die Steenrodschen Quadrate und reduzierten Potenzen II

Es sei $n \geq 2$ eine Primzahl, $\mathbf{Z}_n$ der Primkörper der Charakteristik n, π die Gruppe der zyklischen Permutationen der Zahlen $\{1, \ldots, n\}$, $L = L(\pi)$ die ss. Auflösung von π und $K = \pi \backslash L$. Ferner bedeuten $\mathscr{X} = (X, X')$, $\mathscr{Y} = (Y, Y')$ usw. Paare von ss. Mengen $X' \subset X$, $Y' \subset Y$ usw.

6.1 Nach V (6.14) ist das äußere Kohomologieprodukt

$$\coprod_i \mathrm{H}^i(K; \mathbf{Z}_n) \otimes \mathrm{H}^{r-i}(\mathscr{X}; \mathbf{Z}_n) \xrightarrow[\cong]{\times} \mathrm{H}^r(K \times \mathscr{X}; \mathbf{Z}_n)$$

für alle $\mathscr{X}$ ein Isomorphismus. Für jedes $u \in \mathrm{H}^q(\mathscr{X}; \mathbf{Z}_n)$ läßt sich folglich $Qu \in \mathrm{H}^{nq}(K \times \mathscr{X}; \mathbf{Z}_n)$, siehe (5.5), in

$$Qu = \sum_i w_i \times Q_i u \tag{6.1}$$

zerlegen, wobei $w_i \in \mathrm{H}^i(K; \mathbf{Z}_n)$ die Erzeugenden der Kohomologie von K sind, siehe IV 7.4 und V 7.8d), und $Q_i u \in \mathrm{H}^{nq-i}(\mathscr{X}; \mathbf{Z}_n)$ durch u eindeutig bestimmt ist.

6.2 Satz: *a) Die Zuordnung*

$$Q_i : \mathrm{H}^q(\mathscr{X}; \mathbf{Z}_n) \to \mathrm{H}^{nq-i}(\mathscr{X}; \mathbf{Z}_n)$$

ist eine Kohomologieoperation.
b) Für $u \in \mathrm{H}^q(\mathscr{X}; \mathbf{Z}_n)$ ist $Q_i u = 0$, falls $i < 0$ oder $i > (n-1)q$ ist.
c) Es ist $Q_0 u = u^n$, die n-te Potenz im Sinne des inneren Kohomologieproduktes.
d) Für $u \in \mathrm{H}^q(\mathscr{X}; \mathbf{Z}_n)$ und $v \in \mathrm{H}^r(\mathscr{Y}; \mathbf{Z}_n)$ ist

$$Q_k(u \times v) = \sum_{i+j=k} Q_i u \times Q_j v \quad \text{für} \quad n = 2,$$

$$Q_{2k}(u \times v) = (-1)^{\frac{n-1}{2} qr} \sum_{i+j=k} Q_{2i} u \times Q_{2j} v \quad \text{für} \quad n > 2.$$

e) Für $u \in \mathrm{H}^q(\mathscr{X}; \mathbf{Z}_n)$ ist $Q_q u = u$, wenn $n = 2$ und $Q_{(n-1)q} u = a_q u$ für $n > 2$, wobei $a_q = (-1)^{\frac{n-1}{2} \cdot \frac{q(q-1)}{2}} a_1^q$ und $a_1 = (-1)^{\frac{n-1}{2}} \frac{n-1}{2}!$ ist.

Beweis: a) folgt aus der Natürlichkeit von Q und der des äußeren Kohomologieproduktes. – Zu b): $Q_i=0$ für $i<0$ ist trivial. Aus 2.3 a) folgt $Q_i u=0$ für $i>(n-1)q$, da Q_i eine Kohomologieoperation ist. – Zu c): Nach 5.4 a) ist $u^n=\mathrm{H}^{nq}(i)\,Q\,u=\mathrm{H}^{nq}(i)\sum_j w_j\times Q_j u=Q_0 u$. – Zu d): Man benutzt 5.4 b): Es ist $\lambda=T(d\times\mathrm{id})$, wobei $T\colon K\times\mathscr{X}\times K\times\mathscr{Y}\to K\times K\times\mathscr{X}\times\mathscr{Y}$ die beiden mittleren Faktoren vertauscht und $d\colon K\to K\times K$ die Diagonale ist. Dann ist für $n=2$ (es braucht kein Vorzeichen beachtet werden):

$$\begin{aligned}\sum_k w_k\times Q_k(u\times v)&=Q(u\times v)=\mathrm{H}^{n(q+r)}(\lambda)(Q\,u\times Q\,v)\\&=\mathrm{H}^{n(q+r)}(d\times\mathrm{id})\sum_{i,j}w_i\times w_j\times Q_i u\times Q_j v\\&=\sum_{i,j}\mathrm{H}^{i+j}(d)(w_i\times w_j)\times Q_i u\times Q_j v=\sum_{i,j}w_{i+j}\times Q_i u\times Q_j v.\end{aligned}$$

Wenn man die Koeffizienten von w_k vergleicht, folgt die Behauptung. Es wurde benutzt, daß $\mathrm{H}^*(d)(w_i\times w_j)=w_i\cdot w_j=w_{i+j}$ ist, siehe V (6.10) und IV 4.7 b). Für $n>2$ verläuft die Rechnung (unter Vorzeichenbeachtung) genauso. – Zu e): Nach 2.3 b) ist $Q_{(n-1)q}$ ein Koeffizientenhomomorphismus und hat also die Gestalt $Q_{(n-1)q}u=a_q u$, wobei $a_q\in\mathbf{Z}_n$ nicht von $\mathscr{X}$ und u abhängt. Es sei $v_1\in Z^1(I,\dot I;\mathbf{Z}_n)$ der durch $\langle v_1,(0,1)\rangle=1$ bestimmte Kozykel und v seine Kohomologieklasse. Es sei $n>2$. Dann ist nach d)

$$a_{q+1}u\times v=Q_{(q+1)(n-1)}(u\times v)=(-1)^{\frac{n-1}{2}q}\sum_{i+j=\frac{n-1}{2}(q+1)}Q_{2i}u\times Q_{2j}v.$$

Nun ist $Q_{2j}v=0$ außer für $j=\dfrac{n-1}{2}$, weil die Kohomologie von $(I,\dot I)$ in den Dimensionen $\neq 1$ verschwindet, also $a_{q+1}u\times v$ $=(-1)^{\frac{n-1}{2}q}Q_{q(n-1)}u\times Q_{n-1}v=a_q a_1 u\times v$. Damit hat man die Rekursionsformel $a_{q+1}=(-1)^{\frac{n-1}{2}q}a_q a_1$ gewonnen, aus der $a_q=(-1)^{\frac{n-1}{2}\cdot\frac{q(q-1)}{2}}a_1^q$ folgt. Entsprechend findet man $a_q=a_1^q$ für $n=2$.

In der folgenden Nummer 6.3 wird bewiesen, daß

(6.2) $$a_1=\langle\underbrace{v_1\times\ldots\times v_1}_{n\text{-mal}},F_0(t_{n-1}\otimes S)\rangle$$

ist, wobei F_0, t_{n-1} und $S=(01)$ dieselbe Bedeutung wie in 4.7 haben und $\times$ das äußere Kohomologieprodukt IV (5.2) ist. Nach der Definition von F_0 ist $F_0(t_1\otimes S)=S\otimes S$ für $n=2$ und $F_0(t_{n-1}\otimes S)=\dfrac{n-1}{2}!\;\underbrace{S\otimes\cdots\otimes S}_{n\text{-mal}}$

für $n>2$. Daher ist

$$a_1 = \langle v_1\times v_1, S\otimes S\rangle = \langle v_1, S\rangle^2 = 1 \quad \text{für} \quad n=2 \quad \text{und}$$

$$a_1 = \frac{n-1}{2}!\,\langle v_1\times\cdots\times v_1, S\otimes\cdots\otimes S\rangle$$

$$= \frac{n-1}{2}!\,(-1)^{\frac{n(n-1)}{2}}\langle v_1, S\rangle^n = (-1)^{\frac{n-1}{2}}\frac{n-1}{2}! \quad \text{für} \quad n>2.$$

6.3 Beweis von (6.2): Da irgendzwei freie Auflösungen von $\mathbf{Z}$ über Γ homotopieäquivalent sind, hat man eine Γ-lineare Homotopieäquivalenz

$$f\colon \mathrm{C}(L)\to W \quad \text{mit} \quad \varepsilon f=\varepsilon,$$

siehe IV (6.2). Im folgenden wird vermöge f die π-äquivariante (Ko-)Homologie von L und die Γ-lineare (Ko-)Homologie von W identifiziert. Ferner identifiziert man die π-äquivariante (Ko-)Homologie von L und die übliche (Ko-)Homologie von K, wenn π auf den Koeffizienten trivial operiert.

Es sei φ die Alexander-Whitney-Abbildung. Dann ist

$$\mathrm{C}(L\times\mathscr{X}) \xrightarrow{\varphi} \mathrm{C}(L)\otimes\mathrm{C}(\mathscr{X}) \xrightarrow{f\otimes\mathrm{id}} W\otimes\mathrm{C}(\mathscr{X})$$

eine Γ-lineare natürliche Homotopieäquivalenz. Durch sie identifiziert man die π-äquivariante (Ko-)Homologie von $L\times\mathscr{X}$ mit der Γ-linearen (Ko-)Homologie von $W\otimes\mathrm{C}(\mathscr{X})$. Ferner werden die π-äquivariante (Ko-)Homologie von $L\times\mathscr{X}$ und die übliche Kohomologie von $K\times\mathscr{X}$ identifiziert, wenn π auf den Koeffizienten trivial operiert. Bei diesen Identifikationen entsprechen einander $Qv\in\mathrm{H}^{nq}(K\times\mathscr{X};\mathbf{Z}_n)$ und $\mathrm{kl}((v_1\times\cdots\times v_1)F)\in\mathrm{H}^{nq}(W\otimes\mathrm{C}(\mathscr{X});\mathbf{Z}_n)$, wobei F die Abbildung (4.6) ist. Denn $\mathrm{C}(L\times\mathscr{X}) \xrightarrow{\varphi} \mathrm{C}(L)\otimes\mathrm{C}(\mathscr{X}) \xrightarrow{f\otimes\mathrm{id}} W\otimes\mathrm{C}(\mathscr{X}) \xrightarrow{F} \mathrm{C}(\mathscr{X})^n$ ist eine Abbildung (4.1), die zur Definition von Q dient, siehe (5.2+3+5).

Wenn man sich nun auf $\mathscr{X}=(I,\dot{I})$ und $v_1\in Z^1(I,\dot{I},\mathbf{Z}_n)$ mit $\langle v_1,S\rangle=1$ spezialisiert, ist

$$\begin{aligned} a_1 &= \langle Q_{n-1}v, \mathrm{kl}\,S\rangle = \langle w_{n-1},\ \mathrm{kl}\,t_{n-1}\rangle\langle Q_{n-1}v, \mathrm{kl}\,S\rangle \\ &= \langle Qv,\ \mathrm{kl}\,t_{n-1}\times\mathrm{kl}\,S\rangle = \langle \mathrm{kl}((v_1\times\cdots\times v_1)F), \mathrm{kl}(t_{n-1}\otimes S)\rangle \\ &= \langle v_1\times\cdots\times v_1, F(t_{n-1}\otimes S)\rangle. \end{aligned}$$

Wegen dem Lemma in 4.6 kann man für F die Abbildung F_0 von 4.7 wählen. Damit ist (6.2) bewiesen.

6.4 Man definiert für jedes i und q die Steenrodschen Quadrate als die Kohomologieoperationen

(6.3) $$\mathrm{Sq}^i\colon \mathrm{H}^q(\mathscr{X};\mathbf{Z}_2)\to\mathrm{H}^{q+i}(\mathscr{X};\mathbf{Z}_2), \qquad \mathrm{Sq}^i u = Q_{q-i}u$$

und die Steenrodschen reduzierten Potenzen als die Kohomologieoperationen

(6.4) $$\mathrm{P}^i\colon\ \mathrm{H}^q(\mathscr{X},\mathbf{Z}_n)\to\mathrm{H}^{q+2i(n-1)}(\mathscr{X},\mathbf{Z}_n),$$

$$\mathrm{P}^i u=(-1)^{i+\frac{n-1}{2}\cdot\frac{q(q+1)}{2}}\left(\frac{n-1}{2}!\right)^{-q} Q_{(q-2i)(n-1)}\,u$$

für jede Primzahl $n>2$. Dabei ist Q_j durch (6.1) definiert. Aus 6.2 ergeben sich die Eigenschaften (3.1–5) bzw. (3.10–14). Beim Nachweis von (3.12) erhält man zunächst $P^i u=(-1)^{\frac{n-1}{2}}\left(\frac{n-1}{2}!\right)^2 u^n$ für $\operatorname{gr} u=2i$. Aber nach Wilsons Formel $(n-1)!\equiv 1 \bmod n$, siehe VAN DER WAERDEN § 40, gilt in $\mathbf{Z}_n$:

$$1=1\cdot 2\ldots\frac{n-1}{2}\cdot\frac{n+1}{2}\ldots(n-1)=1\cdot 2\ldots\frac{n-1}{2}\cdot\left(-\frac{n-1}{2}\right)\ldots(-1)$$
$$=(-1)^{\frac{n-1}{2}}\left(\frac{n-1}{2}!\right)^2.$$

6.5 für $n>2$ erfassen die reduzierten Potenzen P^i scheinbar nicht alle Kohomologieoperationen, die man aus den Operationen Q bilden kann. Aber es gilt:

Satz: *Folgendermaßen kann man die äußere Kohomologieoperation Q (5.7) durch die Sq^i für $n=2$ und durch die P^i und den Bockstein-Homomorphismus β zur exakten Koeffizientensequenz $0\longrightarrow\mathbf{Z}_n\xrightarrow{\ n\ }\mathbf{Z}_{n^2}\longrightarrow\mathbf{Z}_n\longrightarrow 0$ ausdrücken:*

(6.5) $$Qu=\sum_i w_{q-i}\times\mathrm{Sq}^i u\quad\text{für}\quad n=2,$$

(6.6) $$Qu=v_q\cdot\sum_i(-1)^i(w_{(n-1)(q-2i)}\times\mathrm{P}^i u+w_{(n-1)(q-2i)-1}\times\beta\,\mathrm{P}^i u),\quad n>2,$$

wobei $v_q\in\mathbf{Z}_n$ folgenden Faktor abkürzt:

(6.7) $$v_q=(-1)^{\frac{n-1}{2}\cdot\frac{q(q+1)}{2}}\cdot\left(\frac{n-1}{2}!\right)^q.$$

Beweis: (6.5) folgt aus (6.1+3). Daraus ergibt sich auch (6.6), wenn man außerdem weiß, daß

(6.8) $$\beta Q_{2k}=Q_{2k-1}$$

ist und für $u\in\mathrm{H}^q(\mathscr{X};\mathbf{Z}_n)$ gilt:

(6.9) $Q_i u = 0$, falls q gerade und $(n-1)\cdot 2m \neq i \neq (n-1)2m-1$ oder falls q ungerade und $(n-1)(2m+1) \neq i \neq (n-1)(2m+1)-1$ ist,

wobei m ganz $\mathbf{Z}$ durchläuft.

Beweis zu (6.8): Nach 5.6a) ist $\beta Q = 0$. Wenn man V (3.8), V (6.10) und IV 7.4c) berücksichtigt, ist also $0 = \sum_i (\beta(w_{2i} \times Q_{2i} u) + \beta(w_{2i-1} \times Q_{2i-1} u))$ $= \sum_i (w_{2i} \times \beta Q_{2i} u - w_{2i} \times Q_{2i-1} u + w_{2i-1} \times \beta Q_{2i-1} u)$. Wenn man die Faktoren der w_j vergleicht, folgt (6.8).

Beweis zu (6.9): Es sei k ein erzeugendes Element der multiplikativen Gruppe des Körpers $\mathbf{Z}_n$. Dann hat die Permutation ρ von $0, 1, \ldots, n-1$, die i in $k^{-1} i$ überführt, das Vorzeichen -1. Nach 5.6b) und IV 7.4d) ist daher $(k^i - (-1)^q) Q_{2i} u = 0$ und $(k^i - (-1)^q) Q_{2i-1} u = 0$. Ferner gilt: Aus $k^i = 1$ folgt: $n-1$ teilt i, und aus $k^i = -1$ folgt: $n-1$ teilt i nicht, aber $n-1$ teilt $2i$. Daraus ergibt sich die Behauptung.

7. Binomialkoeffizienten

7.1 Im 8. Abschnitt braucht man Binomialkoeffizienten modulo einer Primzahl n. Zur Vereinfachung definiert man zunächst $\binom{i}{k}$ für *alle* ganze Zahlen i und k, indem man die bekannte Definition ergänzt durch:

$$\binom{i}{k} = 0, \quad \text{wenn} \quad i < 0 \quad \text{oder} \quad k < 0; \quad \binom{i}{0} = 1, \quad \text{wenn} \quad i \geq 0.$$

7.2 Es sei n eine natürliche Zahl. Dann läßt sich jede Zahl $j \geq 0$ eindeutig als

$$j = \sum_{\nu=0}^{\infty} j_\nu n^\nu \quad \text{mit} \quad 0 \leq j_\nu < n \tag{7.1}$$

darstellen. Die Summe ist endlich. Man nennt (7.1) die n-adische Darstellung von j und j_ν den ν-ten n-adischen Koeffizienten.

Satz: *Es seien $n \geq 2$ eine Primzahl, $i \geq 0$ und $k \geq 0$ ganze Zahlen, i_ν und k_ν ihre ν-ten n-adischen Koeffizienten. Dann ist*

$$\binom{i}{k} \equiv \prod_{\nu=0}^{\infty} \binom{i_\nu}{k_\nu} \text{ modulo } n.$$

(Das Produkt ist endlich.)

Beweis: Man rechnet im Polynomring $\mathbf{Z}_n[x]$. Dort ist $(1+x)^n = 1+x^n$. Daraus folgt:

$$(1+x)^i = (1+x)^{\sum_\nu i_\nu n^\nu} = \prod_\nu (1+x)^{n^\nu i_\nu} = \prod_\nu (1+x^{n^\nu})^{i_\nu} = \prod_\nu \sum_\mu \binom{i_\nu}{\mu} x^{\mu n^\nu}$$

$$= \sum_{\mu_1 \mu_2 \dots} \prod_\nu \binom{i_\nu}{\mu_\nu} x^{\mu_\nu n^\nu}.$$

In der Potenzreihenentwicklung von $(1+x)^i$ ist somit $\prod_\nu \binom{i_\nu}{k_\nu}$ der Koeffizient von $x^k = x^{\sum_\nu k_\nu n^\nu} = \prod_\nu x^{k_\nu n^\nu}$. Andererseits lautet er $\binom{i}{k}$.

7.3 Lemma: *Es seien $n \geq 2$ eine Primzahl, s, x, y, z ganze Zahlen mit $x \geq 0$, $y \geq 0$ und $z < n^s$. Dann ist*

$$\binom{xn^s + y}{z} \equiv \binom{y}{z} \bmod n. \tag{7.2}$$

Beweis: Man kann annehmen, daß $z > 0$ ist. Aus $z < n^s$ folgt: Für $\nu \geq s$ sind die n-adischen Koeffizienten $z_\nu = 0$. Nach dem Satz in 7.2 sind daher beide Seiten von (7.2) gleich $\prod_{\nu=0}^{s-1} \binom{y_\nu}{z_\nu}$.

7.4 Lemma: *Es seien $n \geq 2$ eine Primzahl, $s > 0$ und $x \neq 0$ ganze Zahlen. Dann ist*

$$\binom{(n-1)(1+n+n^2+\cdots+n^{s-1}-x)}{x} \equiv 0 \text{ modulo } n.$$

Beweis: Man kann annehmen, daß $0 < x < 1+n+\cdots+n^{s-1}$ ist. Es gibt ein kleinstes r $(0 \leq r \leq s-1)$, für das der n-adische Koeffizient $x_r > 0$ ist. Man setzt $a = (n-1)(1+n+n^2+\cdots+n^{s-1}-x)$. Es ist $((n-1)x)_r = n - x_r$, also $a_r = ((n-1)+(n-1)n+\cdots+(n-1)n^{s-1}-(n-1)x)_r = n-1-n+x_r < x_r$. Nach dem Satz in 7.2 ist dann $\binom{a}{x} = \prod_\nu \binom{a_\nu}{x_\nu} = 0$. Denn der r-te Faktor verschwindet, weil $a_r < x_r$ ist.

8. Die Ademschen Relationen

8.1 Auf dieselbe Weise wie aus der äußeren Operation Q die Kohomologieoperationen Q_i gewonnen wurden, siehe 6.1, gewinnt man aus R (5.8) die Kohomologieoperationen $R_{i,j}$, indem man

(8.1) $$Ru = \sum_{i,j} w_i \times w_j \times R_{i,j} u$$

für jedes $u \in \mathrm{H}^q(\mathscr{X}, \mathbf{Z}_n)$ zerlegt. Dabei sind $w_k \in \mathrm{H}^k(\pi, \mathbf{Z}_n)$ die erzeugenden Elemente der Kohomologie der zyklischen Gruppe π der Ordnung n mit Koeffizienten im Primkörper $\mathbf{Z}_n$ der Charakteristik n, und

$$R_{i,j}\colon \mathrm{H}^q(\mathscr{X}, \mathbf{Z}_n) \to \mathrm{H}^{n^2 q - i - j}(\mathscr{X}, \mathbf{Z}_n)$$

ist eine Kohomologieoperation. – Weil $R = QQ$ ist, siehe 5.6d), und man Q durch die Sq^k bzw. P^k und β ausdrücken kann (6.5+6), kann man auch R und damit die $R_{i,j}$ durch Sq^k bzw. P^k und β ausdrücken:

8.2 Lemma: *Es sei* $\operatorname{gr} u = q$.

a) Für $n=2$ *ist* $R_{2q-j,2q-k} u = \sum_i \binom{q-i}{q-k+i} \mathrm{Sq}^{j+k-i-q} \mathrm{Sq}^i u.$

b) Für $n>2$ *ist mit* v_r *wie in* (6.7) *und* $m = \dfrac{n-1}{2}$:

(8.2) $$R_{2m(nq-2j),2m(nq-2k)} u = v_{nq} v_q \sum_i (-1)^{i+j} \binom{m(q-2i)}{mq-k+i} \mathrm{P}^{j-mq+k-i} \mathrm{P}^i u,$$

(8.3) $$R_{2m(nq-2j),2m(nq-2k)-1} u = v_{nq} v_q \sum_i (-1)^{i+j} \binom{m(q-2i)-1}{mq-k+i} \mathrm{P}^{j-mq+k-i} \beta\, \mathrm{P}^i u,$$

(8.4) $$R_{2m(nq-2j)-1,2m(nq-2k)} u = v_{nq} v_q \sum_i (-1)^{i+j}$$
$$\times \left[\binom{m(q-2i)}{mq-k+i} \beta\, \mathrm{P}^{j-mq+k-i} \mathrm{P}^i u - \binom{m(q-2i)-1}{mq-k+i} \mathrm{P}^{j-mq+k-i} \beta\, \mathrm{P}^i u \right].$$

Beweis: Aus den bereits bewiesenen Formeln (3.1–5) bzw. (3.10–14) folgt

$$\mathrm{Sq}^i u^k = \binom{k}{i} \quad \text{für} \quad \operatorname{gr} u = 1,$$

$$\mathrm{P}^i u^k = \binom{k}{i} u^{k+(n-1)i} \quad \text{für} \quad \operatorname{gr} u = 2,$$

wobei u eine sonst beliebige Kohomologieklasse mit Koeffizienten in $\mathbf{Z}_n$ ist. – Dies ist die Stelle, an der die Binomialkoeffizienten hereinkommen. Wegen IV 7.4b) folgt daraus für die Erzeugenden der Kohomologie $\mathrm{H}^*(\pi, \mathbf{Z}_n)$:

(8.5) $\mathrm{Sq}^i w_k = \binom{k}{i} w_{k+i}$,

(8.6) $\mathrm{P}^i w_{2k} = \binom{k}{i} w_{2(k+(n-1)i)}$, $\quad \mathrm{P}^i w_{2k-1} = \binom{k-1}{i} w_{2(k+(n-1)i)-1}$.

Zu a): Nach (6.5) ist $Qu = \sum_i w_{q-i} \times \mathrm{Sq}^i u$, also

$$\begin{aligned} QQu &= \sum_{i,j} w_{2q-j} \times \mathrm{Sq}^j (w_{q-i} \times \mathrm{Sq}^i u) \\ &= \sum_{i,j,l} w_{2q-j} \times \mathrm{Sq}^l w_{q-i} \times \mathrm{Sq}^{j-l}\, \mathrm{Sq}^i u, \quad \text{nach der Cartan-Formel,} \\ &= \sum_{i,j,l} w_{2q-j} \times w_{q-i+l} \times \binom{q-i}{l} \mathrm{Sq}^{j-l}\, \mathrm{Sq}^i u, \quad \text{nach} \quad (8.5), \\ &= \sum_{j,k} w_{2q-j} \times w_{2q-k} \times \sum_i \binom{q-i}{q-k+i} \mathrm{Sq}^{j-q+k-i}\, \mathrm{Sq}^i u, \end{aligned}$$

wenn man $l = q-k+i$ setzt.

Andererseits ist nach 5.6d) und (8.1)

$$QQu = Ru = \sum_{j,k} w_{2q-j} \times w_{2q-k} \times R_{2q-j,2q-k} u.$$

Wenn man die Koeffizienten vergleicht, folgt a). – Der Beweis zu b) verläuft genauso. Man muß statt (8.5) die Formeln (8.6) und IV 7.4c) benutzen.

8.3 Beweis der Ademschen Relationen (3.6) und (3.15a+b): Es ist

(8.7) $$R_{i,j} u = (-1)^{ij + \frac{n-1}{2} q} R_{j,i} u \quad \text{für} \quad \operatorname{gr} u = q.$$

Für $n=2$ entfällt das Vorzeichen. Diese Symmetrie (8.7) folgt aus 5.6c)

$$(-1)^{\frac{n-1}{2}q} \sum_{i,j} w_i \times w_j \times R_{i,j} u = (-1)^{\frac{n-1}{2}q} Ru = \mathrm{H}^{n^2 q}(T) Ru = \sum_{i,j} (-1)^{ij} w_i \times w_j \times R_{j,i} u$$

durch Vergleich der Koeffizienten bei $w_i \times w_j$. – Die Ademschen Relationen sind nichts anderes als eine geschickte Umformulierung von (8.7): Zu (3.6): Es sei S so gewählt, daß $j < 2^S$ ist. Weil die Sq^i stabil sind (3.7), genügt es wegen 1.3e) zu zeigen, daß beide Seiten der Gleichung angewandt auf alle Kohomologieklassen u mit $\operatorname{gr} u = q = 1 + 2 + 2^2 + \cdots + 2^{s-1} + k$, $s = S, S+1, \ldots$, die gleichen Kohomologieklassen ergeben.

Nach (8.7) ist $R_{2q-j,2q-(q+k)}u = R_{2q-(q+k),2q-j}u$, also wegen 8.2a)

(8.8) $$\sum_r \binom{q-r}{r-k} \mathrm{Sq}^{j+k-r}\,\mathrm{Sq}^r u = \sum_i \binom{q-i}{q-j+i} \mathrm{Sq}^{j+k-i}\,\mathrm{Sq}^i u.$$

Wenn man $q = 1+2+\cdots+2^{s-1}+k$ setzt, ist

$$\binom{q-r}{r-k} = \binom{1+2+\cdots+2^{s-1}-(r-k)}{r-k} = \begin{cases} 0 & \text{für } r \neq k \text{ nach 7.4,} \\ 1 & \text{für } r = k \text{ nach 7.1.} \end{cases}$$

Daher ist

(8.9) $$\sum_r \binom{q-r}{r-k} \mathrm{Sq}^{j+k-r}\,\mathrm{Sq}^r u = \mathrm{Sq}^j \mathrm{Sq}^k u.$$

Wegen $\binom{a}{a-b} = \binom{a}{b}$ ist $\binom{q-i}{q-j+i} = \binom{q-i}{j-2i}$. Wenn man

$$q = 1+2+\cdots+2^{s-1}+k = 2^s-1+k$$

einsetzt, folgt $$\binom{q-i}{q-i+j} = \binom{2^s+k-i-1}{j-2i}.$$

Das bedeutet

(8.10) $$\binom{q-i}{q-i+j} = \binom{k-i-1}{j-2i} \quad \text{für} \quad i \geq 0.$$

Denn das stimmt für $j \leq 2i$. Falls $j > 2i$ ist, ist nach der Voraussetzung $k > i$, also $k-i-1 \geq 0$. Die Gleichheit folgt dann aus 7.3, weil $j < 2^S \leq 2^s$ ist also recht $j-2i < 2^s$ für $i \geq 0$ ist. Der Fall $i < 0$ ist uninteressant, weil dann $\mathrm{Sq}^i = 0$ ist. – Aus (8.8–10) folgt (3.6).

Der Beweis zu (3.15a) geht analog: Man kann sich hier auf u mit $\operatorname{gr} u = q = 2(1+n+\cdots+n^{s-1})+2k$ beschränken, wobei $s = S, S+1 \ldots$ ist und S so gewählt ist, daß $j < n^S$ ist. Mit $m = (n-1)/2$ ist nach (8.7)

$$R_{2m(nq-2j),\,2m(nq-2(k+mq))}u = (-1)^{mq} R_{2m(nq-2(k+mq)),\,2m(nq-2j)}u,$$

also wegen (8.2)

$$\sum_r (-1)^{r+j} \binom{m(q-2r)}{r-k} \mathrm{P}^{j+k-r}\,\mathrm{P}^r u = \sum_i (-1)^{i+k} \binom{m(q-2j)}{mq-j+i} \mathrm{P}^{j+k-i}\,\mathrm{P}^i u.$$

Die linke Seite ist $= (-1)^{k+j} \mathrm{P}^j P^k u$, während rechts wegen der Voraussetzung $j < nk$ für $i \geq 0$ gilt: $\binom{m(q-2i)}{mq-j+i} = \binom{(n-k)(k-i)-1}{j-ni}$. Das ergibt (3.15a).

Etwas komplizierter ist der Beweis zu (3.15b): Wiederum sei S so gewählt, daß $j < n^S$ ist. Man kann sich auf u mit $\operatorname{gr} u = q = 2n^s + 2k$ für alle $s = S, S+1, \ldots$ beschränken. Mit $m = (n-1)/2$ ist nach (8.7)

$$R_{2m(nq-2j),\,2m(nq-2(k+mq))-1}\,u=(-1)^{mq}R_{2m(nq-2(k+mq))-1,\,2m(nq-2j)}\,u,$$

also wegen (8.3+4)

$$\text{(8.11)}\qquad \sum_r (-1)^{r+j}\binom{m(q-2r)-1}{r-k}\mathrm{P}^{j+k-r}\beta\,\mathrm{P}^r u$$

$$=\sum_i(-1)^{i+k}\left(\binom{m(q-2i)}{mq-j+i}\beta\,\mathrm{P}^{j+k-i}\mathrm{P}^i u-\binom{m(q-2i)-1}{mq-j+i}\mathrm{P}^{j+k-i}\beta\,\mathrm{P}^i u\right).$$

Wenn man $q=2n^s+2k$ setzt, ist $\binom{m(q-2r)-1}{r-k}=\binom{(n-1)(n^s+k-r)-1}{r-k}$.

Dies ist $=\begin{cases}0, \text{ falls } r\neq k\\ 1, \text{ falls } r=k\end{cases}$ ist. Das trifft für $r\leq k$ und $r-k\geq n^s$ zu. Für $0<r-k<n^s$ schreibt man um:

$$(n-1)(n^s+k-r)-1=(n-2)n^s+(n-1)(1+n+\cdots+n^{s-1}-(r-k)).$$

Nach 7.4 ist dann

$$\binom{(n-1)(n^s+k-r)-1}{r-k}=\binom{(n-1)(1+\cdots+n^{s-1}-(r-k)}{r-k}=0,$$

letzteres nach 7.3. Damit ist gezeigt:

$$\text{(8.12)}\quad \sum_r(-1)^{r+j}\binom{m(q-2r)-1}{r-k}\mathrm{P}^{j+k-r}\beta\,\mathrm{P}^r u=(-1)^{k+j}\,\mathrm{P}^j\beta\,\mathrm{P}^k u.$$

Die Koeffizienten $\binom{m(q-2i)}{mq-j+i}$ und $\binom{m(q-2i)-1}{mq-j+i}$ auf der rechten Seite von (8.11) werden wie bei (8.10) untersucht, indem man $j\leq nk$ benutzt. Das Ergebnis lautet hier:

$$\text{(8.13)}\qquad \begin{aligned}&\binom{m(q-2i)}{mq-j+i}=\binom{(n-1)(k-i)}{j-ni}\quad\text{und}\\ &\binom{m(q-2i)-1}{mq-j+i}=\binom{(n-1)(k-i)-1}{j-ni-1}\quad\text{für}\quad i\geq 0.\end{aligned}$$

Aus (8.11–13) folgt (3.15b).

In den folgenden Abschnitten soll, teils ohne Beweise, die Bedeutung der Ademschen Relationen dargelegt werden.

8.4 Jeder Folge $I=(i_1,i_2,\ldots,i_k)$ von ganzen Zahlen ≥ 0 ordnet man die stabile Kohomologieoperation $\mathrm{Sq}^I=\mathrm{Sq}^{i_1}\,\mathrm{Sq}^{i_2}\ldots\mathrm{Sq}^{i_k}$ zu. Man nennt $m(I)=\sum_{\nu=1}^{k}\nu i_\nu$ das Moment von I bzw. Sq^I und $\mathrm{gr}(I)=\sum_{\nu=1}^{k}i_\nu$ den Grad von I, der gleichzeitig der Grad von Sq^I ist. Die Folge I und Sq^I heißen zulässig, wenn $i_k \geq 1$ und $i_\nu \geq 2 i_{\nu+1}$ für $1 \leq \nu < k$ ist. Ferner heißt $\mathrm{id} = \mathrm{Sq}^0$ zulässig.

Satz: *Jedes* Sq^I *ist eine Linearkombination mit Koeffizienten in* $\mathbf{Z}_2$ *von zulässigen* Sq^J.

Beweis: Man kann sich auf unzulässige I mit $i_k \geq 1$ beschränken. Dann gibt es ein r $(1 \leq r < k)$ mit $i_r < 2 i_{r+1}$. Aus (3.6) folgt:

$$\mathrm{Sq}^I = \mathrm{Sq}^K \mathrm{Sq}^{i_r} \mathrm{Sq}^{i_{r+1}} \mathrm{Sq}^L = \sum_j a_j \mathrm{Sq}^K \mathrm{Sq}^{i_r + i_{r+1} - j} \mathrm{Sq}^j \mathrm{Sq}^L \quad \text{mit} \quad a_j \in \mathbf{Z}_2.$$

Auf der rechten Seite hat jedes Monom ein Moment kleiner als $m(I)$. Daher folgt die Behauptung durch Induktion über die Monome.

8.5 Es sei $n > 2$ eine Primzahl. Jeder Folge $I = (\varepsilon_0, \varepsilon_1, \ldots \varepsilon_k; i_1, i_2, \ldots i_k)$ von ganzen Zahlen $\varepsilon_\nu = 0, 1$ und $i_\nu \geq 1$ ordnet man die stabile Kohomologieoperation $\mathrm{P}^I = \beta^{\varepsilon_0} \mathrm{P}^{i_1} \beta^{\varepsilon_1} \mathrm{P}^{i_2} \ldots \beta^{\varepsilon_{k-1}} \mathrm{P}^{i_k} \beta^{\varepsilon_k}$ zu, wobei $\beta^0 = \mathrm{id}$ und $\beta^1 = \beta$ der zur exakten Sequenz $0 \to \mathbf{Z}_n \to \mathbf{Z}_{n^2} \to \mathbf{Z}_n \to 0$ gehörige Bockstein-Homomorphismus ist. Man nennt $m(I) = \sum_{\nu=0}^{k} \nu \varepsilon_\nu + \sum_{\nu=1}^{k} \nu i_\nu$ das Moment von I bzw. von P^I und $\mathrm{gr}(I) = \sum_{\nu=0}^{k} \varepsilon_\nu + 2(n-1) \sum_{\nu=1}^{k} i_\nu$ den Grad von I, der gleichzeitig der Grad von P^I ist. Die Folge I und die Operation P^I heißen zulässig, wenn für alle $1 \leq \nu < k$ gilt: $i_\nu > n i_{\nu+1} + \varepsilon_\nu$. Außerdem sei $\mathrm{id} = \mathrm{P}^0$ zulässig. Wie in 8.4 beweist man mit Hilfe der Ademschen Relationen durch Induktion über die Momente:

Satz: *Jedes* P^I *ist eine Linearkombination mit Koeffizienten in* $\mathbf{Z}_n$ *von zulässigen* P^J.

8.6 Durch die Ademschen Relationen sind alle Relationen erfaßt, die zwischen den Kohomologieoperationen bestehen, die sich als Linearkombinationen der Sq^I bzw. der P^I schreiben lassen. Denn die zulässigen Sq^I bzw. P^I sind linear unabhängig. Das beweist man, indem man zu jeder Primzahl n und jeder ganzen Zahl $q \geq 0$ einen topologischen Raum X und ein Element $u \in \mathrm{H}^*(X, \mathbf{Z}_n)$ angibt, so daß alle $\mathrm{P}^I u \in \mathrm{H}^*(X, \mathbf{Z}_n)$ (bzw. $\mathrm{Sq}^I u \in \mathrm{H}^*(X, \mathbf{Z}_2)$) linear unabhängig sind, wenn I die zulässigen Folgen vom Grade $\leq q$ durchläuft; siehe STEENROD-EPSTEIN.

8.7 In den Formeln (3.1–17) sind alle Eigenschaften der Steenrodschen Quadrate und reduzierten Potenzen zusammengestellt, die für die Anwendungen dieser Operationen auf topologische Probleme benötigt werden. Man braucht daher nicht mehr auf ihre Konstruktion zurückzugreifen. – Für die tiefere Untersuchung der Steenrodschen Operationen gestützt auf (3.1–17) und Anwendungen auf topologische Probleme sei auf STEENROD-EPSTEIN verwiesen.

Literaturverzeichnis

ADEM, J.:

[1] The iteration of the Steenrod squares in algebraic topology. Proc. Nat. Acad. Sci. U.S.A. **38**, 720–726 (1952)

[2] Relations on iterated reduced powers. Proc. Nat. Acad. Sci. U.S.A. **39**, 636–638 (1953)

[3] The relations on Steenrod powers of cohomology classes. Algebraic geometry and topology. A symposium in honor of S. Lefschetz, pp. 191–238. Princeton N. J. 1957

ANDRÉ, M.:

[1] Les précomplexes semi-simpliciaux. C. R. Acad. Sci. Paris **255**, 1843–1844 (1962)

[2] Homotopy groups in categories. Math. Z. **87**, 299–313 (1965)

ARTIN, M., and B. MAZUR:

On the van Kampen theorem. Topology **5**, 179–189 (1966)

BARRATT, M. G., V. K. A. M. GUGENHEIM and J. C. MOORE:

On semisimplicial fibrebundles. Amer. J. Math. **81**, 639–657 (1959)

BROWN, E. H. Jr.:

Finite computability of Postnikov complexes. Ann. of Math. (2) **65**, 1–20 (1957)

BROWN, R.:

[1] On Künneth suspensions. Proc. Cambridge Philos. Soc. **60**, 713–720 (1964)

[2] Cohomology with chains as coefficients. Proc. London Math. Soc. (3) **14**, 545–565 (1964)

CARTAN, H.:

[1] Sur l'iteration des operations de Steenrod. Comm. Math. Helv. **29**, 40–58 (1955)

[2] Sur la théorie de Kan. Sur le foncteur Hom (X, Y) en théorie simpliciale. Séminaire H. Cartan 9e année, Paris 1956/57

CARTAN, H., and S. EILENBERG:

Homological algebra. Princeton University Press 1956

CARTIER, P.:

Structures simpliciales. Sém. Bourbaki No **199**, 1959/60

CURTIS, E. B.:

[1] Lower central series of semi-simplicial complexes. Topology **2**, 159–171 (1963)

[2] Some relations between homotopy and homology. Ann. of Math. (2) **82**, 386–413 (1965)

DOLD, A.:

[1] Die geometrische Realisierung eines schiefen kartesischen Produktes. Arch. Math. **9**, 275–286 (1958)

[2] Homology of symmetric products and other functors of complexes. Ann. of Math. (2) **68**, 54–80 (1958)

[3] Über die Steenrodschen Kohomologieoperationen. Ann. of Math. (2) **73**, 258–294 (1961)

DOLD, A., u. D. PUPPE:

Homologie nicht additiver Funktoren. Anwendungen. Ann. Inst. Fourier Grenoble **11**, 201–312 (1961)

DOUADY, A.:

La suite spectrale des espaces fibrés. Applications de la suite spectrale des espaces fibrés. Les complexes d'Eilenberg-MacLane. Opérations cohomologiques. Séminaire H. Cartan 11e année, Paris 1958/59

DOWKER, C. H.:
Topology of metric complexes. Amer. J. Math. **74,** 555–577 (1952)
DRESS, A.:
Zur Spektralsequenz von Faserungen. Inventiones math. **3,** 172–178 (1967)
EILENBERG, S., and S. MAC LANE:
[1] Relations between homology and homotopy groups of spaces. II. Ann. of Math. (2) **51,** 514–533 (1950)
[2] Acyclic models. Amer. J. Math. **75,** 189–199 (1953)
[3] On the groups $H(\pi, n)$. I. Ann. of Math. (2) **58,** 55–106 (1953)
EILENBERG, S., and N. E. STEENROD:
Foundations of algebraic topology. Princeton 1952
EILENBERG, S., and J. A. ZILBER:
[1] Semi-simplicial complexes and singular homology. Ann. of Math. (2) **51,** 499–513 (1950)
[2] On products of complexes. Amer. J. Math. **75,** 200–204 (1953)
siehe auch CARTAN
EPSTEIN, D. B. A.:
Semisimplicial objects and the Eilenberg-Zilber theorem. Invent. math. 1, 209–220 (1966)
siehe auch STEENROD
FRITSCH, R., u. D. PUPPE:
Die Homöomorphie der geometrischen Realisierungen einer semisimplizialen Menge und ihrer Normalunterteilungen. Archiv der Math. erscheint demnächst
GABRIEL, P., and M. ZISMAN:
Calculus of fractions and homotopy theory. Ergebnisse der Math. Springer Berlin, Heidelberg, New York 1967
GODBILLON, C.:
Topologie fine et ensemble semi-simplicial associés à une relation d'équivalence. C. R. Acad. Sci. Paris Sér. **A–B 262,** A817–A818 (1966)
GODEMENT, R.:
Topologie algébrique et théorie des faisceaux. Hermann Paris 1958
GUGENHEIM, V. K. A. M.:
[1] On supercomplexes. Trans. Amer. Math. Soc. **85,** 35–51 (1957)
[2] On a theorem of E. H. Brown. Illinois J. Math. **4,** 292–311 (1960)
GUGENHEIM, V. K. A. M., and J. C. MOORE:
Acyclic models and fibre spaces. Trans Amer. Math. Soc. **85,** 256–306 (1957)
siehe auch BARRATT
GYSIN, W.:
Zur Homologietheorie der Abbildungen und Faserungen von Mannigfaltigkeiten. Comment. Math. Helv. **14,** 61–121 (1941)
HELLER, A.:
[1] Singular homology in fibre bundles. Ann. of Math. (2) **55,** 232–249 (1952)
[2] Homotopy resolutions of semi-simplicial complexes. Trans. Amer. Math. Soc. **80,** 299–344 (1955)
HILTON, P. J.:
On a generalization of nilpotency to semi-simplicial complexes. Proc. London Math. Soc. (3) **10,** 604–622 (1960)
HILTON, P. J., and S. WYLIE:
Homology theory. An introduction to algebraic topology. Cambridge, at the University Press 1960
HU, S.-T.:
[1] The homotopy addition theorem. Ann. of Math. (2) **58,** 108–122 (1953)

[2] Homotopy theory. Pure and applied mathematics Vol. VIII. Academic Press, New York, London 1959

[3] Elements of general topology. Holden-Day San Francisco, London, Amsterdam 1964

HUBER, P. J.:

[1] Homotopical cohomology and Čech cohomology. Math. Ann. **144,** 73–76 (1961)

[2] Homotopy theory in general categories. Math. Ann. **144,** 361–385 (1961)

[3] Standard constructions in abelian categories. Math. Ann. **146,** 321–325 (1962)

HUREWICZ, W.:

Beiträge zur Theorie der Deformationen. Proc. Akad. Amsterdam **38,** 112–119, 521–538 (1935); **39,** 117–125, 215–224 (1936)

KAN, D. M.:

[1] On c.s.s. complexes. Amer. J. Math. **79,** 449–476 (1957)

[2] On the homotopy relation for c.s.s. maps. Bol. Soc. Mat. Mexicana **2,** 75–81 (1957)

[3] On c.s.s. categories. Bol. Soc. Mat. Mexicana **2,** 82–94 (1957)

[4] The Hurewicz theorem. Symposium internacional de topologia algebraica, pp. 225–231. Universidad Nacional Autónoma de México, Mexico City, 1958

[5] A combinatorial definition of homotopy groups. Ann. of Math. (2) **67,** 282–312 (1958)

[6] On homotopy theory and c.s.s. groups. Ann. of Math. (2) **68,** 38–53 (1958)

[7] Minimal free c.s.s. groups Illinois J. Math. **2,** 537–547 (1958)

[8] An axiomatization of the homotopy groups. Illinois J. Math. **2,** 548–566 (1958)

[9] On monoids and their dual. Bol. Soc. Mat. Mexicana (2) **3,** 52–61 (1958)

[10] Adjoint functors. Trans. Amer. Math. Soc. **87,** 294–329 (1958)

[11] Functors involving c.s.s. complexes. Trans. Amer. Math. Soc. **87,** 330–346 (1958)

[12] A relation between *CW*-complexes and free c.s.s. groups. Amer. J. Math. **81,** 512–528 (1959)

[13] Homotopy groups, commutators and Γ-groups. Illinois J. Math. **4,** 1–8 (1960)

[14] Semisimplicial spectra. Illinois J. Math. **7,** 463–478 (1963)

[15] On the k-cochains of a spectrum. Illinois J. Math. **7,** 479–491 (1963)

[16] On torsionfree, torsion and primary spectra. Bol. Soc. Mat. Mexicana (2) **8,** 14–19 (1963)

KAN, D. M., and G. W. WHITEHEAD:

[1] The reduced join of two spectra. Topology **3** suppl. 2, 239–261 (1965)

[2] Orientability and Poincaré duality in general homology theories. Topology **3,** 231–270 (1965)

KELLEY, J. L.:

General topology. D. v. Norstrand Co. Princeton N. J. 1955

KODAMA, Y.:

A relation between two realizations of complete semisimplicial complexes. Proc. Japan Acad. **33,** 536–540 (1957)

KUIPER, N. H., and R. K. LASHOF:

Microbundles and bundles. II. Semisimplicial theory. Invent. math. **1,** 243–259 (1966)

KÜNNETH, H.:

[1] Über die Bettischen Zahlen einer Produktmannigfaltigkeit. Math. Ann. **90,** 65–85 (1923)

[2] Über die Torsionszahlen von Produktmannigfaltigkeiten. Math. Ann. **91,** 125–134 (1924)

KUO, T.-C.:

[1] A family of spectral operations. Proc. Nat. Acad. Sci. U.S.A. **53,** 658–661 (1965)

[2] Spectral operations for filtered simplicial sets. Topology **4,** 101–107 (1965)

LAMOTKE, K.:
Beiträge zur Homotopietheorie simplizialer Mengen. Bonn. Math. Schr. No **17**(1963)

LERAY, J.:
[1] L'anneau spectral et l'anneau filtré d'homologie d'un espace localement compact et d'une application continue. J. Math. Pures Appl. **29**, 1–139 (1950)
[2] L'homologie d'un espace fibré dont la fibre est connexe. J. Math. Pures Appl. **29**, 169–213 (1950)

MAC LANE, S.:
[1] Simplicial topology. Lecture notes by J. Yao. Chicago 1959, vervielfältigt.
[2] Homology. Springer-Verlag Berlin–Göttingen–Heidelberg 1963
siehe auch EILENBERG

MASSEY, W. S.:
Exact couples in algebraic topology. Ann. of Math. **56**, 363–396 (1952)

MAZUR:
siehe ARTIN

MILNOR, J.:
[1] Construction of universal bundles. I+II. Ann. of Math. (2) **63**, 272–284 und 430–436 (1956)
[2] The construction *FK*. Princeton Univ. N.J. 1956, vervielfältigt
[3] The geometric realization of a semi-simplicial complex. Ann. of Math. (2) **65**, 357–362 (1957)
[4] On spaces having the homotopy type of *CW*-complex. Trans. Amer. Math. Soc. **90**, 272–280 (1959)
[5] On axiomatic homology theory. Pacific J. Math. **12**, 337–341 (1962)

MOORE, J. C.:
[1] Seminar on algebraic homotopy. Lecture notes. Princeton 1955, vervielfältigt
[2] C. s. s. complexes and Postnikov systems. Lecture notes. Princeton 1957, vervielfältigt
[3] Semi-simplicial complexes and Postnikov systems. Symposium internacional de topologia algebraica, pp. 232–247. Universidad Nacional Autónoma de México, Mexico City, 1958
[4] Homotopie des complexes monoïdaux I, II. Systèmes de Postnikov et complexes monoïdaux. Séminaire H. Cartan 7e année, Paris 1954/55
siehe auch BARRATT und GUGENHEIM

NAKAGAWA, R.:
Relative homotopy groups for c. s. s. complexes. Sci. Rep. Tokyo Kyoiku Daigaku Sect. **A 6**, 288–306 (1959)

NAKAMURA, T.:
Minimal complexes of fibre spaces. J. Math. Soc. Japan **9**, 1–19 (1957)

NGUYÊNDINHNGOC:
[1] Sur la suite exacte de cohomologie non abélienne. C. R. Acad. Sci. Paris **250**, 3438–3440 (1960)
[2] Cohomologie non abélienne et classes characteristiques. C. R. Acad. Sci. Paris **251**, 2453–2455 (1960)

OLUM, P.:
Nonabelian cohomology and van Kampen's theorem. Ann. of Math. **68**, 658–668 (1958)

POSTNIKOV, M. M.:
[1] Investigations in homotopy theory of continuous mappings. I, II. Trudy Mat. Inst. Steklov. no 46. Izdat. Acad. Nauk SSSR Moskau, 1955
Englische Übersetzung: Amer. Math. Soc. Transl. (2) **7**, 1–134 (1957)

[2] Investigations in homotopy theory of continuous mappings. III. Mat. Sb. N. S. **40**(82), 415–452 (1956)
Englische Übersetzung: Amer. Math. Soc. Transl. (2) **11,** 115–158 (1959)

PUPPE, D.:
[1] Homotopie und Homologie in abelschen Gruppen- und Monoidkomplexen. I, II Math. Z. 367–406, 407–421 (1958)
[2] A theorem on semi-simplicial monoid complexes. Ann. of Math. (2) **70,** 379–394 (1959)
[3] Korrespondenzen in abelschen Kategorien. Math. Ann. **148,** 1–30 (1962)
siehe auch DOLD und FRITSCH

QUILLEN, D.:
Spectral sequences of a double semi-simplicial group. Topology **5,** 155–157 (1966)

SCHUBERT, H.:
Semisimpliziale Komplexe. Jber. Deut. Math. Verein. **61,** 126–138 (1958)

SEGAL, G.:
Classifying spaces and spectral sequences. Math. Inst. Bonn, vervielfältigt 1967

SEIFERT, H.:
Konstruktion dreidimensionaler geschlossener Räume. Berichte Sächs. Akad. Wiss. **83,** 22–66 (1931)

SEIFERT, H., u. W. THRELFALL:
Lehrbuch der Topologie. Teubner Leipzig und Berlin 1934

SERRE, J. P.:
[1] Homologie singulière des espaces fibrés. Applications. Ann. of Math. (2) **54,** 425–505 (1951)
[2] Groupes d'homotopie et classes de groupes abéliens. Ann. of Math. (2) **58,** 258–294 (1953)
[3] Cohomologie modulo 2 des complexes d'Eilenberg-MacLane. Comm. Math. Helv. **27,** 198–232 (1953)

SHI, WEISHU:
[1] Sur la condition d'extension de Kan pour les complexes semi-simpliciaux. C. R. Acad. Sci. Paris **244,** 1131–1132 (1957)
[2] Sur la suite exacte d'homotopie. C. R. Acad. Sci. Paris **246,** 2833–2835 (1958)
[3] Sur le système de Postnikov d'un fibré principal. C. R. Acad. Sci. Paris **246,** 3145 bis 3147 (1958)
[4] Sur la suite exacte d'homotopie. C. R. Acad. Sci. Paris **246,** 3567–3570 (1958)
[5] Sur les systèmes de Postnikov d'un fibré principal. Séminaire C. Ehresmann, 1957/58, exp. no 5, Faculté des Sciences de Paris, 1959
[6] Homologie des espaces fibrés. Inst. Hautes Études Sci. Publ. Math. No. **13** (1962)
[7] Ensembles simpliciaux et opérations cohomologiques. Séminaire H. Cartan 11e année, Paris 1958/59

SPANIER, E. H.:
Algebraic topology. McGraw Hill, New York 1966

STEENROD, N. E.:
[1] The topology of fibre bundles. Princeton Univ. Press, Princeton N. J. 1951
[2] Reduced powers of cohomology classes. Ann. of Math. (2) **56,** 47–67 (1952)
[3] Homology groups of symmetric groups and reduced power operations. Proc. Nat. Acad. Sci. U.S.A. **39,** 213–217 (1953)
[4] Cyclic reduced powers of cohomology classes. Proc. Nat. Acad. Sci. U.S.A. **39,** 217–223 (1953)

STEENROD, N. E., and D. B. A. EPSTEIN:
Cohomology Operations. Annals of Math. Studies **50,** Princeton 1962
siehe auch EILENBERG

SZCZARBA, R. H.:
The homology of twisted cartesian products. Trans. Amer. Math. Soc. **100,** 197–216 (1961)
VAN DER WAERDEN, B. L.:
Algebra I, 4. Auflage, Springer Berlin 1955
VAN KAMPEN, E. R.:
On the connection between the fundamental groups of some related spaces. Amer. J. Math. **55,** 261–267 (1933)
WANG, H. C.:
The homology groups of the fibre bundles over the sphere. Duke Math. J. **16,** 33–38 (1949)
WHITEHEAD, J. H. C.:
Combinatorial homotopy I. Bull. Amer. Math. Soc. **55,** 213–245 (1949)
WHITEHEAD, G. W.:
Note on a theorem of Sugawara. Bol. Soc. Math. Mexicana (2) **4,** 33–41 (1959)
siehe auch KAN
ZILBER:
siehe EILENBERG
ZISMAN, MICHEL:
Quelques propriétés des fibrés aus sens de Kan. Ann. Inst. Fourier. Grenoble **10,** 345–457 (1960)
siehe auch GABRIEL

Namen- und Sachverzeichnis

Liste der Zeichen und Abkürzungen

$\to$	Abbildung, Homomorphismus
$\rightarrowtail$	Monomorphismus
$\twoheadrightarrow$	Epimorphismus
$\mapsto$	$f: X \to Y$, $x \mapsto y$ bedeutet $f(x) = y$
$\rightharpoonup$	additive Beziehung
[ ]	1. $[n]$ Menge der Zahlen $0,1,\dots,n$ (I 1.1)
	2. $[A,B]$ Menge der Homotopieklassen (I 5.5)
	3. $[0,1]$ Einheitsintervall der reellen Zahlen
$\langle\ \rangle$	1. $\langle u,a\rangle$ Wert von u in a (IV 4.2)
	2. Kronecker-Produkt (IV 4.3)
$\lvert\ \rvert$	1. $\lvert\alpha\rvert$ (I 2.2)
	2. $\lvert X\rvert$ (II 1.1)
	3. $\lvert f\rvert$ (II 1.2)
	4. $\lvert x,t\rvert$ (II 1.1)
$\mid$	$f\mid A$ f beschränkt auf A
$\circ$	Hintereinanderschaltung
$\sim$	homotop (I 5.1, 6.10, 8.1)
$\cong$	isomorph
$\subset$	enthalten
$\cup$	1. Vereinigung
	2. Cupprodukt (V 3.)
$\cap$	1. Durchschnitt
	2. Capprodukt (V 4.)
$\times$	1. kartesisches Produkt
	2. äußeres Produkt (V 6.)
$\otimes$	Tensorprodukt
$*$	Basispunkt
$\emptyset$	leere Menge
$\hat{}$	$a_0,\dots,\hat{a}_i,\dots,a_n$ in der Folge soll a_i ausgelassen werden

β	Bockstein-Homomorphismus (IV 4.8)
$\Delta(n)$	ss. n-Modell, $\dot{\Delta}(n)$ sein Rand = ss. $(n-1)$-Sphäre
δ	1. δ^i (I 1.1)
	2. Differential (IV 4.1)
	3. verbindender Homomorphismus (IV 4.1)
$\nabla(n)$	affines n-dimensionales Standardsimplex, $\mathring{\nabla}(n)$ sein Inneres, $\dot{\nabla}(n)$ sein Rand (I 2.1)
∂	1. Differential (IV 1.3)
	2. verbindender Homomorphismus (IV 2.5)
Λ	1. $\Lambda^i(n)$ Trichter (I 4.5)
	2. zugrunde liegender Ring (VI. Kapitel)
Π	direktes Produkt
π	1. π_n n-te Homotopiegruppe (VII 2.1) π_1 Fundamentalgruppe (III 1.5)
	2. Faserungsabbildung (VI. Kapitel)
$\amalg$	direkte Summe
σ	als σ^i (I 1.1)
χ	1. charakteristische Abbildung (II 1.3)
	2. Eulersche Charakteristik (VI 8.4)
Ω	1. Schleifenmenge, -raum (VII 4.7, 8.2, 10.8)
	2. Kohomologieoperation (IX. Kapitel)
$\mathscr{A}$	(II 5.2 und VIII 2.3)
a.ss.	abelsch semisimplizial (VIII 1.)
Aut	Automorphismengruppe
AW	ALEXANDER-WHITNEY (V 5.7)
$\mathscr{B}$	(II 5.2, VIII 2.3)
C	Kettenkomplex (V 1.2)
C*	Kokettenkomplex (V 3.1)
${}_{\pi}$C*	äquivarianter Kokettenkomplex (V 7.1)
D	1. Dx Rand von x (I 3.7)
	2. Dold-Kan-Funktor (VIII 1.4)
d	1. d_i Seitenoperator (I 3.1)
	2. d_r, d^r Differential (VI 1.2)
dim	Dimension
Ext	Ext(A,B) Modul der exakten Sequenzen $0\to A\to X\to B\to 0$
gr	Grad (IV 1.1)
H	1. H^n, H^* Kohomologie (IV 4.1)
	2. H_n, H_* Homologie (IV 2.3)
	3. ${}_{\pi}H^n$ usw. äquivariante (Ko-)Homologie (V 7.3)
$\mathscr{H}$	1. Hurewiczscher Homomorphismus (VII 3.4)
	2. lokales Koeffizientensystem der (Ko-)Homologie (VI 5.2+9)
HEE	Homotopie-Erweiterungs-Eigenschaft (I 6.6, 6.7)

HHE	Homotopie-Hochhebungs-Eigenschaft (I 6.4)
Hom	Hom(A,B) Modul der Homomorphismen $A \to B$
I	$=\Delta(1)$
K	1. $\mathrm{K}(\pi)=\pi \backslash L(\pi)$ (III 5.1)
	2. $\mathrm{K}(\pi,n)$ Eilenberg-MacLane-Menge (VIII 3.5)
k	$\mathrm{k}(\pi,n)$ (VIII 3.1)
L	1. $L(\pi)$ ss. Auflösung (III 5.1)
	2. $\mathrm{L}(\pi,n)$ (VIII 3.5)
l	$\mathrm{l}(\pi,n)$ (VIII 3.1)
M	Moorescher Kettenkomplex (VII 5.2)
ML	MacLane (V 5.8)
P	P^i Steenrodsche reduzierte Potenz (IX 3.2)
Q	Körper der rationalen Zahlen
R	1. im IV. und V. Kapitel: Der Ring, der allen Moduln usw. zugrunde liegt.
	2. $R(\pi)$ Algebra der Gruppe π mit Koeffizienten in R (IV 6.3)
R	Körper der reellen Zahlen
S	$\mathrm{S}X$ singuläre ss. Menge (I 3.5)
s	s_i Entartungsoperator (I 3.1)
Sq	Sq^i Steenrodsches Quadrat
ss.	semisimplizial
Tor	Torsionsprodukt
V	$V^i(n)$ (I 5.8)
Z	Z_n Modul der Zykeln (IV 2.3)
	Z^n Modul der Kozykeln (IV 4.1)
Z	Gruppe oder Ring der ganzen Zahlen
$\mathbf{Z}_n$	Gruppe oder Ring der ganzen Zahlen modulo n

Druck: Zechnersche Buchdruckerei, Speyer

Die Grundlehren der mathematischen Wissenschaften in Einzeldarstellungen mit besonderer Berücksichtigung der Anwendungsgebiete

---

Lieferbare Bände:

2. Knopp: Theorie und Anwendung der unendlichen Reihen. DM 48,—; US $ 12.00
3. Hurwitz: Vorlesungen über allgemeine Funktionentheorie und elliptische Funktionen. DM 49,—; US $ 12.25
4. Madelung: Die mathematischen Hilfsmittel des Physikers. DM 49,70; US $ 12.45
10. Schouten: Ricci-Calculus. DM 58,60; US $ 14.65
14. Klein: Elementarmathematik vom höheren Standpunkt aus. 1. Band: Arithmetik. Algebra. Analysis. DM 24,—; US $ 6.00
15. Klein: Elementarmathematik vom höheren Standpunkt aus. 2. Band: Geometrie. DM 24,—; US $ 6.00
16. Klein: Elementarmathematik vom höheren Standpunkt aus. 3. Band: Präzisions- und Approximationsmathematik. DM 19,80; US $ 4.95
19. Pólya/Szegö: Aufgaben und Lehrsätze aus der Analysis I: Reihen, Integralrechnung, Funktionentheorie. DM 34,—; US $ 8.50
20. Pólya/Szegö: Aufgaben und Lehrsätze aus der Analysis II: Funktionentheorie, Nullstellen, Polynome, Determinanten, Zahlentheorie. DM 38,—; US $ 9.50
22. Klein: Vorlesungen über höhere Geometrie. DM 28,—; US $ 7.00
26. Klein: Vorlesungen über nicht-euklidische Geometrie. DM 24,—; US $ 6.00
27. Hilbert/Ackermann: Grundzüge der theoretischen Logik. DM 38,—; US $ 9.50
30. Lichtenstein: Grundlagen der Hydromechanik. DM 38,—; US $ 9.50
31. Kellogg: Foundations of Potential Theory. DM 32,—; US $ 8.00
32. Reidemeister: Vorlesungen über Grundlagen der Geometrie. DM 18,—; US $ 4.50
38. Neumann: Mathematische Gundlagen der Quantenmechanik. DM 28,—; US $ 7.00
40. Hilbert/Bernays: Grundlagen der Mathematik I. 2. Aufl. in Vorbereitung
52. Magnus/Oberhettinger/Soni: Formulas and Theorems for the Special Functions of Mathematical Physics. DM 66,—; US $ 16.50
57. Hamel: Theoretische Mechanik. DM 84,—; US $ 21.00
58. Blaschke/Reichardt: Einführung in die Differentialgeometrie. DM 24,—; US $ 6.00
59. Hasse: Vorlesungen über Zahlentheorie. DM 69,—; US $ 17.25
60. Collatz: The Numerical Treatment of Differential Equations. DM 78,—; US $ 19.50
61. Maak: Fastperiodische Funktionen. DM 38,—; US $ 9.50
62. Sauer: Anfangswertprobleme bei partiellen Differentialgleichungen. DM 41,—; US $ 10.25
64. Nevanlinna: Uniformisierung. DM 49,50; US $ 12.40
65. Tóth: Lagerungen in der Ebene, auf der Kugel und im Raum. DM 27,—; US $ 6.75
66. Bieberbach: Theorie der gewöhnlichen Differentialgleichungen. DM 58,50; US $ 14.60
68. Aumann: Reelle Funktionen. DM 59,60; US $ 14.90
69. Schmidt: Mathematische Gesetze der Logik I. DM 79,—; US $ 19.75
71. Meixner/Schäfke: Mathieusche Funktionen und Sphäroidfunktionen mit Anwendungen auf physikalische und technische Probleme. DM 52,60; US $ 13.15
73. Hermes: Einführung in die Verbandstheorie. DM 46,—; US $ 11.50

74. Boerner: Darstellungen von Gruppen. DM 58,—; US $ 14.50
75. Rado/Reichelderfer: Continuous Transformations in Analysis, with an Introduction to Algebraic Topology. DM 59,60; US $ 14.90
76. Tricomi: Vorlesungen über Orthogonalreihen. DM 37,60; US $ 9.40
77. Behnke/Sommer: Theorie der analytischen Funktionen einer komplexen Veränderlichen. DM 79,—; US $ 19.75
79. Saxer: Versicherungsmathematik. 1. Teil. DM 39,60; US $ 9.90
80. Pickert: Projektive Ebenen. DM 48,60; US $ 12.15
81. Schneider: Einführung in die transzendenten Zahlen. DM 24,80; US $ 6.20
82. Specht: Gruppentheorie. DM 69,60; US $ 17.40
83. Bieberbach: Einführung in die Theorie der Differentialgleichungen im reellen Gebiet. DM 32,80; US $ 8.20
84. Conforto: Abelsche Funktionen und algebraische Geometrie. DM 41,80; US $ 10.45
85. Siegel: Vorlesungen über Himmelsmechanik. DM 33,—; US $ 8.25
86. Richter: Wahrscheinlichkeitstheorie. DM 68,—; US $ 17.00
87. van der Waerden: Mathematische Statistik. DM 49,60; US $ 12.40
88. Müller: Grundprobleme der mathematischen Theorie elektromagnetischer Schwingungen. DM 52,80; US $ 13.20
89. Pfluger: Theorie der Riemannschen Flächen. DM 39,20; US $ 9.80
90. Oberhettinger: Tabellen zur Fourier Transformation. DM 39,50; US $ 9.90
91. Prachar: Primzahlverteilung. DM 58,—; US $ 14.50
92. Rehbock: Darstellende Geometrie. DM 29,—; US $ 7.25
93. Hadwiger: Vorlesungen über Inhalt, Oberfläche und Isoperimetrie. DM 49,80; US $ 12.45
94. Funk: Variationsrechnung und ihre Anwendung in Physik und Technik. DM 98,—; US $ 24.50
95. Maeda: Kontinuierliche Geometrien. DM 39,—; US $ 9.75
97. Greub: Linear Algebra. DM 39,20; US $ 9.80
98. Saxer: Versicherungsmathematik. 2. Teil. DM 48,60; US $ 12.15
99. Cassels: An Introduction to the Geometry of Numbers. DM 69,—; US $ 17.25
100. Koppenfels/Stallmann: Praxis der konformen Abbildung. DM 69,—; US $ 17.25
101. Rund: The Differential Geometry of Finsler Spaces. DM 59,20; US $ 14.90
103. Schütte: Beweistheorie. DM 48,—; US $ 12.00
104. Chung: Markov Chains with Stationary Transition Probabilities. DM 56,—; US $ 14.00
105. Rinow: Die innere Geometrie der metrischen Räume. DM 83,—; US $ 20.75
106. Scholz/Hasenjaeger: Grundzüge der mathematischen Logik. DM 98,—; US $ 24.50
107. Köthe: Topologische Lineare Räume I. DM 78,—; US $ 19.50
108. Dynkin: Die Grundlagen der Theorie der Markoffschen Prozesse. DM 33,80; US $ 8.45
109. Hermes: Aufzählbarkeit, Entscheidbarkeit, Berechenbarkeit. DM 49,80; US $ 12.45
110. Dinghas: Vorlesungen über Funktionentheorie. DM 69,—; US $ 17.25
111. Lions: Equations différentielles opérationnelles et problèmes aux limites. DM 64,—; US $ 16.00
112. Morgenstern/Szabó: Vorlesungen über theoretische Mechanik. DM 69,—; US $ 17.25
113. Meschkowski: Hilbertsche Räume mit Kernfunktion. DM 58,—; US $ 14.50
114. MacLane: Homology. DM 62,—; US $ 15.50

115. Hewitt/Ross: Abstract Harmonic Analysis. Vol. 1: Structure of Topological Groups. Integration Theory. Group Representations. DM 76,—; US $ 19.00
116. Hörmander: Linear Partial Differential Operators. DM 42,—; US $ 10.50
117. O'Meara: Introduction to Quadratic Forms. DM 48,—; US $ 12.00
118. Schäfke: Einführung in die Theorie der speziellen Funktionen der mathematischen Physik. DM 49,40; US $ 12.35
119. Harris: The Theory of Branching Processes. DM 36,—; US $ 9.00
120. Collatz: Funktionalanalysis und numerische Mathematik. DM 58,—; US $ 14.50
121. 122. Dynkin: Markov Processes. DM 96,—; US $ 24.00
123. Yosida: Functional Analysis. DM 66,—; US $ 16.50
124. Morgenstern: Einführung in die Wahrscheinlichkeitsrechnung und mathematische Statistik. DM 34,50; US $ 8.60
125. Itô/McKean: Diffusion Processes and Their Sample Paths. DM 58,—; US $ 14.50
126. Lehto/Virtanen: Quasikonforme Abbildungen. DM 38,—; US $ 9.50
127. Hermes: Enumerability, Decidability, Computability. DM 39,—; US $ 9.75
128. Braun/Koecher: Jordan-Algebren. DM 48,—; US $ 12.00
129. Nikodým: The Mathematical Apparatus for Quantum-Theories. DM 144,—; US $ 36.00
130. Morrey: Multiple Integrals in the Calculus of Variations. DM 78,—; US $ 19.50
131. Hirzebruch: Topological Methods in Algebraic Goemetry. DM 38,—; US $ 9.50
132. Kato: Perturbation theory for linear operators. DM 79,20; US $ 19.80
133. Haupt/Künneth: Geometrische Ordnungen. DM 68,—; US $ 17.00
134. Huppert: Endliche Gruppen I. DM 156,—; US $ 39.00
135. Handbook for Automatic Computation. Vol. 1/Part a: Rutishauser: Description of ALGOL 60. DM 58,—; US $ 14.50
136. Greub: Multilinear Algebra. DM 32,—; US $ 8.00
137. Handbook for Automatic Computation. Vol. 1/Part b: Grau/Hill/Langmaack: Translation of ALGOL 60. DM 64,—; US $ 16.00
138. Hahn: Stability of Motion. DM 72,—; US $ 18.00
139. Mathematische Hilfsmittel des Ingenieurs. Herausgeber: Sauer/Szabó. 1. Teil. DM 88,—; US $ 22.00
141. Mathematische Hilfsmittel des Ingenieurs. Herausgeber: Sauer/Szabó. 3. Teil. DM 98,—; US $ 24.50
143. Schur/Grunsky: Vorlesungen über Invariantentheorie. DM 32,—; US $ 8.00
144. Weil: Basic Number Theory. DM 48,—; US $ 12.00
145. Butzer/Berens: Semi-Groups of Operators and Approximation. DM 56,—; US $ 14.00
146. Treves: Locally Covex Spaces and Linear Partial Differential Equations. DM 36,—; US $ 9.00
147. Lamotke: Semisimpliziale algebraische Topologie. DM 48,—; US $ 12.00
148. Chandrasekharan: Introduction to Analytic Number Theory. DM 28,—; US $ 7.00
149. Sario/Oikawa: Capacity Functions. In Vorbereitung
150. Iosifescu/Theodorescu: Random Processes and Learning. In Vorbereitung

MIX
Papier aus verantwortungsvollen Quellen
Paper from responsible sources
FSC® C105338
FSC
www.fsc.org

If you have any concerns about our products,
you can contact us on
ProductSafety@springernature.com

In case Publisher is established outside the EU,
the EU authorized representative is:
Springer Nature Customer Service Center GmbH
Europaplatz 3, 69115 Heidelberg, Germany

Printed by Libri Plureos GmbH
in Hamburg, Germany